U0172714

建设部、人事部、国家文物局联合资助项目

王瑞珠 编著

世界建筑史

印度次大陆古代卷

·中册·

中国建筑工业出版社

审图号：GS（2021）2333号

图书在版编目（CIP）数据

世界建筑史. 2，印度次大陆古代卷 / 王瑞珠编著
. —北京：中国建筑工业出版社，2021.6

ISBN 978-7-112-25564-1

I. ①世… II. ①王… III. ①建筑史—世界②建筑史
—印度—古代 IV. ①TU-091

中国版本图书馆CIP数据核字（2020）第190502号

第三章
印度 后笈多时期

第一节 印度教寺庙的类型及特色

一、宗教及社会背景

[宗教背景]

在印度，宗教建筑无论在重要性还是数量上均占有重要的地位。对宗教的虔诚和狂热构成了统治者和平民之间唯一的共同基础。人们相信，只有宗教能让他们到达真理的彼岸并使灵魂得到拯救，只有确信永无止境的轮回转世，才能摆脱对死亡的本能恐惧，减轻在等级制度重压下遭受的苦难。在这样的社会背景下，唯一充实、自由，又能得到尊重的选择便是宗教信仰。乡村社会和不发达的城市文化进一步为宗教的冥思默想提供了合宜的环境。

所有这些理念都在建筑和与之相关的造型艺术领域得到反映；特别是宗教建筑，比其他任何艺术手段都更好地反映了印度的文明。在这里，建筑不仅具有丰富的想象力，同时还具有一种独特的、宗教和象征的功能。所有建筑材料（无论是木料、石材或砖）都被赋予神圣的意义，所产生的形式和效果更令其他的文明无法想象和企及。通过对复杂的圣像象征体系的考证，几乎可以完整地揭示其历史的演进过程。

(左右两幅）图3-1马马拉普拉姆（马哈巴利普拉姆） 瓦拉哈石窟寺（7世纪后期）。外景（左图老照片顶上尚有巨石天然塔楼，现已被清除）

本页：

（上）图3-2马马拉普拉姆 克里希纳（黑天）柱厅。地段全景

（中）图3-3马马拉普拉姆 克里希纳柱厅。立面近景

（下）图3-4马马拉普拉姆 克里希纳柱厅。内景

右页：

图3-5马马拉普拉姆 克里希纳柱厅。浮雕：克里希纳（黑天）为保护牧民，用手擎起牛增山（Govardhan Hill）

在印度，宗教具有悠久的传统，婆罗门教（印度教，Brahmanism，Hinduism）早在公元前1000年就得到广泛流传，当时几乎可以肯定是崇拜以造像形式出现的神祇。但在这里，需要说明的是，印度宗教的构成绝非单一体系，而是具有各种各样的派系，甚至在同一个派系里，在不同的时期和地域，也有许多重要的变化。由于缺乏一个严格的正统宗教，这种表现就显得尤为突出，特别在受到其他文明冲击的时候。

在这些充满活力的宗教和教派之间，有的只是大同小异。例如，在特定的时期和地域出现的耆那教徒（在更宽泛的意义上，他们亦自认是印度教徒）的寺庙，和印度教建筑并无本质差别，常常是同一批建筑师和工匠的作品，甚至由同一位统治者提供资助；区别仅在于崇拜的偶像不同，而不是表现在建筑形式和风格上。印度教内不同教派的差异也是如此，其主要的区别是将湿婆还是毗湿奴作为至高神祇。有的则存在着一定的差异。这种差异可以是地域上的，如创立于15~16世纪的锡克教，其寺庙（gurudwaras，谒师所）主要位于印度西北部的旁遮普邦；也可以表现在审美观念上，如佛教和印度教：前者向往和平与安宁，后者却力图以强烈的动态变化表现神明的威严；即便是表现宇宙，前者更接近人的尺度，后者则超越了个体生命，突出对神明的敬畏。

在印度，投资建造庙宇往往被认为是积德的表现。许多重要的寺庙系由国王或王后投资建造，但其他的显贵或富豪也可以成为施主，有的是由商会或匠师行会集资。寺庙建成后还可进一步得到信徒包括授地在内的各项捐赠，并在地方的社会和经济活动中起到重要的作用。寺庙同时具有教育和慈善功能，有的拥有上百名雇员；除僧侣外，还包括工匠的管理人员、舞者、厨师和制陶匠师等。

[建筑学的地位和建筑师]

按印度的传统观念，在艺术等级的划分上，占有最高地位的是诗歌、戏剧、舞蹈、绘画和音乐。尽管建筑师需要有涉及各个方面的广博学识，但建筑，和雕刻及其他工艺美术一起，在这里仅被视为一种手艺。建筑的创作及实施过程要涉及大量的技术问题，可能这也是印度的美学体系不把它列入主要艺术门类的缘由之一。加之建筑施工非常缓慢，需要大量人力在一个很长的时间内从事艰苦的劳动，这也在一定程度上扩大了设计者的最初构想和最后完成的作品之间的差距。

精通规章制度（shastras）的主建筑师（sthapati）是各级工匠的总头目。但他们和近代意义上的建筑师还是有很大区别。马里奥·布萨利认为，在所有

（上）图3-6马马拉普拉姆克里希纳柱厅。浮雕：克里希纳与童年伙伴一起挤牛奶

（下）图3-7维杰亚瓦达（贝茨瓦达，安得拉邦）阿肯纳-马达纳石窟。外景

的亚洲文明中，建筑从没有被看作是一个主要的艺术门类，与其说它们是艺术作品，不如说是匠人的产品。这种看法确有一定的道理（实际上，在古代的中国，营造者也被称为匠师）。留存下来的印度技术文献名为《Mānasāra》（有时亦拼作Manasara或Maanasaara），有人认为这是作者、一位圣人或智者的名字；但也有人认为这就是文献本身的名字，意为"均衡要义"（Essence of Proportion）。从词源学上看，后者似更为可信。这是一部拥有70章，上万行文字的梵语文献。其中包括古代建筑、城市规划（列举了16种城乡规划类型）及建造技术等内容。其最早版本可能成于笈多时期（公元320~525年），现存版本虽然较晚（可能属11~15世纪），但却是最全面的一部（已有英译本三卷，名《Architecture of Manasara》）。其中详尽地阐述了建筑师所需的各种技术知识，包括地质学、几何、巫术、宗教、技艺乃至心理学等（后者据称有助于和工匠打交道）。显然，这样的专业人才不仅和现代建筑师，即便和西方古典，乃至文艺复兴时期的建筑师相比，也不尽相同。

二、岩凿寺庙

和通常通过"构筑"（constructed）营造的建筑不同，在山岩中"凿出"（cut）的寺庙有时也被称为"露天建筑"（open-air architecture）。不过这个词看来并不确切，因为和其他砌筑建筑一样，它也有室内外空间；只是作为石窟，外部空间往往退化为一个标志入口的檐廊，内部空间则象征着圣坛和大地的结合。

鉴于所有这些岩凿建筑都具有模仿构筑建筑的部件，如柱墩、檩条、尖顶及线脚等（尽管它们除了象征意义外，没有任何实际功能），因而也有人把它们称作“假建筑”（pseudo-architecture）。这种做法，在亚洲其他地方也可见到（如中国的石窟寺；在中亚，由于岩石质地欠佳，难以雕刻，人们往往在岩壁表面以灰泥或石膏制作各种造型或在其表面施彩绘）。

按马里奥·布萨利的说法，岩凿建筑还可分为“正”“负”两种类型：前者具有整石凿出的外部空间，内部空间可有可无；后者则仅有内部空间（在印度，和中亚一样，石窟内部的壁画显然是用于缓解室内阴暗、沉重的感觉，以此弥补采光的不足）。

笈多时期（5世纪），中央邦乌达耶吉里石窟寺的价值更多体现在其神话场景的雕刻而不是建筑上。在接下来的一个世纪里，在德干西北和相邻的孔坎海岸地区，印度教岩凿建筑得到了进一步的发展和繁荣，并承继了在阿旃陀和奥朗加巴德佛教石窟里发展起来的传统。大量的雕饰是这类建筑最主要的特色，它们不仅用于祠堂本身，更以浮雕嵌板的形式满布于整个墙面跨间，表现构图庞杂的神话场景，埃洛拉的14号窟（见图3-300）和孟买象岛上湿婆石窟（6世纪上半叶）那些雄浑有力的雕刻板块，是这方面最杰出的例证。

埃洛拉6世纪下半叶建成的21号窟（见图3-308~

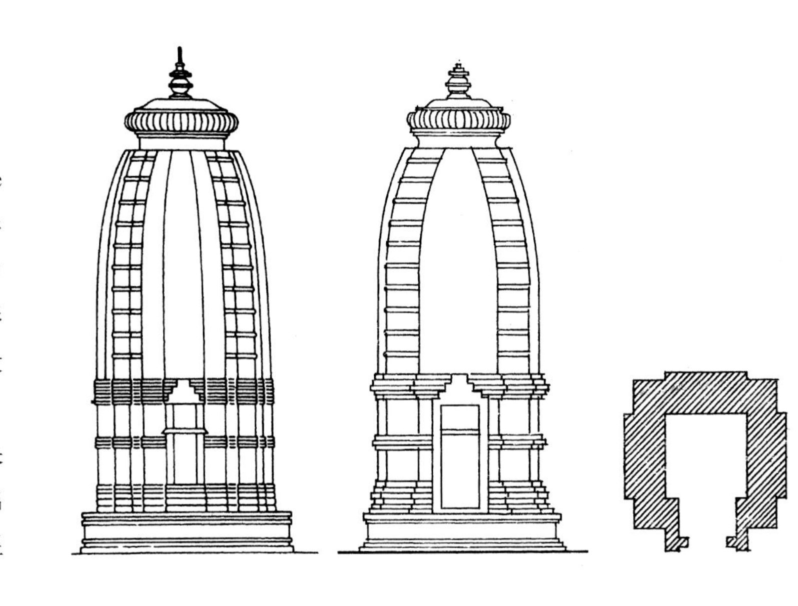

（上）图3-8印度典型塔庙平面及立面（据Volwahsen和Stierlin，1994年）

（下）图3-9印度祠堂的外廓形式（取自HARDY A. The Temple Architecture of India，2007年）。图中：1、典型祠堂形式；2~5、方形平面带简单的凸出部分（每边出3、4、5或7个凸出部分，中央和角上的可以更宽一些）；6~9、阶梯状向外凸出，不带凹进部分，可形成3、5、7或9阶；10~13、阶梯状，基本形式同上一类，但阴角处另设凹进部分；14、15、阶梯菱形平面，对角线之间设5或7个凸出部分；16、17、星形平面，由正方形旋转形成16或32角星，但于正向设中央凸出部分；18、19、特殊星形平面，于正向和对角方向均设中央凸出部分，或在角上另加凸出部分，形成半星形平面；20~22、单一的星形平面，不设中央凸出部分，只靠正方形旋转形成8、16或24角星

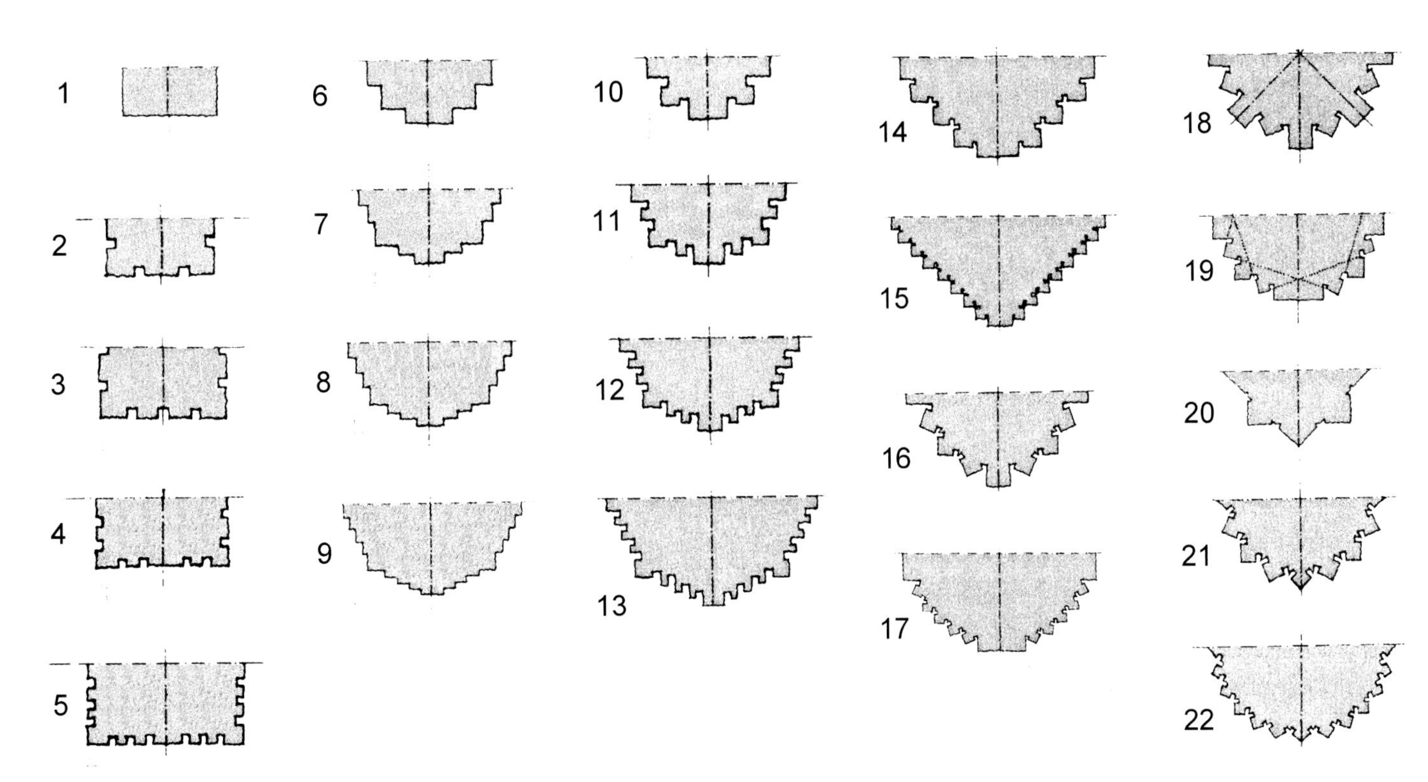

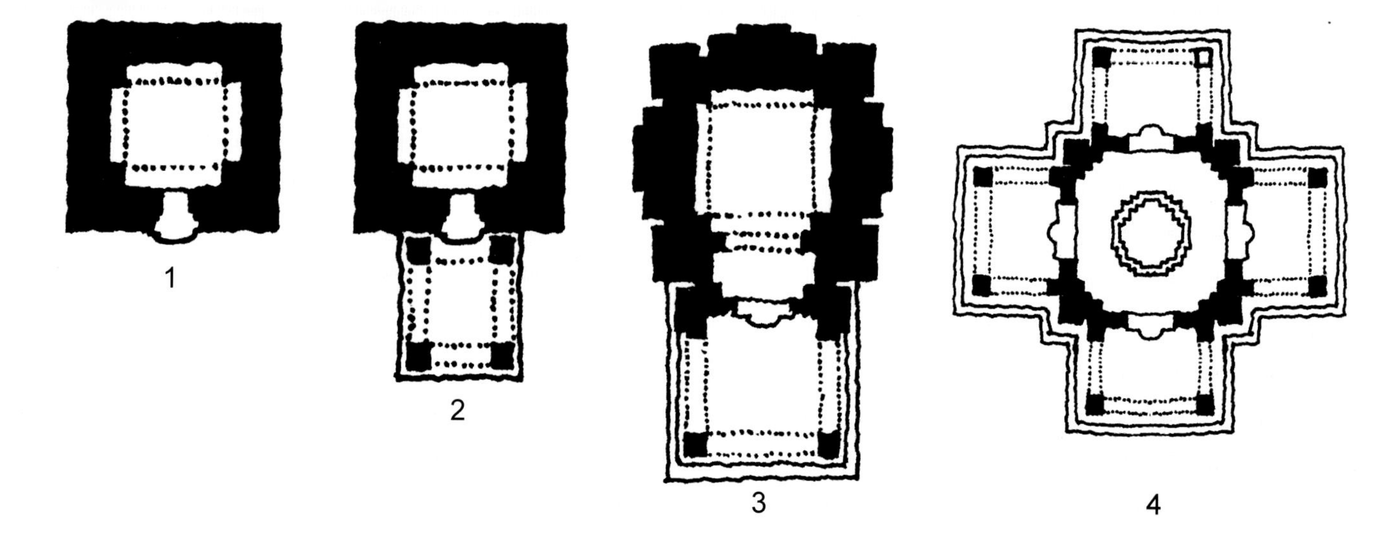

（上）图3-10带门廊的祠堂，平面基本类型（取自HARDY A. The Temple Architecture of India，2007年）。图中：1、不设门廊，仅有祠堂；2、祠堂前加单一门廊；3、加前室（antarala）及门廊；4、带4个入口及门廊

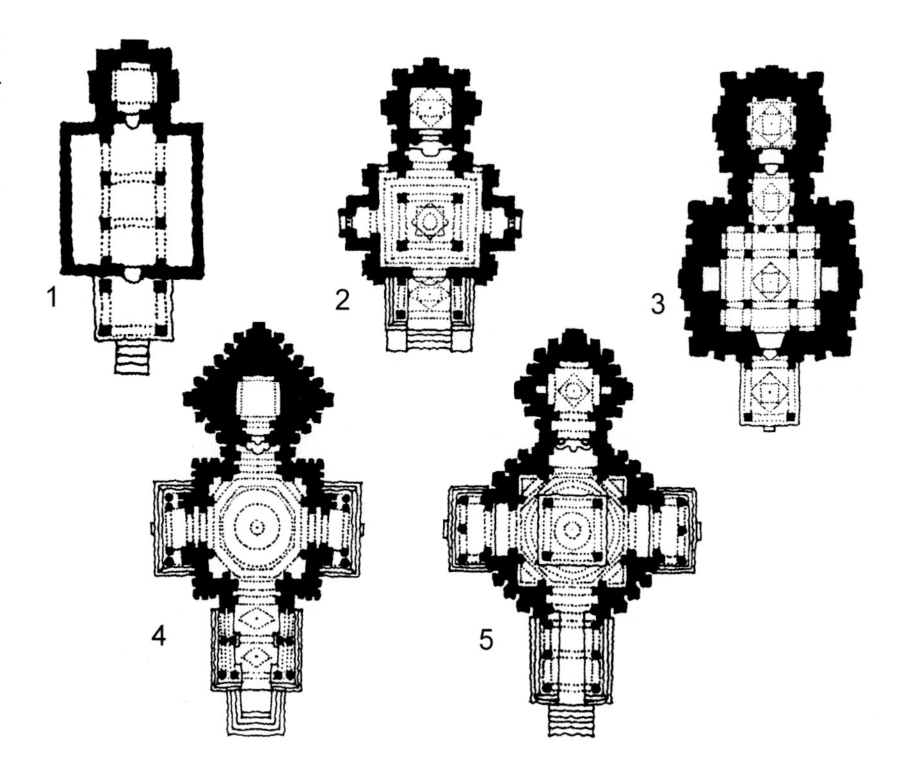

（下）图3-11印度，采用封闭式柱厅（前厅）的各种祠堂（取自HARDY A. The Temple Architecture of India，2007年，各图虚线示顶棚结构形式）。图中：1、艾霍莱 塔拉帕-巴萨帕庙（7世纪，本堂加边廊式柱厅，没有前室，直接与祠堂相连，属早期实例）；2、杰加特 阿姆巴马塔祠庙（10世纪）；3、库卡努尔 卡莱斯沃拉神庙（11世纪）；4、克久拉霍 杜拉德奥神庙（12世纪）；5、克久拉霍 齐德拉笈多神庙（11世纪）

3-316），表现出该遗址印度教石窟第一阶段的特征。年代相近，风格上亦有关联的尚有遮娄其王朝早期在其都城巴达米、卡纳塔克邦及邻近的艾霍莱开凿的印度教和耆那教的秀美石窟寺。艾霍莱的拉沃纳-珀蒂石窟位于露出地面的岩层下，令人联想到众神栖息的山岭，颇似砌筑寺庙祠堂上方塔楼的作用（见图3-429）。

约6世纪末，在安得拉邦和泰米尔纳德邦，石窟寺的传统已得到确立。这些密切相关的传统本是基于安得拉邦佛教建筑和叙事雕刻的遗产，两者展示的细节成为这些地区砌筑寺庙的先兆。如位于圆头滴水檐口（kapotas）上的成排亭阁造型，实际上就是人们在阿旃陀见到的那种形式进一步程式化的结果，现再次被用于安得拉邦温达瓦利的石窟（第三层岩凿立面），以及之后（7~8世纪）泰米尔纳德邦马马拉

右页：

（左上）图3-12印度祠堂天棚结构（照片示马哈拉施特拉邦安贾内里一个倒塌的祠庙，从中可清楚地看到天棚的结构部件）

（右上）图3-13库姆巴里亚（古吉拉特邦） 商底那陀耆那教神庙（11世纪）。平面（取自HARDY A. The Temple Architecture of India，2007年）

（下）图3-14迪尔瓦拉（阿布山，拉贾斯坦邦） 耆那教神庙建筑群。总平面（1∶1000，取自STIERLIN H. Comprendre l' Architecture Universelle，II，1977年），图中：A、维马拉神庙（1021年）；B、卢纳神庙（1230年）；C、皮塔尔哈拉神庙；D、卡拉塔拉神庙；各神庙中：1、内祠（garbha griha）；2、前厅（gudha mandapa，封闭式厅堂）；3、中廊（nav choki，开敞式柱厅）；4、舞阁（nṛtya maṇḍapa或raṅgamaṇḍapa）

普拉姆（现名马哈巴利普拉姆）帕拉瓦王朝（Pallava Dynasty）[1]时期的石窟（如图3-1所示）。在这个沿海遗址处，还用了独石雕制的所谓“战车”。该地一些石窟上的花岗岩丘顶则可视为另一种“天然塔楼”[瓦拉哈石窟寺：图3-1；克里希纳（黑天）柱

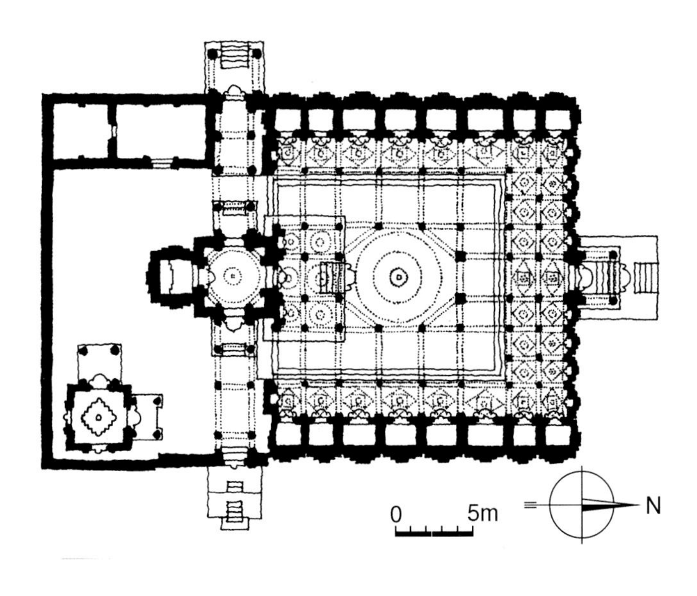

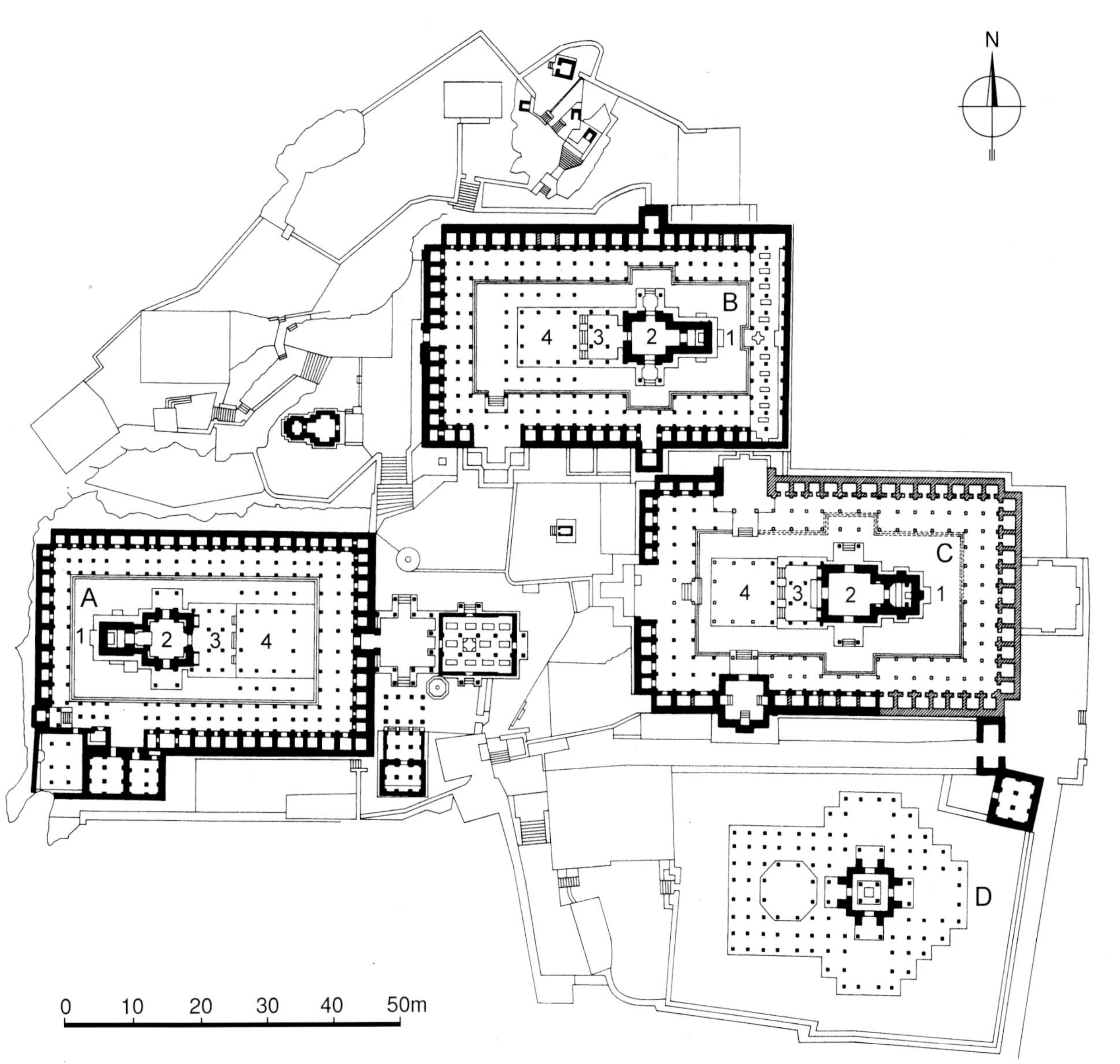

（上）图3-15苏迪（卡纳塔克邦）水池（11世纪早期）。现状

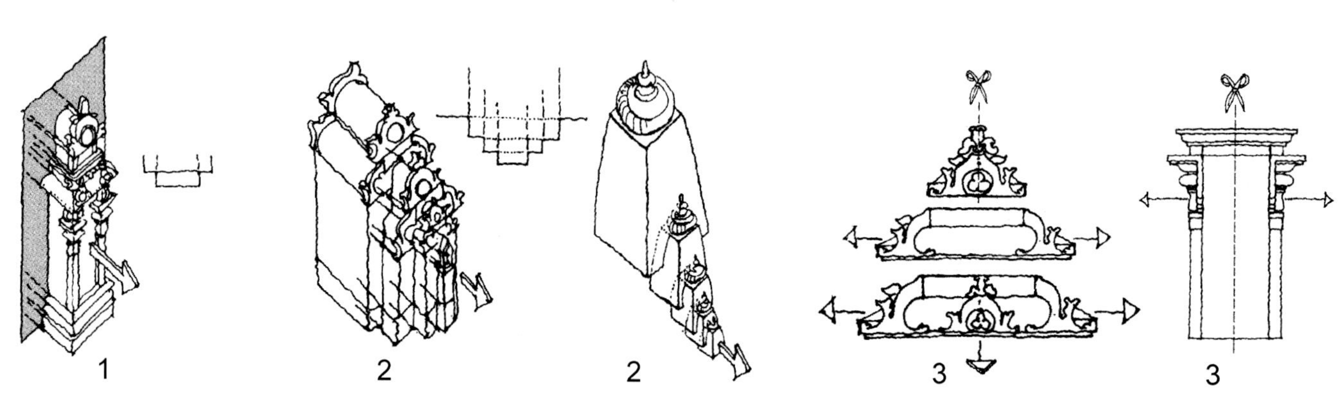

（下）图3-17印度祠庙表现动态的方式（取自HARDY A. The Temple Architecture of India，2007年）。图中：1、向外凸出；2、连续凸出，形成阶梯状构图；3、剪切分离，外向扩展

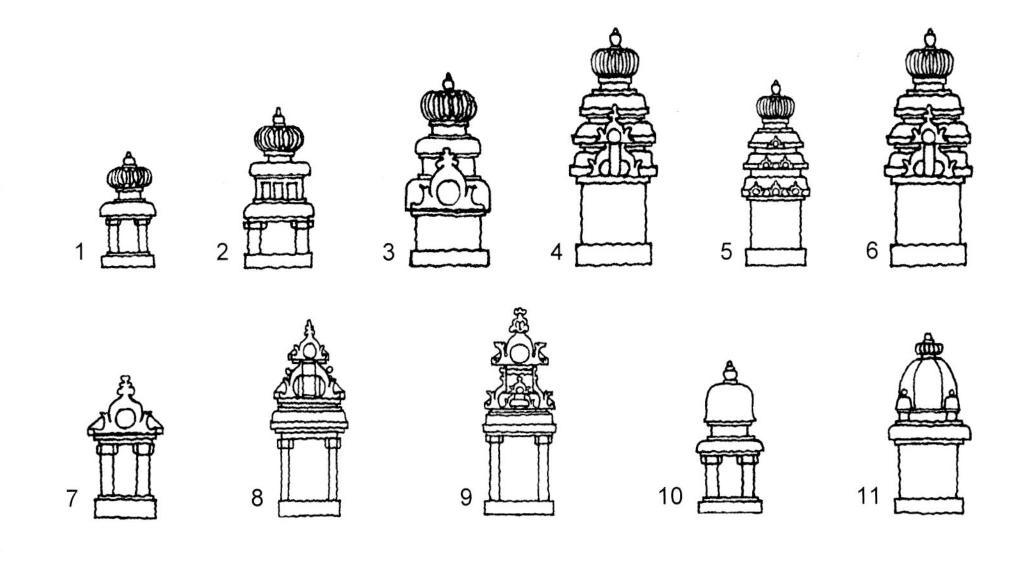

（上）图3-16早期纳迦罗式亭阁立面（取自HARDY A. The Temple Architecture of India，2007年）。图中：1~4、圆垫顶石式（根据顶石形式定义）；5和6、帕姆萨纳式（根据上部结构形式定义）；7~9、伐腊毗式；10和11、穹顶亭阁式

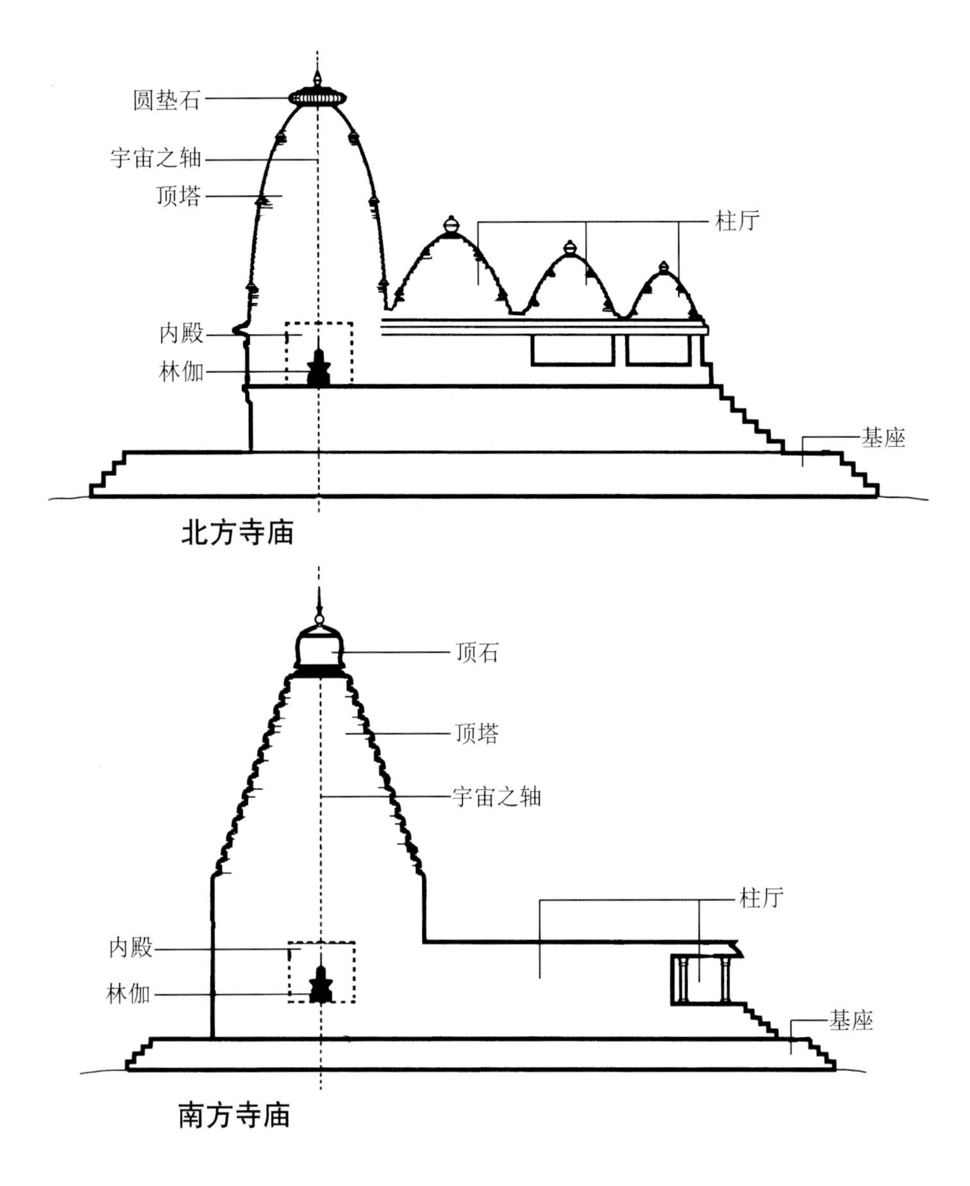

（中）图3-18印度北方及南方寺庙简图（取自STOKSTAD M. Art History，vol.1，2002年）

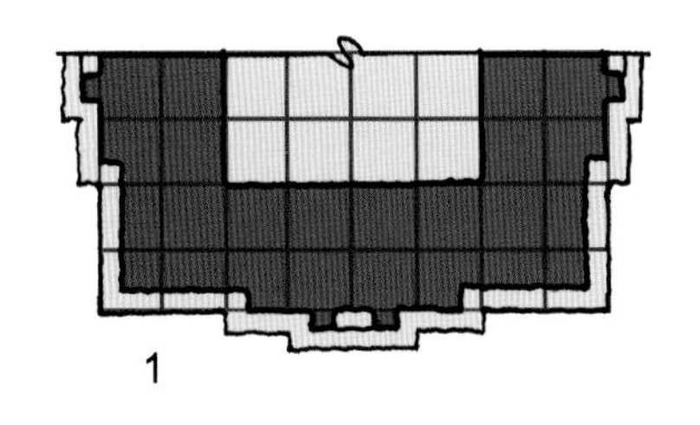

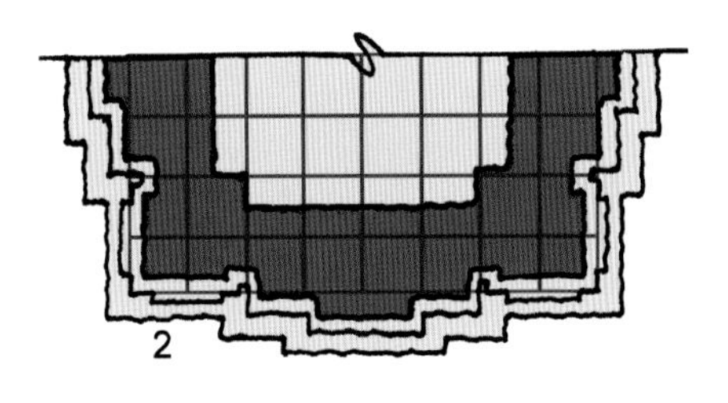

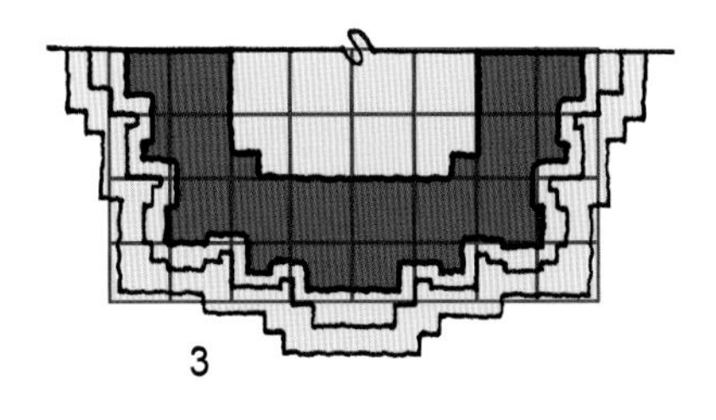

（下）图3-19采用8×8网格布局的祠庙（据Michael Meister）。图中：1、阿姆罗尔 摩诃提婆祠庙；2、乌姆里 太阳神庙；3、默德凯达 太阳神庙

厅：图3-2~3-6]。在安得拉邦维杰亚瓦达的阿肯纳-马达纳石窟（图3-7），岩石中凿出的所谓“原始达罗毗荼式”（proto-dravida，亦称“原始南方式”，“proto-southern”）上部结构，尚有部分留存下来。

岩凿建筑的第二阶段见于8世纪罗湿陀罗拘陀王朝统治下的埃洛拉。在这里，石窟寺的平面往往照搬砌筑神庙的形式。由于接触到南方神庙建筑的传统，石窟寺中表现出许多达罗毗荼的特色，如两层的32号窟（耆那教石窟）、单立的独石柱及整块石头雕制的大象。32号窟前院内有座独立的岩凿小祠堂，其达罗毗荼造型显然具有试验性质。立在窟前的独石柱同样见于早几十年完成的埃洛拉最著名的建筑群（其中凯拉萨神庙是印度最大的独石寺庙）。

马马拉普拉姆的17座寺庙自坚硬的花岗岩中凿出，采用了湿木楔等工程技术，时间上略早于孟买港象岛上的这类作品；后者在一定程度上受到埃洛拉风格的影响，包括三面湿婆像（摩诃伊希穆尔蒂，Maheshmurti）。这是最后一批大型岩凿作品。从这时开始，露天砌筑结构很快发展成为主流。

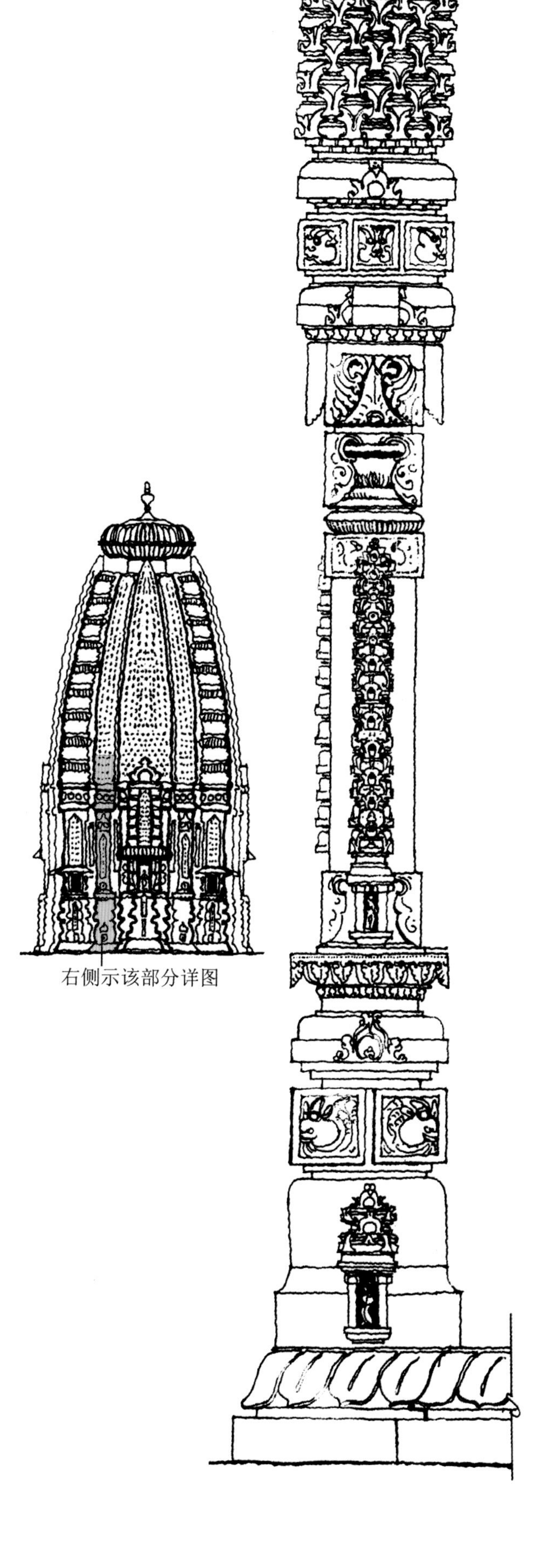

三、砌筑寺庙

[布局及形制]

左页：

（左上）图3-20乌姆里 太阳神庙（约825~850年）。地段外景

（左下）图3-21乌姆里 太阳神庙。近景（中央龛室内安置坐在战车上的太阳神像）

（右）图3-22默德凯达 太阳神庙（825~875年）。主塔立面及细部（取自HARDY A. The Temple Architecture of India，2007年）

本页：

图3-23纳迦罗式寺庙的各种类型（取自CRUICKSHANK D. Sir Banister Fletcher' s a History of Architecture，1996年）。图中：1、拉蒂纳模式；2、伐腊毗模式；3和4、谢卡里模式；5和6、布米贾模式

早期为安置婆罗门教（印度教）神像所建的房舍均用易腐朽的材料建造，想必如印度乡间目前仍在建造的那种简陋的圣所。由于对圣像的崇拜在有组织的宗教中已占据了主导地位，人们遂开始建造更宏伟的砌筑神庙，目前留存下来最早的重要砖构遗存属5世纪左右笈多帝国时期（第一批印度教的岩凿石窟寺亦属这一时期）。在7~13世纪期间，寺庙建筑快速增长并臻于繁荣。虽说从这一时期开始，穆斯林的入侵在很大程度上干扰了地方传统的延续，但在14~16世纪毗奢耶那伽罗帝国和接下来两个世纪纳耶克王朝（Nayaka Dynasty）统治期间，在印度南方仍然建造了大量的寺庙组群。在其他地区，寺庙建筑的延续和复兴在各时期也都有所表现。鉴于寺庙建筑到这时期已发展得相当成熟，直至今日，都在按传统方式进行建造；因此，在分地区详述之前，有必要先对这一类型进行综合的评介。

无论从建筑艺术，还是象征意义或宗教仪式上看，砌筑寺庙中最重要的部分当属带有外墙和上部结构的祠堂（圣所）本身。这是个昏暗的立方体小室，被称为“胎室”（garbhagriha，即“圣中之圣”，词根含“子宫、发源地”之意），其内安置主要神像或林伽。作为神的宅邸，内祠在为之提供庇护的同时，还标志着轴线和中心的存在。在这里，正向轴线得到格外强调，自交点上升起代表世界的垂直轴线，自祠堂中心一直延伸到上部结构的顶饰。这种上置顶塔的内祠成为建筑的核心（即所谓“塔庙”， 图3-8）。为进一步强化这种象征意义，在建造新庙的地面上，往往制作表现宇宙图式的坛场（梵文：maṇḍala，又

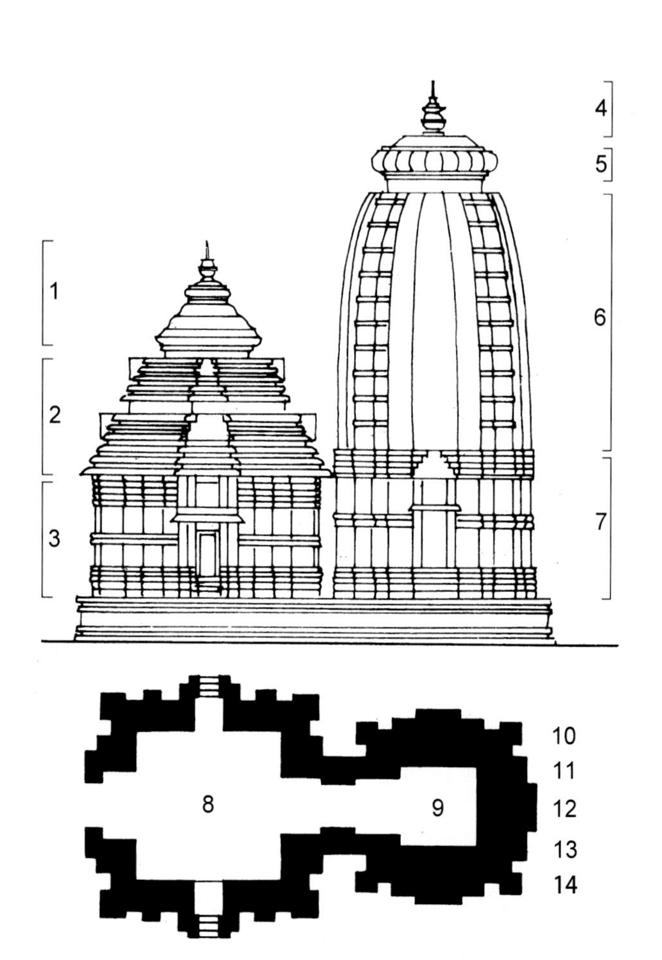

（上）图3-24奥里萨邦典型纳迦罗式寺庙平面、立面及各部名称图（据Volwahsen，1969年）。图中：1、顶饰[由宝瓶（kalasha）、圆垫式顶石（amalaka）和钟形底盘（ghanta）等部分构成]；2、锥顶（由连续的水平檐板构成）；3、前厅（jagamohana）；4、宝瓶饰；5、圆垫式顶石（外带沟槽）；6、主塔；7、祠堂（sanctum，garbha griha）；8、前厅（或柱厅、舞厅）；9、祠堂；10~14、主塔的系列凸出部分（其中：10和14、角上凸出部分；11和13、中间凸出部分；12、中央凸出部分）

（下）图3-25纳迦罗式线脚的各种表现（取自HARDY A. The Temple Architecture of India，2007年）。图中：1、阿姆罗尔 拉梅什沃拉-摩诃提婆祠庙的拉蒂纳祠堂（约725~750年）；2、辛讷尔 贡德斯沃拉祠庙的布米贾祠堂（12世纪）；3、塞杰克普尔 纳沃拉卡神庙开敞柱厅（12世纪）

作yantras，vastu purusha mandala，音译曼荼罗、曼陀罗、曼达拉等；原意为圆形，引申为“坛”“坛场”“坛城”；原是印度教为修行所需而建的小土台，之后亦用图像表现；藏语音译“吉廓”，意译为“中围”）。

到7世纪初，印度神庙建筑分化为两个主要分支，即所谓纳迦罗（Nāgara，亦作纳加拉、那迦罗）

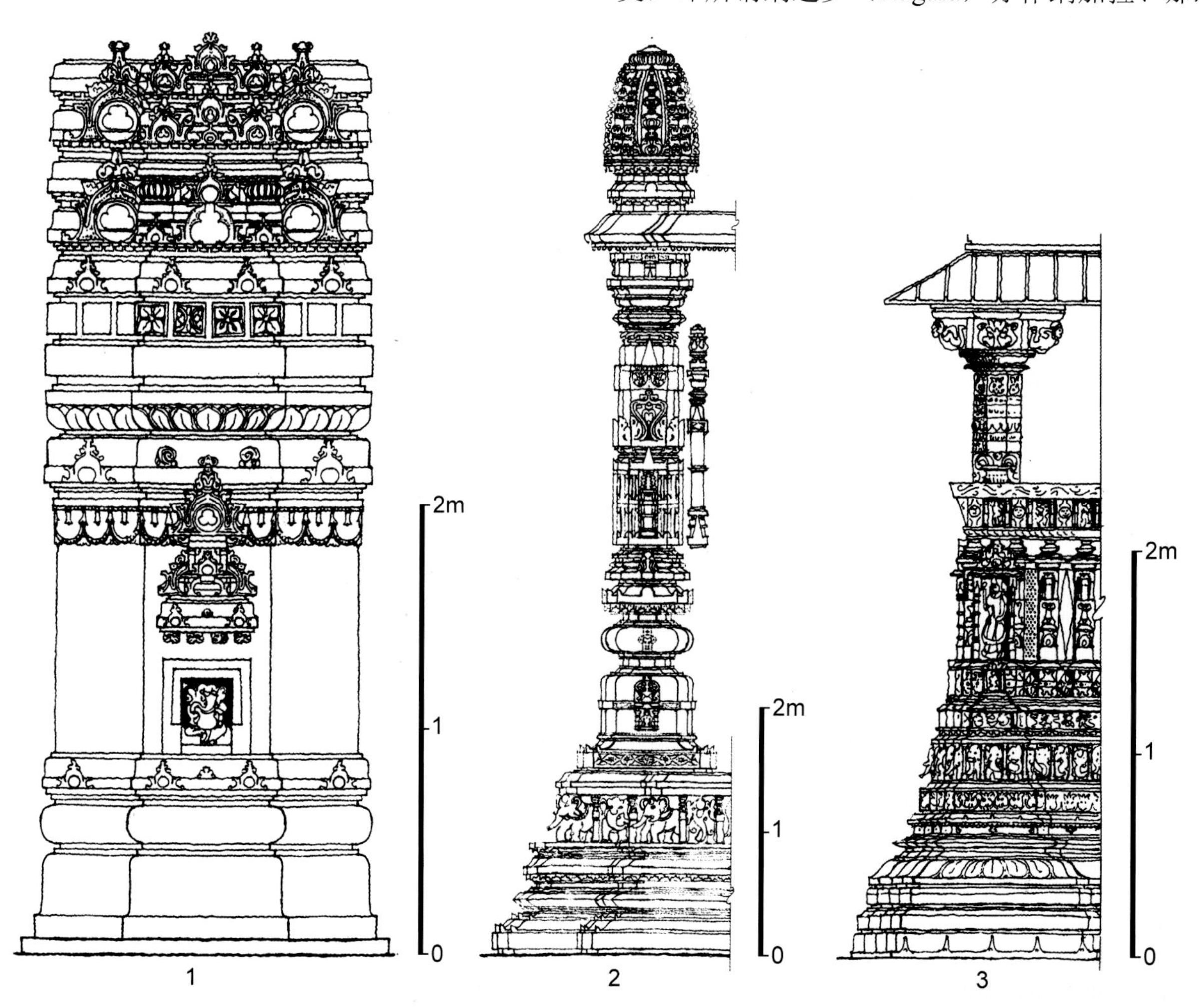

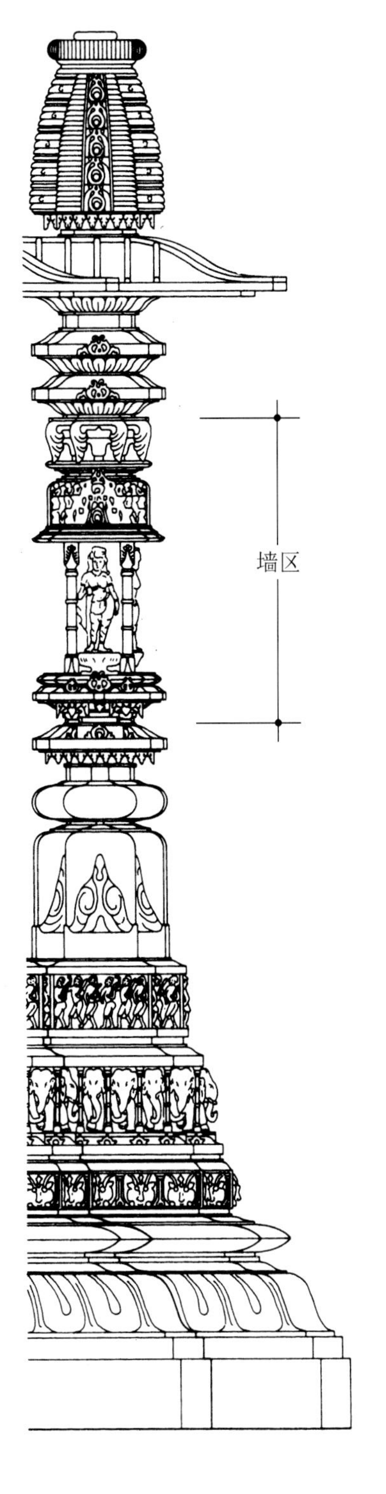

（左）图3-26基拉杜（拉贾斯坦邦）湿婆祠庙1（约11世纪中叶）。外景

（右）图3-27基拉杜湿婆祠庙1。柱亭的纳迦罗式线脚（取自CRUICKSHANK D. Sir Banister Fletcher's a History of Architecture, 1996年）

和达罗毗荼（Dravida）式。前者主要流行于印度北方，后者主要流传于南方，尽管两者并不完全局限于各自流行的区域。构成圣所本身的内祠及其上部结构，在达罗毗荼式建筑里称vimāna（来自梵文词根ma，意"测度"），在纳迦罗建筑里则称mulaprasada（prasada-庙宇，同时还有"宫殿""宝座"之意）。实际上两个名词的意义均为"主祠、高塔"。有时还设绕内祠的室内巡回通道（pradakshinapatha）。

信徒为祈福需至祠堂拜见神灵（称"敬拜"，darshana），同时在僧侣的协助下在圣像前上供。由于印度教的崇拜仪式不采用聚会的形式，因而寺庙中仅有祠堂本身才是最重要的部分（祠堂通常朝东，带有象征性的大门及门槛，图3-9）。不过，除了最简单的庙宇外，一般都配有其他的要素，如门廊（图3-10），有的还有前室（antarala）和大厅（mandapa）。

早期直接与祠堂相连的大厅多为封闭式（图3-11），上部可为平顶，也可配金字塔式的顶部结构（特别是按北方传统建造的神庙），甚至是采用像主祠那样更为复杂的构图。大厅屋顶采用梁板结构，此后它一直是最基本的结构方式。房间角上顶部覆三角形石板，在构成的内接方形中再次采用此法，就这样形成一系列逐渐缩小彼此嵌套的方形框架（nested squares，图3-12）。许多天棚设计实际上都是体现了想象中的宇宙简图——坛场（曼荼罗）。特别是中世纪发展出来的所谓莲花式穹顶，由逐渐升起的几圈同心的挑腿及枕梁支撑中央带花蕊垂饰的顶石，创造出极为震撼的效果。最复杂的这类天棚见于12世纪以白色大理石建造的迪尔瓦拉的耆那教神庙（位于拉贾斯坦邦的阿布山，见图4-73）

在中世纪期间，对寺庙组群内附属建筑的需求进

一步增长，其中包括表演圣乐、舞蹈、布道和吟诵神话典故的各类设施。开敞的柱厅或用于取代封闭的厅堂，或沿轴线布置在它前面，柱厅周边往往布置带护栏式靠背的座席（kaksasana，见图3-97）。在印度中部，特别是克久拉霍和中央邦，主要大厅前面有时连续布置两个门廊（见图4-144），进一步强化自光亮至昏暗，自世俗至圣区的行进感受。屋顶和顶塔的高度，从象征山峰的祠堂到大厅和门廊，逐级下降（见图4-146）。附属祠堂（vimānas或prasadas）则以各种方式纳入神庙组群中去。许多祠庙，特别是采用纳

本页：

（上）图3-28基拉杜 湿婆祠庙2。遗存现状

（中）图3-29基拉杜 湿婆祠庙3。外景

（下）图3-30基拉杜 索姆庙。19世纪状态（老照片，1897年）

右页：

（上）图3-31基拉杜 索姆庙。现状

（中）图3-32基拉杜 索姆庙。柱厅内景

（下）图3-33基拉杜 索姆庙。柱厅近景

迦罗风格的，除了本身所在带线脚的基台外，还有个高起的巡回廊台（jagati），角上另配小型附属祠堂。如此形成的五祠堂（panchayatana，即梅花式）布局方式，可在6世纪（笈多时期）中央邦德奥加尔的毗湿奴十大化身庙处看到。供奉湿婆的庙宇前方往往还布置独立的亭阁，内置湿婆的坐骑和守门神、公牛南迪（Nandi）的雕像。

重要寺庙大都立在带围墙（prakara）的圈地内；有的围墙内侧还布置成排的小祠堂，如帕拉瓦王朝国王纳勒辛哈跋摩二世（拉杰辛哈）于8世纪头二三十年在泰米尔纳德邦建志（甘吉普拉姆）建造的凯拉萨（拉杰辛哈）大庙（见图5-87）[建志即《西域记》所记达罗毗荼国都城建志补罗（Kancipura，补罗为pura的音译，意城市）；据费朗考证其地即《汉书·地理志》之黄支国]。在北部地区，最重要的神庙围地皆属耆那教神庙，从11和12世纪古吉拉特邦库姆巴里亚的商底那陀耆那教神庙（图3-13）和拉贾斯坦邦迪尔瓦拉各组群（图3-14）开始，直至位于拉贾斯坦邦拉纳克普尔的祖师庙，这种形式逐渐发展至顶峰。早期的组群平面矩形，至祖师庙为方形，边上布置了84个带塔楼的小祠堂。

神庙前方可设门塔（torana），如奥里萨邦布巴内斯瓦尔的穆克泰斯沃拉神庙（为拱券式大门）。门塔更多是独立设置，而不是纳入围墙里。在印度南方，神庙围地通常都是通过一座巨大的塔式门楼（gopura）进入，其设计将在下面谈达罗毗荼式神庙时再论。

印度寺庙和水的联系特别密切，在所有附属设施中，给人印象最深刻的可能就是带阶台的水池及井。有的水池边还安置了小型祠堂，如古吉拉特邦莫德拉11世纪太阳神苏利耶神庙前的大池。和神庙主体分开并带宏伟台阶的井不仅仅具有实用功能，同样具有宗教意义。它们主要集中在古吉拉特邦，还有一些位于拉贾斯坦邦；施主既有印度教君主，也有穆斯林统治者。这些井可通过若干跑台阶和门式的梁柱结构下去。其中最宏伟的是新近发掘的11世纪后期的王后井（位于古吉拉特邦的厄纳希尔瓦德-帕坦），其雕饰的丰富和华丽不亚于任何神庙。这种将水源神圣化的观念在11世纪早期卡纳塔克邦苏迪的水池处已经表现得非常明晰（该水池曾号称“比乳海还要宽阔”，图3-15）。

1
2
3
1
2
3
4
5

[构图特色及象征手法的运用]

在印度教寺庙里，对内部空间的需求相当有限，寺庙更多具有雕塑和造型的性质。也就是说，除了真正意义上的雕刻造像外，变化多端的印度神庙本身同样可视为一个巨大的雕塑。这使它在某种程度上有别于一般意义上的建筑。来自早期岩凿祠庙的这一特色同样被用于带有楣梁、托架和叠置水平层位的后期砌筑神庙。在这里，结构的稳定主要靠厚重墙体的重力作用，整座建筑如金字塔般成阶台状向上缩减，具体造型和装饰则通过后期的雕凿实现。同样的原则亦用于砖构建筑（砖为现场雕制），这样的建筑一旦完成并经彩绘后，和用同样方式完成的石构作品往往很难区分。这些砖石结构大都效法木构茅草顶建筑的形式，但这些形式只具有造型和象征意义，在结构和构造逻辑上则越来越偏离其木构原型。在这些建筑中，甚至"立面"（façade）一词，在用法和意义上也和欧洲及亚洲某些地区有所不同。正立面只是标志通向室内的入口，强调内部空间的存在，并不表明它比侧

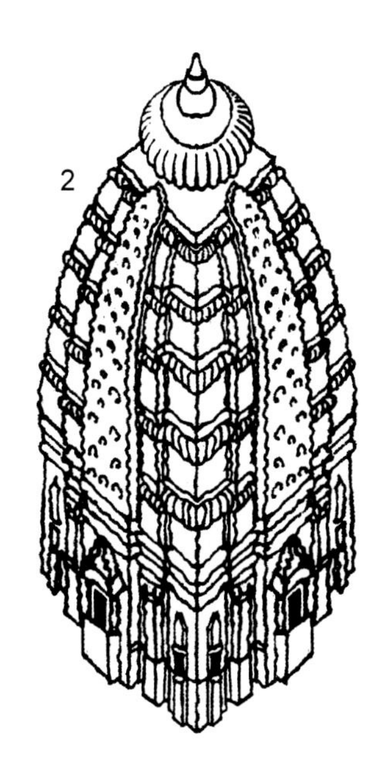

本页：

（上）图3-38拉蒂纳式庙塔类型（取自HARDY A. The Temple Architecture of India，2007年）。图中：1、三车平面，塔身3层位（bhumis）；2、五车平面，塔身5层位

（下）图3-39拉蒂纳式祠庙顶塔基部构造（各面分两阶向外凸出，图版取自HARDY A. The Temple Architecture of India，2007年）。图中：1、阿姆罗尔 拉梅什沃拉-摩诃提婆祠庙（约8世纪早期至中期）；2、巴泰沙拉 摩诃提婆祠庙（约8世纪后期）

左页：

（左上）图3-34基拉杜 索姆庙。柱子细部

（左下）图3-35乔德加 摩诃提婆（湿婆三面相）祠庙（12世纪）。外景

（右下）图3-36印度 罐叶饰柱子（Ghata-pallava pillars，取自HARDY A. The Temple Architecture of India，2007年）。图中：1、德奥加尔 笈多神庙壁柱（约公元500年）；2、奥朗加巴德 3号窟（6世纪）；3、典型组合部件；4、吉亚勒斯布尔 马拉德维神庙（9世纪）；5、莫德拉 太阳神庙（1026年，小柱）

（右上）图3-37自早期简单的纳迦罗式祠堂向拉蒂纳式祠庙的演进（取自HARDY A. The Temple Architecture of India，2007年）：初始的单一圆垫式祠堂（1）逐步演变成更复杂类型（2和3）的上部结构

立面和后殿立面更为重要。

有些形态的差异和地方有一定的关联，如“北方”的纳迦罗式祠堂最主要的特色是塔楼具有曲线的外廓，而“南方”的达罗毗荼风格则以层叠的金字塔式顶部为特征。不过，在更多的情况下，以建筑“语言”本身区分可能更为合宜。事实上，每种类型都有自己独具的建筑语汇、系列部件和搭配章法。其中最

左页：

（左上）图3-40早期牛眼拱（取自HARDY A. The Temple Architecture of India，2007年）：1、马图拉 残段（约公元3世纪）；2、德奥加尔 松散式牛眼拱（约公元500年）；3、戈普 老庙（约公元600年）；4、锡尔布尔 罗什曼那祠庙（约7世纪早期）

（右上）图3-41各时期牛眼拱的组合（取自HARDY A. The Temple Architecture of India，2007年）：1、约7~8世纪；2、约9~10世纪；3、约10~13世纪

（左中及左下）图3-42各时期牛眼拱实例：上、那烂陀 2号庙（已残毁，约7世纪后期），为7世纪纳迦罗式牛眼拱的典型实例；下、罗达神庙（8世纪后期），是马哈拉施特拉-古吉拉特风格的标准样式

（右下）图3-43布米贾式祠庙牛眼拱（取自HARDY A. The Temple Architecture of India，2007年）：1、平面形式的布米贾式牛眼拱；2、类似造型的线条方案；3、葱头式（用于主要牛眼拱）

本页：

（左）图3-44帕拉时期牛眼拱（约10世纪，取自HARDY A. The Temple Architecture of India，2007年）：1、宝瓶式；2、舒展型；3、伐腊毗式（主要用于那烂陀和菩提伽耶等地的窣堵坡）

（右）图3-45奥里萨式牛眼拱（取自HARDY A. The Temple Architecture of India，2007年）：1、7世纪流行样式的奥里萨变体形式；2、布巴内什瓦尔 穆克泰斯沃拉神庙牛眼拱（10世纪）；3、流线型牛眼拱（11世纪）

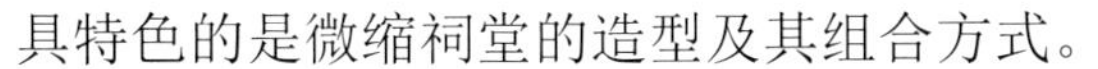

具特色的是微缩祠堂的造型及其组合方式。

位于实体结构上的系列微缩祠堂及亭阁造型构成了建筑外部的基本构图要素（图3-16）。除了最简单的作品外，祠堂及亭阁塔楼均体现多层天宫的理想。既然一个神祇具有多种表现形式（即“相”），其巨大的宫邸理当由一系列不同类型和大小的宅邸组成。同样，祠庙墙上的各个雕像也都是为了展示这个统一

（上）图3-46卡纳塔克邦及泰米尔纳德邦达罗毗荼式牛眼拱（取自HARDY A. The Temple Architecture of India，2007年）：1、巴达米 上西瓦拉亚庙（7世纪早期）；2、帕塔达卡尔 维鲁帕科萨神庙（约742年）；3、埃洛拉 32号窟（约8世纪后期）；4、穆多尔 西德斯沃拉神庙（10世纪）；5、尼拉尔吉 西达拉梅斯沃拉神庙（12世纪）；6、典型的曷萨拉式对角牛眼拱；7、加达格 拉梅什沃拉神庙（12世纪）；8、卡卢古马莱 祠庙（约公元800年）；9、蒂鲁内尔韦利 内利亚帕尔神庙（9世纪）；10、库姆巴科纳姆 萨伦加帕尼神庙（10世纪）

（下）图3-47牛眼拱的各种变体形式（约公元600年，取自HARDY A. The Temple Architecture of India，2007年）

体的某个方面（其最高化身像置于中央龛室内）。

需要指出的是，这些模仿祠堂或塔庙的构图部件并不是一种仅具有形式和象征意义的“表面装饰”。而是呈现出三维造型，被纳入背景中去或自背景中凸显出来，从而使整个祠庙具有饱满的形体和强烈的光影效果，充满向外扩展的动态（图3-17）。

和构成建筑风格基本要素的这类微缩祠堂及亭阁不同，特定的柱子和柱墩的形式并不属于某种风格专有，也不是整个构图的关键要素；而是一种具有通用性质的部件，和南北两种风格均有关联。

象征手法的运用是印度宗教建筑的另一个特殊表现。一般而论，在印度次大陆和东南亚地区，由于建筑不像雕刻和绘画那样具有直接的造型表现力，为了得到广大民众的理解和欣赏，往往需要借助象征手法。

但在印度，这种表现可以说格外突出，不同宗教流派的交流和融汇，在这方面可能也起到了一定的推动作用。

在亚洲建筑中，经常可以看到表现世界轴线和宇宙中心的母题，并依不同的时代背景和特定的宗教需

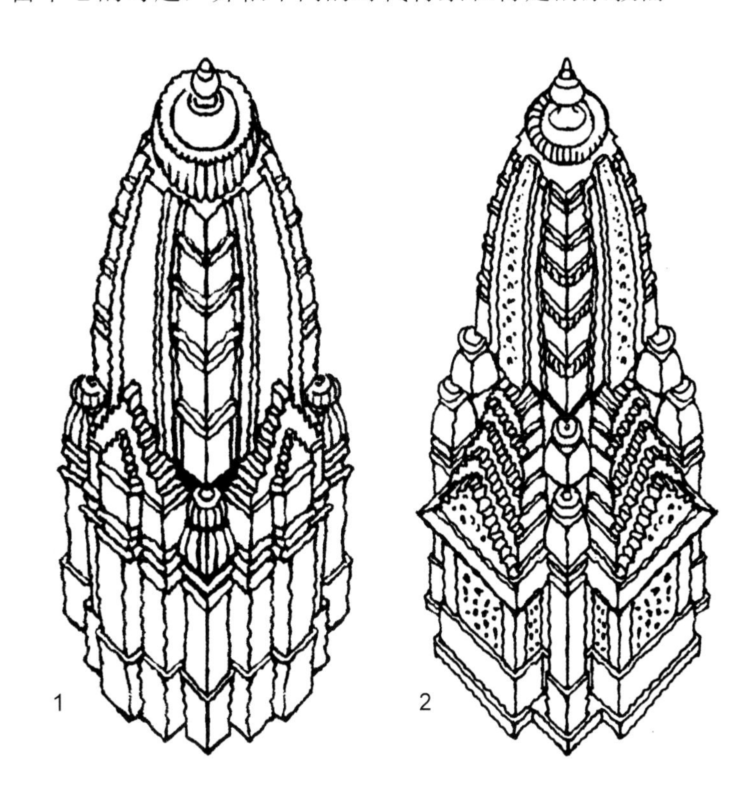

（左上）图3-48纳雷沙拉 默塔卡神庙（约8世纪早期）。端立面（上部系据推测复原，取自HARDY A. The Temple Architecture of India, 2007年）

（下）图3-49贾盖什沃拉 神庙建筑群（约8世纪）。外景

（右上）图3-50原始谢卡里式祠庙（取自HARDY A. The Temple Architecture of India, 2007年）：1、较简单的形态；2、通过向下扩展，形成更复杂的形式

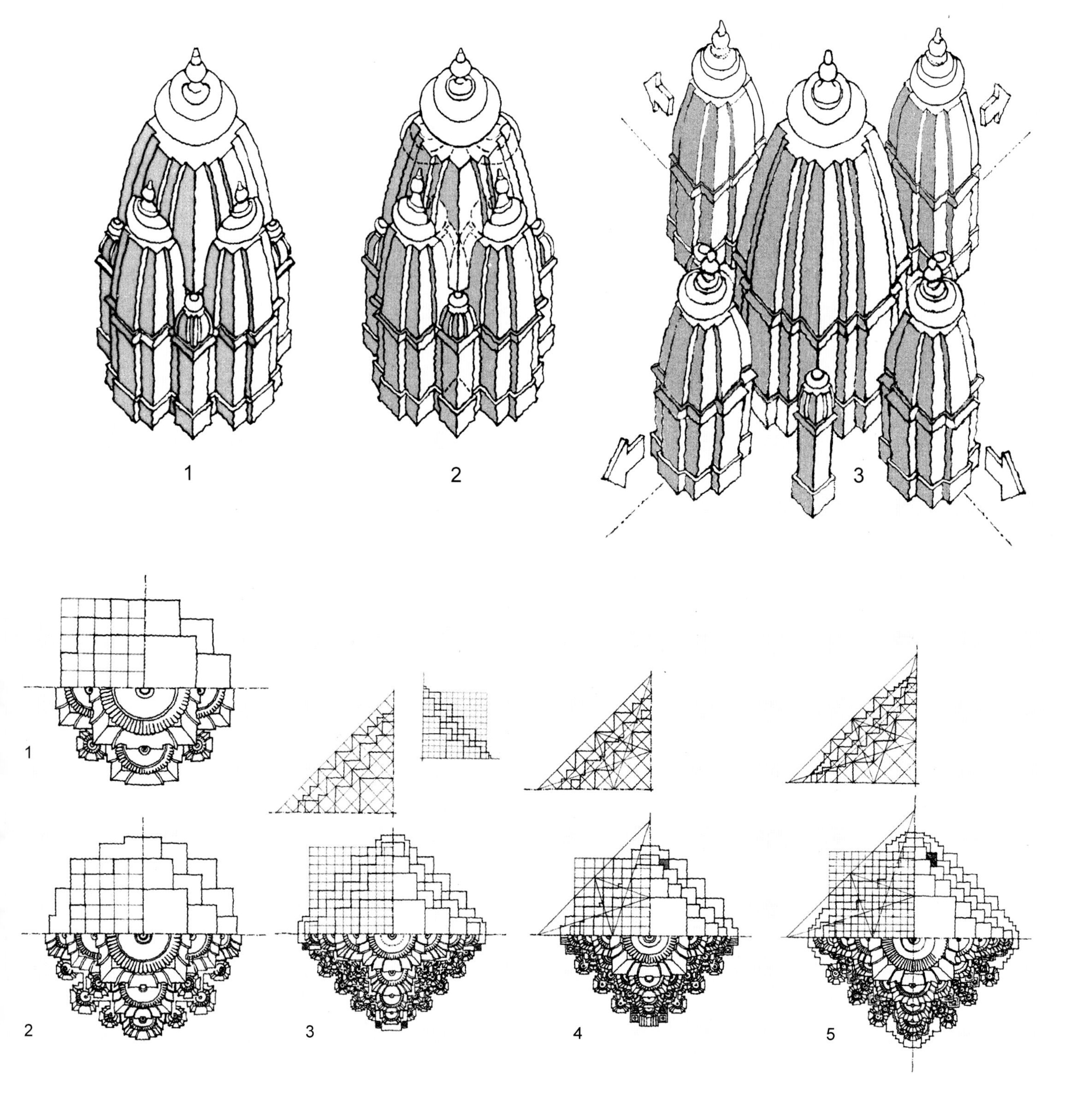

求呈现出不同的形态。这些象征手法的灵感，实际上主要是来自印度，尽管后者本身也是由不同的文化构成并综合了外来的影响。

有关中心的这种理念，在宗教建筑中又有所变化并得到了格外的强调。在印度，人们更加倾向采用极具象征意义和神圣品性的几何构图及其组合形式。在不同时期，作为空间整体性和宇宙的象征，窣堵坡的平面可为简单的圆形，包括其外的围栏；也可围着中央圆形建筑，布置一个或一系列方形围栏。印度教神庙的平面则相反，多为一个被围起来的矩形建筑。组群配置亦可有多种变化，有时是单体，有时为五个一组，利用矩形的对角线作为组织空间的轴线（除中心外，每个角上另布置一座祠庙，即所谓“梅花式”布局）。总之，不论在哪种情况下，不论是独立的神庙，或是神庙和寺院组群（如阿旃陀），或是神庙城（如马杜赖，区域内包括从事和神庙相关的经济活动的人群），人们都尽可能为组群中的主要建筑提供一个独立的观赏环境。通过这样的布置，使信徒在面对祠庙自身所形成的“中心”时，对半球形的窣堵坡和具有庞大体量的神庙产生从山岳直到宇宙核心（cos-

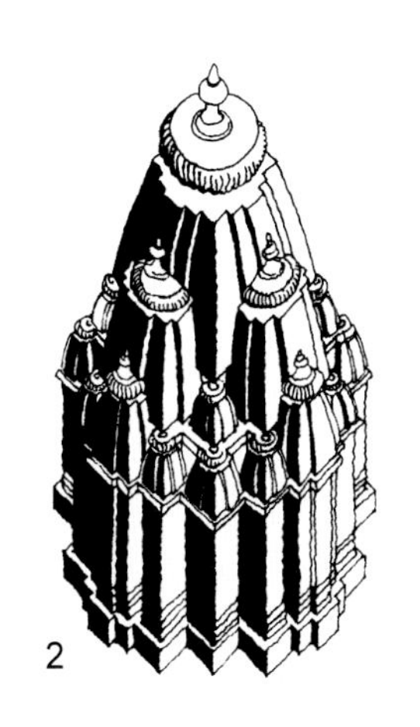

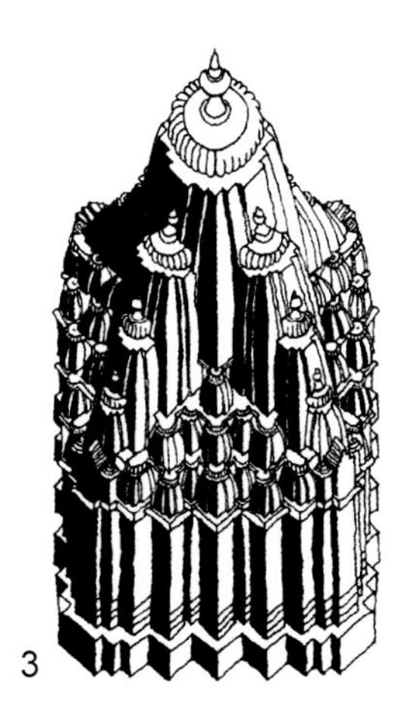

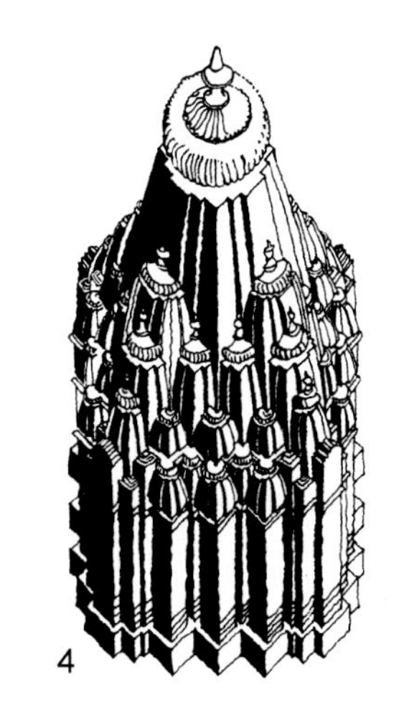

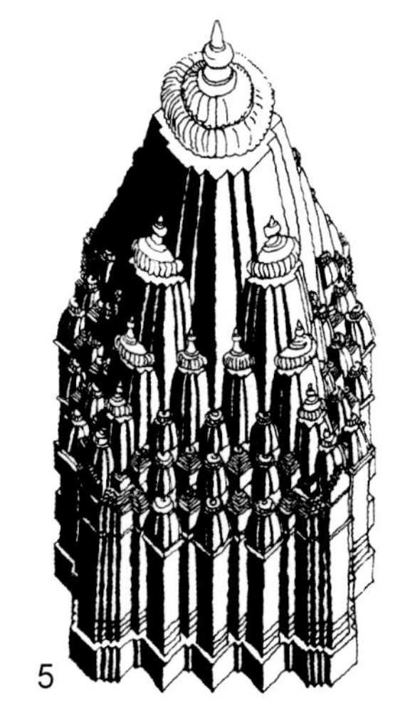

左页：

（上）图3-51谢卡里式祠庙构成要素的分解图（取自HARDY A. The Temple Architecture of India，2007年）。图中：1、合成形态；2、组成要素分析；3、分离后的组成部件

（下）图3-52谢卡里式祠庙屋顶的五种典型平面形式（取自HARDY A. The Temple Architecture of India，2007年）

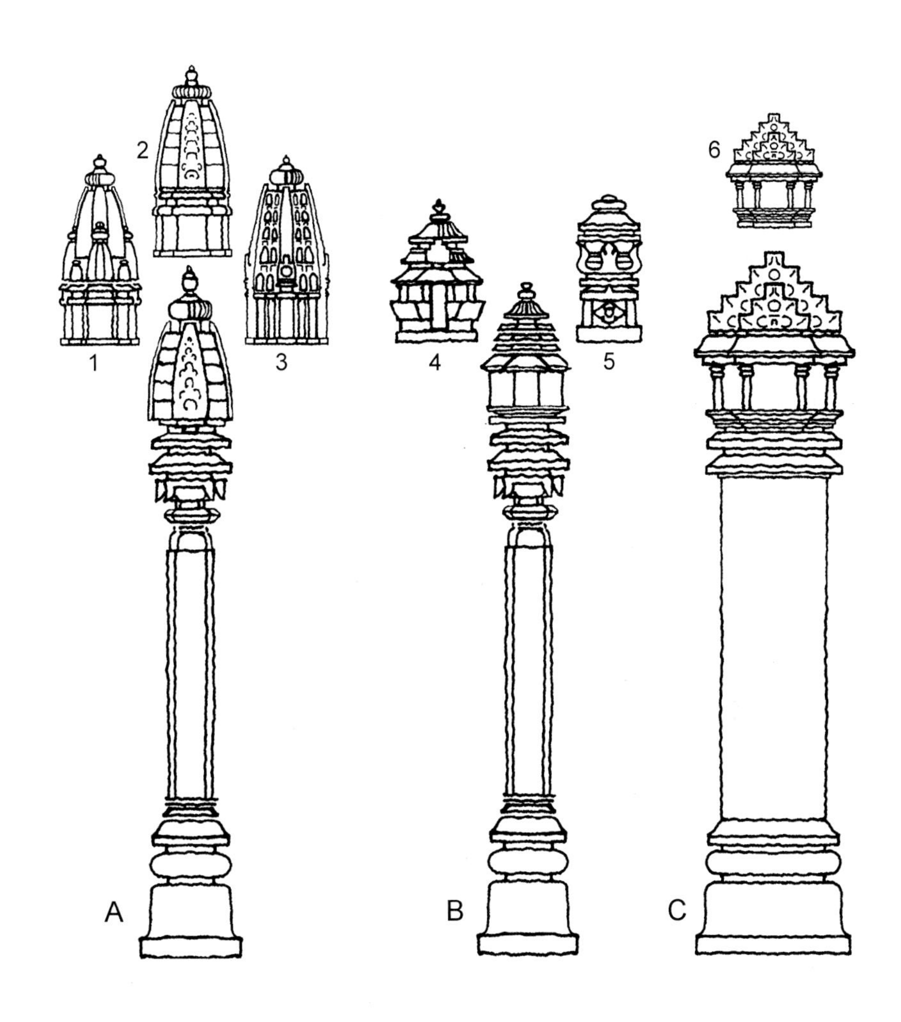

本页：

（上）图3-53谢卡里式祠庙的五种类型（取自HARDY A. The Temple Architecture of India，2007年）

（下）图3-54后期纳迦罗神庙柱亭的构成（取自HARDY A. The Temple Architecture of India，2007年）。图中：A、拉蒂纳式柱亭；B、帕姆萨纳式柱亭；C、上冠伐腊毗式亭阁的凸出部分；顶上的亭阁样式：1、谢卡里式；2、拉蒂纳式；3、布米贾式；4、复合帕姆萨纳式；5、达罗毗荼-卡尔玛式；6、伐腊毗式

mic pillar）和世界轴心（axis of the world）的各种联想，并以此满足和神明相见的强烈愿望。

四、地区类型

印度建筑文献将寺庙分为两种主要类型，即所谓“纳迦罗式”（nagara style）和“达罗毗荼式”（dravida style）；两者均来自种族名，但实际上是指“北方”和“南方”风格（图3-18）。除此外，还有一些其他模式，混合型及地方类型，下面将对此分别予以介绍。

[纳迦罗式]

在印度中部和西部，早期的纳迦罗式祠庙大都采用方形平面及其各种变体形式，根据迈克尔·迈斯特的研究，在建于6~7世纪的这类祠庙中，主要是采用方格网式的布局，最典型的是基于8×8的网格，如图3-19三座祠庙所示。其中乌姆里和默德凯达两座神庙均供奉太阳神（乌姆里太阳神庙：图3-20、3-21；默德凯达太阳神庙：图3-22）。阿姆罗尔和默德凯达神庙内祠边长为墙基的两倍，这也是当时流行的做法。

在印度中部，笈多时期兴建了一批被称作“原始纳迦罗”（proto-nagara）风格的作品，如5世纪北方邦比塔尔加翁的砖构神庙。在这种形式语言确立之后，除了早期配有简单顶塔（shikhara）的拉蒂纳（Latina）类型外，通过组织和布置这些形式的不同方式，又产生了伐腊毗（伐拉毗，Valabhī）、谢

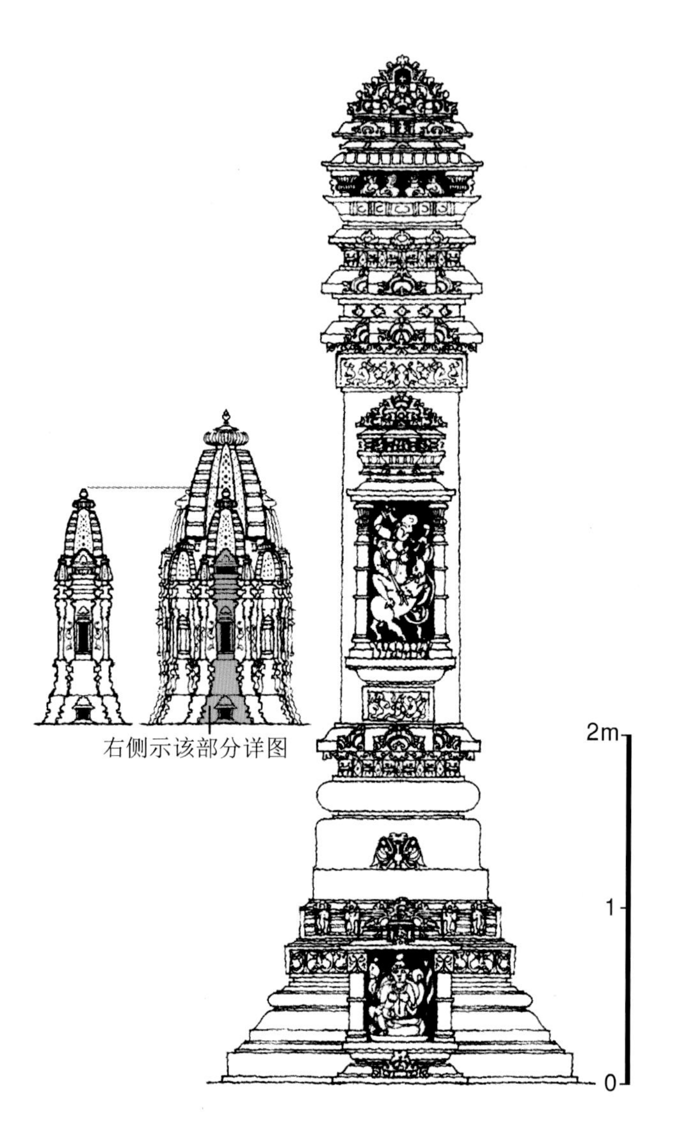

（左上）图3-55杰加特（拉贾斯坦邦） 阿姆巴马塔祠庙（公元960年）。主塔立面及细部（取自HARDY A. The Temple Architecture of India，2007年）

（右上）图3-56杰加特 阿姆巴马塔祠庙。天棚图案（在这时期的印度西部，还有一些类似的例证）

（下）图3-57杰加特 阿姆巴马塔祠庙。东南侧外景

卡里（Shekhari）和布米贾（Bhumija）等模式（图3-23）。自大约7世纪开始，纳迦罗建筑所囊括的地区——从最广泛的意义上说——包括最重要的印度西部及与之紧密相关的中部地区，以及印度东部和德干的部分地区[东部的奥里萨邦（图3-24）；德干地区的马哈拉施特拉、卡纳塔克及安得拉各邦]。

后面我们将对上述各模式分别进行评述，在这之前需要特别说明的是，在共有一种建筑语言时，风格

（左上）图3-58杰加特 阿姆巴马塔祠庙。南侧景观（马哈拉施特拉-古吉拉特风格）

（左下）图3-59杰加特 阿姆巴马塔祠庙。厅堂内景（天棚垂饰已失）

（右）图3-60阿索达（古吉拉特邦） 贾斯马尔纳特大自在天庙（12世纪）。立面及柱亭细部（马哈拉施特拉-古吉拉特风格，图版取自HARDY A. The Temple Architecture of India，2007年）

上同样可以表现出不同的特色。例如，古吉拉特邦与奥里萨邦同时期的神庙，虽然构图上可能相似，但由于不同的比例，不同的线脚形式（图3-25），不同的外观装饰及不同的雕刻手法，给人的感觉完全不同。

在采用不同模式和不同风格的纳迦罗神庙建筑区，水平线脚的类型和层位序列并没有很大区别。一般而论，每个线脚都对应一个砌筑层位，在具有一定建筑功能的同时，也具有某种象征意义。在拉贾斯坦邦的基拉杜尚有保存得较好的几座祠庙（湿婆祠庙1：图3-26、3-27；湿婆祠庙2：图3-28；湿婆祠庙3：图3-29；索姆庙：图3-30~3-34）。在三座湿婆祠庙中，11世纪建成的祠庙1虽然规模不大，但却是一座引领潮流的优秀实例；其上部结构尚保留完整，主塔周围附有许多矮胖的小塔。最值得注意的是这座祠庙自地面至塔楼基部配置了当时采用的几乎所有线脚（见图3-27）。等级略低的神庙没有带线脚的下基台（sub-base，pitha），但基台本身（vedibandha）的部件很早就得到普及[如10世纪拉贾斯坦邦巴多利（巴罗利）的格泰斯沃拉祠庙（见图3-680）；约建于961年的杰加特的阿姆巴马塔祠庙（见图3-57）；12世纪乔德加的摩诃提婆（湿婆三面相）祠庙（图3-35）]。组成线脚的元素中包括类似悬挑屋顶的凸棱（kapotali）、充当分划要素的内凹线（antarapatra）、垫式部件（kalasha，原意为“宝瓶”）、罐饰（kumbha）及罐脚（khura，原意“乌龟”，有时和罐饰合为一个部件）等。在图3-27所示的例子里，墙区（jangha，原意“大腿”）各线脚系用来表现柱墩的檐壁部分。

在柱墩的设计上，并没有专门的所谓纳迦罗“柱式”，不过许多柱子均配置了瓶罐式的柱头（pumaghata，自罐口向外溢出枝叶花饰，图3-36）。

拉蒂纳模式

许多迹象都表明，拉蒂纳模式系由早期最简单的纳迦罗式祠堂组合叠加而成（图3-37）。这种模式最重要的特征是仅有造型单一的顶塔（图3-38），其侧面由水平线脚组成，象征多层天宫悬挑的屋檐。不像其他复合模式那样，来自重复和堆积亭阁造型。

左页：
图3-61阿索达 贾斯马尔纳特大自在天庙。侧面全景

本页：
（上）图3-62阿索达 贾斯马尔纳特大自在天庙。柱厅入口近景

（下）图3-63布米贾式祠庙类型（取自HARDY A. The Temple Architecture of India，2007年）：1、各直角象限内设五个凸出部分及五个层位（5/5类型）；2、同样范围内设七个凸出部分及七个层位（7/7类型）

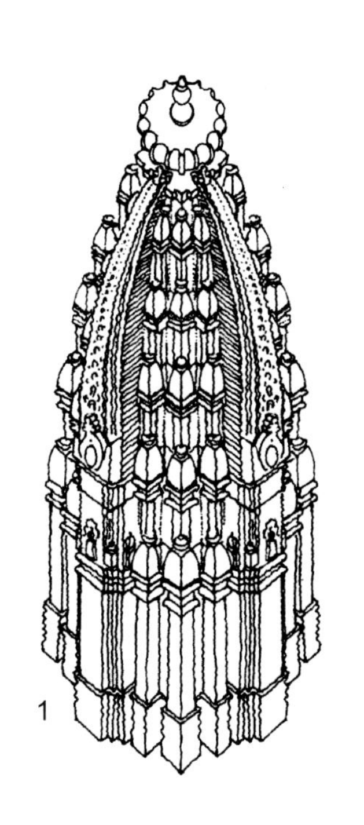

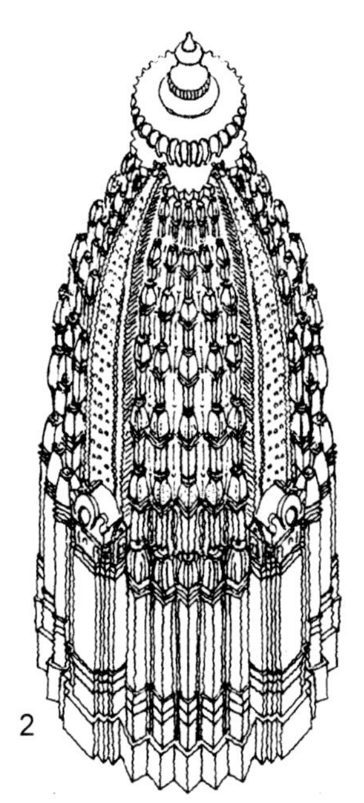

在早期实例中，有的檐下还雕盲柱廊。在顶部平台（skandha，原意“肩部”）立一根圆柱形杆件（griva，意为“颈部”），作为垂轴支撑轮状的圆垫状顶石（amalaka，原意为“橄仁树果”）；最后，以瓶状顶饰（kalasha）作为结束。

在顶塔角上，檐口状的层位每隔几层为圆垫形顶石阻断。在这个位置上采用这类部件，本是早期阶段的遗风。在进行形式综合之前尚出现过所谓“原始拉蒂纳”形式，由若干亭阁式部件组成，如中央邦锡尔布尔的罗什曼那祠庙（见图3-862）。

7~8世纪，在卡纳塔克邦艾霍莱和德干地区其他地方，由遮娄其王朝早期君主建造的拉蒂纳式神庙，和达罗毗荼式及其他类型的神庙一起，属这种模式完全成熟的最早一批实例。到8~10世纪，在印度西部，特别是在拉贾斯坦邦罗达和古吉拉特邦奥西安这样一些中心城市，拉蒂纳风格已达到鼎盛时期。巴多利的格泰斯沃拉祠庙（见图3-680）可视为它的一个奢华的实例。

奥里萨邦的工匠一直采用拉蒂纳样式。从粗犷的珀勒苏拉梅斯瓦拉寺庙（约公元600年）到精美的穆克泰斯沃拉神庙（9或10世纪，两者均在布巴内斯瓦尔），可追溯其间的演化进程。后期奥里萨邦作品中包括三座最宏伟的拉蒂纳式神庙，即布巴内斯瓦尔的林伽罗阇寺庙（11世纪后期，最初称三界至尊庙）、普里的扎格纳特寺（12世纪）及雕饰奢华的科纳拉克的太阳神庙（13世纪）。

更成熟的拉蒂纳式庙宇带有墙面的凸出部分（其间尚可设凹槽），每面数量可达3、5，乃至7个，一直到顶塔区段，在正向轴线处越来越向外凸出（图3-39）。尽管祠堂整体上是个单一形体，但在墙体凸出部分可以设置次级亭阁；在最重要的中央凸出部分

图3-64萨凯加翁（马哈拉施特拉邦） 布米贾式祠庙（约12世纪）。外景（采用5/5类型，形成阶梯状菱形平面）

及顶塔凹处，安置外部的主要供奉神像。

在这类神庙的造型及其动态的形成上，马蹄形拱券起到了重要的作用[在这里，这种形式被称为“牛眼拱”（gavaksha），可以有各种组合形态，并适用于各种类型，图3-40~3-47]。这类拱券既可用作顶塔层叠式屋檐的老虎窗、微缩亭阁的山墙（如图1-405右图），也可用于自塔楼正面伸出位于前室（antarala）之上的凸出部分（称sukhanasa，即“鹦

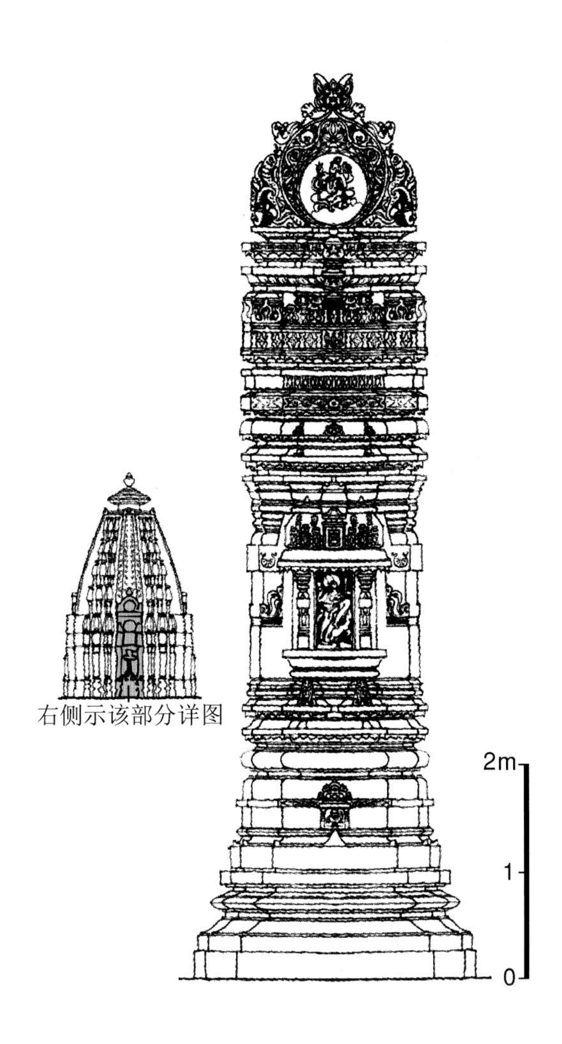

（左）图3-65乌恩 马哈卡莱什神庙（约11世纪后期）。主塔立面及中央部分细部（取自HARDY A. The Temple Architecture of India，2007年）

（右上）图3-66阿利拉杰普尔 马拉瓦伊神庙（12世纪）。主塔外景（祠堂平面32角星形，主塔七个层位，柱亭配布米贾式尖顶）

（右下）图3-67萨梅尔 加拉泰什神庙（约12世纪后期）。主塔外景（祠堂平面24角星形，八个主要凸出部分）

鹉嘴”）。和窗户、阳光及莲花等图形相结合，这一母题在内外世界的转换上，传递了大量的象征信息。此时大量采用的装饰性山墙组合（由两个半山墙和立在其上的一个完整山墙组成），事实上在早期已可见到，如埃洛拉的10号窟。将山墙分开重新组合的想法可能是逐渐产生的。这一观念在遮娄其王朝早期阿拉姆普尔（安得拉邦）和帕塔达卡尔（卡纳塔克邦，见图3-540）的拉蒂纳类型作品中，以一种特有的雕刻方式，得到了进一步的发展。

伐腊毗模式

在采用纳迦罗风格的建筑中，伐腊毗（伐拉毗，Valabhī，见图3-23之2）是最早一个可以替代拉蒂纳的模式，也是唯一一个在主要组成部分中未纳入拉蒂纳式顶塔的构图形式。在这里，它主要是由亭阁式部件按马蹄形拱券（“牛眼”）方式组合而成。

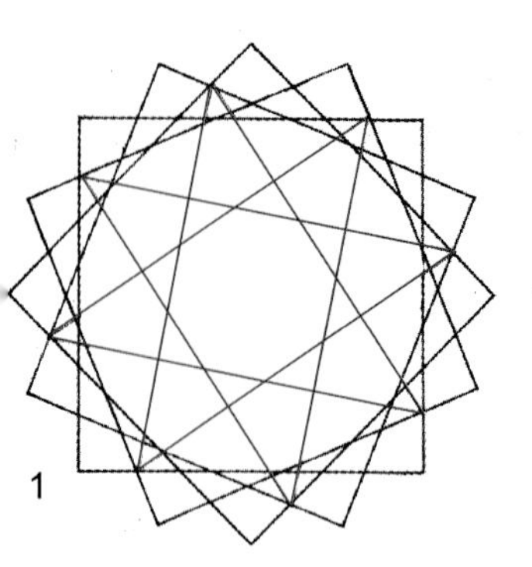

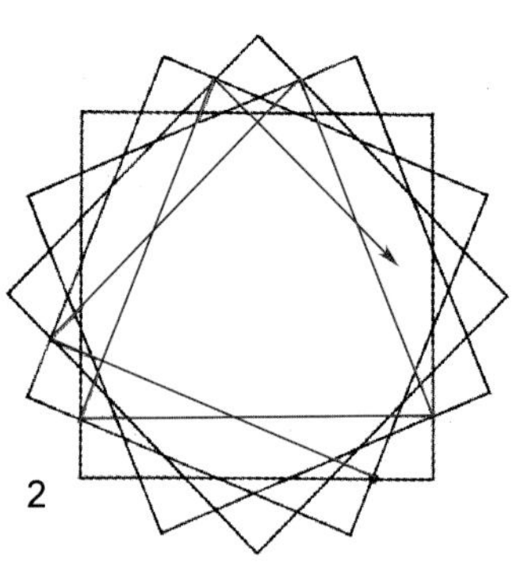

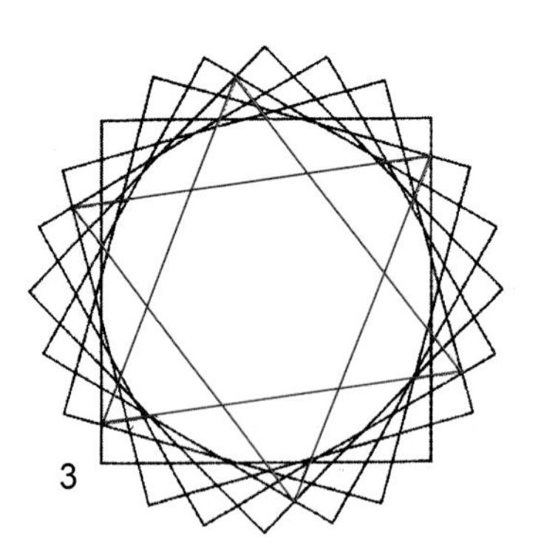

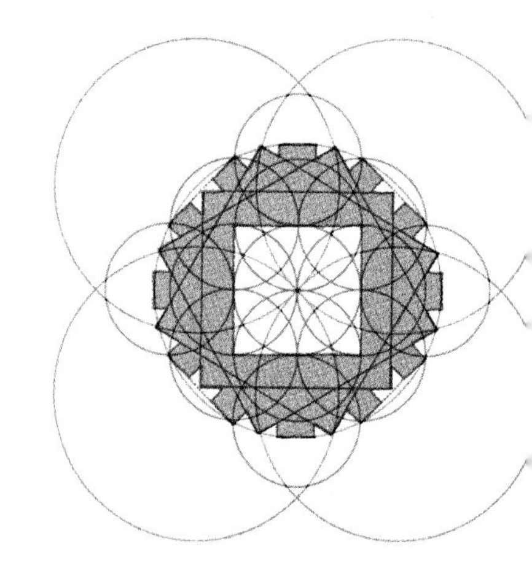

前面所说一个完整山墙加两个半山墙的构图模式之后得到了进一步的发展，其中一个办法是在其内部加一个尺度缩小的同类母题，并按这种方式多次重复，由此构成了伐腊毗式祠庙构图的基本理念（如纳雷沙拉的默塔卡神庙，图3-48）。平面矩形的祠堂上配置带筒拱顶的上部结构，其纵轴和进入神庙的方向形成直角。矩形两端立面则采用上述以内接方式、逐层缩小和向外凸出的系列装饰性山墙。

这类神庙实例主要属8世纪，包括瓜廖尔（中央

（左上）图3-68恰尔勒巴登 太阳神庙（约12世纪，后期增建）。主塔外景（混合谢卡里和布米贾模式，塔身具有谢卡里特色，但扇贝形的顶石则是布米贾寺庙的习用部件）

（左下）图3-69星形平面的形成（通过方形平面的多次旋转而得，据Adam Hardy）

（右两幅）图3-70尼米亚凯达 砖构神庙（约8世纪后期）。星形平面的形成及现状外景

邦）著名的泰利卡神庙和布巴内斯瓦尔（奥里萨邦）的瓦伊塔拉神庙，喜马拉雅山脚下的贾盖什沃拉神庙建筑群则可作为形制较简单的类似例证（图3-49）。

谢卡里模式

谢卡里（Shekhari）模式自10世纪开始得到普

（左上）图3-71辛讷尔 贡德斯沃拉祠庙（12世纪）。平面（取自HARDY A. The Temple Architecture of India，2007年）

（右上）图3-72辛讷尔 贡德斯沃拉祠庙。剖面

（下）图3-73辛讷尔 贡德斯沃拉祠庙。南侧全景

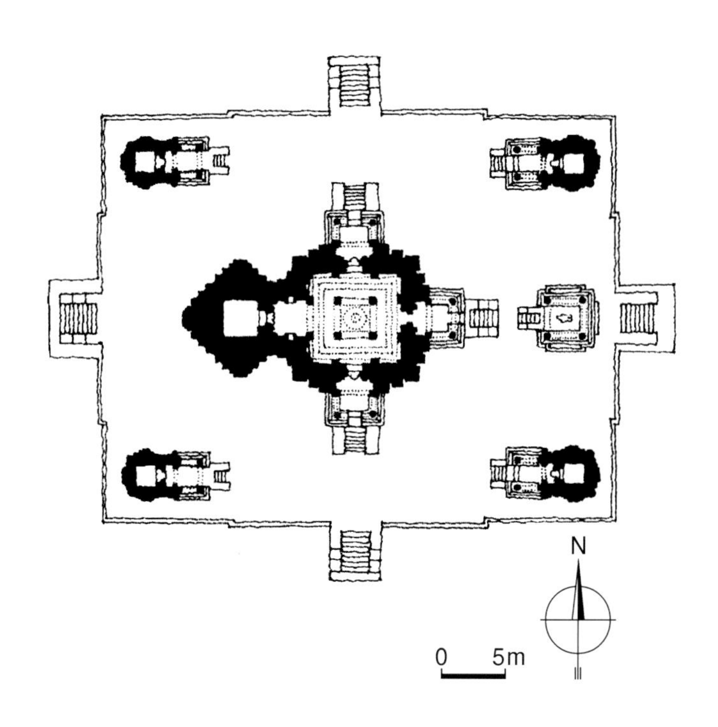

左页：

（上）图3-74辛讷尔 贡德斯沃拉祠庙。东南侧全景

（下）图3-75辛讷尔 贡德斯沃拉祠庙。东北侧景观

本页：

（上）图3-76辛讷尔 贡德斯沃拉祠庙。主祠东南侧现状

（下）图3-77梅纳尔（拉贾斯坦邦） 马哈纳莱什沃拉祠庙（11世纪后期）。现状全景

及，主要流行于印度西部及中部（图3-50）。在这些地区，许多世纪期间它都是大型神庙中的主导类型。在奥里萨邦，尽管拉蒂纳模式仍占据主流地位，但同样也有采用谢卡里模式的（如布巴内斯瓦尔的拉贾拉尼神庙，11世纪）。

谢卡里模式由位于中心的拉蒂纳式顶塔（边侧可附加一排或几排附属的半塔楼）及沿基部和角上布置的成组微缩塔楼组成（图3-51~3-53）。最简单的谢卡里式祠庙（见图4-7）以带三个凸出部分的方形平面为基底；中央的拉蒂纳式祠堂于三面（朝柱厅一面

1
2

1

2

(左页右上）图3-78梅纳尔 马哈纳莱什沃拉祠庙。主立面及南迪亭

(左页左上）图3-79卡纳塔克邦达罗毗荼式线脚：1、帕塔达卡尔 马利卡久纳祠庙（约742年），首层中间凸出部分；2、加达格 特里库泰什沃拉神庙（11世纪下半叶），首层角上凸出部分

(左页下两幅及本页）图3-80三种顶塔风格的比较：1、达罗毗荼式（穆鲁德什沃拉神庙），流行于印度南部，由逐渐缩小的亭阁层组成，装饰华丽；2、纳迦罗风格（布巴内斯瓦尔的拉梅什沃尔神庙），流行于其他几乎所有地方，曲线蜂窝形；3、韦萨拉模式（索姆纳特普尔的凯沙瓦祠庙，16角星形，图示背立面），为上述两种风格的结合，锥顶部分装饰华丽，自水平分划的外墙处拔起；所有这几种风格，顶上均置金属（黄铜、银或金）瓶罐

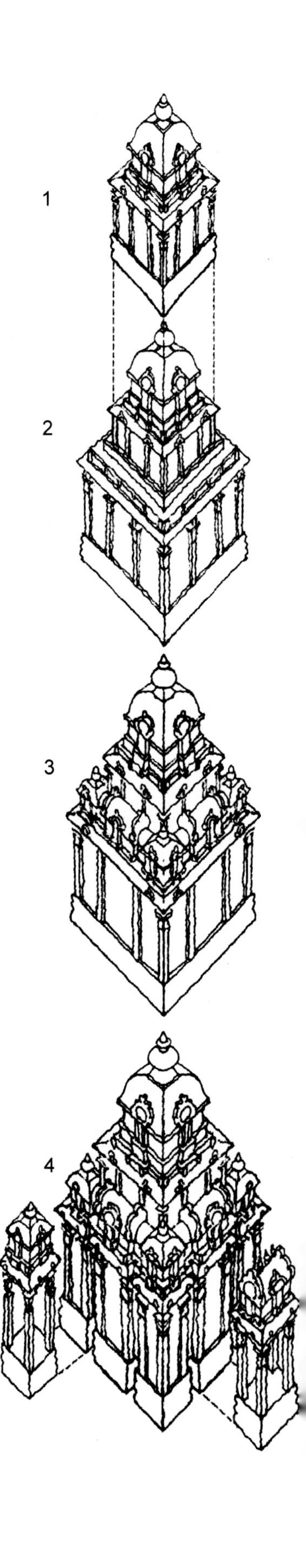

（左上）图3-81艾霍莱（卡纳塔克邦）拉沃纳-珀蒂石窟寺小祠堂（约7世纪初）。现状外景

（左下）图3-82切扎尔拉卡珀特祠庙。外景

（左中）图3-83切扎尔拉卡珀特祠庙。后殿近景

（右）图3-84多层小祠堂的构成及演化（取自HARDY A. The Temple Architecture of India，2007年）。图1的两层小祠堂成为图2三层小祠堂的上部结构；图3和图4分别示在三层小祠堂檐部和底层墙体部分增设亭阁式部件，以形成更复杂的达罗毗荼式建筑的过程

除外）中间部分出巨大的扶垛，后者外观如半个较小的拉蒂纳式祠堂。这些半祠堂和中央主祠合为一体，自正向轴线处向外伸出。在角部，嵌入上置拉蒂纳式

（上）图3-85大型结构顶层或“上神庙”（upper temple）采用的各种小祠堂造型（取自HARDY A. The Temple Architecture of India，2007年）：1、配有圆头挑檐及顶窗的亭阁，屋檐平台上布置南迪（公牛）造型；2、带中央凸出部分并在屋檐平台上布置小型亭阁；3、采用退阶式构图；4、多亭阁类型

（下）图3-86科杜姆巴卢尔 穆沃尔科维尔庙（三祠堂，9世纪末~10世纪初）。立面及中央部分细部（取自HARDY A. The Temple Architecture of India，2007年）

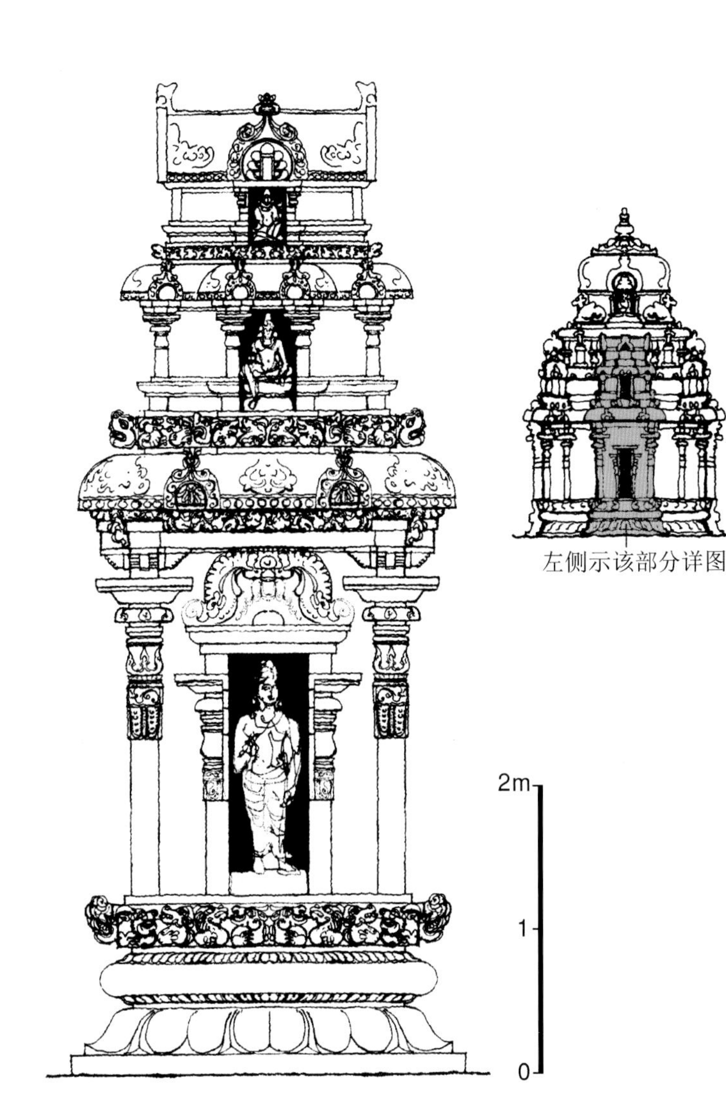

顶塔的柱墩[所谓“柱亭”（kuta-stambhas，其中：kuta意为“亭阁”，stambhas为“柱子、柱墩”），图3-54]。

公元960年建成的杰加特（位于拉贾斯坦邦）阿姆巴马塔祠庙采用了简单的谢卡里式造型（图3-55~3-59）。这座精美的小庙于每个中央凸出部分前附加三个次级亭阁式部件（由上部冠以微缩厅堂的凸出部分及两侧细高的柱亭组成）。

这种模式的演化往往采取一种离心扩展的方式，从上部结构顶端最简单的构图组合开始，向下增殖扩展。这可从中央邦克久拉霍的罗什曼那（拉克什曼那）祠庙（建于954年）和维什瓦拉塔神庙（1002年，见图4-146）中看出来。两者均于带五个凸出部分的底层上立简单的谢卡里式塔楼，角上及中间凸出部分立柱亭；中央各凸出部分设上带装饰性山墙的阳台式门廊，为绕内祠的巡回廊道采光。同在克久拉霍的肯达里亚大自在天庙（约1030年，见图4-151），更于主轴线上连续起四座塔楼，成为这种类型的杰出范例。

在阿索达（位于古吉拉特邦）贾斯马尔纳特大自在天庙的辅助祠堂处，可看到基本同样的构图，只是在较小的尺度上。在这里，主要祠堂上部照旧配置简单的谢卡里造型，但构图上更为复杂：每面均出几层附加塔楼，半塔楼边上另加四分之一小塔。就这样，

左页：

（上）图3-87科杜姆巴卢尔穆沃尔科维尔庙。地段全景（原有三座祠庙，中间一座颂扬国王的功德，两边的纪念两位王后，北祠堂现仅存基础）

（下）图3-88科杜姆巴卢尔穆沃尔科维尔庙。中祠堂及南祠堂现状

本页：

图3-89科杜姆巴卢尔 穆沃尔科维尔庙。南祠堂近景，分离式壁柱围括的龛室内自上至下分别表现湿婆的三种形态

形成在正向轴线上，多次复制自身的构图形式（图3-60~3-62）。

布米贾模式

11世纪期间发源于印度中部的布米贾（Bhumija）模式同样是自拉蒂纳模式发展而来（见图3-23中5和6，图3-35，图4-86），但在普及程度上不及谢卡里模式。这种形式是在顶塔四面每面中部设一垂直的扁平凸出部分，在这些相对平整的中央脊背之间及角上布置垂向成串的微缩祠堂和柱亭式部件，直至顶塔端部（布米贾式祠庙类型：图3-63；各种布米贾模式实例：图3-64~3-68）。中央凸出部分尽管很宽，但仍然延续了其他凸出部分的柱墩式线脚，并在脊背基部布置巨大的装饰性山墙。根据方形平面边侧凸出部分的数量，在相邻侧边中央凸出部分之间，可设三道或五道垂向柱亭系列。这种模式很适合组成星形平面（通过方形旋转的方式，图3-69、3-70；另见图3-113），同时和顶塔的脊面对应，维系正向的中央

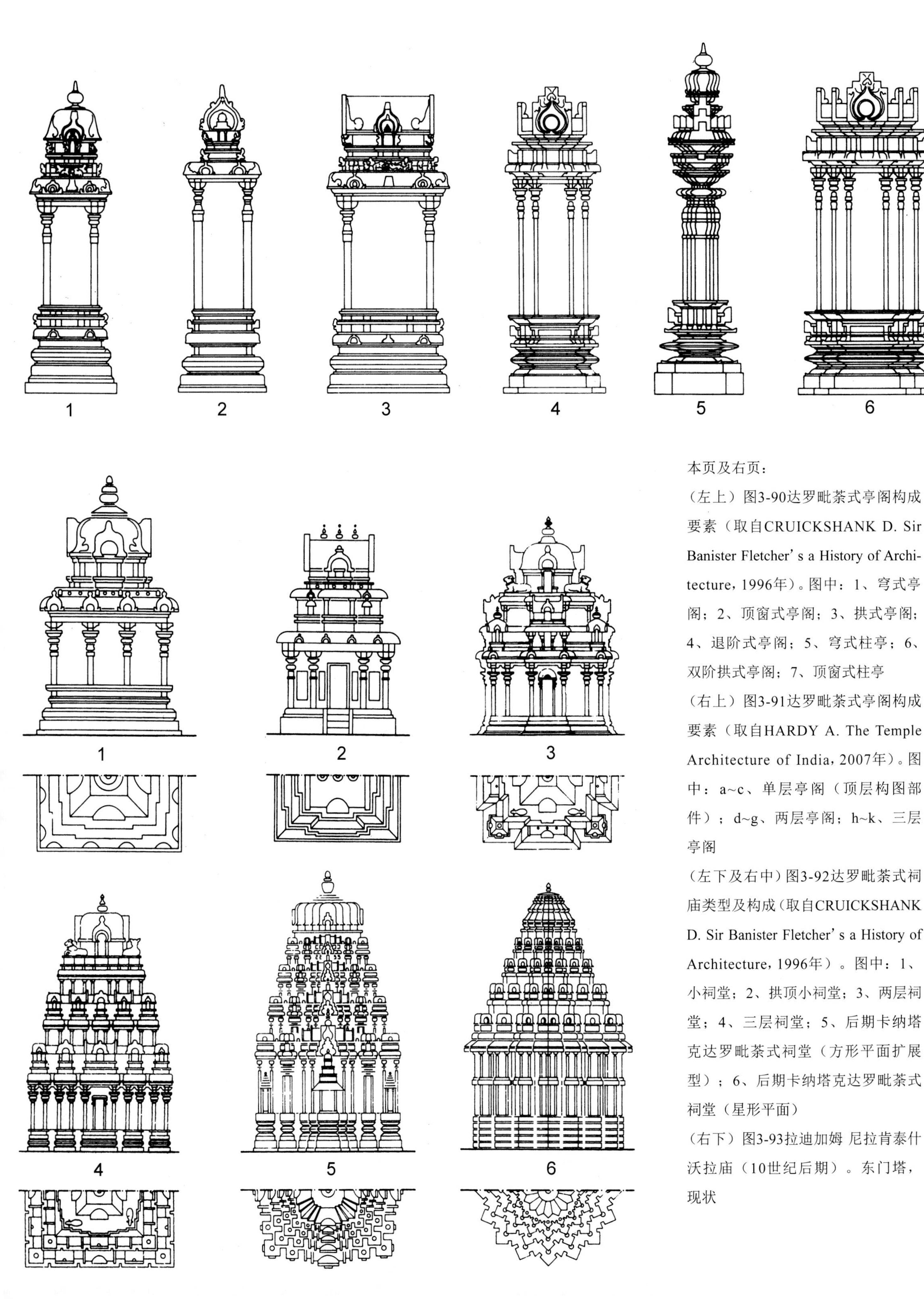

本页及右页：

（左上）图3-90达罗毗荼式亭阁构成要素（取自CRUICKSHANK D. Sir Banister Fletcher’s a History of Architecture，1996年）。图中：1、穹式亭阁；2、顶窗式亭阁；3、拱式亭阁；4、退阶式亭阁；5、穹式柱亭；6、双阶拱式亭阁；7、顶窗式柱亭

（右上）图3-91达罗毗荼式亭阁构成要素（取自HARDY A. The Temple Architecture of India，2007年）。图中：a~c、单层亭阁（顶层构图部件）；d~g、两层亭阁；h~k、三层亭阁

（左下及右中）图3-92达罗毗荼式祠庙类型及构成（取自CRUICKSHANK D. Sir Banister Fletcher’s a History of Architecture，1996年）。图中：1、小祠堂；2、拱顶小祠堂；3、两层祠堂；4、三层祠堂；5、后期卡纳塔克达罗毗荼式祠堂（方形平面扩展型）；6、后期卡纳塔克达罗毗荼式祠堂（星形平面）

（右下）图3-93拉迪加姆 尼拉肯泰什沃拉庙（10世纪后期）。东门塔，现状

凸出部分。

古代马尔瓦（中央邦东部）和塞纳德沙（马哈拉施特拉邦西部）地区是这种模式的主要发源地，之后进一步流行于中央邦西部和德干地区。其年代最早的实例是中央邦乌代布尔的乌代斯沃拉神庙（见图4-86），建于1059~1080年的这座华丽的神庙采用了32个角的星形平面。在马哈拉施特拉邦，12世纪的典型实例有辛讷尔的贡德斯沃拉祠庙（图3-71~3-76）和乔德加的摩诃提婆祠庙（见图3-35）。在拉贾斯坦邦，同样发现了一些重要的布米贾式作品，如梅纳尔的马哈纳莱什沃拉祠庙（11世纪后期，图3-77、3-78）。少数变体形式向南一直延伸到卡纳塔克邦和安得拉邦。贝卢尔（卡纳塔克邦）的契纳-凯沙瓦神庙（1117年）实际上也采用了布米贾式构图，只是因为上部结构现已无存，看上去不是那么明显。

[达罗毗荼式]

印度南方所谓达罗毗荼式神庙系自早期的泛印度传统发展而来，从阿旃陀和安得拉邦的佛教传统到6世纪南方的岩凿建筑，可大致追溯出其演进过程。实际上，在遮娄其王朝早期都城、卡纳塔克邦北部巴达米附近地区，还在7世纪和8世纪早期，达罗毗荼式神庙的建筑"语言"已得到了充分的发展（图3-79），之后又在安得拉邦继续深化。与此同时，通过相互影响，这种风格的泰米尔版本终于在帕拉瓦王朝统治时期结出了丰硕的成果。此后，这种形式的神庙又扩展

到印度西南的喀拉拉邦，并在朱罗王朝[2]统治时期传播到斯里兰卡。按泰米尔达罗毗荼式传统建造的组群不仅达到了空前的规模，群体规划亦极为丰富复杂，但在建筑形式和细部上，却是相当保守。

然而，在卡纳塔克邦，到11世纪初，达罗毗荼式样已经被改造得几乎面目皆非。有的学者据此认为，后期卡纳塔克-达罗毗荼风格（Karnata-Dravida Style）可能是文献规章中提到的和纳迦罗和达罗毗荼模式并列的第三种主要样式，所谓韦萨拉模式[Vesara，该词据信是来自梵文Vishra，意“长行之地”（area to take a long walk）；另说意为“骡子”，即杂交动物，图3-80]。这种模式随后扩展到安得拉邦，在印度中西部的马哈拉施特拉邦也可看到。到14世纪早期，在穆斯林入侵后，这一风格也随之消亡。自1336年开始，毗奢耶那伽罗帝国在200年间恢复了印度教在南部的统治。但他们主要转向采用坚实花岗石的泰米尔传统，而不是复兴使用精细片岩的卡纳塔克地方做法。

达罗毗荼式神庙最简单的形式是所谓“小祠堂”（alpa vimana），其原型是犍陀罗的一种小型佛教祠堂（见图1-400左图及图3-92之1）。这种类型本是来自上承茅草顶的木构架房舍，在用砖石砌筑时，配置了带线脚的基座、围护方形内祠的墙体（通常都带有壁柱）、带滴水檐口（kapota）的悬挑屋檐，以及顶部的穹顶小亭（kuta，通常为方形）。这类小祠堂亦可采用矩形平面，上置筒拱亭阁（shala），或取半圆形端部（称gajapristha，即“象背式”）。

位于艾霍莱（卡纳塔克邦）拉沃纳-珀蒂石窟寺南面前设门廊的一个小型砂岩祠堂，可作为小祠堂

本页：

图3-94祠庙形制的演变（取自HARDY A. The Temple Architecture of India, 2007年）。图中：左列、纳迦罗式祠庙；右列、卡纳塔克-达罗毗荼式祠庙

右页：

（上）图3-95贝尔加韦（贝利加维，卡纳塔克邦）凯达雷什沃拉庙（11世纪后期）。东面全景

（下）图3-96贝尔加韦 凯达雷什沃拉庙。东南侧全景

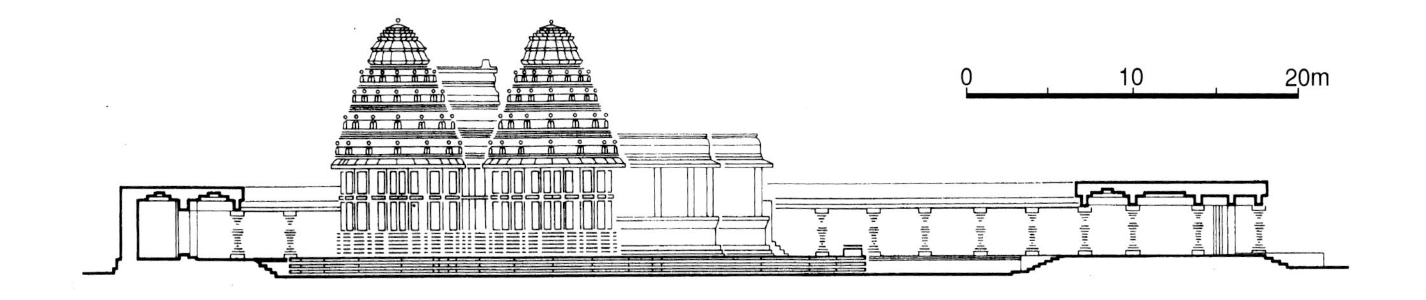

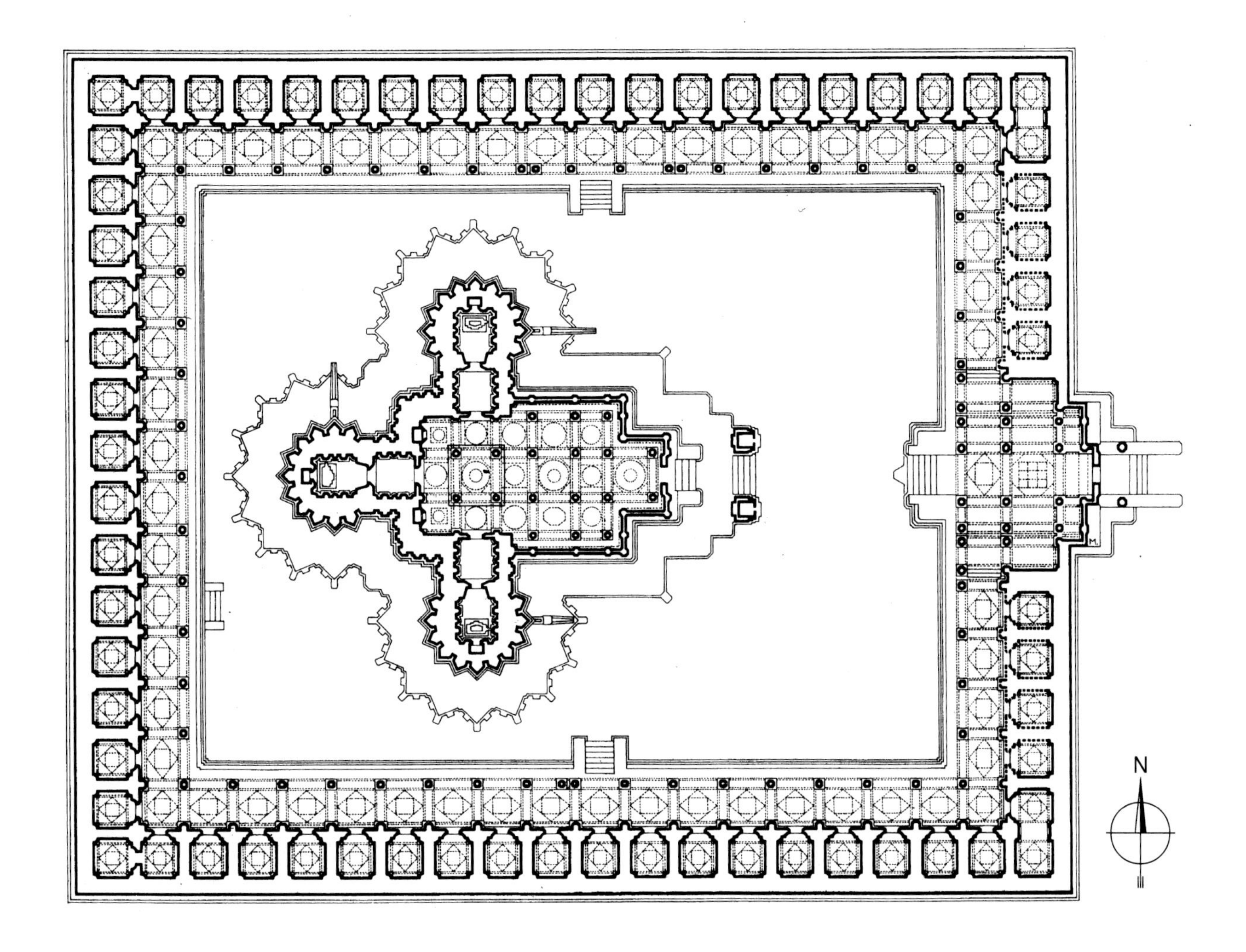

左页：

（上）图3-97贝尔加韦 凯达雷什沃拉庙。东立面

（下）图3-98贝尔加韦 凯达雷什沃拉庙。背面（西侧，中间为西祠堂）

本页：

图3-99索姆纳特普尔（卡纳塔克邦） 凯沙瓦祠庙（1268年）。总平面、主体建筑立面及廊道剖面（取自STIERLIN H. Comprendre l' Architecture Universelle，II，1977年）

中带亭阁式屋顶的早期实例（约建于7世纪初，图3-81）。在这里，基本是以石建筑的语言再现了木构草顶房舍的形式，并确立了线脚的层叠序列。石窟寺两侧浮雕亦表现同样形式的亭阁。在纳尔塔默莱的维阇亚·朱罗神庙旁边，可看到一个上冠圆形亭阁的小祠堂（见图5-132左下角）。在马哈拉施特拉邦泰尔和安得拉邦切扎尔拉发现的小祠堂，则可作为采用半圆形端部的实例（其建造年代可能比艾霍莱祠堂早很多，但上部结构具有同样的线脚序列，如切扎尔拉的卡珀特祠庙，图3-82、3-83）。两者均为砖砌，可能

最初为佛教祠堂。

作为基本的构图单元，这种小祠堂造型随后演变成高级祠庙的上部结构[所谓“上庙”（“upper temples”）]。最简单的做法是将结构紧凑的小祠堂直接置于底层的檐口之上，整体仍如单一的亭阁（图3-84、3-85）。泰米尔纳德邦建志（甘吉普拉姆）凯拉萨寺庙的马亨德拉跋摩祠堂和马哈拉施特拉邦埃洛拉凯拉萨寺庙的附属祠堂（两者分别属8世纪早期和中后期，见图3-92之2）即属带筒拱顶的这种类型。泰米尔纳德邦马马拉普拉姆（现名马哈巴利普拉姆）的岸边神庙（8世纪早期，见图5-73~5-86）和科杜姆巴卢尔的穆沃尔科维尔庙（三祠堂，9世纪末~10世纪初，图3-86~3-89）是顶上各层采用亭阁顶小型祠堂的实例（分别配置了八角形和方形的穹顶）。在纳尔塔默莱，9世纪建造的维阇亚·朱罗神庙（见图5-129~5-133）顶层以一个平面圆形的祠堂造型作为结束。

在最后这三个实例里，公牛或侏儒的雕刻造型位于凹进的“颈部”（griva）。通常这一位置配置栏墙（hāra）和系列亭阁（kuta，上置筒拱顶的称shala）。马马拉普拉姆著名的“五车”组群是一组自实

本页及右页：

（左）图3-100索姆纳特普尔 凯沙瓦祠庙。立面细部（取自HARDY A. The Temple Architecture of India，2007年）

（中上）图3-101索姆纳特普尔 凯沙瓦祠庙。大院入口（东侧），现状

（右上）图3-102索姆纳特普尔 凯沙瓦祠庙。主祠，东侧全景

（右下）图3-103索姆纳特普尔 凯沙瓦祠庙。主祠，东南侧景观

体花岗岩石中凿出的建筑（约7世纪中叶），其中展示了各种各样的祠堂形式。其墙面凸出部分大都与栏墙微缩亭阁之间相互应和，这种对应关系本是达罗毗荼式神庙的标准规章；认识到这点有助于深入理解这种亭阁组群的构图理念。角上带壁柱的柱墩上安置的穹顶或筒拱顶的小型亭阁，形如狭长高耸的小祠堂。自犍陀罗建筑（见图1-400左图）演化而来的这种比例的祠堂在各类叙事浮雕上经常可以看到（画面多表现木构祠堂，带装饰的角部柱墩上承茅草顶棚和小型亭阁）。在7世纪中叶马马拉普拉姆一块巨石浮雕《恒河降凡》（*Descent of the Ganges*）上，就有一个内置毗湿奴雕像的这种形式的祠堂（见图1-404）。在这里，木构细部已依照这一时期在砌筑神庙里确立的规章进行了简化并纳入线脚里去（木构建筑的角柱以狭窄的壁柱表示，得到广泛应用的达罗毗荼式壁柱，在形式及线脚序列上均忠实地反映了同类风格神庙中的通用柱型，如图3-1所示）。最早用作构图单元的祠堂及亭阁造型即穹顶或筒拱顶的微缩祠堂[分别称为“穹式亭阁”（“kuta-aedicules”）或“拱式亭阁”（“shala-aedicules”）]，稍后又出现了所谓“顶窗式亭阁”（“panjara-aedicules”）。这些构图单元相互连接，形成组群，围绕着金字塔式的叠置层位（talas）布置。从图3-90~3-91提供的各类亭阁式构图的立面简图上，可看到它们的主要特色和区别。所有这些达罗毗荼式祠堂均以立体（即三维空间）形式表现，好似嵌入到墙体内（图3-92）。

在主要亭阁的墙面上，纳入一个设雕像龛室的次级亭阁，是许多达罗毗荼式神庙的主要构图手法。像帕塔达卡尔供奉三眼神湿婆的维鲁帕科萨神庙（8世纪，位于卡纳塔克邦，见图3-506~3-514）这样一些建筑，更是包含有一系列不同形式和尺度的亭阁。其中所确立的线脚序列见图3-519：在首层顶部栏墙处，顶塔（shikhara）线脚系表现茅草屋顶的造

本页：

图3-104索姆纳特普尔 凯沙瓦祠庙。主祠，西南侧景色

右页：

图3-105索姆纳特普尔 凯沙瓦祠庙。主祠，墙面近景

型，“颈部”（griva）可能示居所阳台，接下来是栏杆（vedi），下面为印度神话中怪兽亚利[3]和海兽摩竭（makaras）的雕刻饰带（vyalamala），以及草顶檐口（kapota）和托梁端头等。在卡纳塔克邦，图上所示基座线脚序列已成定规（见图3-96、3-510、4-440），但在泰米尔纳德邦，该部分则可有各种变体形式。

朱罗王朝的帝王们建造了一批当时最大的寺庙，包括泰米尔纳德邦坦焦尔（现称坦贾武尔）的布里哈德什沃拉（罗荼罗乍斯沃拉）寺庙（约1010年，见图5-163），同一个邦的根盖孔达-乔拉普拉姆的湿婆神庙（11世纪中叶，见图5-194）和达拉苏拉姆的艾拉沃泰斯沃拉庙（12世纪中叶，见图5-212）。在坦焦尔寺庙朝东的轴线上，建有两座通向圣区的巨大塔门（gopuras，泰米尔文称gopuram，见图5-158、5-160，另参见图5-123）。塔门的形式来自印度早期筒拱顶的大门，其形象见于桑吉等地建筑的浮雕。在印度南方，这类塔门基本采用筒拱顶祠堂的形式，门道设在长边中央。简单的门塔[如尼拉肯泰什沃拉庙（10世纪后期，位于拉迪加姆）的东门塔，图3-93]外形如筒拱顶的小祠堂，在采用多层构图时则作为顶层的样式。

在卡纳塔克邦的达罗毗荼式建筑及受其影响的安得拉邦神庙里，遮娄其早期帕塔达卡尔作品里表现出来的那种倾向，在接下来的三个世纪里都得到延续，达罗毗荼式祠堂亦被改造成具有折中性质（或说是杂交特色）的韦萨拉式建筑。不过，在后期卡纳塔克-达罗毗荼式神庙里表现出来的某些纳迦罗建筑的特色，可能只是因为它们是按同样的方式进行演化，其轴向凸出部分越来越大，构成要素也越来越繁复、琐碎，只有下面的层叠金字塔，亭阁和线脚类型，仍然保留了达罗毗荼的风格样式（图3-94）。

随着呈阶梯状向前凸出的墙体数量增多，建筑形体的棱角也随之增加。9世纪左右主要祠堂两侧更进一步引入了对称的双祠，如卡纳塔克邦贝尔加韦（贝利加维）的凯达雷什沃拉庙（图3-95~3-98）。到11世纪，这种形式已成为最流行的构图方式。另一种值得一提的亭阁部件即前面提到的所谓“柱亭”（kutastambha，kuta-stambhas，见图3-92）。它由位于柱墩（stambha）上的亭阁（kuta）组成，主要用于中间的凸出部分，如贝尔加韦（贝利加维）凯

左页：

（上下两幅）图3-106索姆纳特普尔 凯沙瓦祠庙。主祠，基座近景

本页：

图3-107索姆纳特普尔 凯沙瓦祠庙。主祠，雕饰近景（前景管道出口及石槽系为排放牺牲汁液用，其简单的形体与建筑本身华丽的雕饰形成鲜明对比）

本页：

（上）图3-108索姆纳特普尔凯沙瓦祠庙。主祠，微缩建筑细部

（下）图3-109索姆纳特普尔凯沙瓦祠庙。主祠，顶塔近景

右页：

图3-110索姆纳特普尔 凯沙瓦祠庙。主祠，女神像（带有沉重华丽的饰物，一手持莲花，一手持松果，为富饶和丰收的象征）

本页及右页：（左右两幅）图3-111索姆纳特普尔 凯沙瓦祠庙。室内天棚雕饰

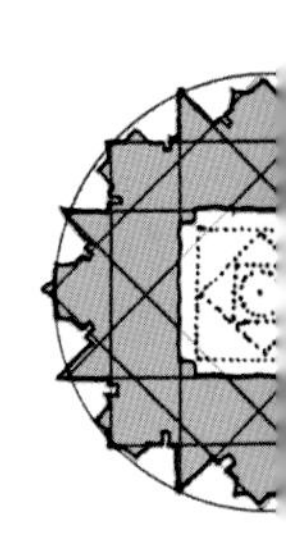

达雷什沃拉庙的西祠堂（见图3-98）和伊塔吉的摩诃提婆庙。

从12世纪早期开始，在卡纳塔克邦南部曷萨拉王朝（Hoysala Dynasty）统治下，构图复杂的卡纳塔克-达罗毗荼式神庙进一步增添了由绿泥片岩（滑石）制作的华丽装饰。曷萨拉王朝君主基于方形旋转的原则，进一步丰富了星形平面的造型。卡纳塔克邦索姆纳特普尔的凯沙瓦祠庙是其最典型的实例（1268年，图3-99~3-112）。这是座三祠堂庙宇，供奉毗湿奴的三种形态。各内祠平面均为16角星形，它们和共用的柱厅一起，立在一个高平台上，平台外廓的凸出及凹进基本依建筑本身的平面形式。整个主体结构位于一个由64座小祠堂围括的矩形院落内。建筑各处均采用了柱亭的造型，祠堂上部的“顶塔”更像印度北方某些神庙顶上的宝铃状结构（ghaṇṭās）。采用类似星形平面的还有卡纳塔克邦珀德拉沃蒂的拉克什米-那罗希摩神庙（同样为三祠堂平面，平面构图遵循严格的几何规律，图3-113），王朝都城赫莱比德（原意“老城”）始建于1121年的霍伊瑟莱斯沃拉神庙（双祠堂，但在主要轴线上设正向凸出部分，其上部结构现已无存），卡纳塔克邦阿拉拉古佩的琴纳

本页及右页：

（左上）图3-112索姆纳特普尔 凯沙瓦祠庙。院落廊道内景

（中上）图3-113珀德拉沃蒂（卡纳塔克邦）拉克什米-那罗希摩神庙。平面几何分析（取自HARDY A. The Temple Architecture of India，2007年）

（右上）图3-114阿拉拉古佩（卡纳塔克邦） 琴纳克神庙（约13世纪初）。主塔外景

（右下）图3-115构成后期卡纳塔克-达罗毗荼式亭阁的要素（取自HARDY A. The Temple Architecture of India，2007年）。图中：1、阶梯状拱顶亭阁；2、顶窗式柱亭；3、穹式柱亭；4、阶梯状拱顶亭阁并带中央顶窗式柱亭；5、双阶拱顶亭阁；6、双阶拱顶亭阁并在中央凸出部分配墙龛及牛眼拱等特殊部件；7、穹式亭阁与半拱顶亭阁相结合

克神庙（16角星形平面，约建于13世纪初，供奉毗湿奴，图3-114）。

在位于德干地区南端的这片地域，同样可以看到北方的纳迦罗形式，有时还具有相当的规模。前面已提到，贝卢尔的契纳-凯沙瓦神庙实际上已采用了布米贾式构图，柱厅前方台阶两边的祠堂同样用了这种模式的缩小变体形式。尺度缩小的其他纳迦罗形式，

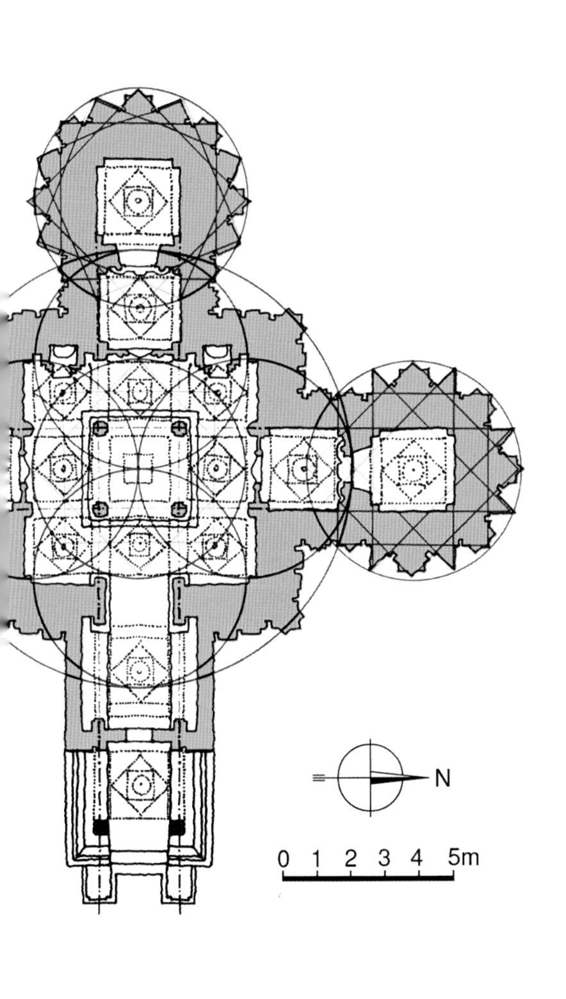

则和达罗毗荼及其他模式一起，被用于卡纳塔克-达罗毗荼式神庙的立面（图3-115），或形成越来越复杂的微缩祠堂（“模型”），或充当龛室的华盖和次级亭阁（见图3-96、4-440）。

[其他模式，混合型及地方类型]

自7世纪开始，早期遮娄其王朝君主及其继承人在卡纳塔克邦的艾霍莱，和纳迦罗及达罗毗荼祠堂一起，建造了一些沉重的“厅堂式神庙”（“hall temples”），将内祠纳入矩形柱厅内。其中最著名的实例是艾霍莱的拉德汗神庙。在这个遗址及其附近，还建造了一些半圆头的祠堂，特别是艾霍莱的杜尔伽神庙（约700年），除了室内巡回廊道（pradakshinapatha）外，建筑另配有外部的阳台式回廊。这

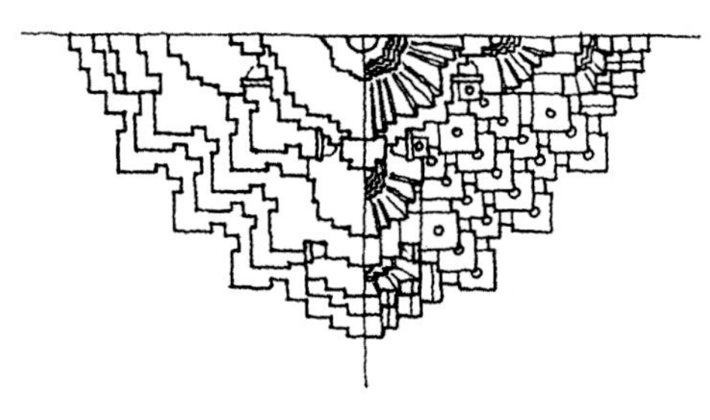

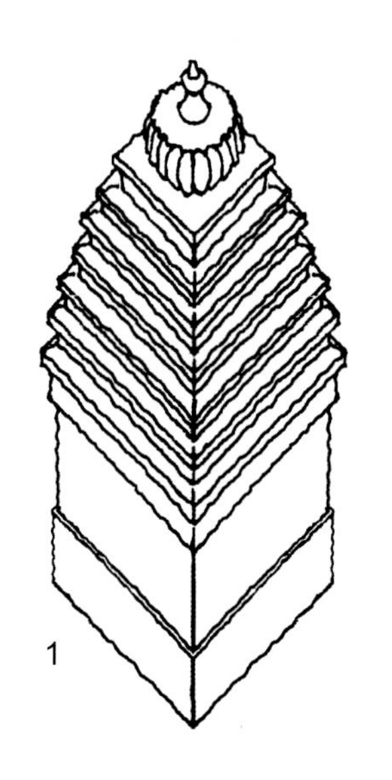

（左上）图3-116拉克什梅什沃拉 索梅什沃拉神庙（12世纪上半叶）。主塔，屋顶平面及立面（取自HARDY A. The Temple Architecture of India，2007年）

（右上）图3-117拉克什梅什沃拉 索梅什沃拉神庙。外景

（下）图3-118帕姆萨纳模式的各种表现（取自HARDY A. The Temple Architecture of India，2007年）。图中：1、早期重檐类型；2、早期坡顶类型；3、克什米尔类型

是个蓄意混合各类要素的早期作品（具有纳迦罗式的塔楼，以及充斥各处混合纳迦罗和达罗毗荼样式的部件）。在接下来的几个世纪里，德干地区的匠师们就综合运用各类部件进行了各种试验，其中最具匠心的，可能就是拉克什梅什沃拉的索梅什沃拉神庙（图3-116、3-117）。这座建于12世纪上半叶的建筑虽然没有采用具体的纳迦罗式细部，但却是按照纳迦罗建筑谢卡里模式布置卡纳塔克-达罗毗荼式部件。在北方传统的框架内，不同的纳迦罗模式亦可混合使用，如在贾尔拉帕坦（11世纪后期）和拉纳克普尔（15世纪，两者都在拉贾斯坦邦）两地的太阳神庙里，就可以看到综合谢卡里-布米贾（Shekhari-Bhumija）模式的尝试。两座寺庙均配置了布米贾式的辐射状柱亭（kuta-stambha），并在主要凸出部分设谢卡里式的“半塔”（“half shikharas”）。拉纳克普尔祠堂更配置了八个主要凸出部分，而不是如通常那样仅有四个（除正向轴线外，另四个布置在对角方位，见图4-228）。

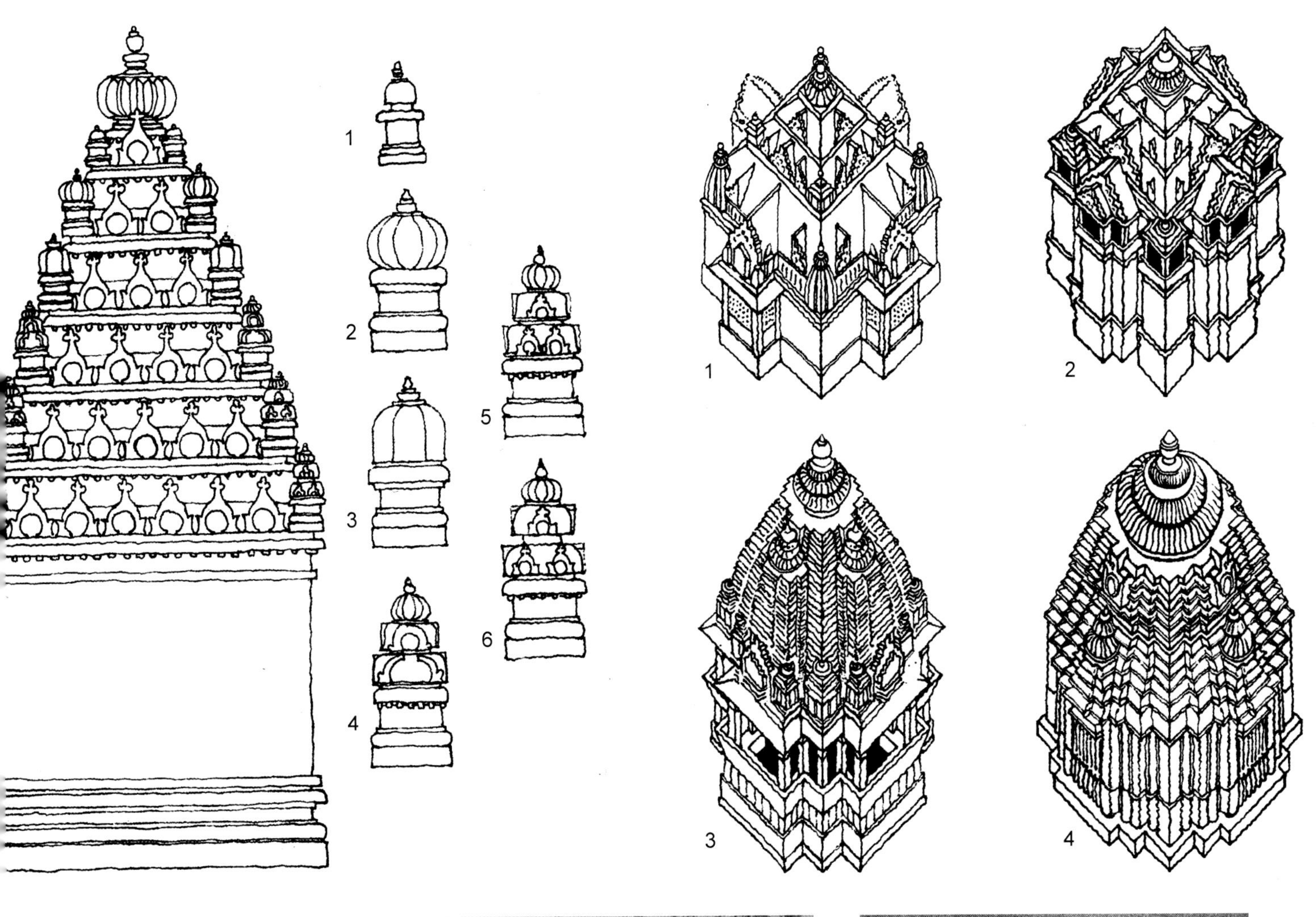

（左上）图3-119比莱什瓦尔（古吉拉特邦） 摩诃提婆祠庙（7世纪早期），帕姆萨纳式祠堂立面及构成（取自HARDY A. The Temple Architecture of India，2007年）。右侧示角部小亭阁的各种样式：穹式（1和3）、球垫式（2）和帕姆萨纳式（4~6）

（左下）图3-120多达加达瓦利（卡纳塔克邦） 拉克什米祠庙（1112/1117年）。现状（基部和墙体为典型的卡纳塔克-达罗毗荼类型，金字塔式的屋顶由挑檐线脚组成，上冠卡纳塔克-达罗毗荼式穹顶）

（右下）图3-121维瑟沃达 老神庙（7世纪）。外景

（右上）图3-122后期帕姆萨纳形式（取自HARDY A. The Temple Architecture of India，2007年）。图中：1、坡屋顶，角部布置小型顶塔及亭阁，中央为伐腊毗式组件；2、上部坡屋顶，周围布置亭阁和伐腊毗式组件；3、印度谢卡里式上部结构并带帕姆萨纳式的半塔凸出部分；4、奥里萨皮德类型（由密集的成排檐板组成直线金字塔式的上层结构）

帕姆萨纳（Phamsana）是另一种得到广泛应用的模式，其金字塔形的上部结构由屋檐线脚组成（图3-118、3-119）。从岩凿雕刻可知，这种形式同样具有早期的原型。在自德干高原向北至喜马拉雅山，自古吉拉特邦向东至奥里萨邦这片广大地域上发现的帕姆萨纳式祠庙，根据不同的地区和年代，分别表现出纳迦罗或达罗毗荼的风格特色（如卡纳塔克邦多达加达瓦利的拉克什米祠庙，即可归入卡纳塔克邦和安得拉邦流行的帕姆萨纳式卡纳塔克-达罗毗荼类型，图3-120，另见图4-449~4-457）。6~8世纪，在古吉拉特邦绍拉施特拉地区，这种模式占据了主导地位；位于戈普和维瑟沃达（图3-121）的神庙可作为这方面的典型例证。拉克什梅什沃拉的耆那教祖师阿难塔那陀神庙（约建于1200年）表明，在德干地区，帕姆萨纳模式已成为替代达罗毗荼模式的一个合宜的选择；其穹顶、中央脊面、壁柱和基台，皆为卡纳塔克-达罗毗荼式，但具有纳迦罗式的墙龛。实际上，在北方，这种金字塔状的帕姆萨纳式屋顶作为柱厅常

用的传统形式早已为人们所熟悉（或是单个采用，或是形成帕姆萨纳式亭阁或柱亭组群，见图3-680，4-146）。到后期，采用这种模式的上部结构更是变得越来越繁复、华丽（图3-122、3-123）。同时，还演化出一种带钟形线脚层位的金字塔式屋顶[所谓萨姆沃拉纳式（Samvarana），图3-124]。

在克什米尔，7~10世纪期间另发展出一种和帕姆萨纳模式不无关联的祠堂形式，受西方古典建筑影响的遗产在这方面也起到了一定的推动作用。马尔坦（位于查谟-克什米尔邦）的太阳大庙（约725~750年，见图3-765~3-775）可作为这方面一个宏伟的早期实例（万加特的祠庙群是组类似但较为简朴的例证，图3-125、3-126）。建于两个世纪以后的潘德雷坦湿婆神庙位于一个小池中央，目前尚保存完好（图3-127~3-129）。配置了陡坡山墙，内置尖头三叶券的亭阁造型（其立面形式类似图1-400右图所示古代犍陀罗的支提窟）更赋予这些克什米尔建筑一种神秘的哥特情调。

在奥里萨邦，出现了一种可视为达罗毗荼地方变体的形式，按南方方式通过叠置层位（talas）组织构图，配有独特的柱亭和筒拱状的顶部[柱亭柱顶上或立穹式亭阁（称kutastambha），或立顶窗式和筒拱

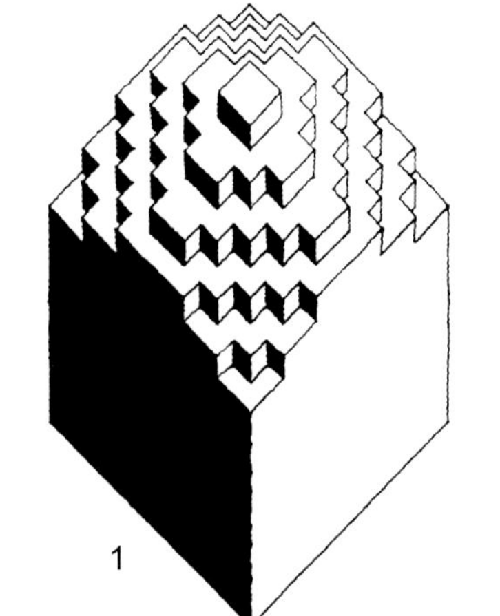

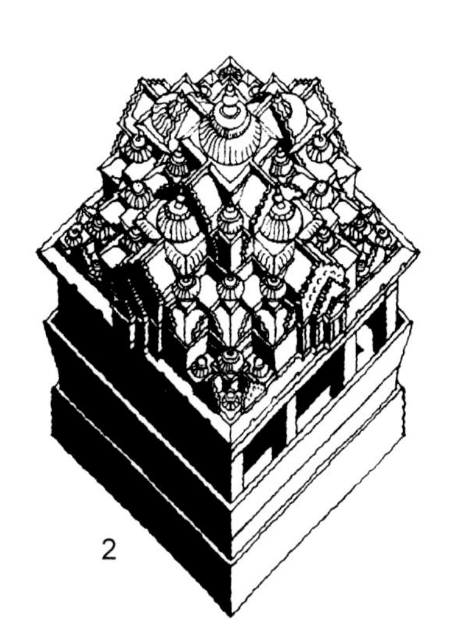

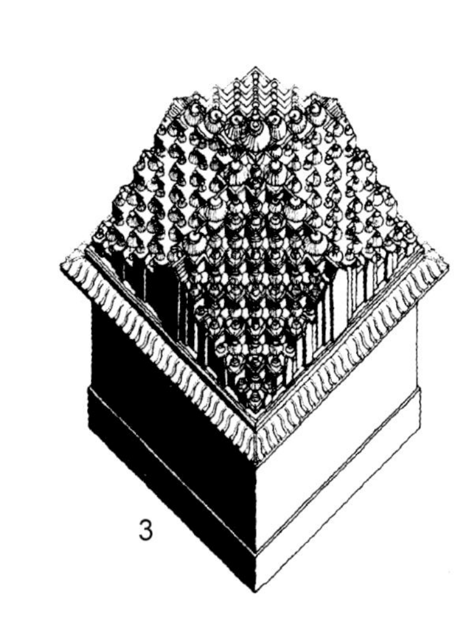

左页：

（上）图3-123奥瓦（拉贾斯坦邦）湿婆庙（约9世纪初）。外景（与原始谢卡里式祠庙相对应的复合帕姆萨纳类型）

（下）图3-125万加特 祠庙群。现状

本页：

（上）图3-124萨姆沃拉纳式厅堂（取自HARDY A. The Temple Architecture of India, 2007年）。图中：1、基本形体；2、早期形式（保留了凸出的伐腊毗式山墙和坡屋顶板）；3、后期萨姆沃拉纳式的典型形态

（下）图3-126万加特 祠庙群。残迹近景

顶亭阁（分别称panjarastambha和shalastambha）]。奥里萨邦乔拉西的筏罗诃祠庙（9世纪，见图3-742~3-749）可作为这方面的一个精美实例。布巴内斯瓦尔的穆克泰斯沃拉主庙中央的凸出部分则是这种乔拉西式祠堂的最后表现。

在雨量充沛林木繁茂的地区，发展出一种带有陡坡屋顶的神庙（屋面铺瓦）。在喀拉拉邦和卡纳塔克邦的沿海地带，达罗毗荼式石结构均配有木构屋顶（往往为几层）。属喀拉拉邦的实例中包括带锥形屋顶的圆形神庙，如内马姆的尼拉曼卡拉庙（约1050~1100年，图3-130）和特里丘县沃达昆纳特祠庙群内的两个祠堂（12世纪及以后，图3-131~3-133）。带层叠屋顶的木构神庙同样是喜马拉雅地区特有的类型。在这里，位于内祠上的最高屋顶往往为锥形，如喜玛偕尔邦昌巴的切尔加翁祠庙（图3-134）和同一邦贝纳的摩诃提婆祠庙（16~17世纪，图3-135、3-136）。就基本类型而言，这些神庙应属尼泊尔的所谓“宝塔式寺庙”（“pagoda temples”），这种形式既可用于印度教建筑，亦可用于佛教祠庙。

16世纪期间，在经历了两个世纪穆斯林的统治之后，孟加拉的一次佛教复兴促成了一种富于变化的新型神庙的诞生（采用砖结构和陶面装饰），如西孟加拉邦毗湿奴布尔的什亚马-拉马神庙（1643年，图3-137、3-138）、班斯贝里亚的福天庙（1679年，图3-139~3-141）和比什奴普尔的一批建筑（什亚姆罗

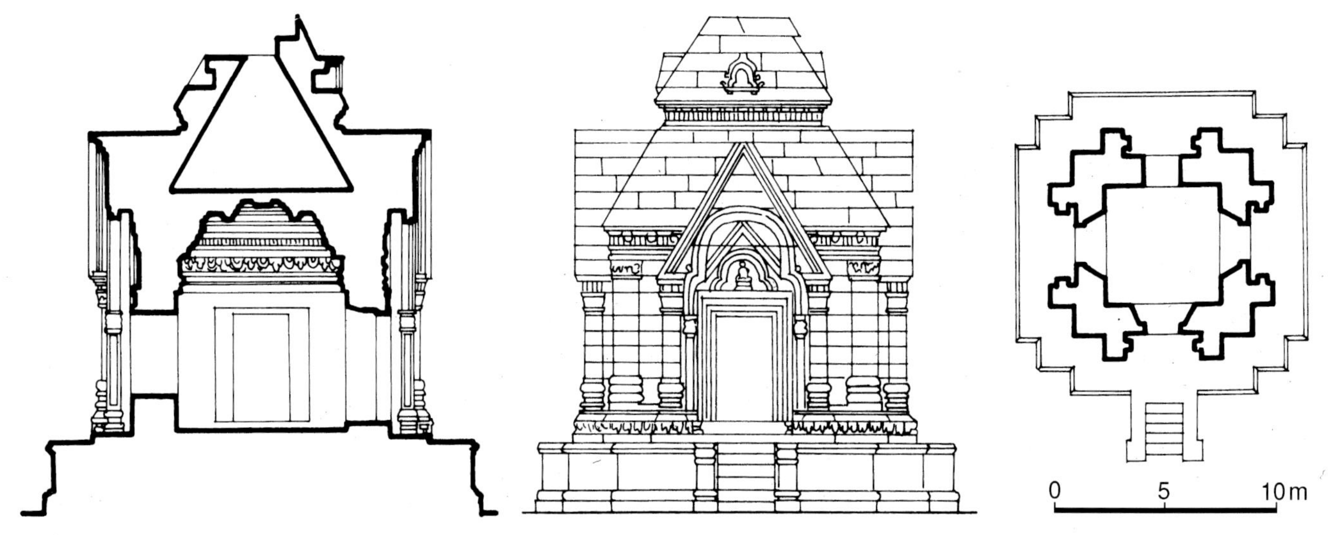

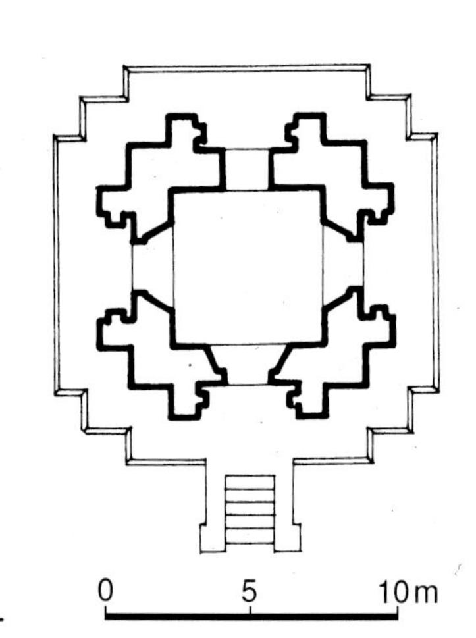

左页：

（上）图3-127潘德雷坦 湿婆神庙（10世纪）。平面、立面及剖面（取自BUSSAGLI M. Oriental Architecture/2，1981年）

（左中）图3-128潘德雷坦 湿婆神庙。地段全景

（左下）图3-129潘德雷坦 湿婆神庙。立面现状

（右下）图3-130内马姆（喀拉拉邦）尼拉曼卡拉庙（约1050~1100年）。外景

本页：

（上）图3-131特里丘县 沃达昆纳特祠庙（9/10世纪）。总平面：1、湿婆及帕尔瓦蒂祠堂；2、申卡拉纳拉亚纳祠堂；3、罗摩祠堂；4、迦内沙祠堂

（下）图3-132特里丘县 沃达昆纳特祠庙。东北侧外景

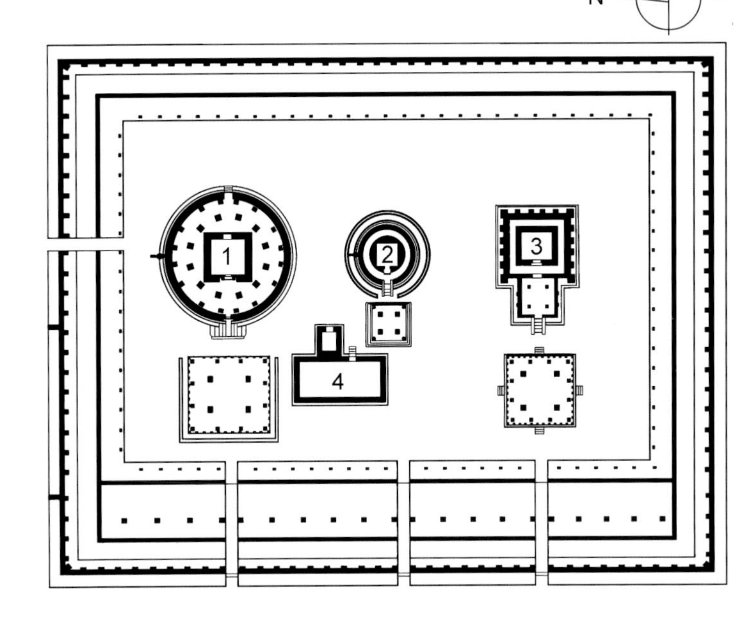

伊庙：图3-142~3-145；马东莫汉庙：图3-146；杰尔邦格拉庙：图3-147~3-149）。这些神庙将伊斯兰建筑的结构技术——拱券、拱顶和穹顶，与来自当地住宅的茅草顶形式相结合，创造出一种极为独特的类型，其屋脊和檐部均依据拱券的曲线。

地方匠师在这种综合了印度本土和伊斯兰特色的建筑上留下了自己的印记，但这并不意味着伊斯兰建筑对印度神庙建筑的影响仅限于孟加拉地区，特别是在莫卧儿帝国统治期间。穹顶和尖券是最明显的外来要素，其表现可以是“真券”（用辐射状的券石），也可以是“假券”（采用叠涩挑出的方式），抑或是在实心石板上镂空的拱券。到18世纪，尖券已成为所有纪念性建筑中大量使用的形式。在印度，这种形式历史悠久、源远流长，从最初支提窟的立面造型到多叶形拱券的塔门，实际上都和伊斯兰建筑的尖券相近。这类尖券尚可在北方邦佛林达文的戈温达提婆神庙及该地其他16世纪后期以红色砂岩建造的寺庙处看到（戈温达提婆神庙：图3-150；马达纳-摩哈纳神庙：图3-151、3-152）。

五、屋顶类型

上面我们基本上是按传统的印度建筑文献分类

左页：
（上）图3-133特里丘县沃达昆纳特祠庙。南门（11世纪，已超出图3-131范围），现状

（下）图3-134昌巴（喜玛偕尔邦）切尔加翁祠庙。外景（绘画，取自CRUICKSHANK D. Sir Banister Fletcher's a History of Architecture，1996年）

本页：
（上）图3-135贝纳（喜玛偕尔邦）摩诃提婆祠庙（16~17世纪）。现状

（下）图3-136贝纳 摩诃提婆祠庙。屋顶近景

法，将寺庙按两种主要类型，即纳迦罗式和达罗毗荼式分别予以评介。但有法国学者指出，这样的分类并不很准确。因纳迦罗风格和顶塔式寺庙不仅见于马德拉斯，同样源于德干地区（如艾霍莱和帕塔达卡尔）；同时，还可在奥里萨邦、卡提瓦半岛和拉其普特地区，即印度中部和纳迦罗风格的边缘地区看到。

因此许多学者倾向以形式（特别是屋顶的形式）作为神庙分类的依据，即曲线的顶塔式屋顶、锥体（或菱柱形）屋顶、圆筒（或筒拱）状屋顶。

遗憾的是，由于穆斯林的入侵，印度北方建筑很多都遭到破坏。这种无可挽回的损失使人们很难追溯建筑风格的完整发展历程（特别是北方地区的），目前仅能就这三种神庙建筑类型进行初步的探讨。

[顶塔式屋顶]

顶塔（悉卡罗，sikhara，shikhara，梵文，原意指“山峰、顶尖或火焰”）系指印度北方耆那教和印度教寺庙位于圣所[即相当拉丁语“圣中之圣”（sanctum sanctorum）的地方]之上的高耸塔楼（在南方，对应的词为vimana）。实际上，按印度建筑文献的说法，悉卡罗（shikhara）一词仅用于穹顶形的冠戴部分。这种曲线的顶塔式屋顶很可能源于早期围护吠陀祭坛的竹结构（外覆芦苇面层，图3-153、3-154）。但这仅是一种假设，尽管看上去有一定道理，但并没有充分的科学依据。可以肯定的倒是，曲线屋顶结构和烧砖的采用密切相关，并由此形成水平和垂直的线脚[其平面可以是圆形（amalaka fashion），也可以是多边形，后者可避免自矩形基础向圆形上部

结构的生硬过渡]。有时粗砖结构进一步通过雕凿使其变得更为精美和明确（以雕凿加工作为完成建筑造型的最后手段是印度的传统做法）。屋顶大都安置在基部立方体结构上，外观如叠置的带线脚的水平檐口，垂向上形成或外凸、或内凹、或尖棱、或圆头的廓线。这些线脚形成近十字形的多叶形平面，其造型很可能来自波斯波利斯的柱头，只是经历了许多变化。这样形成的屋顶具有极其坚实、紧凑的建筑形体，以其独立高耸的外廓，统领着周围的空间。和建筑相比，这个精心制作、向上拔起的巨大尖头穹顶显然更多具有雕塑的特色。

本页及左页：

（左上）图3-137毗湿奴布尔（西孟加拉邦） 什亚马-拉马神庙（1643年）。现状

（左下）图3-138毗湿奴布尔 什亚马-拉马神庙。墙面装饰陶板（演奏笛子的克里希纳，外圈为众舞神）

（右）图3-139班斯贝里亚 福天庙（1679年）。东南侧全景

（中）图3-140班斯贝里亚 福天庙。北侧景观

至此，人们已可想象出曲线塔楼下一步的发展方向。随着高度的增加，穹顶更加趋向尖头的造型（一般称为chapra）。高耸挺拔的屋顶本来就具有向上的态势，为了满足人们日益增长的象征愿望，进一步强化其垂向动态，建筑师又在技术上进行了若干改进和完善（如增加大量的垂向沟槽；在中央塔楼周围或与之相连，于不同高度和层位上，布置众多高度不等的次级塔楼等）。

克久拉霍地区的寺庙（如肯达里亚大自在天庙、维什瓦拉塔庙和罗什曼那庙）是配有大量尖塔的这种类型的寺庙中最壮美的一批。值得注意的是，其中配有大量露骨表现情欲母题的系列雕刻。甚至是科纳拉克的太阳神庙（如完全建成据称将达到120米高）也饰有表现性爱场景的雕刻。

形成主要塔楼顶冠部分的小塔（anga-sikharas）可作为独立结构布置在前方，或与主塔各面凸出部分对应，如位于萨特伦贾亚山上的帕利塔纳耆那教建筑群（作为耆那教圣城的帕利塔纳创建于1194年，在遭穆斯林入侵者毁坏后，于16和17世纪全面重建；现山城上有836座耆那教祠庙，是世界上唯一拥有如此之多寺庙的山头；建筑分为九组，每组均有自己的中心祠庙和围绕着它的次级祠堂；图3-155~3-161）；也

本页：

（上）图3-141班斯贝里亚福天庙。入口近景

（下）图3-142比什奴普尔什亚姆罗伊庙（1643年）。南侧全景

右页：

（上）图3-143比什奴普尔什亚姆罗伊庙。西侧现状

（下）图3-144比什奴普尔什亚姆罗伊庙。北侧景观

可以形成和主塔相连的塔楼群（所谓多重塔楼）。9世纪形成的这种多重塔楼体系和其他类型相比，立即显现出它的灵活性。这种曲线花蕾造型显然是自中央圆垫式顶塔（amalaka）演变而来。在印度西部地区，这种母题得到了广泛的应用，某些学者还在其平面构图中找到了几何依据（由内接于方形的圆及相交

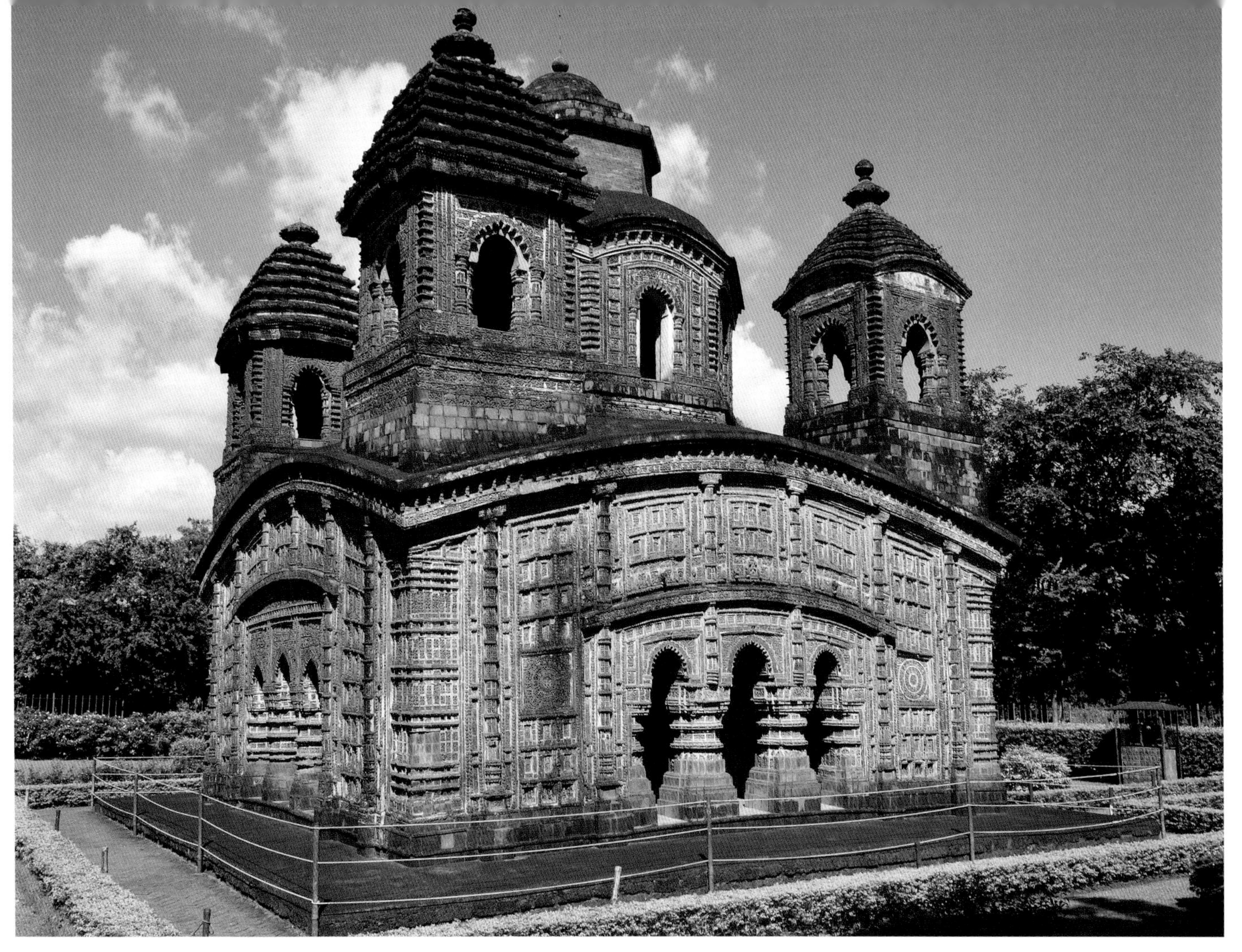

（上）图3-145比什奴普尔什亚姆罗伊庙。门廊陶饰细部

（下）图3-146比什奴普尔马东莫汉庙。外景现状

（上）图3-147比什奴普尔杰尔邦格拉庙（1655年）。东南侧外景

（下）图3-148比什奴普尔杰尔邦格拉庙。西侧景观

图形组成复杂的几何体系）。

在这里，需要特别加以说明的是，尽管目前艺术史家一般均用悉卡罗一词定义所有的祠庙塔楼，不论是北方还是南方。但实际上，印度南方的塔楼和北方的悉卡罗在形式上有很大区别。这些南方塔楼（称kutina type）又可分为两种类型：1、拉蒂纳式

左页：
（上下两幅）图3-149比什奴普尔 杰尔邦格拉庙。陶饰细部
本页：
（上）图3-150佛林达文（北方邦） 戈温达提婆神庙（1591年）。透视剖析图（取自MICHELL G. Hindu Art and Architecture，2000年），尽管是印度教建筑，但采用了包括穹顶厅堂在内的许多莫卧儿风格的材料、技术和形式
（左下）图3-151佛林达文 马达纳-摩哈纳神庙（16世纪末，莫卧儿时期）。建筑群现状，入口厅堂上的金字塔式屋顶及内祠上具有曲线外廓的八角形顶塔，均系效法奥里萨邦和孟加拉地区的祠塔
（右下）图3-152佛林达文 马达纳-摩哈纳神庙。祠塔近景

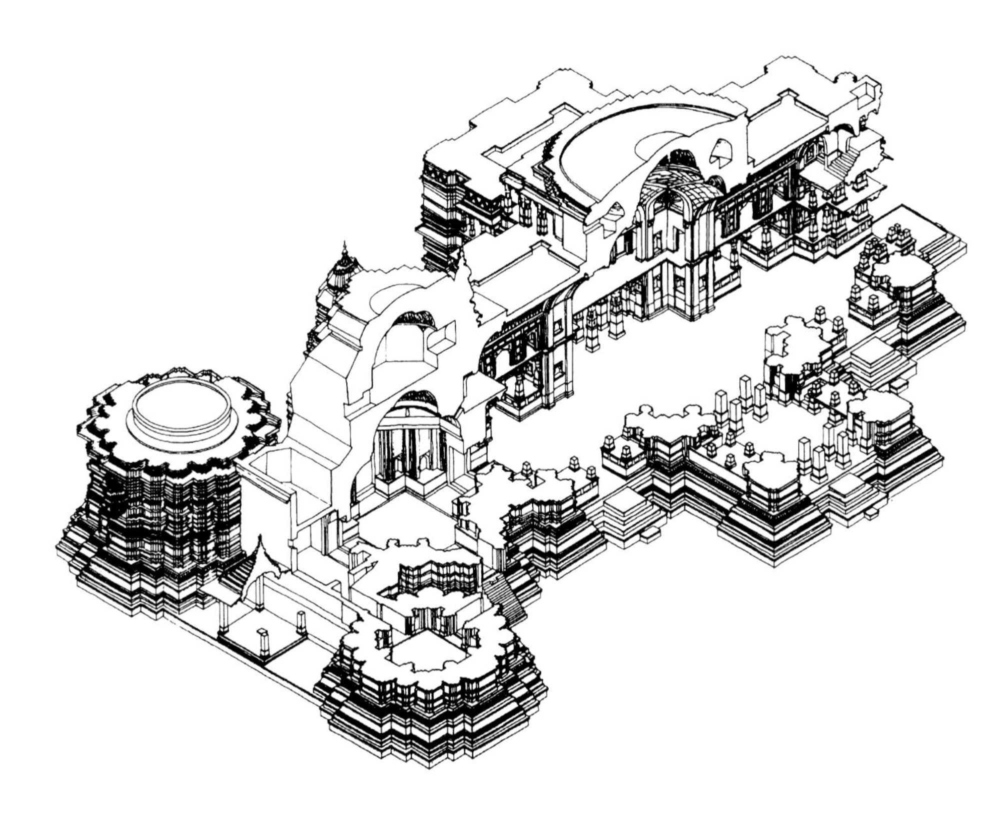

（Latina type、Rekha-prasada type），于方形基底上起外廓为曲线的内斜屋面，多用于圣所（内祠）上。其顶塔由一系列向上逐层缩小的水平屋面板组成。表面满覆由小尖头拱券（chandrashalas）组成的网格图案。在截锥形体顶部形成一个内缩的颈部，其上搁置带沟槽的球根状大型圆垫式顶石（amalasaraka），顶上为球罐体及尖顶饰。每层四角处设缩小的球根状垫块，如此重复直至顶部。2、拉姆萨拉式（Rhamsana type）；比拉蒂纳式更宽更矮，坡顶外廓为直线，上置钟形部件，多用于柱厅（mandapa）上。

[棱锥形屋顶]

棱锥形屋顶（vimānas，原意为“飞宫、飞殿”或“战车”）主要指印度南部在印度教神庙圣所（Karuvarai，Sanctum sanctorum）上配置的棱锥状顶塔。法国学者指出，在公元6世纪开凿的阿旃陀1号窟的绘画及7世纪马马拉普拉姆的《恒河降凡》（*Descent of the Ganges*）群雕上，已可看到南方锥形高塔的先例。但目前留存下来的第一个实例则是马马拉普

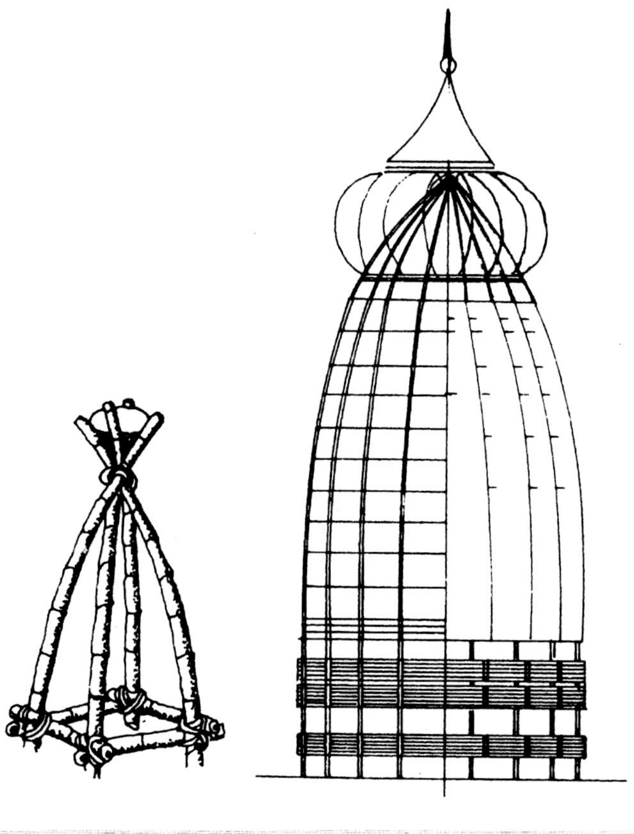

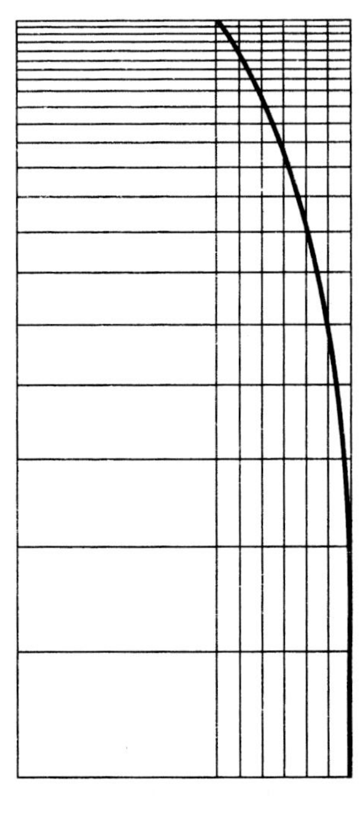

本页：

（左上）图3-153竹结构祠塔的想象复原图（据Grover，1980年）

（右上）图3-154顶塔外廓曲线（据Grover，1980年）

（下）图3-156萨特伦贾亚山帕利塔纳耆那教建筑群。19世纪景色（版画，1866年）

右页：

（上）图3-155萨特伦贾亚山帕利塔纳耆那教建筑群（创建于1194年，16和17世纪全面重建）。总平面图[1931年，作者Henry Cousens（1854~1933年）]

（下）图3-157萨特伦贾亚山帕利塔纳耆那教建筑群。全景（前景为南山庙宇）

拉姆的法王祠。这种类型大约在8世纪中叶形成，以岩凿建筑中埃洛拉的凯拉萨神庙和砌造建筑中建志（甘吉普拉姆）的凯拉萨大庙为标志。各建筑之间尽管变化很大，但基本上都有一个平面方形的中央结构，其上起锥形阶梯状屋顶，以极其规则的方式层层布置“微缩的”建筑复制品。这些微缩建筑大都采用普通亭阁的形式[往往配有马蹄形的假窗（kudu）]，向上逐层缩小，直到方形或多边形的屋顶锥台顶部。这些微缩亭阁和在水平层位上成排并列的其他母题一起，构成一种极具特色的装饰部件，成功地激活了建筑的表面。一些尺度较小的动物和植物装饰图案表明，这些结构显然已被视为人类栖居的宇宙山。

将马马拉普拉姆的法王祠（高11米）和极其精美且尺寸大得多的坦焦尔的布里哈德什沃拉寺庙的棱锥形顶塔相比较，不难看出这种类型的发展是何等迅

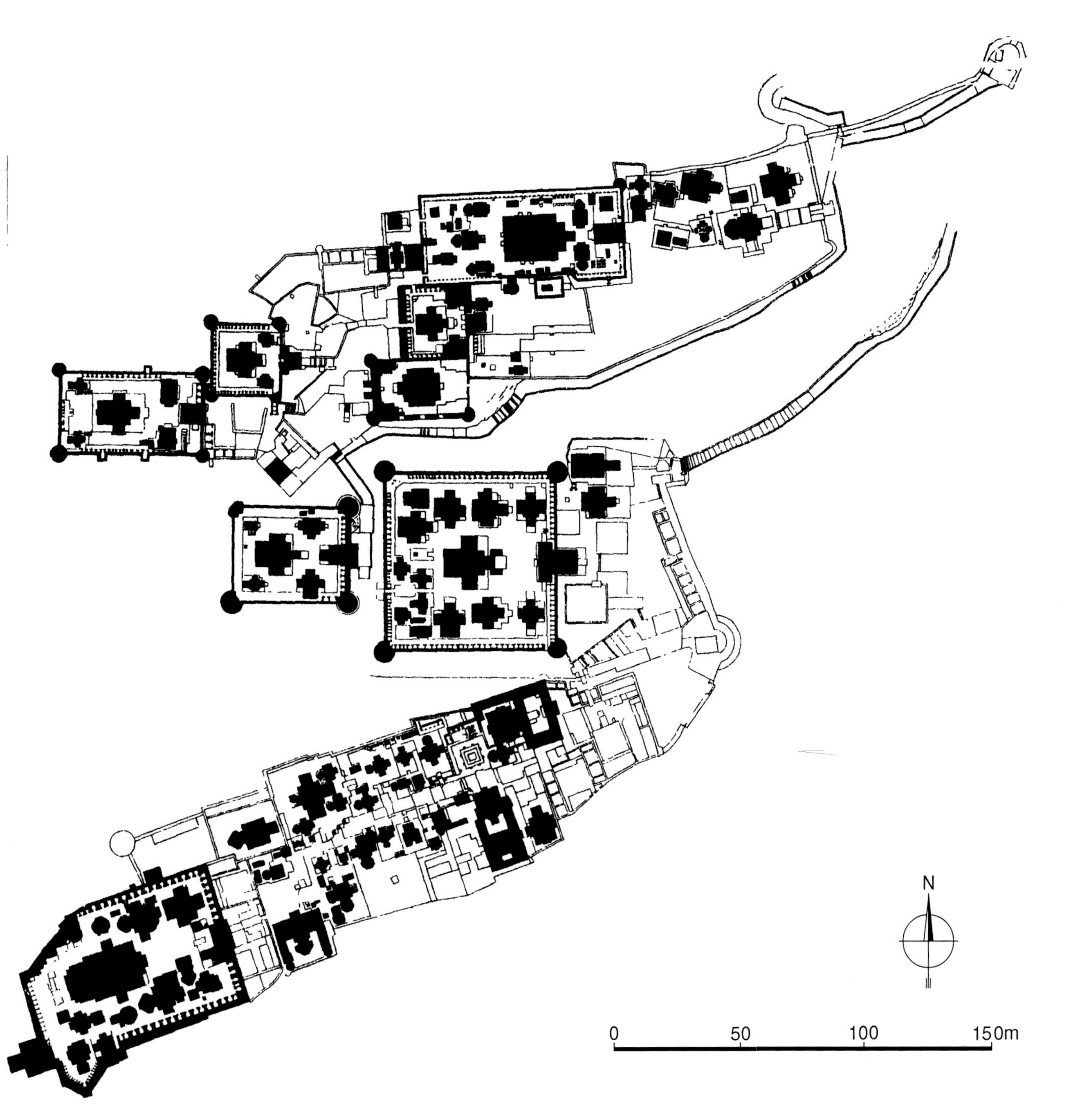
N
0
50
100
150m

图3-158萨特伦贾亚山 帕利塔纳耆那教建筑群。自南山东区沃拉拜神庙北望景色

速。在坦焦尔，顶塔由法王庙的3层扩展到13层，角锥形的外廓更为明晰，利用马蹄形假窗（kudu）作为装饰部件的表现亦更为突出；尽管从美学的观点看，这种做法已背离了经典的规章。坦焦尔这座顶塔可说是个极其大胆的结构，其高度达到55米，顶上为一块重达80吨的整块巨石。但由于艺术家和施主过分追求扩大建筑比例，这类高塔遂变得非常笨重。尽管这种形式几乎扩展到整个印度，但之后不可避免地走向衰落。特别奇葩的是还出现了一种将尖塔（sikhara）和高塔（vimānas）相结合的混合类型，在迈索尔地区表现尤为突出，上面照例有一个圆垫式的顶饰（amalaka）。

[筒拱顶门塔]

采用达罗毗荼风格的典型印度教寺庙很多都配有方形围墙，并于四个主要方向设带截锥形屋顶的入口塔楼（gopurams，gopuras，门塔，或称门楼）。一般东门为主要入口，南北两面为侧门，西门仅在吉日开启（据信在那里可直接到达天堂）。根据寺庙的规模，这一套门塔体系尚可延续到下一个层次。位于各面围墙中央的这些塔楼构成了寺庙围墙及建筑群的重要组成部分。最初其形式非常简单，类似古代的城门，但到13和14世纪，逐渐演变成具有巨大高度和体量且相对独立的纪念性建筑。其屋顶也变成独特的矩形截锥体，由许多逐渐收分的层位叠置而成，上置筒拱顶。这些门塔构成了印度南部一道独特的风景线，也是这一地区最富有创意的建筑形式。不过在高度增加时，有时不免给人过于瘦高的感觉（类似最简单的上置华盖的塔楼）。

赫莱比德采用星形平面的霍伊瑟莱斯沃拉神庙和贝卢尔（为曷萨拉帝国早期都城，距赫莱比德仅16公里）的契纳-凯沙瓦神庙，是南方建筑师非凡创造力的又一证明。由曷萨拉帝国[4]统治者投资建造的这些寺庙，仅在特定的区段采用雕饰，对光影效果的设计尤为精心；既考虑到南方强烈的阳光，同时也顾及到雨季阴暗光线的影响。

左页：

图3-159萨特伦贾亚山 帕利塔纳耆那教建筑群。沃拉拜神庙近景

本页：

（上）图3-160萨特伦贾亚山 帕利塔纳耆那教建筑群。北山阿底那陀庙

（下）图3-161萨特伦贾亚山 帕利塔纳耆那教建筑群。谢特莫蒂沙庙

第二节 马哈拉施特拉邦和卡纳塔克邦的寺庙建筑

一、概况

[历史背景]

在岩凿建筑方面，印度远远超过世界其他地方，其中最精美的作品都是在公元550~800年这两个半世纪内创造的。这些作品中最早的是由伐迦陀迦王朝时期阿旃陀的石窟直接衍生而来。有证据表明，最早的埃洛拉和象岛的石窟建筑属6~7世纪统治印度中部及西部地区的卡拉丘里王朝（Kalachuri Dynasty）时期。埃洛拉最早的吠陀教[5]石窟估计就建于此时（如29号窟，在建筑和图像表现上都类似象岛石窟）。

6~12世纪，印度中部及南部大部分地区均属遮娄其王朝的势力范围。遮娄其帝国尽管地域广阔，但寺庙建筑活动主要集中在一个相对小的核心地区，即当时的政治和宗教中心、属近代卡纳塔克邦的巴达米、艾霍莱、帕塔达卡尔和马哈库塔。根据对这些城市重要建筑群的考察，人们可大致——尽管无法做到完全准确——想象6~8世纪印度神庙的发展进程。遮娄其王朝统治的这段时期大致可分为三个阶段：

第一阶段，即王朝早期[所谓“巴达米遮娄其时期”（Badami Chalukya），543~753年]。在建筑上，这段时期大致始于公元6世纪最后25年，为印度南部建筑发展的重要时期。这期间王朝国王们建造的许多供奉湿婆的神庙，被称为“遮娄其风格”（Chalukyan Style）。在卡纳塔克邦北部玛拉普拉巴河流域，这时期开凿或建造了上百座岩凿庙或构筑寺庙（所用材料为一种呈金红色的地方砂岩）。这些石窟寺大都自天然岩体中凿出，即采用所谓“减法”技术。在巴达米，这一阶段完成的石窟寺中比较重要的有三座初级石窟寺（分别属吠陀教、耆那教和佛教，后者没有完成）和四座比较成熟的石窟寺（其中三座属吠陀教，一座为耆那教）。

第二阶段。寺庙建设主要集中在巴达米和被称为“印度寺庙建筑摇篮之一”的艾霍莱。尽管对这些寺庙的准确建造日期学界尚无法统一，但对始建于公元600年左右一般均无异议。

图3-162阿拉姆普尔 帕帕纳西神庙。现状外景（为城市留存下来的23座9~11世纪神庙之一）

第三阶段。作为遮娄其建筑成熟阶段的杰出代表，建于8世纪的帕塔达卡尔寺庙群现已被列为联合国教科文组织世界文化遗产项目。该地10座祠庙中，六座为南方风格（达罗毗荼风格，dravida style），四座为北方风格（纳迦罗风格，nagara style）。同样属这一时期的还有巴达米的布塔纳塔寺庙组群。

（上）图3-163阿拉姆普尔 桑加梅什沃拉神庙。远景

（下）图3-164阿拉姆普尔 桑加梅什沃拉神庙。近景

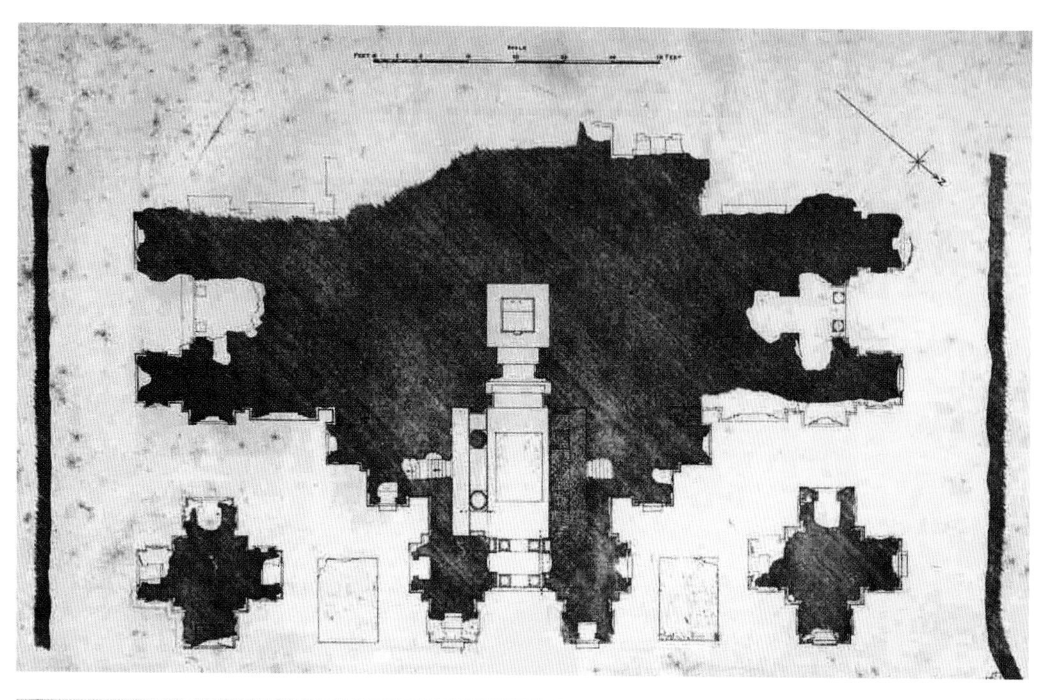
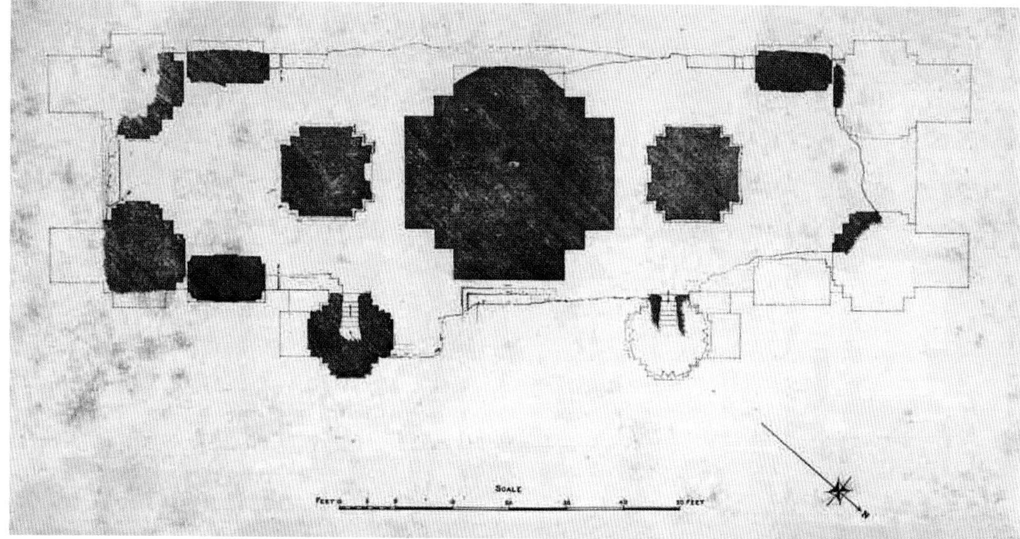
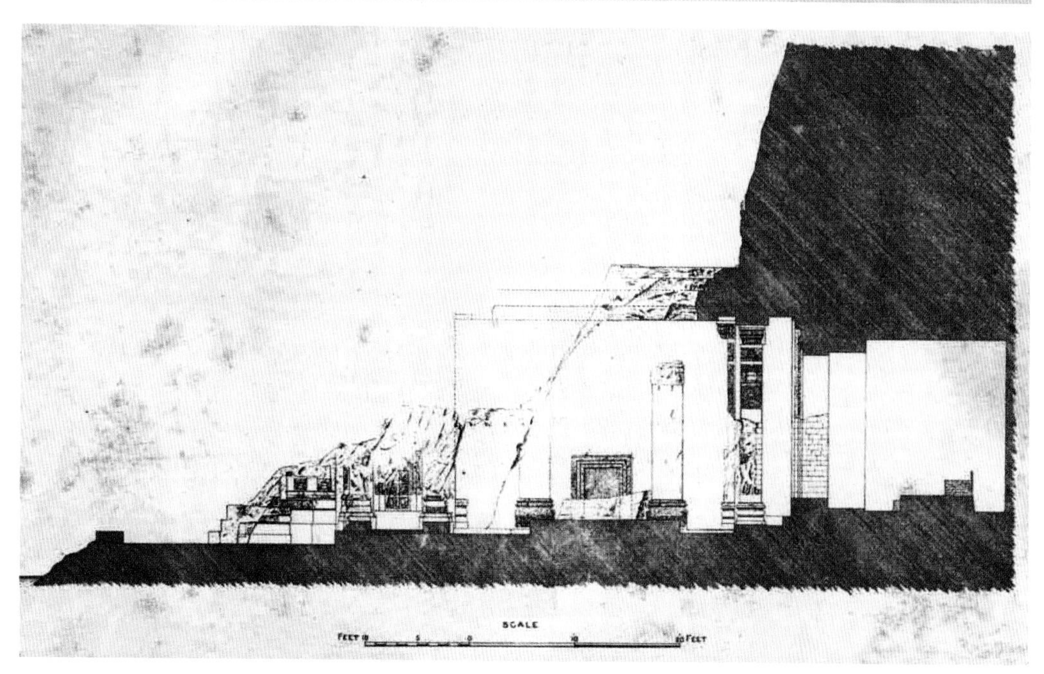

本页及右页：

（左三幅）图3-165马斯鲁尔 岩凿庙（8世纪）。平面（上）、屋顶平面（中）及剖面（下，作者H. Hargreaves，1915年）

（右上）图3-166马斯鲁尔 岩凿庙。设计意图分析（据Michael Meister，平面左半部灰色区段表示各种形式的上部结构）

（中上）图3-167马斯鲁尔 岩凿庙。西侧俯视景色

（右下）图3-168马斯鲁尔 岩凿庙。东侧全景

另外，还要提一下所谓东遮娄其王朝（Eastern Chalukyas，约615～1070年）。这是位于今安得拉邦东部的一个小王国，实际上是遮娄其王朝的一个分支，主要在阿拉姆普尔建了一些精美的寺庙（图3-162~3-164）。

接下来的罗湿陀罗拘陀王朝[6]对德干地区的建筑

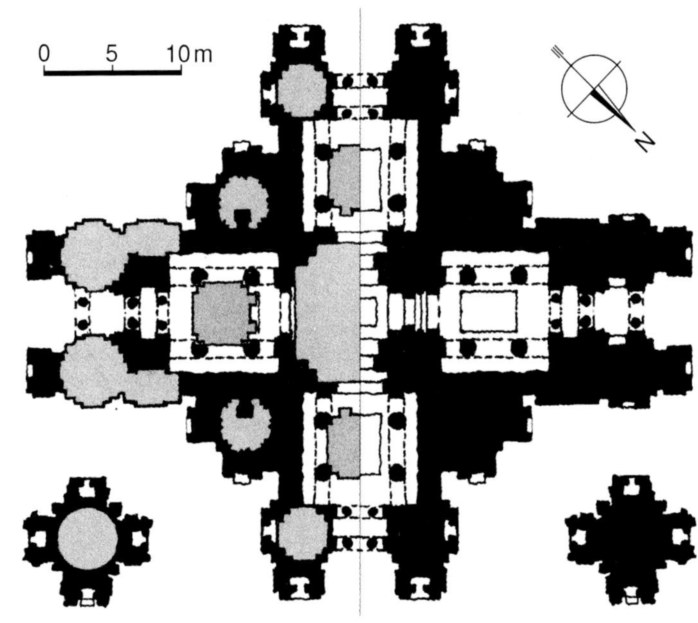

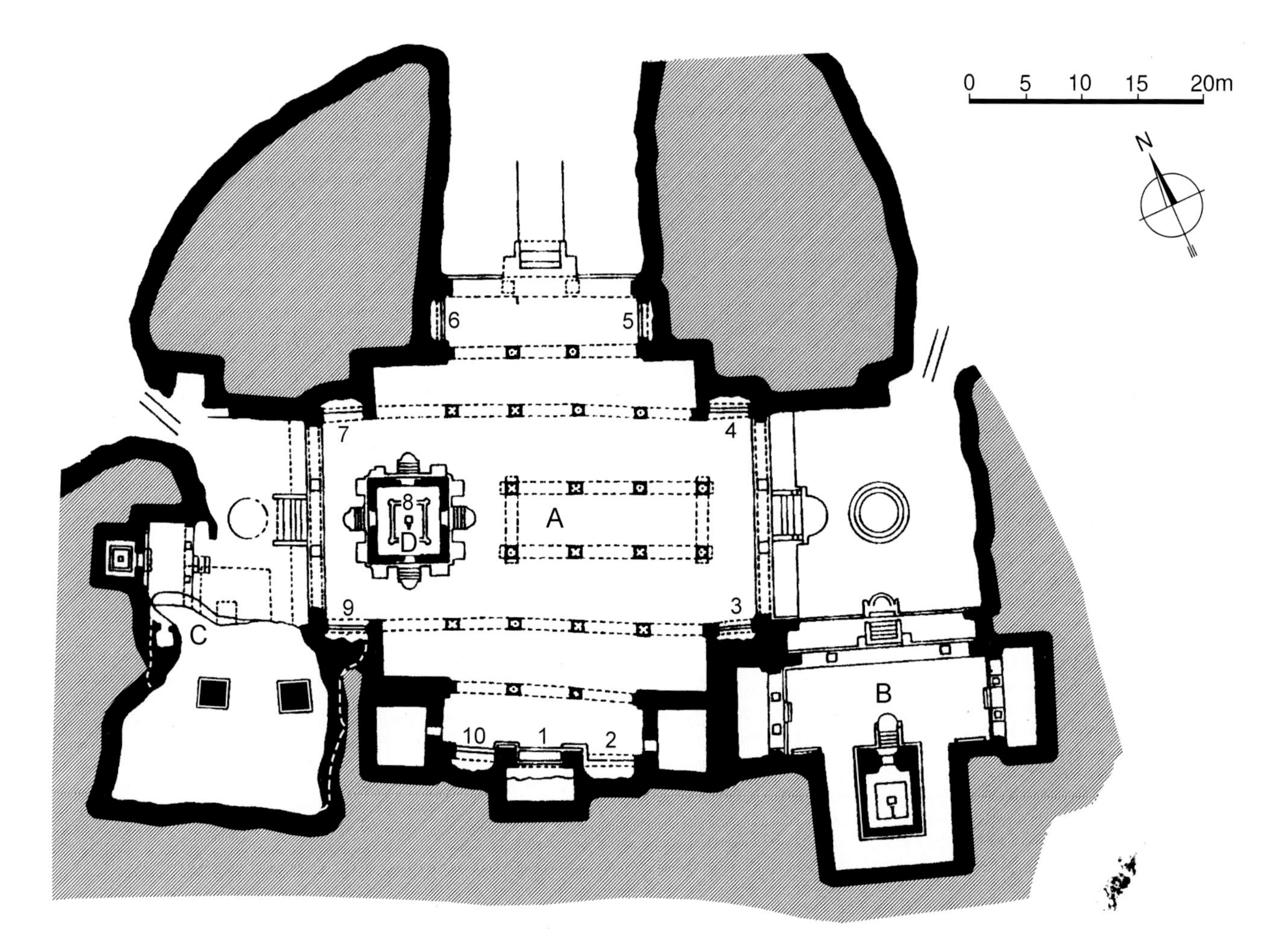

（上）图3-169象岛（马哈拉施特拉邦）1号窟（湿婆窟，6世纪中叶）。平面，图中：A、柱厅（主厅）；B、东翼祠堂；C、西翼祠堂；D、内祠（湿婆祠堂）；主要雕刻：1、三面湿婆像；2、半女主神湿婆；3、湿婆和帕尔瓦蒂在凯拉萨山上玩掷骰游戏；4、被湿婆囚禁在凯拉萨山下的罗波那；5、权杖之主湿婆；6、舞王湿婆；7、湿婆刺杀大力神；8、湿婆林伽；9、湿婆与雪山神女大婚；10、恒河之主湿婆

（下）图3-170象岛 1号窟。主厅，湿婆祠堂西北侧，19世纪景观（老照片，约1875年）

（上）图3-171象岛 1号窟。内景（19世纪景色，约1860年图版，取自MARTIN R M. The Indian Empire，vol 3）

（下）图3-172象岛 1号窟。东院西南角现状（右为大厅东侧主入口，左为东翼祠堂柱廊）

（左中）图3-173象岛 1号窟。自西翼祠堂东望西院及柱厅西入口（入口内可看到内祠）

（右中）图3-174象岛 1号窟。主厅，东廊全景

遗产同样有诸多贡献。1953年出生的英国建筑师和艺术史家亚当·哈迪把这一时期的建筑活动归为三个派系：埃洛拉、巴达米邻近地区（艾霍莱和帕塔达卡尔）和古巴加附近的西瓦尔。这一时期建筑和艺术的主要成就主要体现在埃洛拉和象岛的宏伟岩凿寺庙上。罗湿陀罗拘陀王朝的国王们重新改造和翻修了这些佛教石窟和岩凿祠堂。阿目佉跋沙一世（814~878年在位）信奉耆那教；在埃洛拉，属这一时期的耆那教石窟寺有五座。

由于这片地区相继为卡拉丘里王朝、遮娄其王朝和罗湿陀罗拘陀王朝占领和统治，几代人期间，石匠

（上）图3-175象岛 1号窟。主厅，北廊外景

（下）图3-176象岛 1号窟。主厅，柱列近观（整个天棚由20根柱子支撑；方形柱身至上部变为圆形，后者和顶部圆垫式柱头均开沟槽）

（上）图3-177象岛 1号窟。主厅，沿东西轴线望湿婆祠堂

（下）图3-178象岛 1号窟。主厅，南北轴线，南望景色

（中）图3-179象岛 1号窟。主厅，湿婆祠堂北侧现状

和雕刻师们很可能在这片地域内（马哈拉施特拉邦西部孔坎地区，以及德干西部其他地区），从一个地方迁移到另一个地方，相继为各个君主服务。根据文献记载，这一时期遮娄其王朝的著名建筑师有切塔拉·雷瓦迪-奥瓦贾、纳拉索巴和阿尼瓦里塔·贡达。据说，西遮娄其王朝国王超日王二世（733~746年在位）自帕拉瓦王朝手中夺取了建志（甘吉普拉姆）后，捐赠了大量钱财给婆罗门[7]、穷人和城市的庙宇；还把许多杰出的泰米尔艺术家和建筑师带到卡纳拉并给予特别的礼遇（包括切塔拉·雷瓦迪-奥瓦贾这

本页：

（上下两幅）图3-180象岛 1号窟。主厅，湿婆祠堂东侧（上）及西侧（下）入口近景

右页：

（上）图3-181象岛 1号窟。主厅，湿婆祠堂内景（中央为从岩石上雕出的林伽）

（下）图3-182象岛 1号窟。主厅，南壁三相湿婆像（高约3.4米）

样一些人物）。同时，人们还知道，主持建造帕塔达卡尔最著名和最宏伟的寺庙（维鲁帕科萨神庙）的阿尼瓦里塔·贡达也是南方人。这样一些信息表明，当时的建筑师和艺术家并非默默无闻，其中有的还享有一定的声誉。这也有助于说明，何以建筑技术和风格会跨越遥远的距离，从一个地区传播到另一个地区；在帕拉瓦王国领土以外，同样可看到其风格或类似情趣的表现。

[遗存现状及类型表现]

这一时期的重要石窟大都位于德干高原北部的马哈拉施特拉邦和卡纳塔克邦。此外，在中央邦达姆纳尔（7世纪）及坎格拉谷地的马斯鲁尔（8世纪，图3-165~3-168）还有一些北方类型的岩凿建筑。

事实上，在后笈多时期开始阶段，在马哈拉施特拉邦，石窟寺及寺院的建造和装饰工作从未中断；其范围一直延伸到位于现卡纳塔克邦北面的巴达米和艾霍莱。由于只能依靠玛拉普拉巴河及其支流的有限水源，这片土地完全谈不上富饶，但却有着大量上好的

本页：

（上）图3-183象岛 1号窟。主厅，南壁三相湿婆像近观（华美的头饰、宽大的鼻子及厚实的嘴唇皆为笈多时期艺术的传统）

（下）图3-184象岛 1号窟。主厅，南壁半女湿婆群雕（位于三相湿婆像东侧）

右页：

（上）图3-185象岛 1号窟。主厅，南壁恒河之主湿婆群雕（位于三相湿婆像西侧）

（下）图3-186象岛 1号窟。主厅，北入口门廊西侧浮雕：舞王湿婆（部分残缺）

图3-187象岛 1号窟。主厅北入口门廊东侧浮雕：权杖之主湿婆

砂岩。正是在这里，一种具有混合风格的寺庙建筑取得了杰出的成就，并成为德干地区建筑和雕刻的代表作。

留存下来的少数笈多时期的祠庙很多都处于严重残毁的状态，但从中仍然可看出约公元550年印度寺庙的一些特色。它们大都配有高高的平台（平面通常

（左上）图3-188象岛 1号窟。主厅，东廊北侧浮雕：湿婆将恶魔罗波那囚禁在凯拉萨山下，以防其作乱

（右上）图3-189象岛 1号窟。主厅，西廊南侧浮雕：湿婆与雪山神女大婚

（下）图3-190象岛 1号窟。东翼祠堂，外景

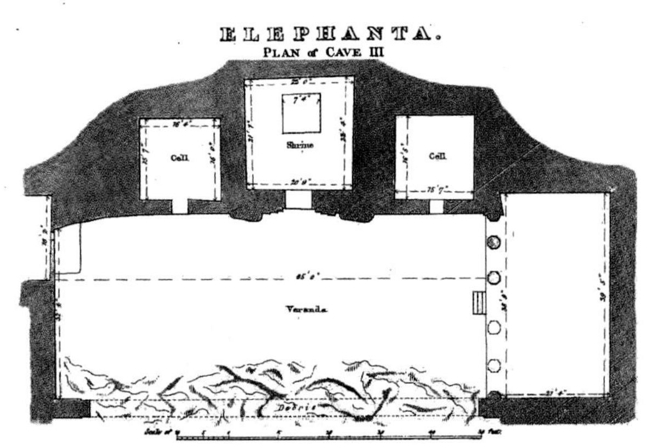

（左上）图3-191象岛 1号窟。东翼祠堂，内景

（右上）图3-192象岛 1号窟。东翼祠堂，雕刻：守门天

（下）图3-193象岛 2号窟。外景

（左中）图3-194象岛 3号窟。平面（1871年图版，作者James Burgess）

为矩形），中央布置主要祠庙，角部安置次级祠堂；内祠一般既无窗户，亦无装饰；在较大的祠堂里，周围还安排封闭的巡行廊道，通过外墙的石格栅窗采光；入口大门一般都带有精美的雕饰，在某些情况下，前方还设带柱子的前厅。从阿旃陀及其他地方大乘佛教的石窟里，可大致追溯出这些发展的轨迹。鉴

（上）图3-195象岛 3号窟。外景

（右中）图3-196象岛 3号窟。内景

（左中）图3-197象岛 4号窟。平面（1871年图版，作者James Burgess）

（右下）图3-198象岛 4号窟。外景

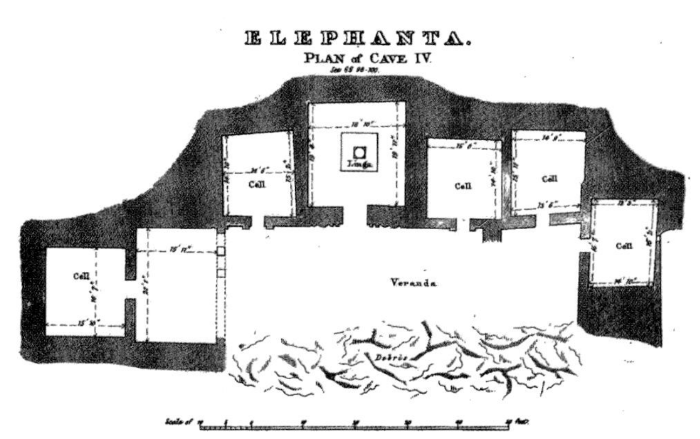

于这些建筑对施主具有很大的吸引力，加上印度匠师极端保守的倾向，这一时期想必产生了一种倒转的影响潮流，即岩凿建筑反过来影响了新的石构寺庙。

不过，就早期用砖石砌筑的独立寺庙而言，人们对其上部结构，可说知之甚少。除了北方邦比塔尔加翁砖构神庙（见图2-71~2-73）以外，留存下来的笈多时期神庙的上层结构要么已经消失（如果有过的话），要么几近残毁，无法精确复原。从少数石浮雕及封印——主要是库姆拉哈尔雕板（Kumrahar “plaque”，见图1-242之11）——上的建筑形象推断，像菩提伽耶的摩诃菩提寺（在它多次修复前）那样的上部多层结构，可能自贵霜时期以来一直存在。对根特萨拉浮雕上展示的那种配置了达罗毗荼式顶塔的祠堂（见图1-242之7）来说，还可以犍陀罗时

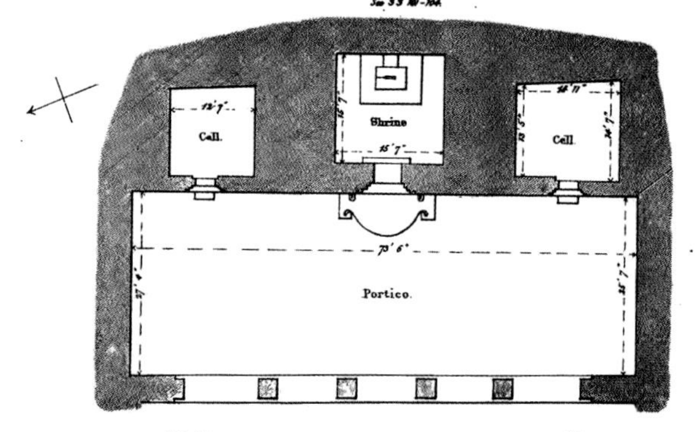

ELEPHANTA.
PLAN of CAVE VI
Cell.
Shrine
Cell.
Portico.

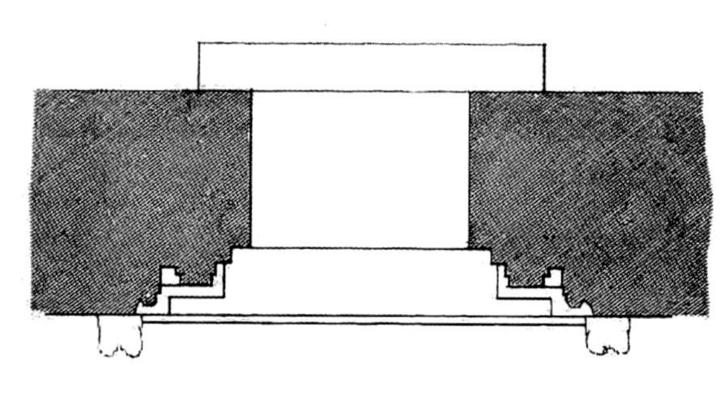

Scale of 12 6 0 1 2 3 4 5 feet

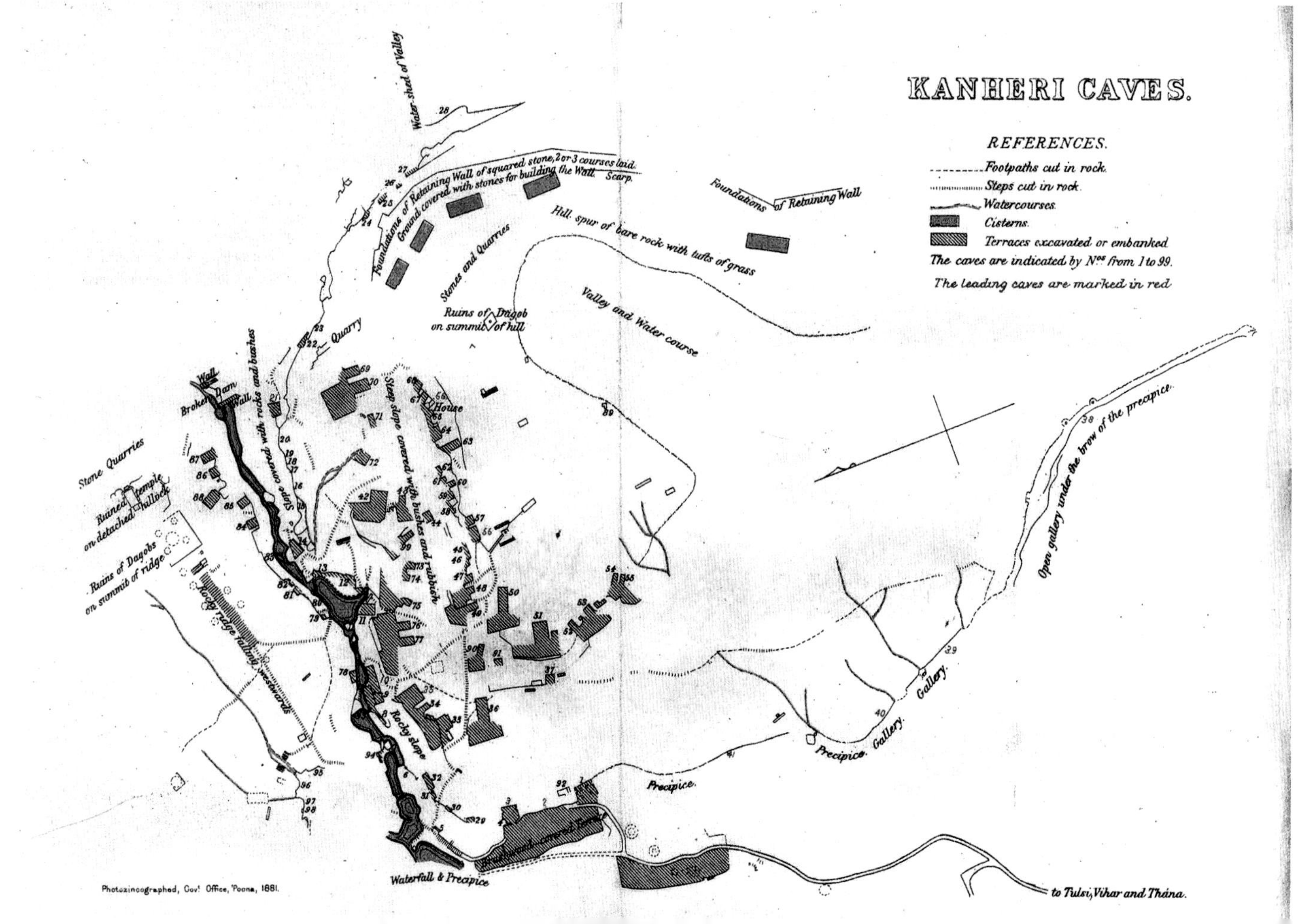

KANHERI CAVES.
REFERENCES.
Footpaths cut in rock.
Steps cut in rock.
Watercourses.
Cisterns.
Terraces excavated or embanked.
The caves are indicated by Nos from 1 to 99.
The leading caves are marked in red
Water-shed of Valley
Foundations of Retaining Wall of squared stone, 2 or 3 courses laid.
Ground covered with stones for building the Wall.
Scarp.
Foundations of Retaining Wall
Hill spur of bare rock with tufts of grass
Stones and Quarries
Ruins of Dagob on summit of hill
Valley and Water course
Quarry
Broken Dam
Wall
Slope covered with rocks and bushes
Steep slope covered with bushes and rubbish
House
Stone Quarries
Ruined temple on detached hillock
Ruins of Dagobs on summit of ridge
Rocky slope
Open gallery under the brow of the precipice
Gallery.
Precipice Gallery.
Precipice.
Waterfall & Precipice
to Tulsi, Vihar and Thána.
Photozincographed, Govt. Office, Poona, 1881.

左页：

（左上）图3-199象岛 6号窟（西塔拜石窟寺）。平面（1871年图版，作者James Burgess）

（右上）图3-200象岛 6号窟。祠堂门，平面及立面（1871年图版，作者James Burgess）

（下）图3-201肯赫里（“黑山”）石窟群（公元前1~公元10世纪）。总平面（1881年图版）

（左中）图3-202肯赫里 1号窟。外景

本页：

（上）图3-203肯赫里 2号窟。内景

（中）图3-204肯赫里 2号窟。墙面龛室及雕刻

（下）图3-205肯赫里 2号窟。窣堵坡及墙面雕饰

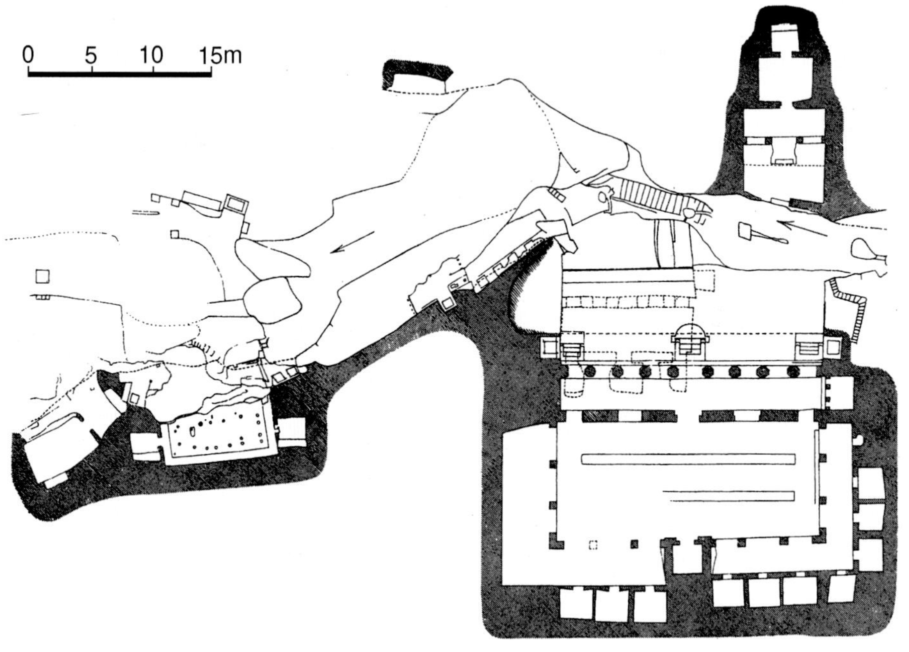

本页及右页：

（左上）图3-206肯赫里 4号窟。现状（小型圆室内立实心舍利塔）

（左下）图3-207肯赫里 11号窟（“觐见堂”，可能为5~6世纪）。平面（含周边地段，图版作者James Fergusson，James Burgess，1880年）

（中上）图3-208肯赫里 11号窟。外景

（中下）图3-209肯赫里 11号窟。大厅内景

（右上）图3-210肯赫里 34号窟。现状外景

（右中）图3-211肯赫里 34号窟。室内未完成的壁画

（右下）图3-212肯赫里 41号窟。现状外景

本页及右页：

（左）图3-213肯赫里 41号窟。十面圣观音（Avalokiteśvara）造像

（右上）图3-214肯赫里 90号窟。大厅左墙浮雕

（右下）图3-215肯赫里 90号窟。大厅右墙及后期浮雕

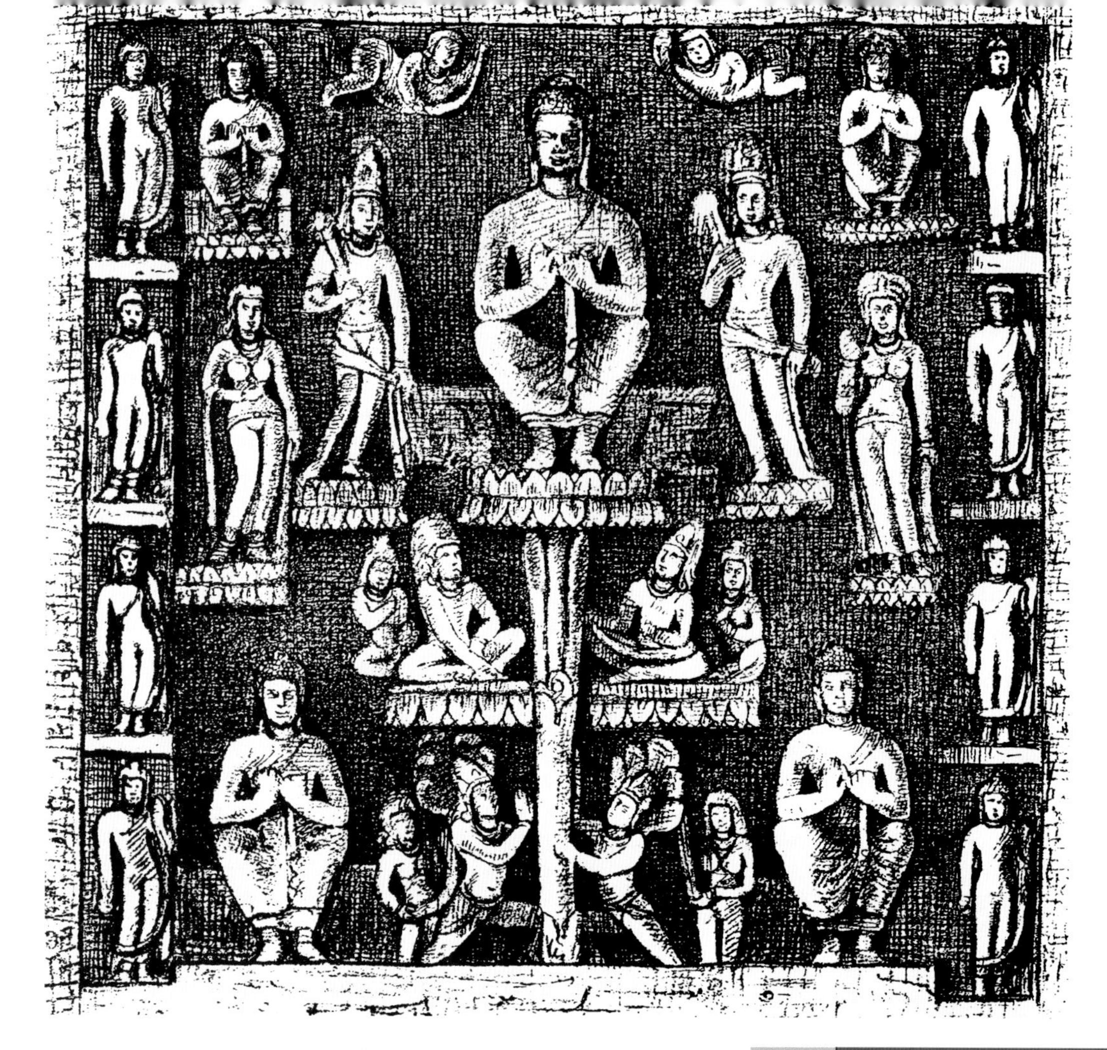

（上）图3-216肯赫里 90号窟。大厅浮雕：坐在莲花宝座上的佛陀和众门徒（图版作者James Fergusson，James Burgess，1880年）

（右下）图3-217埃洛拉 石窟群（6世纪中叶~1300年）。总平面

（左下）图3-218埃洛拉 石窟群。上游小窟平面（取自CRUICKSHANK D. Sir Banister Fletcher's a History of Architecture，1996年）

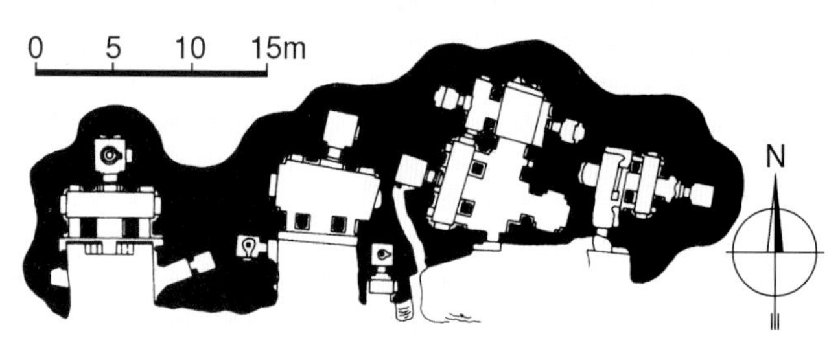

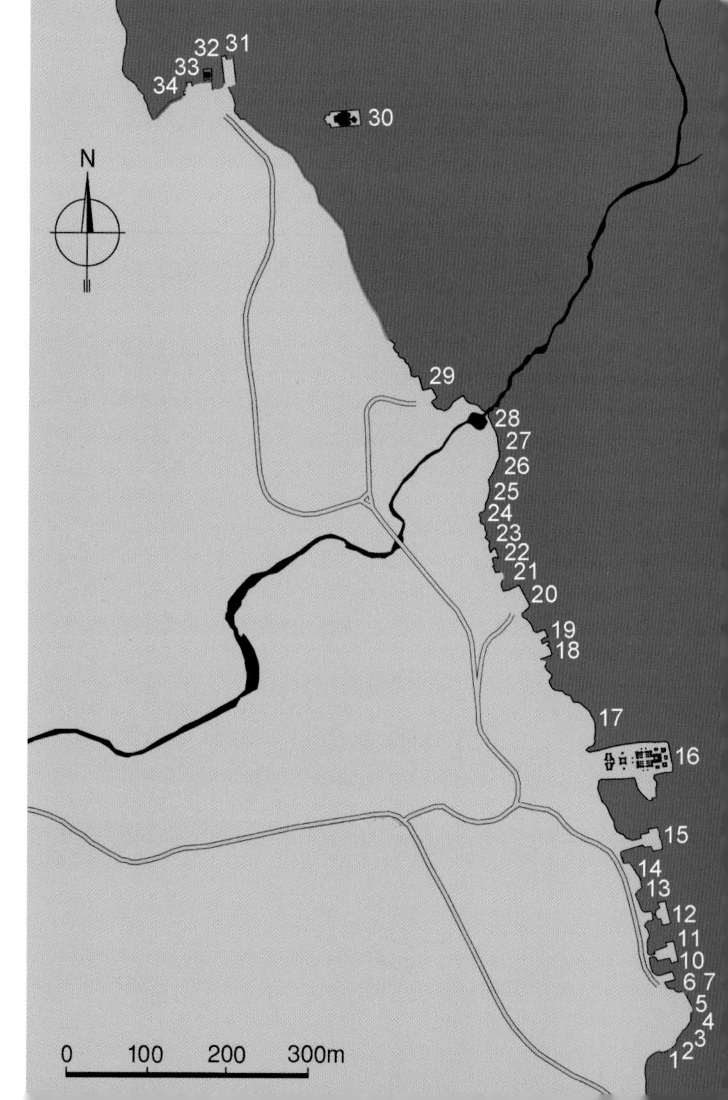

期的单层结构为原型（见图1-451）。某些小的祠堂可能有两个或更多的低矮层位，上冠一个圆垫式顶石。前面提到的锡尔布尔罗什曼那祠庙（7世纪，见图3-857~3-864）可视为一个较早的实例，它沿袭了5世纪后期比塔尔加翁神庙确立的总体模式：在一个体量敦实、外廓略呈曲线的塔楼上，以各种方式综合了盲券列拱、大的装饰性山墙（笈多时期称为candraśālās）及嵌入角上的圆垫式石块（对这座建筑，后面我们还要作进一步研讨）。

德干地区位于通往其他发达地区的路上，是各种风格的交汇地。在这里，古迹之所以保存得较好，是因为这是个相对隔绝的农业地区，很少或没有后续建筑占据原来的基址。因而，目前还有许多建于6世纪末至8世纪末遮娄其王朝早期的神庙得以留存下来，

（上）图3-219埃洛拉 石窟群。自29窟望去的窟区景色

（下）图3-220埃洛拉 石窟群。部分石窟外景

基本上未被改动，从而为印度神庙建筑的发展提供了重要的依据（在如今尚存的神庙中，尽管日期上还有争议，但可能没有一个早于6世纪后期）。在印度其他地方，尚有少数7~8世纪的神庙遗存；但只是在卡纳塔克邦西北、玛拉普拉巴河流域及其附近地区，才能找到成批的这类建筑。尤为令人震惊的是，只是在这里，才能同时看到业已充分发展的“北方”纳迦罗式神庙和南方的达罗毗荼式神庙。纳迦罗类型配有一个由层叠的滴水挑檐和装饰性山墙组成的顶塔，上置巨大的圆垫式顶石，并在顶塔各角上按一定间距插入

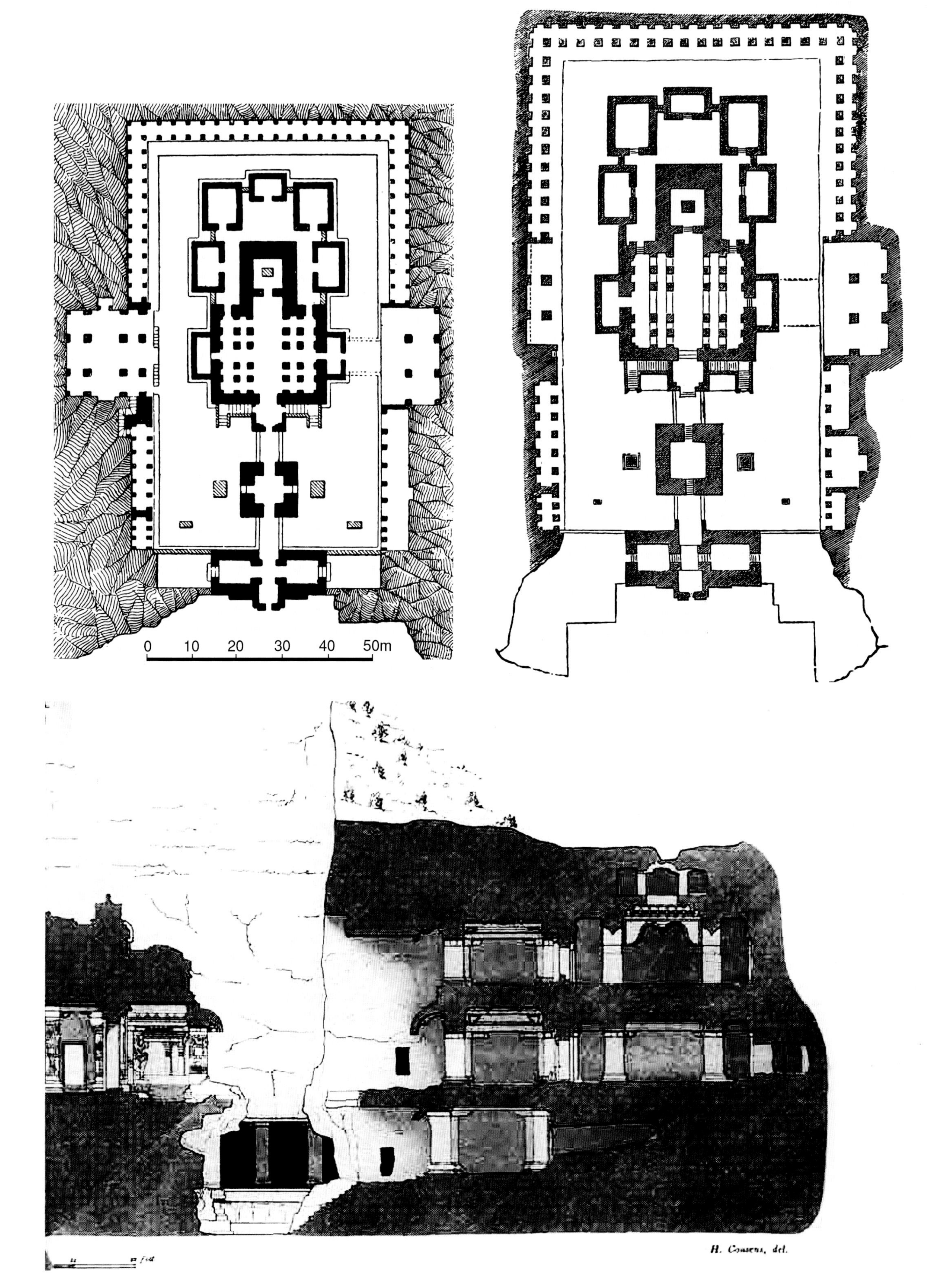
0
10
20
30
40
50m
H. Cousens, del.

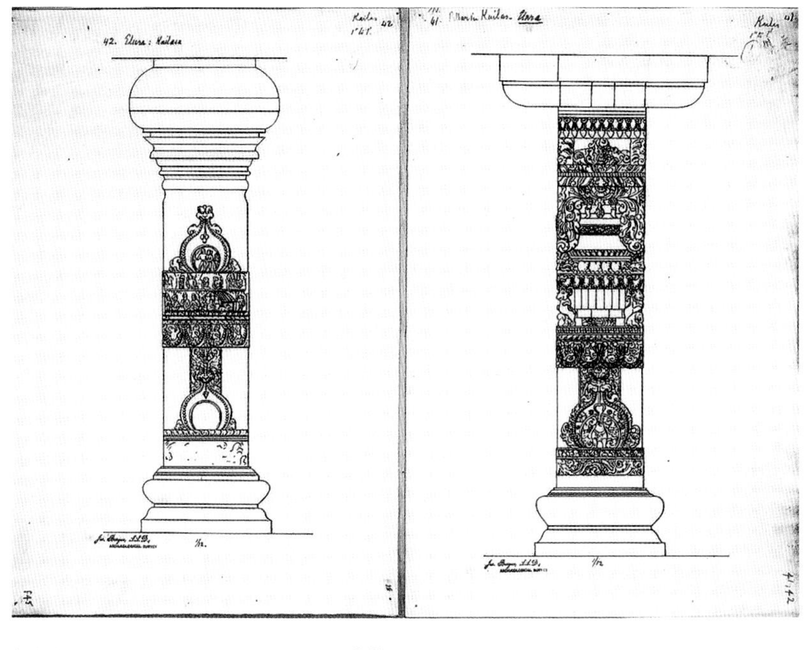

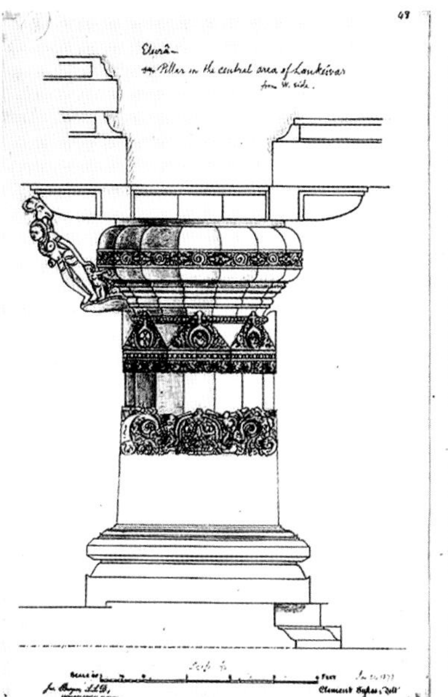

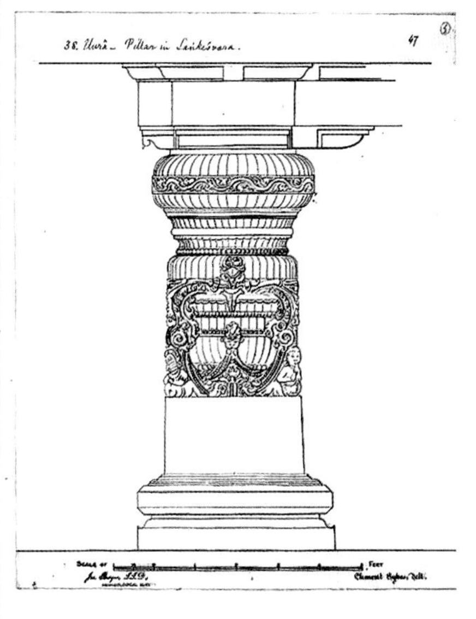

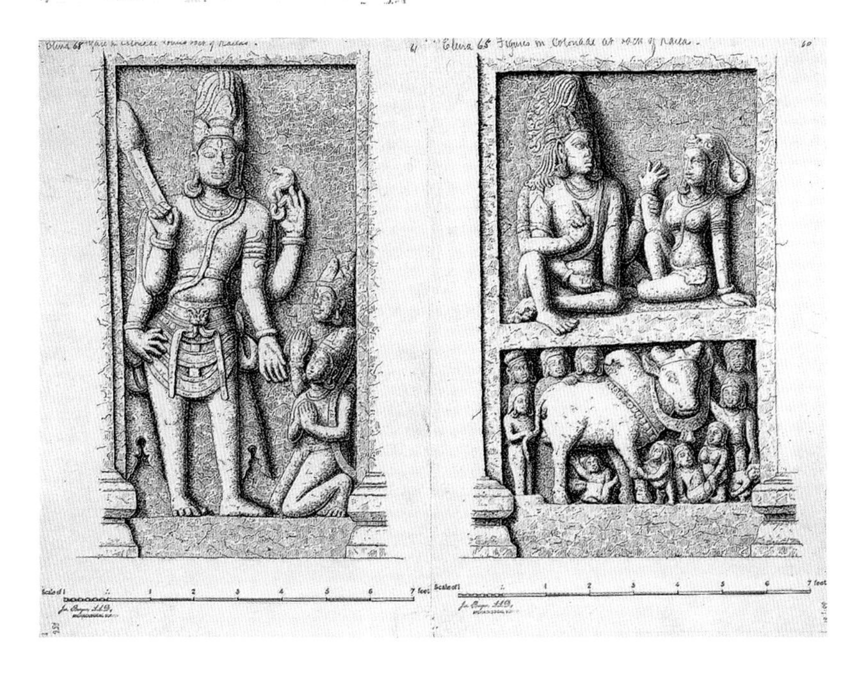

左页：

（左上）图3-221埃洛拉 16号窟（凯拉萨神庙，8世纪下半叶）。平面（1892年图版，作者不明）

（右上）图3-222埃洛拉 16号窟。平面（图版，取自《A Handbook for Travellers in India，Burma，and Ceylon》，1911年）

（下）图3-223埃洛拉 16号窟。剖面（局部，图版作者James Burgess，1883年）

本页：

（左上及左中）图3-224埃洛拉 16号窟。柱墩立面（图版作者James Burgess，1876年）

（右上）图3-225埃洛拉 16号窟。院落，“旗柱”立面（1∶100，取自STIERLIN H. Comprendre l' Architecture Universelle，II，1977年）

（左下）图3-226埃洛拉 16号窟。浮雕细部（图版作者James Burgess，1876年）

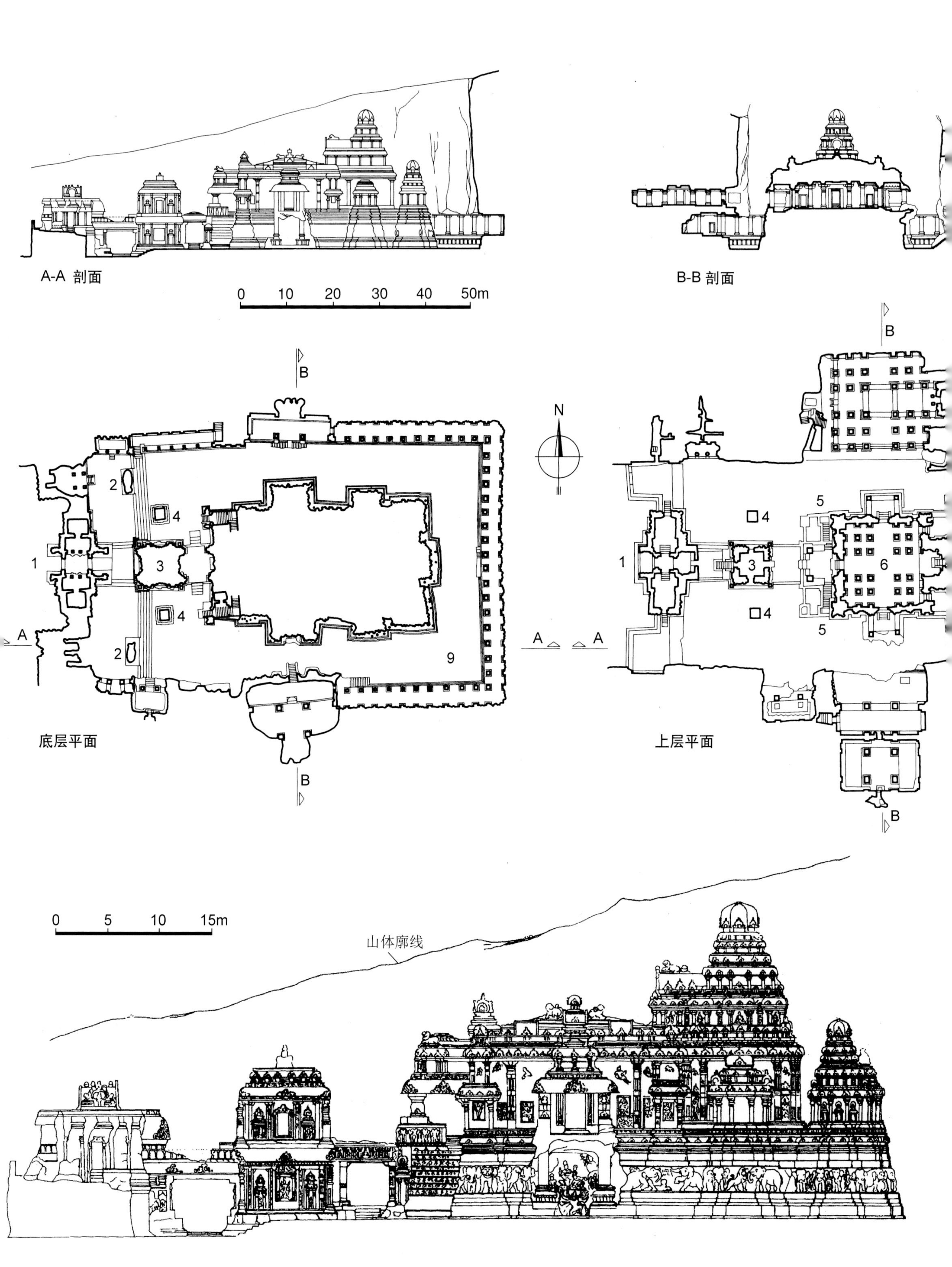

A-A 剖面
0
10
20
30
40
50m
B-B 剖面
B
N
1
2
3
4
2
4
9
A
A
A
底层平面
上层平面
5
6
5
0
5
10
15m
山体廓线

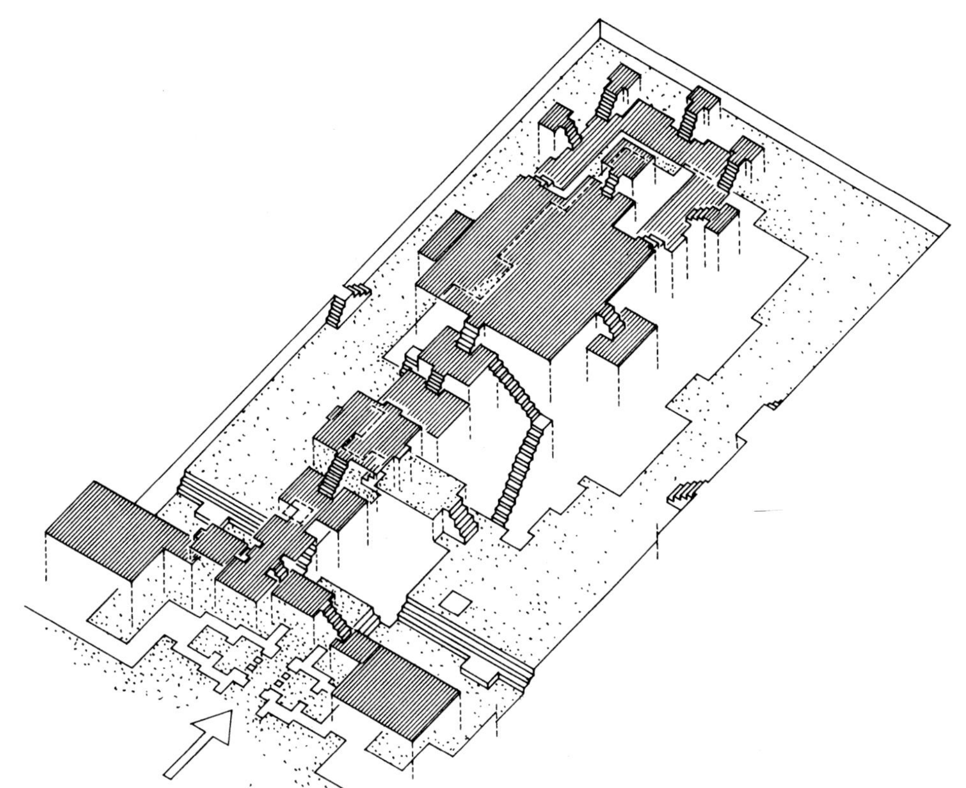

本页及左页：

（左上）图3-227埃洛拉 16号窟。平面、立面及剖面（1∶1000，取自STIERLIN H. Comprendre l' Architecture Universelle，II，1977年），图中：1、入口门楼；2、石象；3、南迪阁；4、旗柱（纪念柱）；5、通向上层的台阶；6、柱厅；7、立有林伽的内祠；8、带次级祠堂的平台；9、由回廊环绕的院落

（左下及右上）图3-228埃洛拉 16号窟。南立面（渲染图作者E. B. Havell，1915年）

（右中）图3-229埃洛拉 16号窟。层位剖析图（取自STIERLIN H. Comprendre l' Architecture Universelle，II，1977年）

较小的这类圆垫式块体。达罗毗荼式则是在逐渐缩小的层位周围布置小型亭阁，顶部于缩小的颈口上安置穹顶（即南方所谓“顶塔”）。第三种类型称羯陵伽式（Kaliṅga），虽然以后在整个卡纳塔克邦直到奥里萨邦都得到广泛运用，但并不是一个有严格规范的重要类型。在这方面，年代较早的艾霍莱的拉德汗神庙是个值得注意的例证；一些老一辈的学者曾相信，它是所有印度独立寺庙建筑的始源。

这一时期印度教——乃至耆那教——石窟及祠庙引进了新的完全不同的平面形式和更成熟的雕刻观念，用来表现往世书[8]中的神话。这批建筑不仅影响到随后的佛教石窟，而且导致了更为丰富的图像表现。许多早期石窟，特别是卡尔拉、纳西克和肯赫里各地的，都安置了新的雕刻（主要是佛陀和菩萨）。并由此导致了此后最重要的建筑成就——以构筑寺庙为范本、自岩体中凿出的埃洛拉凯拉萨神庙。

二、马哈拉施特拉邦

[象岛及其他孟买附近遗址]

位于现孟买城附近的工程可能始于6世纪中叶卡拉丘里王朝时期，也可能更早，在特赖库塔卡王朝（Traikutaka Dynasty）期间。现存遗址中最重要的是位于孟买城东约10公里处港口内的象岛（因葡萄牙殖民者在岛上发现大象雕刻而得名）。岛上石窟开凿时间约为5~9世纪，历经多个王朝（大多数学者认为，其建筑属卡拉丘里王朝时期，至550年左右已基本完成；但也有人认为可能延续到罗湿陀罗拘陀王朝期

间）。岛上石窟均自玄武岩山体中凿出，分为两组：较大的一组由西山上的五座石窟组成（包括最重要的1号窟）；第二组（6号和7号窟）位于1号窟东北约200米的东山上（又称窣堵坡山）。

在葡萄牙人到来之前，西山上的主要石窟（1号窟，亦称大窟、湿婆窟）一直是印度教的祭拜圣地，以后逐渐荒废。1909年英国殖民当局开始采取措施防止石窟的进一步损坏，20世纪70年代进行修复，1987

年被列为联合国教科文组织世界文化遗产项目。

作为岛上最大和最重要的石窟，1号窟（湿婆窟）可说是最大限度地选择和利用了山岩的自然形态；不仅具有复杂的平面，同时也可看到来自当时构筑祠庙的影响（平面：图3-169；主厅景观：图3-170~3-189；东翼祠堂：图3-190~3-192）。石窟寺入口朝东，主体部分大致为方形。入口内为一宽阔的柱厅（主厅，mandapa，multi-pillared hall）；后面独立的内祠（garbhagrha，所谓“圣中之圣”）平面方形，四面均设门洞，门边立巨大的门神（守门天，Dvarapalas）及其随从的雕像。位于内祠后面东西轴线上的大门距东面入口39.63米。北面为另一入口，面对着南侧带主要雕刻群组的岩面。由于该入口大面朝外（东面入口系朝一露天院落），因而也有人将其视为主要入口，将南北轴线视为主轴。但由于一般印度寺庙均以东西轴线为主；在这里，从前厅中央柱列的布置和大梁的走向上看，也是强调东西纵轴而不是南北轴线。因而，视东面入口为主入口看来更为合理，可能这也是原来的设计意图。

左页：

（左上及左中）图3-230埃洛拉 16号窟。19世纪初俯视景色（图版作者Thomas Daniell和James Wales，1803年）：上图、入口门楼及南迪阁，东南侧；下图、主祠，南侧

（右两幅）图3-231埃洛拉 16号窟。19世纪初景色（图版作者Thomas Daniell和James Wales，1803年）：上图、西南侧景色；下图、自院落东北角望去的景观

（左下）图3-232埃洛拉 16号窟。西南侧，19世纪上半叶景观（版画，作者Giulio Ferrario，1824年）

本页：

（上）图3-233埃洛拉 16号窟。西立面，19世纪上半叶景观（版画，1835年，作者不明）

（左下）图3-234埃洛拉 16号窟。西南侧，19世纪上半叶景观（版画，作者James Fergusson和Thomas Dibdin，1839年）

（右下）图3-235埃洛拉 16号窟。西南侧，19世纪中叶景观（版画，1850年，作者不明）

（中）图3-236埃洛拉 16号窟。西南侧，19世纪下半叶景观（版画，取自MARTIN R M. The Indian Empire, vol.3，约1860年）

本页：

（上）图3-237埃洛拉 16号窟。西南侧俯视全景（版画，1876年，作者不明）

（下）图3-238埃洛拉 16号窟。19世纪末院内景色（版画，1887年）

右页：

（上）图3-239埃洛拉 16号窟。西北侧，20世纪初景色（老照片，取自《Indian Myth and Legend》，1913年）

（下）图3-240埃洛拉 16号窟。东北侧俯视全景

整个石窟，包括各个入口都没有多少建筑装饰，大厅柱墩亦相对平素（下部截面方形，至高度一半处变为圆形并带沟槽，顶部置圆垫式柱头）。建筑效果主要靠宏伟的尺度和大型雕刻板块。后者集中在南侧岩面上。南北轴线中心处即著名的三相湿婆巨像（Trimurti Shiva、Maheshamurti、Mahadeva，Sadashiva）；像本身高5.45米，立在高约0.9米的基座上（见图3-182、3-183）。相对湿婆全身像而言，

本页及右页：

（左上）图3-241埃洛拉 16号窟。西北侧俯视景色（平顶上雕莲花图案）

（左下）图3-242埃洛拉 16号窟。东南侧俯视全景

（中上）图3-243埃洛拉 16号窟。院落，西南区现状

（右两幅）图3-244埃洛拉 16号窟。西侧远景

（上）图3-245埃洛拉 16号窟。西立面（入口立面）全景

（下）图3-246埃洛拉 16号窟。入口门楼，西北侧景色

（中）图3-247埃洛拉 16号窟。入口门楼，近景

它更类似带多个面相的林伽（mukhaliṅga）。雕像表现了湿婆的最高相境——不仅是宇宙的创造者和破坏者，同时也是宇宙的维系者。三个硕大的头像被组合成一个整体。左面的湿婆呈现出其愤怒和毁灭的一面（恐怖相，Aghora-Bhairava；梵文原意为“可畏、恐怖”，中译陪胪，头饰由眼镜蛇和骷髅组成），和右面充满女性温柔、发髻上饰有珍珠及莲花的创造之相（Vamadeva，Uma；原意为“女神、美神”）形成鲜明的对比。中央主相则呈现出一种超然出世的神情，其宁静的面容确定了整个造型设计的基调。由于雕像位于三个入口之间，自各方获得充分的光线，因

而能自昏暗的背景中凸显出来。其他雕刻板块主要表现各种形态的神祇及其活动，其中最著名的有舞王湿婆（Nataraja，舞王纳塔罗阇，又称湿婆神舞，宇宙之舞）、半女主神湿婆（Ardhanārīśvara）、湿婆与雪山神女圣婚（Divine Marriage of Siva and Pārvatī）和权杖主湿婆（Lakulīśa）等群雕。这些雕像在优美和技艺上甚至要超过埃洛拉的作品，半女湿婆像更与湿婆三面像一起，被视为印度最精美的这类雕刻之一。

位于大窟东南方向的2号窟立面已毁，20世纪70年代进行了修复（图3-193）。柱廊长26米，深11米。礼拜堂由八角柱和两根半柱支撑；柱廊背后布置三个房间，主要祠堂供奉林伽（雕刻已失）。边上的3号窟保存状态欠佳，柱廊及柱厅后均辟小室（图3-194~3-196）。柱廊背后的中央门洞通向残毁的祠堂（长宽分别为6.0米和5.7米）。4号和5号窟同样残毁，从雕刻上看两者皆为湿婆庙（图3-197、3-198）。

窣堵坡山6号窟亦称西塔拜石窟寺（图3-199、3-200），柱廊配有四根柱子和两根壁柱，大厅后壁辟三室：中央为祠堂，门洞边立壁柱，上有檐壁饰带，门槛处雕狮子；两边房间供僧侣使用。在葡萄牙人殖民时期，6号窟曾被改作基督教堂。接下来的

（上）图3-248埃洛拉 16号窟。院落，自西北角望去的景色（前景为旗柱）

（下）图3-249埃洛拉 16号窟。院落，西北区（自东面望去的景象）

图3-250埃洛拉16号窟。院落，西南侧现状（旗柱后面为南迪阁和主祠）

7号窟是个带凉廊的小窟，在发现山体有裂缝后随即被弃置。

除象岛外，孟买附近的其他石窟遗址还包括前面提到过的肯赫里（公元前1世纪到公元10世纪，图3-201）、乔盖斯沃里（520~550年）和曼达佩斯瓦尔。

在肯赫里，除已介绍过的年代较早的3号窟外，1号窟是座两层高的佛教寺院（精舍）；首层入口处立两根粗壮的柱子，只是建筑一直未能最后完成（图3-202）。相邻的2号窟是个前方敞开的狭长洞窟，内有三座舍利塔（图3-203~3-205）。4号窟只是一个圆形小室，内有一座实心舍利塔（图3-206）。位于大支提窟东北方向的11号窟（“觐见堂”）可能开凿于5~6世纪，是组群内最大的石窟，也是除支提窟外最令人感兴趣的建筑（图3-207~3-209）。尽管辟有成列的小室，但它显然并不是一般意义上的寺院（精舍），而是一个具有聚会性质的厅堂。平面上自后墙向前凸出的祠堂可能是安置宝座和讲坛。大厅中央柱子所围空间长宽分别为22.3米及9.75米，布置了两排石凳，估计可坐一百人左右。入口想必是在北面，对着主持人的宝座。整座石窟平素无饰，廊柱为简单的八角形，既无柱础也无柱头；内柱截面方形，上部高度约1/4处设一道16边形好似带沟槽的条带，柱上承平素的挑腿式柱头。其他尚可一提的还有34号窟、41号窟和90号窟。34号窟的门廊柱颇似11号窟的内柱，室内尚存未完成的壁画（图3-210、3-211）；41号窟为一后期精舍，向前凸出的门廊由类似象岛的柱墩支撑，后面的方柱形如阿旃陀的15号窟。其内厅

左页：

（上）图3-251埃洛拉 16号窟。南迪阁及柱厅，南侧现状

（下）图3-252埃洛拉 16号窟。南楼梯间入口

本页：

（上）图3-253埃洛拉 16号窟。通向主祠楼梯间表现《罗摩衍那》典故的浮雕

（中）图3-254埃洛拉 16号窟。柱厅入口，西北侧景色

（下）图3-255埃洛拉 16号窟。柱厅西北角近景

堂后墙有表现佛陀的壁画，室内除坐佛像外，尚有头上另置10个小头的圣观音（Avalokiteśvara）造像（图3-212、3-213）；90号窟最引人注目的是大厅墙面浮雕（表现坐在莲花宝座上的佛陀和周围的众门徒，图3-214~3-216）。

[埃洛拉]

奥朗加巴德附近的埃洛拉是第二阶段岩凿建筑遗

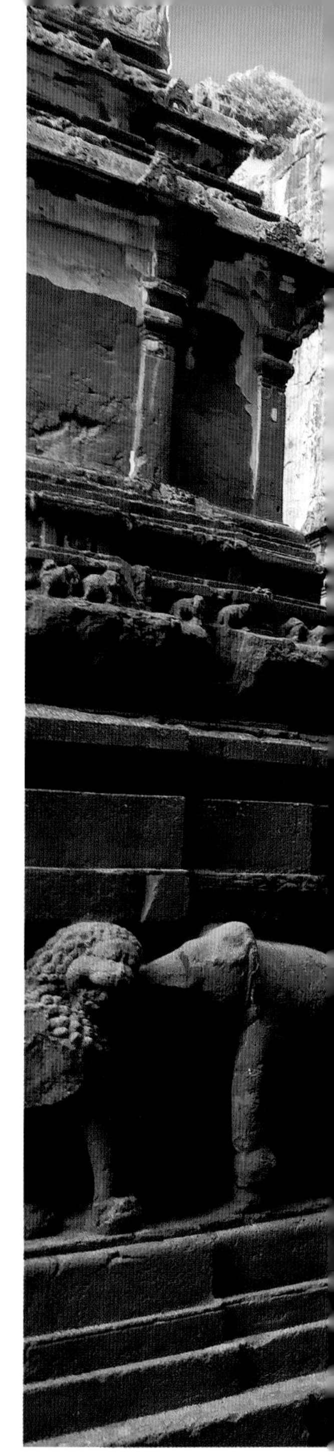

址中最重要的一个。窟群位于萨希亚德里山脉西侧，在约1400米的范围内，拥有约35座印度教、佛教及耆那教的石窟及岩凿寺庙（图3-217~3-220）。其开凿年代自6世纪中叶开始，一直持续到1300年；佛教石窟可能直到早期的印度教祠庙停建后才开始建造，属后期大乘佛教阶段。从结构细部可以看到来自印度南部潘地亚王朝（Pandya Dynasty）的影响。

凯拉萨神庙（16号窟）

埃洛拉16号窟即著名的凯拉萨神庙，它和三个更小的祠堂一起，构成了完全不同的类型，即一个自整体山岩凿出的构筑寺庙的复制品。它们成为南方达罗毗荼风格最北面的实例，雕刻也更多反映了南部德干地区的影响（平面、立面、剖面及剖析图：图3-221~3-229；历史图版：图3-230~3-239；俯视景色：图3-240~3-242；现状景观及细部：图3-243~3-268）。

作为埃洛拉石窟寺中最重要的一个，凯拉萨神庙不仅是罗湿陀罗拘陀时期规模最大、最宏伟的独石庙宇[其名凯拉萨（Kailāśa）系指湿婆的山岭居所]，也是印度乃至世界古代岩凿寺庙中规模最大、最宏伟的一个；因其建筑及雕刻价值被视为印度最值得注意的石窟寺之一。当时留下的两块铜板铭文中有一则热情赞赏这座神庙的文字，传递了它给当代人们

留下的深刻印象[文中称今埃洛拉（Ellorā或Elura）为Elapura]。近代英国艺术史学家文森特·阿瑟·史密斯（1848~1920年）认为，凯拉萨神庙的成就代表了整体岩凿寺庙的最高水平，堪称世界奇迹。按另一位英国艺术史学家珀西·布朗的说法，作为艺术，凯拉萨神庙可视为岩凿建筑中无与伦比的作品，一个永远令游客震惊的杰作。

寺庙由罗湿陀罗拘陀王朝统治者投资建造。一般认为始建于国王克里希纳一世（奎师那一世、黑天一世，756~774年在位）将王国的版图由德干地区扩展到印度南部之后。但由于相关铭文不在现场，因而有些疑点尚未最后澄清。

鉴于寺庙具有较大的规模并表现出不同的建筑和雕刻风格，加之有一个和顶塔本身高度相比大得不成比例的基座（其上布置大象及狮子雕刻）；因而某些学者相信，工程可能并没有在克里希纳一世任上完成，其修改和扩展一直持续到他去世之后，囊括了好几个国王的任期。由于神庙的某些雕刻类似相邻的15号窟（毗湿奴化身窟）的风格，而后者内部有一则克里希纳一世的前任（也是他的侄子）、王朝创立者丹迪杜尔迦（约735~756年在位）的铭文。据此德国历史学家赫尔曼·戈茨（1898~1976年）在他1952年发表的《埃洛拉的凯拉萨神庙和罗湿陀罗拘陀艺术的年表》（*The Kailāsa of Ellora and the Chronology of Rāshtrakūta Art*）一文中认为，凯拉萨神庙的建造应始于丹迪杜尔迦时期。按照他的说法，克里希纳一世在丹迪杜尔迦死后废弃了他的儿子，自己登上王位后，想必有意不提前任在神庙建造上的作用。根据对不同风格的分析，赫尔曼·戈茨进一步假设，神庙的

本页及左页：

（左）图3-256埃洛拉 16号窟。柱厅基座南侧雕刻（罗波那撼凯拉萨山，圣山上湿婆和帕尔瓦蒂的和平家居生活与下面多头多臂恶魔的动态和躁动形成了鲜明的对比）

（中）图3-257埃洛拉 16号窟。主祠东北角基座及平台上的小塔

（右）图3-258埃洛拉 16号窟。主祠基座象雕及院落东北角柱廊

本页：

（上）图3-259埃洛拉 16号窟。主祠基座象雕，背立面（东侧）景象

（下）图3-260埃洛拉 16号窟。主祠基座，象雕近景

右页：

图3-261埃洛拉 16号窟。主祠顶塔，西南侧景色

本页及左页：

（左上）图3-262埃洛拉 16号窟。主祠顶塔，西北侧全景

（中上）图3-263埃洛拉 16号窟。顶塔基部平台及周围小塔

（右上）图3-264埃洛拉 16号窟。顶塔基部，龛室雕饰

（左下两幅）图3-265埃洛拉 16号窟。雕饰上的抹灰和着色痕迹（最初建筑很可能是在白色抹灰底面上涂以鲜丽的黄色、绿色和蓝色）

（中下）图3-266埃洛拉 16号窟。柱厅内景

某些部分系王朝后期统治者扩建，包括陀鲁婆·达拉沃尔沙（780~793年在位）、瞿频陀三世（793~814年在位）、阿目佉跋沙一世（814~878年在位）和克里希纳三世（939~967年在位）各时期。另按赫尔曼·戈茨的说法：11世纪帕拉马拉王朝[9]统治者波阇（1010~1055年在位），在他入侵德干期间投资打造了下部基座的狮-象饰带并新加了一道绘画。最后一道壁画属18世纪摩腊婆王国[10]女王阿希尔娅拜·霍卡尔（1725~1795年，1767~1795年在位）时期。

新近去世的印度著名历史学者和考古学家马杜卡尔·凯沙夫·达瓦利卡（1930~2018年）对这座寺庙的建筑进行了仔细的考察和分析后，在他1982年发表的《凯拉萨神庙——风格演变及年表》（*Kailasa——The Stylistic Development and Chronology*）一文中指出，寺庙的主要部分完成于克里希纳一世统治期间；尽管他同意赫尔曼·戈茨的说法，神庙建筑群的某些其他部分可能属后期（包括兰克什瓦尔窟和河神祠堂，可能建于瞿频陀三世时期，即793~814年；图3-269~3-271）。按照达瓦利卡的说法，克里希纳完成的部分包括主要祠堂、大门、南迪阁、下层、狮-象饰带、院落的大象雕刻及胜利柱。他还认为，神庙最重要的雕刻（表现十头魔王罗婆那撼动凯拉萨

山[11]）始于主要建筑建成之后。这一雕刻被认为是印度艺术最精美的作品之一；很可能，建筑就是在这之后被称为凯拉萨（Kailāśa）神庙的。达瓦利卡根据这一雕刻与兰克什瓦尔窟中湿婆神舞（Tāṇḍavam，Tandava）雕刻的相似，认定它制作于主要祠堂完成后约三四十年期间（赫尔曼·戈茨认为这一浮雕属克里希纳三世时期，即939~967年）。达瓦利卡进一步推断，始于丹迪杜尔迦统治时期的毗湿奴化身窟完成于克里希纳一世时期。这两座石窟雕刻的类似亦可由此得到解释。

规模宏大的寺庙好似建在一个如巨大井坑般的宽阔院落上，院落基底尺寸82米×46米，深入山坡中几近90米，最宽处约53米。所有环绕祠庙的柱廊及石窟寺、祠堂均自天然山岩中凿出，高度一层到三层不

左页：

（左上）图3-267埃洛拉 16号窟。院落北廊底层内景

（右上）图3-268埃洛拉 16号窟。室内遭破坏的雕像

（左中）图3-269埃洛拉 16号窟。兰克什瓦尔窟及院落北边廊

（左下）图3-270埃洛拉 16号窟。河神祠堂（位于院落北侧），19世纪景色[1875年老照片，Henry Cousens（1854~1933年）摄]

本页：

（上）图3-271埃洛拉 16号窟。河神祠堂，现状

（右下）图3-272埃洛拉 16号窟。南迪阁，西北侧景色

（右中及左下）图3-273埃洛拉 16号窟。南迪阁，西立面，全景及近景

等，配有巨大的雕刻嵌板，凹龛内立各种样式的神像。最初有石雕飞桥连接这些廊道和寺庙中央结构，但现已塌落。

位于"U"形院落"壕沟"之间的主要寺庙由入口门楼、南迪阁、柱厅及圣所（vimāna，内祠，神宅，庙宇）组成。

入口处门楼（gopuram）高两层，以当时标准来说制作颇为精细的大门，于左右两侧分别饰湿婆派（Shaivaite）及毗湿奴派（Vaishnavaites）神祇雕像。院落内南迪阁高7米左右，它和列柱堂外观看上去均为两层；但外部装饰着精美叙事雕刻的下层实

本页及左页：

（左上）图3-274埃洛拉 16号窟。南迪阁，南侧底层雕饰

（中）图3-275埃洛拉 16号窟。“旗柱”，外景

（右上）图3-276埃洛拉 9号窟。地段外景

（右下）图3-277埃洛拉 9号窟。内景

（左下）图3-278埃洛拉 2号窟。柱墩近景

体结构，实为一个高高的基座。南迪阁上层以石桥和前方的入口门楼及后面的柱厅门廊相连；并依湿婆寺庙的传统，于内部安置湿婆的忠实坐骑——圣牛南迪（Nandi）的雕像，作为中央圣所及柱厅前的护卫（南迪阁：图3-272~3-274）。柱厅及中央祠庙整个位于高7.5~8米、由成排足尺大小、造型敦实的大象及狮子雕刻支撑的首层基台上。平顶的柱厅由16

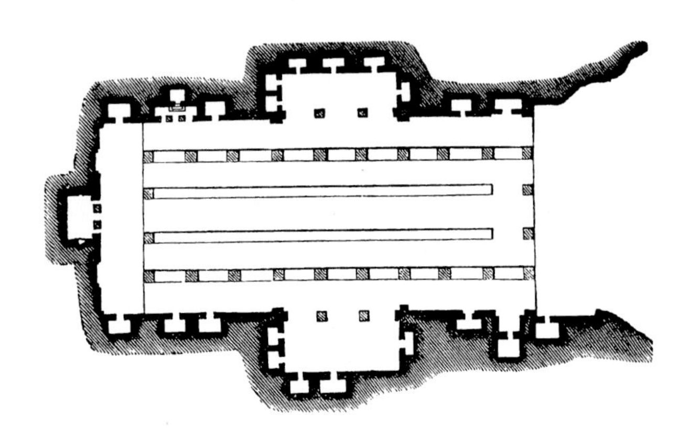

（左上）图3-279埃洛拉 3号窟。内景现状

（左中）图3-280埃洛拉 5号窟。平面简图

（右中）图3-281埃洛拉 6号窟（7世纪）。内景（采用了典型的毗诃罗布局，包括一个由列柱环绕的公共活动空间；内置低矮的连续石凳，在柱列后的岩壁上凿出僧侣们使用的房间；石窟尽端为祠堂，内置佛陀、菩萨等的雕像）

（右上）图3-282埃洛拉 10号窟（巧妙天窟，7世纪上半叶）。现状外景（两层高，开一个朝向上层阳台的三扇窗）

（下）图3-283埃洛拉 10号窟。立面全景

(上）图3-284埃洛拉10号窟。上层近景

(中及下）图3-285埃洛拉 10号窟。支提拱及拱肩雕饰细部

根柱墩支撑。祠堂内部于中央安放膜拜湿婆的象征标志——巨大的石刻林伽（liṅgaṃ，梵语“标志”之意），上部立达罗毗荼式的顶塔（系由图3-510所示帕塔达卡尔那类宏伟的作品演化而来）。整个组群平面比希腊的帕提农神庙稍大，但高度为其1.5倍（塔顶高出院落33米）。

中央祠庙周边同一基台上另有五座独立祠堂，其中三座供奉河流女神（恒河、亚穆纳河和沙罗室伐底河）。院内南迪堂两侧还有两个带雕饰的方形柱

本页及右页：
（左两幅）图3-286埃洛拉 10号窟。二层中央组窗两侧的牛眼券山墙（下图为侏儒乐师檐壁）

（中）图3-287埃洛拉 10号窟。内景

（右）图3-288埃洛拉 10号窟。窣堵坡近景

墩（Dhwajasthambha，Dhvajastambha，字面意义为“旗柱”，上部原承湿婆手持象征闪电的三叉戟，图3-275，另见图3-225）。

达瓦利卡指出，这座整体开凿的寺庙从一开始就有周密的设计和安排。主要祠堂非常类似——尽管并不是全面照搬——帕塔达卡尔的维鲁帕科萨神庙（只是规模要大得多，由于它们几乎同时出现，以其为原型的可能性显然很大，特别是因为帕塔达卡尔地区曾

被克里希纳一世置于罗湿陀罗拘陀王朝的统治下；维鲁帕科萨神庙虽然雕刻风格上更为柔美抒情，但同样对凯拉萨神庙有所影响），而维鲁帕科萨神庙本身又是以建志帕拉瓦王朝时期的凯拉萨神庙为样板（在埃洛拉，由自然山岩形成的绕行寺庙的“墙”及独立柱厅，很自然地令人联想到建志的这座同名建筑）。从维鲁帕科萨神庙的铭刻可知，遮娄其国王在击败了帕拉瓦王朝后，把那里的艺术家带到了帕塔达卡尔。按

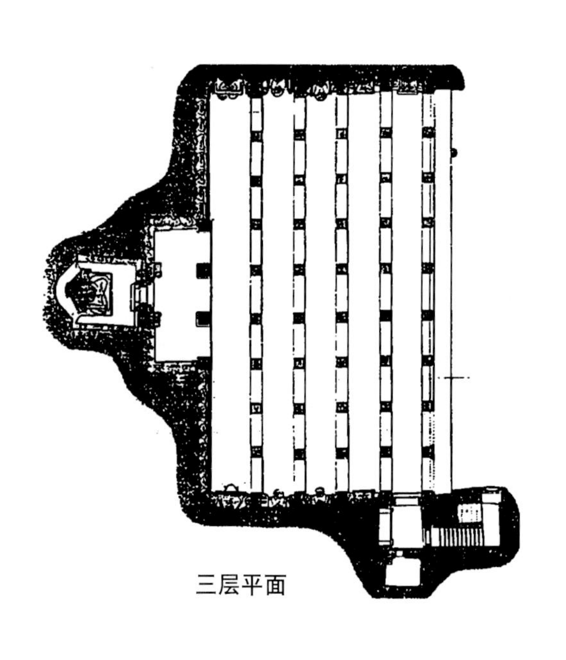

三层平面

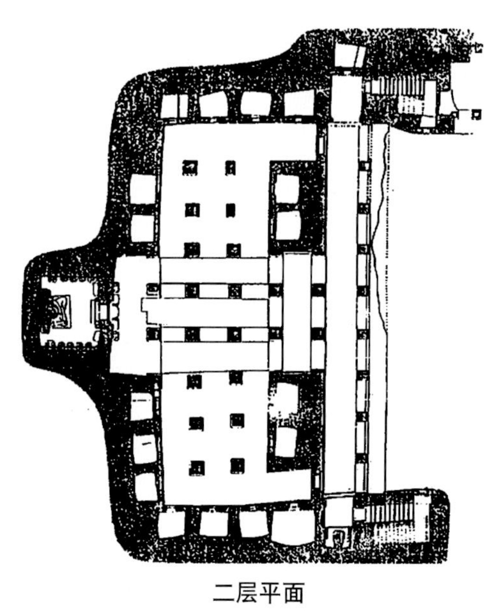

二层平面

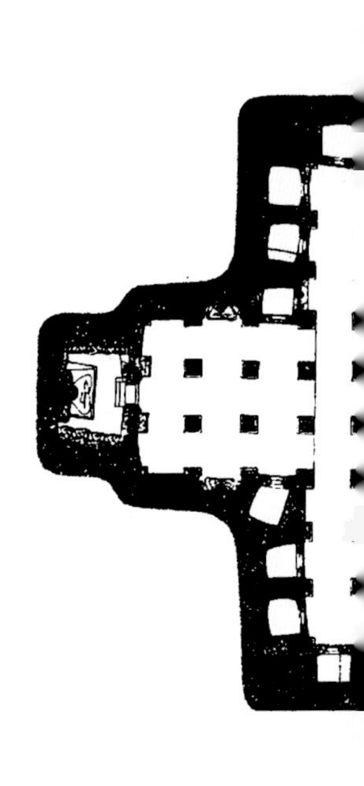

达瓦利卡的设想，克里希纳在战胜了遮娄其王朝之后，想必对那里的维鲁帕科萨神庙留下了深刻的印象。因此，他把建造这一神庙的建筑师和雕刻师（包括某些原帕拉瓦王朝的艺术家）带到了自己的国家，委托他们建造埃洛拉的凯拉萨神庙。这座寺庙之所以和德干地区的早期风格有所不同，可能就是因为有印度南部遮娄其和帕拉瓦王朝艺术家的参与，而德干本地区的工匠似乎只在寺庙的建造上起到了一些辅助作用。英国建筑师和建筑史学家亚当·哈迪把这种整合遮娄其和帕拉瓦样式的表现统称为卡纳塔克-达罗毗荼风格。

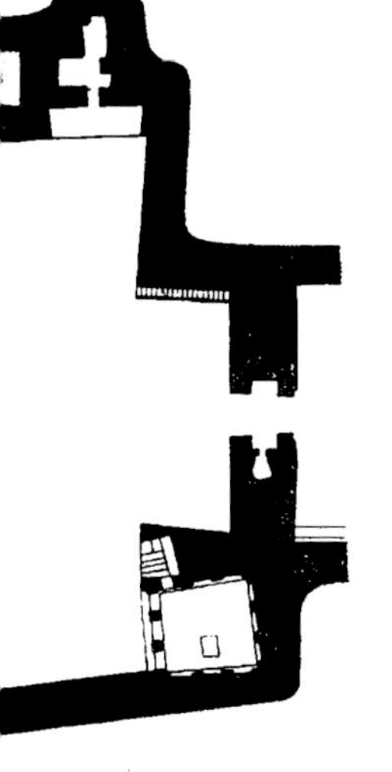

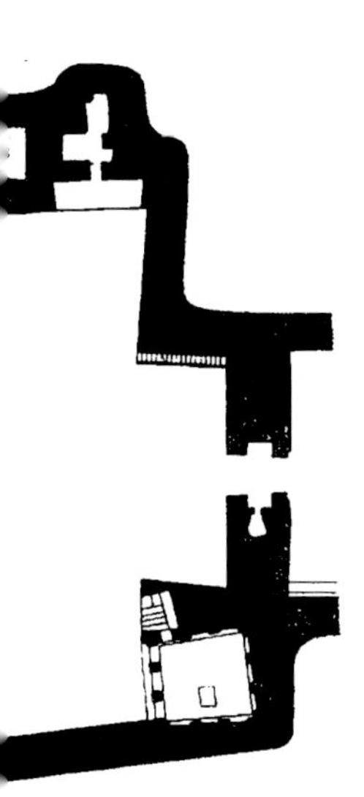

本页及左页：

（左上）图3-289埃洛拉 11号窟（多-塔尔窟）。地段全景

（左中）图3-290埃洛拉 11号窟。立面近景

（左下）图3-291埃洛拉 12号窟（廷-塔尔窟）。各层平面（图版作者James Burgess）

（中上）图3-292埃洛拉 12号窟。地段外景

（右上及中中）图3-293埃洛拉 12号窟。立面及近景

（右下）图3-294埃洛拉 12号窟。顶层（三层）廊道端部雕像

左页：

（上）图3-295埃洛拉 12号窟。顶层内景（7尊佛像和5尊菩萨造像）

（左下）图3-296埃洛拉 12号窟。顶层佛像（坐在莲花宝座上，基座上雕有狮子）

（右下）图3-297埃洛拉 12号窟。顶层女神像

本页：

（上）图3-298埃洛拉 12号窟。着色菩萨像（在墙面浅浮雕上覆灰泥制作细部，有的灰泥已脱落）

（下）图3-299埃洛拉 14号窟（拉瓦纳-基凯窟，6世纪后期）。平面

（中）图3-300埃洛拉 14号窟。内景（柱墩饰向外溢出的瓶罐，壁柱上置垫式柱头）

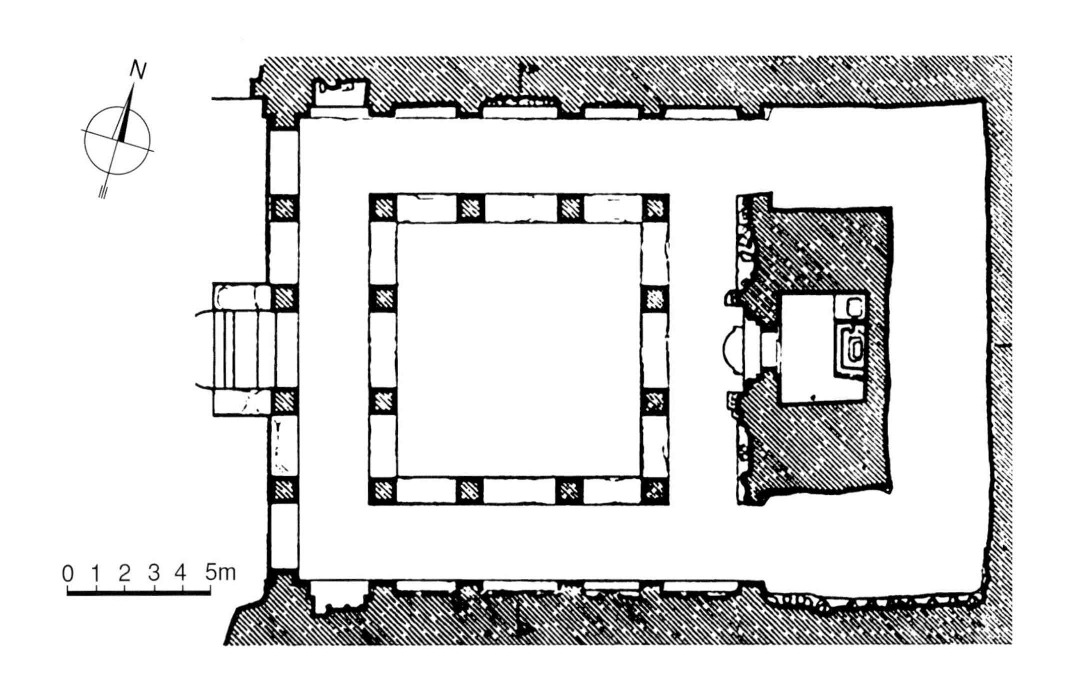

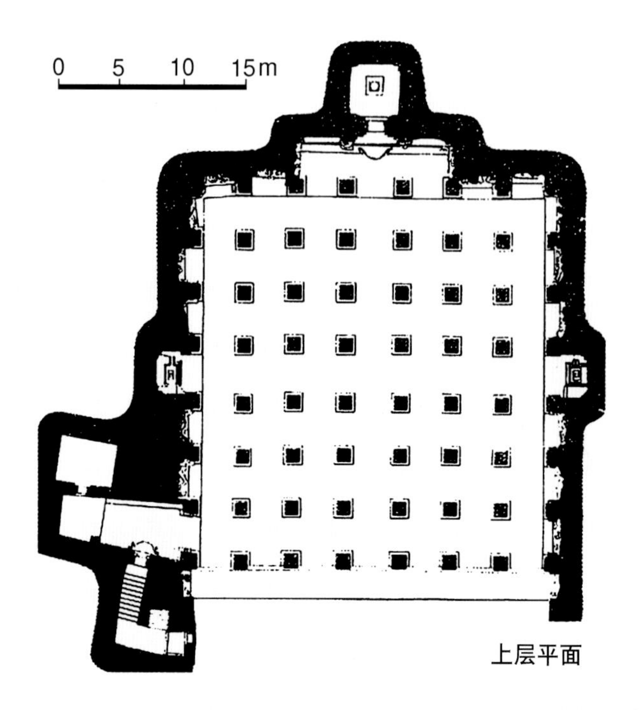

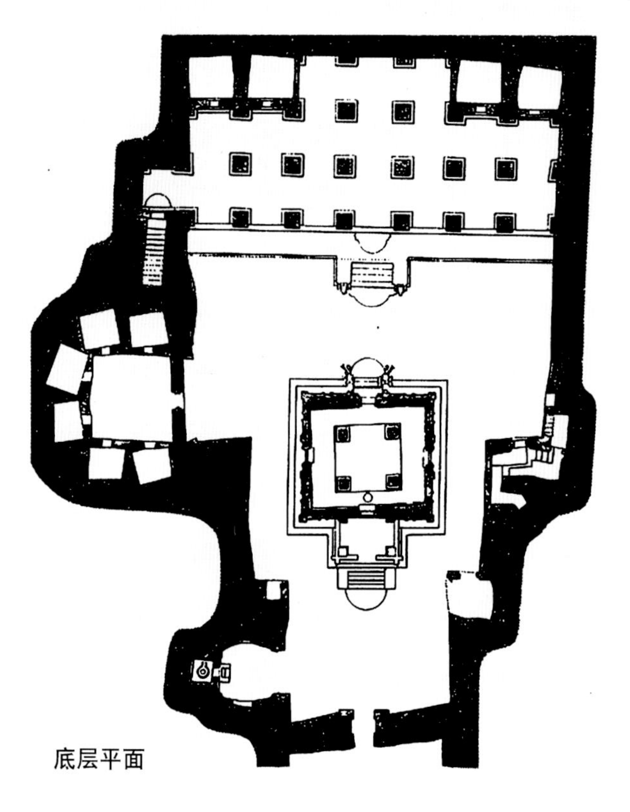

由于有外来建筑师的参与并有可能利用现成的设计图和样本，在开凿新寺庙时工作量显然大为减少。按达瓦利卡的估算，假定每人每日可开凿4立方英尺的岩石，整个工程需要250个劳工工作五年半。

开凿工程系自上至下，即从最初的山岩顶部开始向下开凿（即所谓垂直开挖，vertical excavation）。按M. 阿尔贝特·蒂桑迪耶的说法，开挖是自三面向下，直至留出中央包括神庙主体及附属祠堂在内的一大块岩石。因此无需搭建脚手架，也省去了运输大量材料的成本。据估算，用砌筑方式建造一座同样规模和精细程度的寺庙将花费更多的劳力，到最后细部完成所用工期也更长。但采用垂直开挖方案时，事先需要制定极其详尽的计划，施工亦须格外谨慎，且只能"建造"一个相对小的顶塔。

这座寺庙的雕刻装饰极为丰富，但并不显得特别拥挤。圣所雕出壁柱、龛室、窗户，以及众多的神像和表现情欲的男女形象[所谓密荼那（爱侣，来自梵文mithunas，意"性的结合"）]。墙面上满布印度神话故事的雕刻，包括十头魔王罗婆那、湿婆和雪山神女帕尔沃蒂，顶棚上另施彩绘。尽管神庙是供奉湿婆，但基部层叠的饰带及大幅嵌板雕刻上主要表现取自史诗《摩诃婆罗多》（*Mahābhārata*）和《罗摩衍那》的场景，风格上颇似（帕塔达卡尔）维鲁帕科萨神庙室内的柱墩。著名的群雕"罗婆那撼动凯拉萨山"场面极具戏剧性，人物表现也颇具张力。下部位于山洞里的魔王完全用圆雕手法。

左页：

（左）图3-301埃洛拉 15号窟（毗湿奴十化身窟）。平面（图版作者James Burgess）

（右上）图3-302埃洛拉 15号窟。19世纪初景色（作者Thomas Daniell和James Wales，1803年）

（右下）图3-303埃洛拉 15号窟。内景雕饰（图版，取自MARTIN R M. The Indian Empire，vol.3，约1860年）

本页：

（上）图3-304埃洛拉 15号窟。柱厅，现状

（下）图3-305埃洛拉 15号窟。上层内景，精美的南迪雕像面对着中央林伽祠堂

其他各窟

位于石窟群南部的1~12号窟按达瓦利卡2003年的说法系建于630~700年，但欧文（2012年）认为应属600~730年。其中最早的佛教石窟为6号窟，接下来的顺序是5（右翼稍晚，年代在3、4号窟之间）、2、3、4、7、8、10和9号（图3-276、3-277），最晚后的是11和12号窟。

2号窟和3号窟虽然与一个多世纪前已比较成熟的阿旃陀石窟相近，但此时平面变得更为复杂；由于教义、仪礼及总体观念上的深刻变化，整个图像体系也更为新颖（图3-278、3-279）。窣堵坡不再采用。和贵霜时期相比，阿旃陀在造型题材上并没有显著增

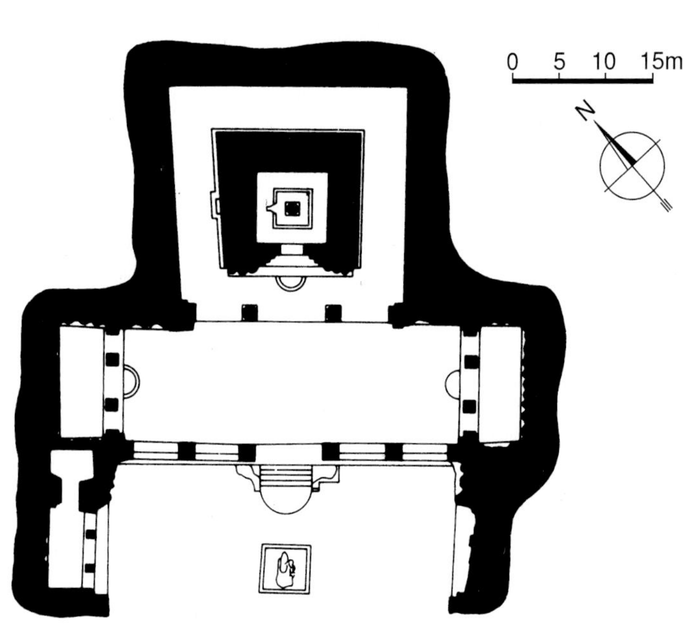

加，而现在则增加了许多新的菩萨，且第一次出现了像多罗菩萨（Tārā）这样一些女性神祇，以及显然是来自印度教的四臂形象和所谓圣观音仪式（Litanies of Avalokiteśvara）。历史上的佛（Mānuṣī）现在也开始扩展到所谓五方佛[12]及执金刚神（本初佛）[13]，这些新观念都体现了大乘佛教的宗教理想和宇宙观。

这些岩凿厅堂的作用也有所变化。2号窟已不能视作精舍（寺院），因为它没有任何小室。在这里采用了阿旃陀那种比较成熟的平面形式，如大厅两边设柱廊，后面布置一排坐佛。佛像和朝拜者现都沿内殿

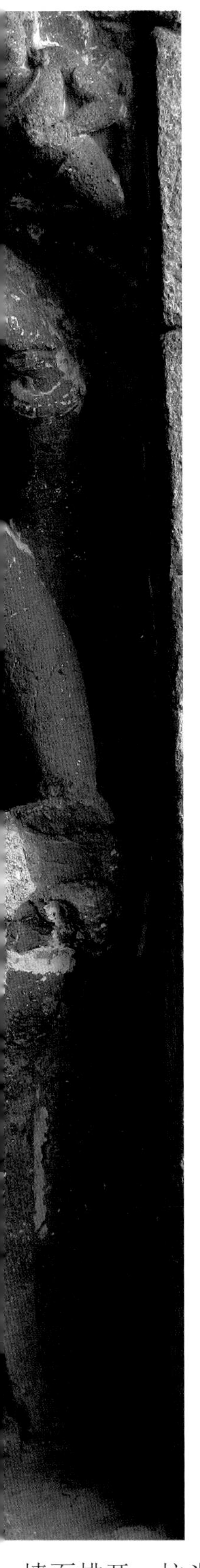

墙面排开。柱头有各种形式，从瓶饰和枝叶型（3号窟）到斜角垫式。雕刻没有早期那样丰富的细部，由程式化的形式组成，面相简化，造型夸张（如硕大的乳房）。

和以前的佛教石窟相比，有的窟不仅规模较大，

本页及左页：

（左上）图3-306埃洛拉 15号窟。雕饰细部

（中）图3-307埃洛拉 15号窟。毗湿奴雕像（表现毗湿奴十化身之一）

（左下）图3-308埃洛拉 21号窟（印度教石窟，6世纪中叶或下半叶）。平面（取自CRUICKSHANK D. Sir Banister Fletcher's a History of Architecture，1996年），前方布置一个很大的方形院落，前厅正面的主祠和两边的小祠入口处均布置双柱

（右上）图3-309埃洛拉 21号窟。20世纪初景色（根据照片制作的版画，取自WRIGHT J H. A History of All Nations from the Earliest Times，1905年）

（右下）图3-310埃洛拉 21号窟。现状外景（前方为南迪墩座）

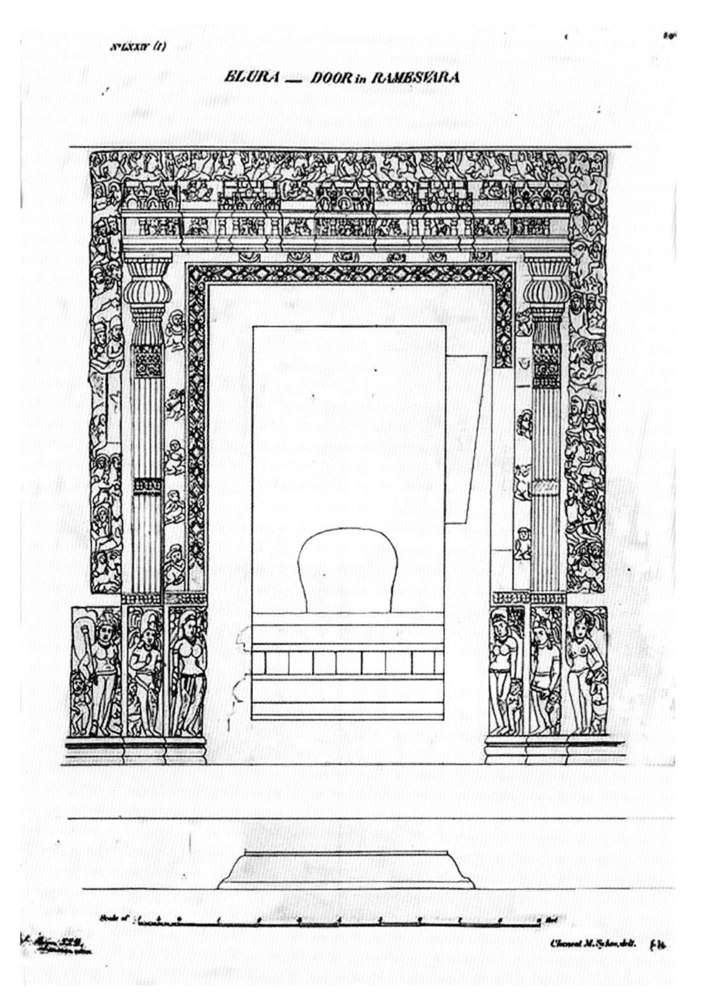

ELURA — DOOR in RAMESVARA

也更为精美。5号窟代表了一种全新的类型，向岩体内掘进的深度远远超过立面宽度，但并没有采取支提堂的形式。在矩形大厅内布置了两排柱墩（每排10根，图3-280），其间布置两列高起的连续石凳（采用类似形制的还有6号窟，图3-281）；只是不明白这样做的目的何在。有可能是就餐时的凳子或桌台（因为还有约20个小室及一个祠堂），但更可能是僧侣们

左页：

（左上）图3-311埃洛拉 21号窟。石门立面（图版，1877年，作者James Burgess）

（右上）图3-312埃洛拉 21号窟。石门现状

（下）图3-313埃洛拉 21号窟。内景

本页：

图3-314埃洛拉 21号窟。入口处恒河女神雕像

本页：

（上）图3-315埃洛拉 21号窟。雕刻：舞神湿婆（6世纪后半叶）

（中）图3-316埃洛拉 21号窟。雕刻：杜尔伽杀牛魔

（下）图3-317埃洛拉 29号窟（杜梅-莱纳祠庙，7世纪中叶）。平面

右页：

（上及左下）图3-318埃洛拉 29号窟。内景（方形内祠及门口的守门天雕像）

（右下）图3-319埃洛拉 30号窟（小凯拉萨庙，可能为9世纪初）。俯视全景

聚会或讲经说法时的坐凳，如围绕某些寺院铺地院落布置的座位。在巴格的一座石窟里，类似的表现目前也无法得到令人信服的解释。

一些石窟于内殿两侧布置作为守门天的巨大菩萨立像及其随从，这种做法显然是来自印度教石窟。在6号窟，这些雕像制作精美，体格健壮，充满活力，随从摆出典型的笈多姿势。8号窟在平面上类似印度教祠庙，其多臂佛像可能是最早的这类实例，内殿坐佛边为圣观音像。

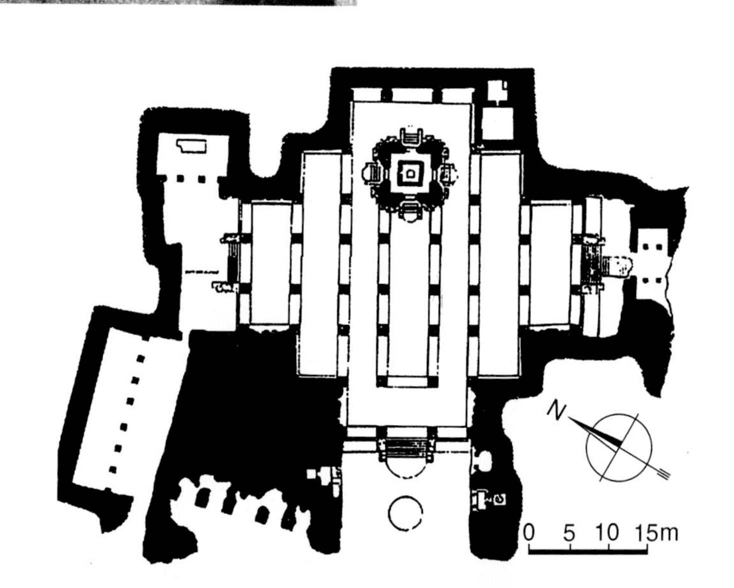

10号窟（巧妙天窟[14]）是埃洛拉唯一的支提堂，属印度最后一批这类石窟（图3-282~3-288）。由于形势的演变，原有的支提堂形式此时已不再时兴。这期间的变化主要表现在几个方面：一是作为主要敬拜对象的窣堵坡被取代；二是寺院内引进了佛像；三是可能如5号窟那样，同时充当聚会场所或多功能厅堂。但值得注意的是，和公元前2世纪的石窟相比，10号窟基本上没有太多变化。它同样有个半圆形的端部，成排的内柱和高处雕制的天窗，与阿旃陀的19号窟和26号窟相比也没有多少区别；只是窣堵坡前加了一个巨大的佛陀坐像，两侧及窣堵坡基部还有另外一些次级雕像。通过位于屏墙上的门可到达一个带柱廊的前院，院落两侧柱廊高两层，后设小室。给人印象最深刻的是立面本身。入口柱廊上承一个宽

本页：

（上）图3-320埃洛拉 30号窟。入口近景

（下）图3-321埃洛拉 31号窟（未完成）。雕饰细部

右页：

（上两幅）图3-322埃洛拉 32号窟（因陀罗窟，9~10世纪）。底层、上层平面及萨尔瓦托巴陀罗祠堂屋顶俯视图

（左中及左下）图3-323埃洛拉 32号窟。萨尔瓦托巴陀罗祠堂，俯视景色

（右下）图3-324埃洛拉 32号窟。阿育王柱及萨尔瓦托巴陀罗祠堂入口

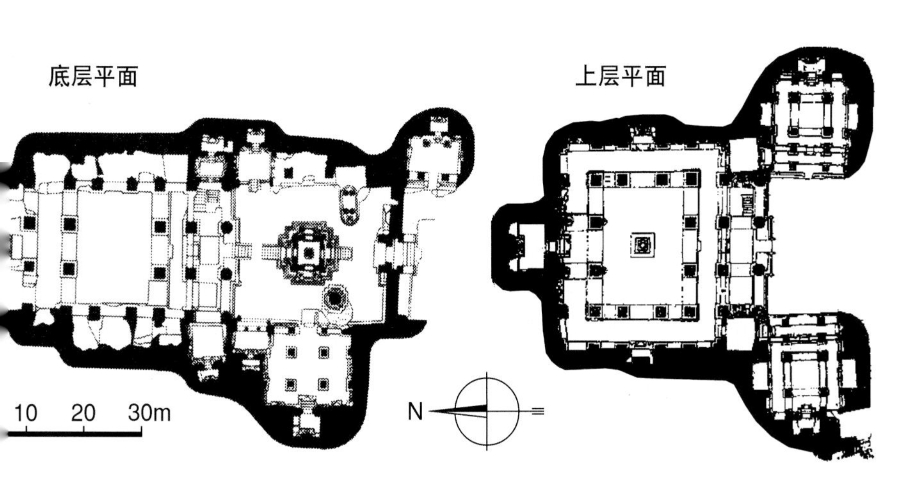
底层平面
上层平面
10
20
30m
N

阔的平台，其后支提窗两侧设两个上置复杂山墙装饰（udgamas）的大型龛室，整体构成一组均衡的构图。这些形式表明建筑应属公元650年左右。山墙是后笈多时期建筑的主要特征之一，窗户则起到最初支提拱门的作用，为室内采光；只是此时其外形纯由装饰决定，与内部筒拱顶无涉。室内与外部平台相对设一廊台，墙裙处安置浮雕饰带，只是其用途不明（有可能是乐师廊）。

自6世纪后期至8世纪早期，埃洛拉寺院布局产生出诸多变体形式，包括两层和三层的类型；特别是还出现了像11号窟和12号窟那种带有更大厅堂、能更好满足僧侣们需求的三层石窟。从两者极为成熟的图像表现及雕刻特色来看，几乎可肯定它们属埃洛拉最后一批佛教石窟。

和10号窟类似，11号窟（多-塔尔窟，图3-289、3-290）前面也有一个大的开敞院落。窟内尚有二三座印度教造像；在这里，第一次出现了如持剑的斯蒂拉凯图（Sthiraketu）、举旗的杰纳纳凯图（Jñānaketu）和手持莲花及书的文殊菩萨（Mañjuśri）这样一些形象。规模宏伟的12号窟（廷-塔尔窟，图3-291~3-298），建筑上比较朴实。在这里，和10号

本页及左页：

（左）图3-325埃洛拉32号窟。院落石象

（中上）图3-326埃洛拉32号窟。萨尔瓦托巴陀罗祠堂，入口立面

（中下）图3-327埃洛拉32号窟。萨尔瓦托巴陀罗祠堂，顶塔侧面近景

（右上）图3-328埃洛拉32号窟。萨尔瓦托巴陀罗祠堂，顶塔背面

（右下）图3-329埃洛拉32号窟。主祠外廊近景

（上）图3-330埃洛拉32号窟。侧面厅堂

（左中）图3-331埃洛拉 32号窟。上层厅堂，19世纪初景色（图版，作者Thomas Daniell和James Wales，1803年）

（左下及右下）图3-332埃洛拉 32号窟。上层廊道北端（对面为回春之水守护神、夜叉摩腾伽雕像），19世纪中叶景况及现状（老照片为Henry Mack Nepean摄，1868年）

窟（巧妙天窟）一样，通过屏墙上的门与前院相连。立面则如11号窟，平素无饰；从外观上想象不出内部的华美壮观和三个叠置大厅的尺度。底层廊内为一大

柱厅（连廊柱共三排，每排八柱），主要祠堂前另设一个六柱前厅（柱列两排，每排三柱），祠堂侧面及后墙布置雕像[均为坐像，包括入口两侧作为守门天的文殊菩萨（Mañjuśri）和弥勒菩萨（Maitreya）像]。在祠堂侧墙的四个菩萨之上为五方佛像。二层布局独特，柱廊大厅四面墙上均开小室，通向凉廊的侧面入口布置在立面两端。巨大的厅堂于中央入口两侧各布置两个朝内的小室。大厅内柱列两排。后墙中央的双柱前厅通向内置坐佛像的祠堂。第三层为一巨大的横向厅堂，内置五排柱子（每排八柱），每个横向廊道端头侧墙上均雕佛像。后墙中央，一个双柱前厅通向内祠。前厅入口两侧，墙面上各布置七尊坐佛：左侧为应身佛（Manusi Buddhas，坐在佛祖得道成佛的菩提树下），右侧为法身佛（Dhyani Buddhas，双手说法印[15]，坐在伞盖下）。另于前厅每侧及祠堂门边安置七尊女性菩萨坐像（三尊位于后墙，四尊位于侧墙，上面另加一排坐佛像）。祠堂入口两边立交叉双手的观世音（Avalokitesvara）立像，

（上）图3-333埃洛拉 32号窟。上层厅堂，现状内景

（左下）图3-334埃洛拉 32号窟。上层厅堂，后墙高浮雕（表现耆那教第24代祖师筏驮摩那及之前的第23代祖师的业绩）

（右下）图3-335埃洛拉 32号窟。上层廊道，带垫式柱头的柱墩和女神安碧卡（Ambika，为女神杜尔伽的108个名字之一）组雕

图3-336埃洛拉 32号窟。柱墩细部（这几个样式比较独特，刻有沟槽的柱身立在带线脚的方形基座上，立方形体上饰有涡卷和卷草图案，同样带沟槽的垫式柱头支撑着巨大的矩形冠板）

祠堂内部侧墙上为八尊菩萨立像（上面同样有一排坐佛像）。顶层的所有墙面，包括祠堂内部，就这样布满了雕像。石窟内部多次重复分为九格的方形，中央为佛祖，其余八格为菩萨；这些可能是留存下来最早的坛场（曼荼罗，mandalas）图案。

14号窟（拉瓦纳-基凯窟，图3-299、3-300）位于

（左上）图3-337埃洛拉 32号窟。柱墩细部（这些柱墩尽管在细部上和早期实例——如象岛石窟及埃洛拉的2号窟——有所区别；但在基本部件，如下部方形柱身及垫式柱头上仍保持了一致）

（右上）图3-338埃洛拉 32号窟。雕刻：耆那教祖师大雄（筏驮摩那）坐像

（左下）图3-339埃洛拉 32号窟。雕刻：马坦贾像（马坦贾为耆那教繁荣之神，其造型显然是效法印度教财神俱毗罗）

（右下）图3-340埃洛拉 32号窟。雕刻：希代卡像（希代卡为耆那教繁荣和丰盛女神，相当于印度教的吉祥天女拉克希米；其乳房已被无数朝拜者摸得光滑锃亮）

（上）图3-341埃洛拉32号窟。壁画残迹

（下）图3-342埃洛拉33号窟。19世纪初景观（版画，作者Thomas Daniell和James Wales，1803年）

最成熟的12号佛教石窟和属罗湿陀罗拘陀风格的15号窟（毗湿奴十化身窟）之间，尽管其准确年代难以确定，但看上去要更为晚近。其平面布局完全依印度传统，极为工整。内祠前布置柱厅，厅内16根方柱围括中央方形空间并形成外圈宽敞的巡行廊道。以装饰性壁柱分划的每道侧墙上安置五块嵌板，左面（南墙）表现湿婆，右面（北墙）表现毗湿奴（Vaishnava）。矩形的内殿（圣祠，garbhagrha）表明，该窟系供奉女神。

作为世界最大石窟寺之一，15号窟（毗湿奴十化身窟）已属最后阶段（进深甚大的院落亦为后期特

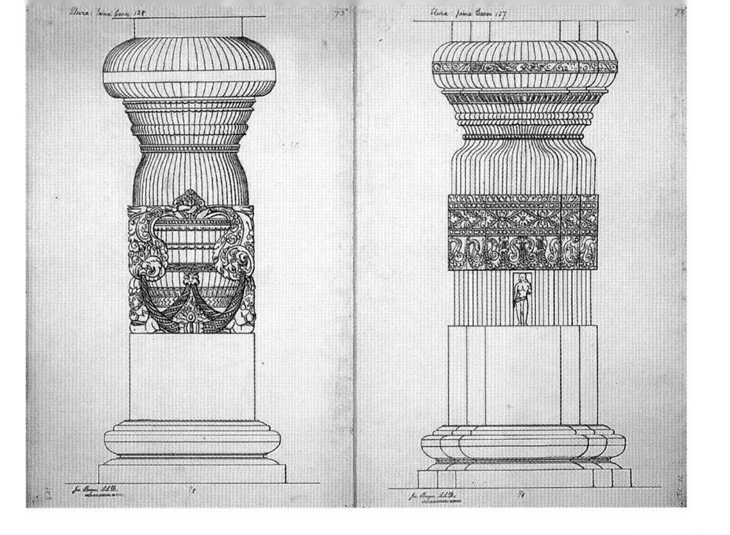

（左上）图3-343埃洛拉33号窟。柱墩立面[图版，1876年，作者James Burgess（1832~1916年）]

（中）图3-344埃洛拉33号窟。地段全景（左侧为34窟）

（右上及下）图3-345埃洛拉 33号窟。外景：右上为加固整修前；下为现状

征）。该窟仅有底层和一个楼层；虽属印度教，但一些小室表明最初开凿时系作为佛教石窟规划（图3-301~3-307）。院落中的柱厅（曼达波，mandapa）是个由整石雕凿而成的独立建筑[可能是供奉公牛南迪的祠堂，亦有人认为是舞阁（nṛtya maṇḍapa或raṅgamaṇḍapa）]，外部壁龛上冠以蜂窝状的装饰性山墙（gavaksas），这也是后笈多时期独立祠庙建筑的一个明显特征。目前不清楚的只是在7世纪中期或后期之前，其他地方是否也有这类表现。在这里发现的早期铭刻具有相当的历史价值，这也是埃洛拉唯一发现这类铭刻的石窟。据铭文记载，丹迪杜尔迦或当时的某个权贵可能在他任期近结束时造访寺庙，看来当时工程已经完成（当然，也可能又过了几年乃至几十年才最后竣工）。石窟首层面阔七间，大厅由一排中柱分成两条廊道。方形柱墩除柱础有粗壮线脚外，皆为光面。二层大厅向纵深发展，形成宏伟的柱厅，连外廊柱共七排柱墩，外加后墙一排附墙柱及通向内殿的门廊柱。各廊道尽端龛室内布置雕像。和卡拉丘里时期作品的构图相比，雕刻虽较为简单，但注入了新的精神和生气；特别是表现毗湿奴和湿婆利拉（Shivaleela）的雕刻，最为有名。

21号窟（印度教石窟）可能是埃洛拉石窟群中最早的一个（在挑腿的情侣造型上它和巴达米的3号窟极为相似，后者据铭文记载建于578年，因而该窟应创建于6世纪中叶或下半叶；图3-308~3-316）。其平面布局均衡，精美的内祠周围布置巡行通道。外部位于高基台上的南迪面对着入口，可说是完全按构筑祠庙的形制建造。外部柱墩之间的栏墙上饰有精美的浮

本页及左页：

（左）图3-346埃洛拉33号窟。前廊内景

（中上）图3-347埃洛拉33号窟。柱厅内景

（中下）图3-348埃洛拉33号窟。柱厅，朝内祠望去的景色

（右下）图3-349埃洛拉34号窟。雕刻：祖师像

雕带，表现爱侣（密荼那）形象，并有呈女体造型的挑腿（salabhanjikas）。内部厅堂两侧均设双柱小厅，其墙面如象岛石窟那样，饰有神祇和取自往世书典故的浮雕。大厅两侧小厅内的浮雕表现降魔女神杜尔伽正在杀死化身为水牛的恶魔，特别精美的是一个双膝弯曲作舞蹈姿态的湿婆浮雕像（见图3-315，虽然在气势和尺度上不如象岛的神舞浮雕，但保存得要好得多，周围众琴师对气氛的烘托也更为强烈）及成排的所谓七母坐像。室外，入口门廊两侧岩面上雕有河流女神的形象，更多地表现出后笈多时期的风格。

供奉湿婆的29号窟（当地人称杜梅-莱纳祠庙，图3-317、3-318）几乎是再现了象岛石窟的平面、图像题材及尺度，因而很可能是以后者为范本，尽管具有不同的山崖廓线。石窟配有26根带沟槽和圆垫式柱头的柱子及相应的壁柱，主要厅堂分成中央本堂和两侧边廊。南、北和西面均有门廊。内祠安置一个湿婆林伽，四面均设门洞。甚至有一座和象岛类似的权杖

之主（Lakulīśa）的坐像，面对着湿婆神舞（Nataraja）雕刻；只是雕刻质量不高，很多还没有完成。

窟区北端为五座耆那教石窟。据乔斯·佩雷拉的研究，它们开凿于8世纪末至10世纪，后续工程直到1235年德里苏丹国（Delhi Sultanates）入侵时才中止。这些石窟规模上虽不及佛教及印度教石窟，但细部雕刻上毫不逊色。它们和后期印度教石窟大体同时，都配有柱子支撑的凉廊、对称的柱厅等。只是尊崇的对象改为耆那教的第24代祖师（Jinas），以及药叉（yaksa）、药叉女（yaksi）等其他耆那教神话人物。五座窟中，最重要的是30号窟、32号窟（因陀罗窟）和33号窟（扎格纳特窟）。

未完工的30号窟由于和凯拉萨神庙（16号窟）类似，因而又称小凯拉萨庙（图3-319、3-320）。这座祠庙可能建于9世纪初，和下面的32号窟（因陀罗窟）基本同时，即在凯拉萨神庙完成后几十年，属另

左页：

（上下两幅）图3-350奥朗加巴德 石窟群。窟群外景

本页：

（上）图3-351奥朗加巴德 石窟群。“西组”，1号窟，平面（图版，1876年，作者Ganpat Purshotam）

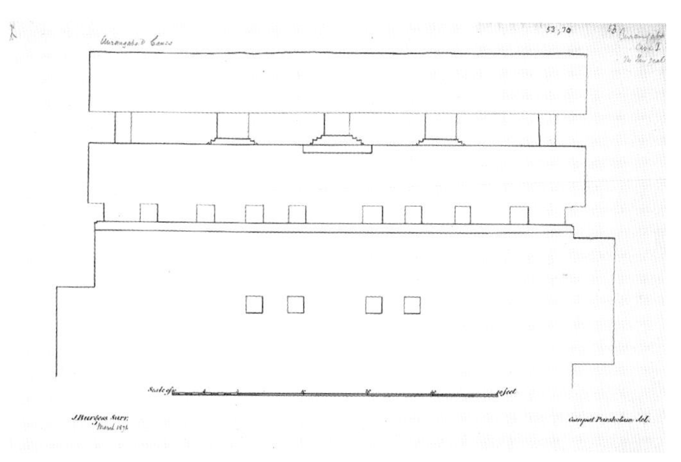

（下）图3-352奥朗加巴德 石窟群。“西组”，1号窟，西端外景

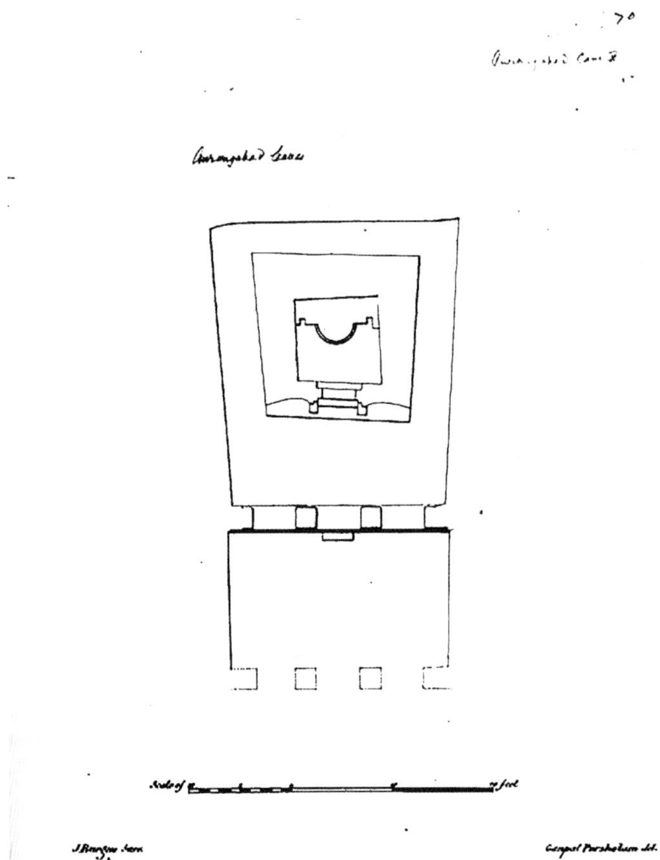

一种规模较小的变体形式。拉詹认为，石窟可能最初属印度教，以后改作耆那教祠庙。不过此说并没有得到其他学者（如艺术史学家莉莎·欧文）的认可。窟内有两个大于足尺的因陀罗舞蹈浮雕造像（一个8臂，一个12臂）。

31号窟有个四柱厅堂和祠堂，但未完成（图3-321）。32号窟（因陀罗窟）开凿于9~10世纪，高两层，为大型湿婆神庙的缩小变体形式，配有一个尺

本页及左页：

（左上）图3-353奥朗加巴德 石窟群。“西组”，1号窟，外廊近景

（左下）图3-354奥朗加巴德 石窟群。“西组”，2号窟，平面（图版，作者Ganpat Purshotam，1876年）

（中下）图3-355奥朗加巴德 石窟群。“西组”，4号窟，外景

（右）图3-356奥朗加巴德 石窟群。“西组”，4号窟，支提堂，内景

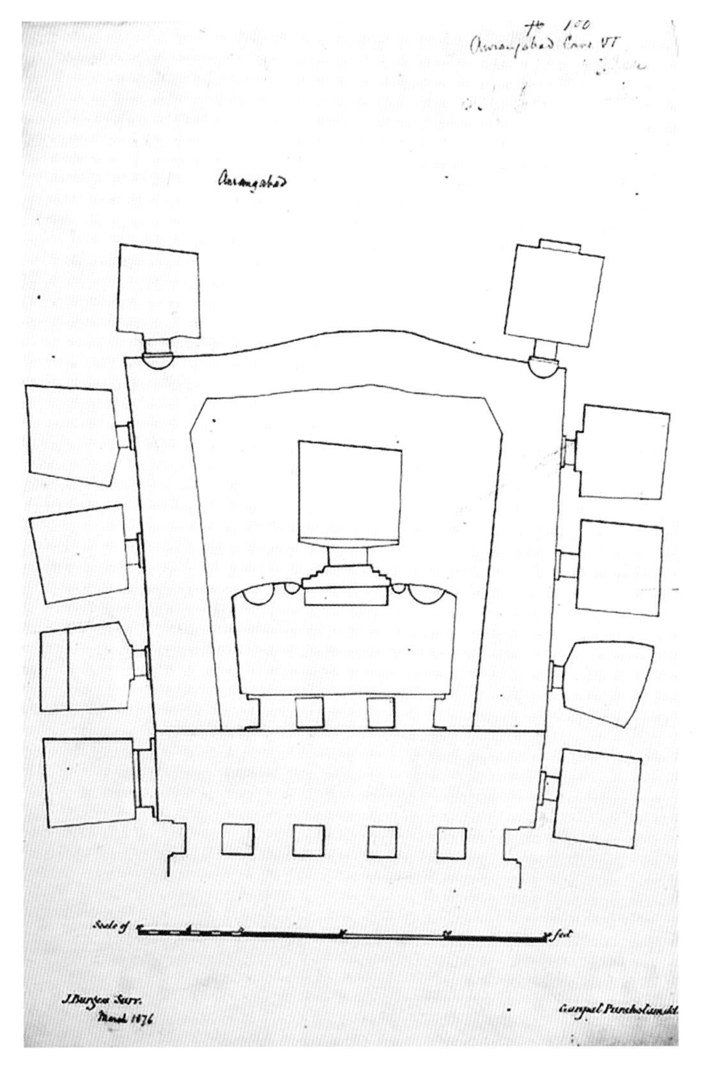

度不大的门，内部有一些精致的雕刻，装饰具有很高的水平（图3-322~3-341）。院落内布置一座独石凿出的祠堂（萨尔瓦托巴陀罗祠堂）。

作为埃洛拉最后一批石窟之一，两层高的33号

本页及右页：

（中）图3-357奥朗加巴德 石窟群。“西组”，4号窟，窣堵坡，顶塔近景

（左）图3-358奥朗加巴德 石窟群。“东组”，6号窟，平面（图版，1876年，作者Ganpat Purshotam）

（右上）图3-359奥朗加巴德 石窟群。“东组”，6号窟，地段外景

（右中）图3-360奥朗加巴德 石窟群。“东组”，6号窟，门廊近景

（右下）图3-361奥朗加巴德 石窟群。“东组”，7号窟（6世纪下半叶），外景

（上）图3-362奥朗加巴德 石窟群。“东组”，7号窟，门边雕刻：圣观音像

（下）图3-363奥朗加巴德 石窟群。“东组”，7号窟，雕刻：舞女和乐师

（上）图3-364奥朗加巴德 石窟群。"东组"，8号窟，外景

（下）图3-365奥朗加巴德 石窟群。"东组"，9号窟，外景

窟是埃洛拉窟群中第二个最大的耆那教祠庙（图3-342~3-348），首层由四座洞窟组成。从柱子铭文上可知开凿于9世纪。沉重的柱墩和向门廊伸出的象头均自整体山岩中凿出。三座主要洞窟内均于前方立两根粗壮的方形柱墩，室内四根方柱上部带有雕饰复杂的柱头。二层主要大厅内由12根柱子围括出一个矩形的中央空间，内祠置于后墙处。

34号窟约建于9世纪，可通过33号窟左侧的一个

门洞进去。窟虽然很小，但雕刻精美（图3-349）。

[奥朗加巴德]

奥朗加巴德石窟群位于阿旃陀西南100公里处（图3-350）。阿旃陀的某些观念在这里的系列佛教石窟里得到了进一步的发展。其第二阶段大乘佛教石窟大致和埃洛拉印度教石窟同时。窟群按所在位置可分为三组，即“西组”（Western Group，包括1~5

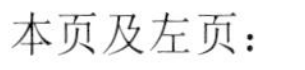

本页及左页：

（左上）图3-366奥朗加巴德 石窟群。“东组”，9号窟，内景

（左下）图3-367库卡努尔 卡莱斯沃拉神庙。外景

（右上）图3-368巴达米 城市全景（自6世纪石窟寺望去的情景；在对面山崖上，自左至右可看到7世纪的马莱吉蒂-西瓦拉亚庙、下西瓦拉亚庙和上西瓦拉亚庙；下面靠近水池处是11世纪的耶拉马祠庙）

（中上）图3-369巴达米 1号窟（575~585年）。入口门廊现状

（右下）图3-370巴达米 1号窟。舞王湿婆像

左页：
图3-371巴达米 1号窟。柱廊内景

本页：
（上）图3-372巴达米 1号窟。大厅内景（面对内祠湿婆林伽的南迪雕像）

（下）图3-373巴达米 2号窟（6世纪末或7世纪初）。地段形势（前景为阿加斯蒂亚湖；背景山崖上为城堡，下部自右至左分别为2~4号窟）

本页：

（上）图3-374巴达米 2号窟。入口全景

（下）图3-375巴达米 2号窟。柱列近景

右页：

图3-376巴达米 2号窟。组雕：筏罗诃（人形猪头毗湿奴）和土地女神普米

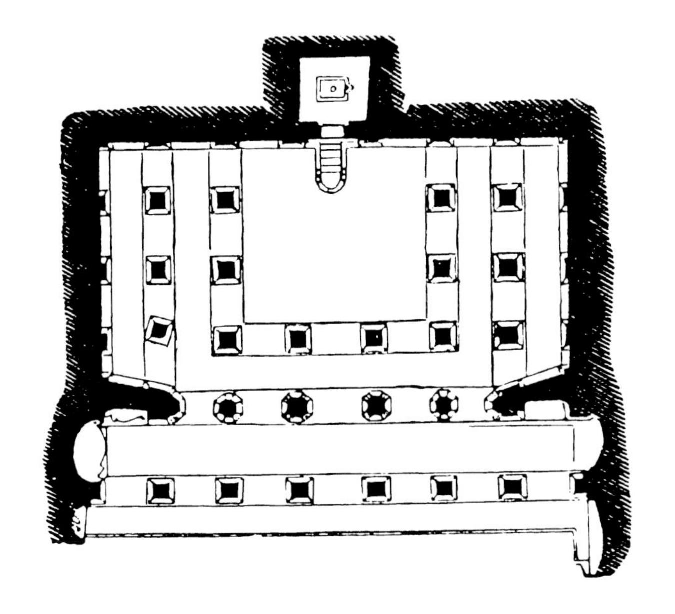

号窟，1号窟：图3-351~3-353；2号窟：图3-354；4号窟：图3-355~3-357）、“东组”（Eastern Group，包括6~9号窟，6号窟：图3-358~3-360；7号窟：图3-361~3-363；8号窟：图3-364；9号窟：图3-365、3-366）和“北组”（Northern Cluster，包括10~12号窟，未完成）。其中1号和3号窟可视为最优秀的阿旃陀作品的延续。特别是3号窟，平面上和阿旃陀极为相近，某些柱墩的雕刻还要超过阿旃陀的作品。另一批（2号、5号~9号窟）则是将位于大厅中心的印度式内殿与侧墙及后墙上凿出的小室相结合。最典型的如6世纪建成的6号和7号窟，于大厅中央佛堂周边布

左页：
图3-377巴达米 2号窟。毗湿奴群雕（在下部条带上，可看到古代印度的各种乐器）

本页：
（上）图3-378巴达米 3号窟（578年）。平面

（下）图3-379巴达米 3号窟。入口近景

本页：

（上）图3-380巴达米 3号窟。记录石窟开凿年代的铭刻

（下）图3-381巴达米 3号窟。柱廊内景

右页：

图3-382巴达米 3号窟。柱列近景

(本页左上）图3-383巴达米 3号窟。柱廊端头组雕：坐在千头大蛇阿南塔身上的毗湿奴（位置见图3-380）

(本页右及右页）图3-384巴达米3号窟。柱顶挑台爱侣群雕

(本页左下）图3-385巴达米 3号窟。内祠门道雕刻：寺院两层亭阁（线条图，取自HARDY A. The Temple Architecture of India，2007年）

置巡回通道，这种做法同样见于该地区同时期的印度教石窟。7号窟另有一个佛教类型的柱列凉廊。只是柱墩和壁柱雕饰僵硬、缺乏生气及创造力，表现出晚期的特征。但另一方面，窟中的圣观音形象却无与伦比，立在内殿门两侧的女神[显然是多罗菩萨（Tārā）]及其随从的雕像亦属6~7世纪马哈拉施特拉邦石窟雕刻中最优秀的作品。位于内殿一面墙上的女舞者（可能是多罗）及周围的女琴师更是整个印度雕刻中不可多得的精品（见图3-363）。在这些窟中，大多数佛陀都是按欧洲的方式取坐姿。

三、卡纳塔克邦

尽管在巴达米和艾霍莱发现了可能属6世纪的佛教遗迹，但最早开凿的石窟寺、砌筑神庙和雕刻都和6世纪中叶西遮娄其王朝（Western Calukyas）早期国势的兴起相吻合。[16]西遮娄其王朝统治时期构成了德干地区建筑发展中的重要阶段。在建筑观念上，这一

本页：

（上）图3-386巴达米 3号窟。天棚雕刻（表现湿婆、帕尔瓦蒂和南迪）

（下）图3-387巴达米 4号窟（耆那教石窟，7世纪后期或8世纪）。外景

右页：

图3-388巴达米 4号窟。廊道内景

左页：

图3-389巴达米 4号窟。雕刻：耆那教第23代祖师巴湿伐那陀像

本页：

（左上）图3-390巴达米 下西瓦拉亚庙（7世纪早期）。俯视全景（位于一个山岩岬角上，俯瞰着城市；鉴于主塔左面空间甚小，柱厅很可能是毁于一次山崩）

（右）图3-391巴达米 下西瓦拉亚庙。主塔外景（上部冠以八角形穹顶，装饰屋顶层的微缩建筑采用了简化的抽象形式）

（左下）图3-392巴达米 上西瓦拉亚庙（7世纪早期）。自下西瓦拉亚庙望去的景观

时期的建筑更成为8世纪巴达米遮娄其时期的作品和13世纪流行的曷萨拉建筑的联系环节[17]。其文化和寺庙建筑中心位于现卡纳塔克邦的高贤河（栋格珀德拉河）流域。作为原有的达罗毗荼神庙的地方变体形式，这些建筑构成了新的卡纳塔克-达罗毗荼传统（Karnata-Dravida Tradition）。

这些建筑中绝大多数属印度教，仅有少量耆那教古迹。西遮娄其王朝早期的神庙，从年代上可分为6世纪后期、7世纪和8世纪早期。主要位于三个不同的遗址上，即巴达米（古代瓦塔皮）、艾霍莱和马哈库塔。下一个世纪的所谓“第二代”建筑位于帕塔达卡尔，包括比此前规模大得多的一批作品。不过，这个分类并不是绝对的，如艾霍莱亦有一些神庙属8世纪早期。在巴达米，也有印度教和耆那教的岩凿庙。艾霍莱石窟寺虽然规模较小，但其精美程度毫不逊色，其雕刻尤为闻名遐迩。

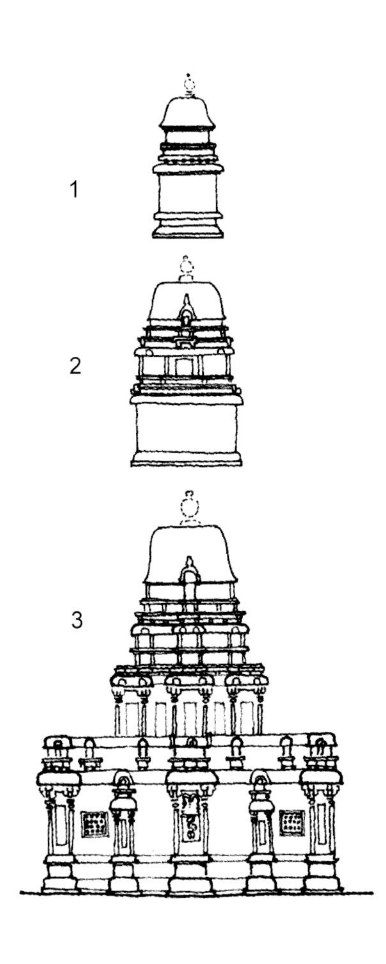

本页及左页：

（左）图3-393巴达米 上西瓦拉亚庙。地段全景

（中）图3-394巴达米 上西瓦拉亚庙。主塔近景

（中上）图3-395巴达米 上西瓦拉亚庙。主塔，背面现状

（右上）图3-396巴达米 上西瓦拉亚庙。主塔构图组成（图1为艾霍莱拉沃纳-珀蒂石窟寺边的单一小祠堂；图2是以该小祠堂为上部结构组成的复合建筑；图3所示上西瓦拉亚庙则是以图2为上部结构，进一步组合的结果；图版取自HARDY A. The Temple Architecture of India, 2007年）

（右下）图3-397巴达米 上西瓦拉亚庙。基座雕饰细部（花卉和卷叶等母题可能是来自笈多风格）

继遮娄其王朝后兴起的罗湿陀罗拘陀王朝，通过埃洛拉的凯拉萨神庙将达罗毗荼风格传到了德干的最北部地区。但迄今为止，那里并没有任何采用埃洛拉那种“南方”风格砌筑神庙的记录。甚至在卡纳塔克邦中部地区（在西遮娄其王朝早期，那里建造了大量采用达罗毗荼风格的精美神庙），这种风格也没有得到延续。到8世纪末，卡纳塔克邦对印度神庙建筑的独特贡献已见端倪，并最后导致曷萨拉风格（Hoysaḷa Style）的创立。这一转换过程可上溯到帕塔达卡尔的耆那教神庙、艾霍莱的一些后期神庙、库卡努尔的卡莱斯沃拉神庙（图3-367）和拉昆迪的耆那教大庙。从总体上看，它们全都采用了达罗毗荼风

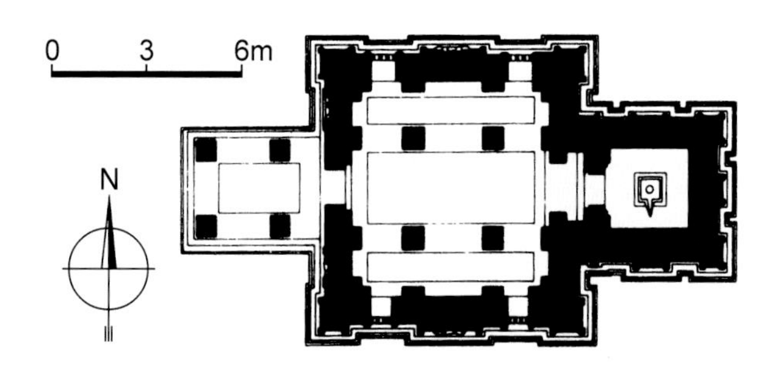

左页：

（左上）图3-398巴达米 马莱吉蒂-西瓦拉亚庙（约公元600年）。平面（取自CRUICKSHANK D. Sir Banister Fletcher' s a History of Architecture，1996年）

（下）图3-399巴达米 马莱吉蒂-西瓦拉亚庙。外景（沉重的外貌为早期达罗毗荼风格的特征）

（右上）图3-400巴达米 马莱吉蒂-西瓦拉亚庙。主塔近景

本页：

（上两幅）图3-401巴达米 马莱吉蒂-西瓦拉亚庙。屋顶结构近景（忠实地模仿木构架屋顶的特征）及雕饰细部

（下）图3-402巴达米 马莱吉蒂-西瓦拉亚庙。雕饰细部：湿婆组群（光滑的形体和明晰的面部特征皆为笈多时期作品的遗风）

本页：

（上）图3-403纳格拉尔 纳加纳塔神庙。东南侧现状

（下）图3-404纳格拉尔 纳加纳塔神庙。东北侧外景

右页：

（上两幅）图3-405纳格拉尔 纳加纳塔神庙。门廊爱侣雕刻

（左下）图3-406巴达米 布塔纳塔寺庙组群。1号庙（内祠和柱厅为7世纪后期，外柱厅为11世纪），平面和剖面（据George Mitchell）

（右下）图3-407巴达米 布塔纳塔寺庙组群。1号庙，顶塔构成分析图（取自HARDY A. The Temple Architecture of India，2007年）

格，但以垂向部件为主导的装饰构图已开始成为建筑的主要特色。墙面满布轻薄细长的壁柱和龛室。顶塔的亭阁成为成排的垂直窄板，这种形式首见于艾霍莱昆蒂组群的东北祠庙。到后期，顶塔宛如无数小型垂直板块的集合，达罗毗荼式神庙的基本特征已表现得非常微弱。柱墩不再是四边形或多边形，而是用车床加工成圆形。像艾霍莱的巴嫩蒂神庙那样配置多个祠堂，也不再是大神庙的例外表现，而成为常规做法。

在卡纳塔克邦南部，现存9~10世纪的祠堂大都属西恒伽时期[18]，在某种程度上可视为帕拉瓦王朝后期和朱罗早期类型的地方变体形式。简单、平实，尽管内部有些优美的雕像，但外部龛室雕像很少。还有

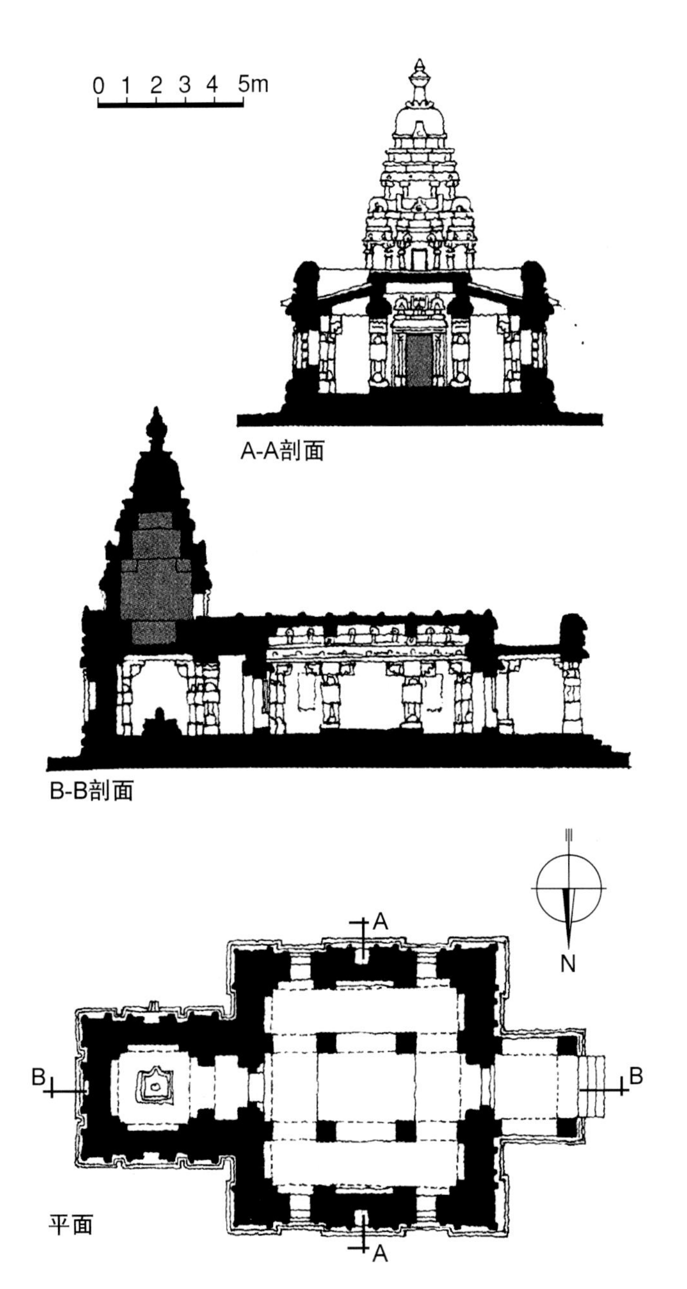

0 1 2 3 4 5m
A-A剖面
B-B剖面
平面
A
B
N

一些比较重要的神庙属印度南方另一个地方政权——诺拉姆巴王朝（Nolamba Dynasty）。比例虽欠佳，但表面质感丰富生动。和十字形的布局相比，更喜用平行的组团形式。共用一个柱厅则是卡纳塔克邦通行的做法。

[巴达米]

巴达米为西遮娄其王朝早期都城（图3-368）。

（上）图3-408巴达米 布塔纳塔寺庙组群。1号庙，19世纪下半叶景色（老照片，19世纪80年代，Henry Cousens摄）

（中）图3-409巴达米 布塔纳塔寺庙组群。1号庙，西北侧远景（组群位于人工湖边，背靠山崖，主塔颇似7世纪的上西瓦拉亚庙）

（下）图3-410巴达米 布塔纳塔寺庙组群。1号庙，西北侧全景

（上）图3-411巴达米 布塔纳塔寺庙组群。1号庙，西南侧俯视景色

（左下）图3-412巴达米 布塔纳塔寺庙组群。1号庙，北侧全景

（右下）图3-413巴达米 布塔纳塔寺庙组群。1号庙，西侧全景

（中）图3-414巴达米 布塔纳塔寺庙组群。1号庙，东北侧近景

（上）图3-415巴达米布塔纳塔寺庙组群。1号庙，外柱厅，西北侧近景

（下）图3-416巴达米布塔纳塔寺庙组群。1号庙，柱厅，内景（部分由车床加工的柱子颇似公元1000年左右德干高原南部的曷萨拉风格建筑）

（上）图3-417巴达米 布塔纳塔寺庙组群。2号庙（马利卡久纳祠庙，13世纪），俯视全景（位于人工湖西岸）

（下）图3-418巴达米 布塔纳塔寺庙组群。2号庙，柱厅近景（采用了相对轻快的风格）

在这里，遮娄其王朝第一阶段的主要作品是几座石窟寺。自红色砂岩山崖中凿出的这些石窟，除一两个属耆那教外，余皆属印度教毗湿奴派。这些石窟共同的特色是规模适中、形制简单、外观平素。但无论是带柱子的凉廊，抑或是柱厅和在山岩深处凿出的祠堂（内置供敬拜的神祇），均制作精心（特别是天棚部分）。因此，尽管人物形象及装饰题材尺度不大，仍然给人们留下了丰富华美的印象。

已编号的石窟共4座（1~4号窟）。其中1号窟可能年代最早（575~585年，图3-369~3-372），外部带

（上）图3-419巴达米 瓦伊什纳维祠堂（578年）。外景

（中）图3-420巴达米 瓦伊什纳维祠堂。内景（雕刻表现毗湿奴躺在巨蛇阿南塔身上，在混沌之海上漂浮）

（下）图3-421巴达米 达塔特雷亚庙。现状全景（柱厅周围使用方柱，内部带复杂线脚的圆柱由车床加工制作；主塔建于12世纪以后，已表现出来自南方的影响）

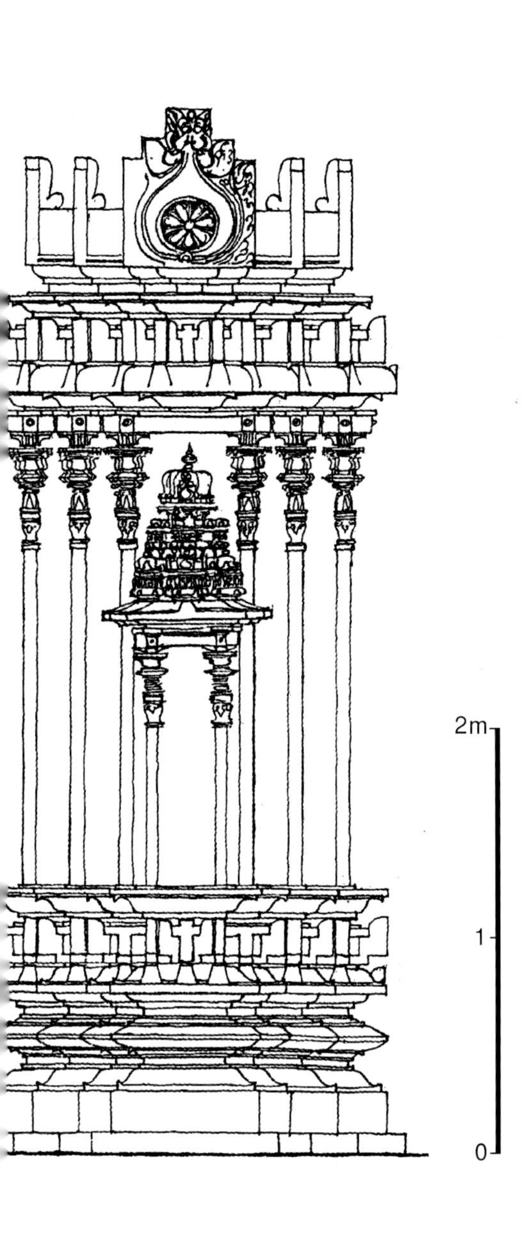

(右上）图3-422巴达米 达塔特雷亚庙。主塔近景（比例优雅轻快，造型多样的屋顶层位和带凸出、凹进形体，强调垂直线条的内祠墙面形成鲜明的对比；细长优雅的壁柱进一步突出了垂向动态）

（下）图3-423巴达米 耶拉马祠庙（约11世纪初）。外景

（左上）图3-424巴达米 耶拉马祠庙。主祠局部立面（取自HARDY A. The Temple Architecture of India，2007年）

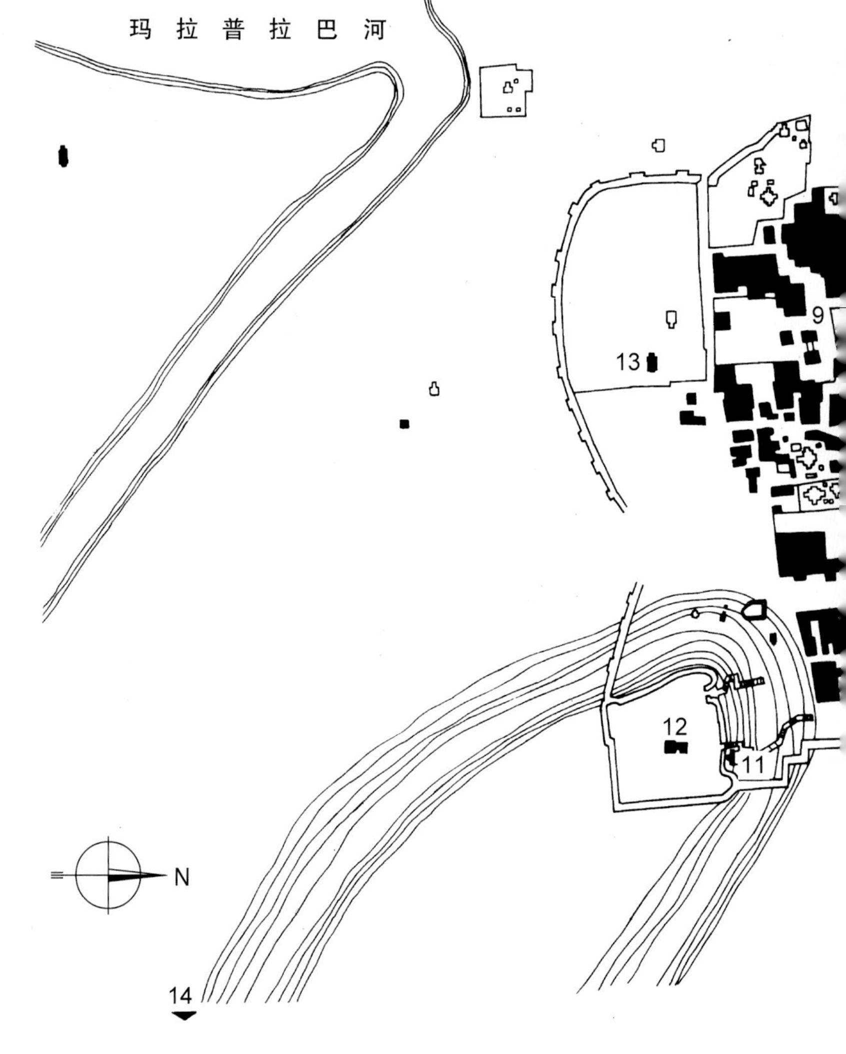
玛拉普拉巴河
9
13
12
11
N
14

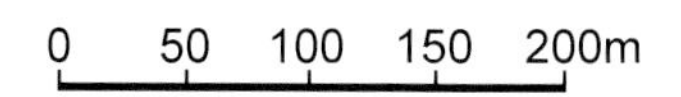

本页及左页：

（左上）图3-425巴达米 阿加斯蒂亚湖边某窟。内景（打坐冥想的瑜伽士面容已毁）

（右）图3-426巴达米 多层挑出的屋檐和下部平素墙面的对比效果

（左下）图3-427巴达米 小型亭阁的藻井天棚（约12世纪，远处可看到布塔纳塔寺庙及水池）

（中下）图3-428艾霍莱 遗址总平面（取自HARLE J C. The Art and Architecture of the Indian Subcontinent，1994年）。图中：1、胡奇马利庙（14号庙）；2、塔拉帕庙（12号庙）；3、拉沃纳-珀蒂石窟寺；4、希基庙（15号庙）；5、杜尔伽神庙；6、门楼；7、拉德汗神庙；8、高达尔庙（13号庙）；9、昆蒂组群；10、马利卡久纳庙（73号庙）；11、两层庙；12、梅古蒂耆那教神庙；13、胡恰皮亚寺院；14、耆那教石窟

（中上）图3-429艾霍莱 拉沃纳-珀蒂石窟寺（6世纪）。地段外景

左页：

（上下两幅）图3-430艾霍莱 拉沃纳-珀蒂石窟寺。前厅端廊景观

本页：

（上）图3-431艾霍莱 拉沃纳-珀蒂石窟寺。内祠入口

（下）图3-432艾霍莱 拉德汗神庙（6世纪后期或7世纪）。平面及剖面（取自HARLE J C. The Art and Architecture of the Indian Subcontinent，1994年，经补充），开敞的前厅有12根立柱，封闭的柱厅由同心的两圈柱子组成，内外两圈分别拥有4根和12根柱子，中间的南迪雕像对着内祠的林伽；结构体系仿木建筑，沉重的屋顶石板安置在柱墩上

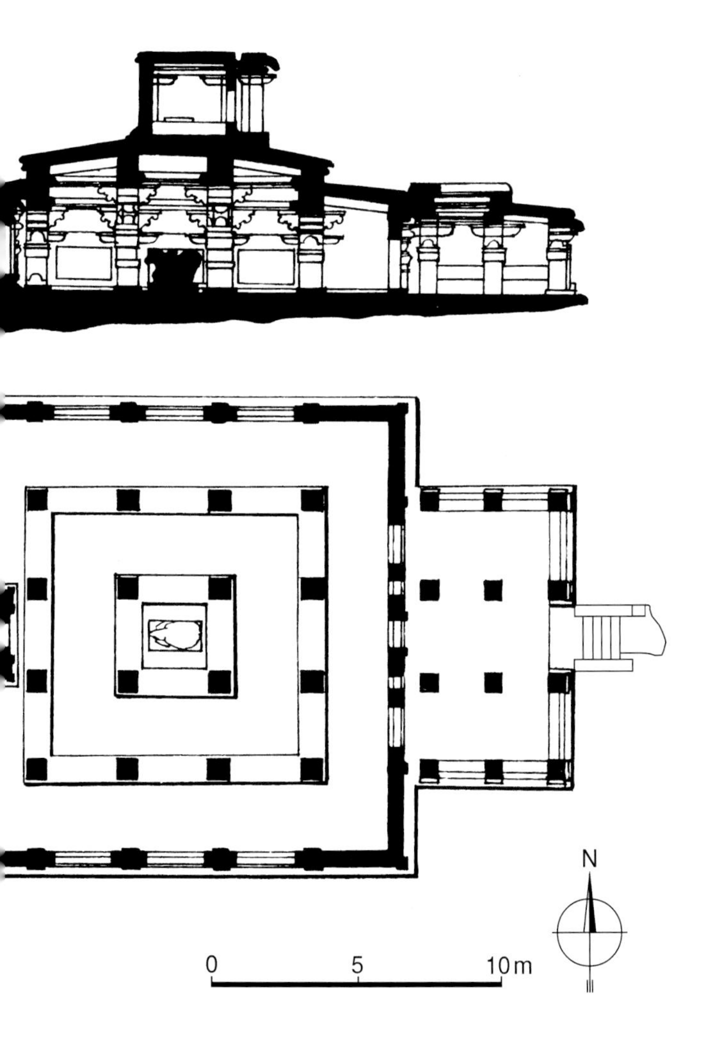

华丽雕饰的成排列柱立在好似由浮雕的侏儒“支撑”的基台上。内部厅堂长宽分别为21米和20米，顶棚由五个雕刻板块组成。位于1号窟东面上方供奉毗湿奴的2号窟建于6世纪末或7世纪初（图3-373~3-377）。平面与1号窟类似，但规模略小，入口朝北。立面廊道由四根方柱及两端的半柱组成。基台上的侏儒雕刻在台阶两侧形成连续的饰带，造型表现及动态都要比1号窟更为突出。内部主要厅堂宽度及深度分别为10.16米和7.19米，高3.45米，由分成两排的八根方柱支撑。顶棚饰浅浮雕板块；雕刻类似1号窟及埃洛拉石窟，属6~7世纪德干北方风格。墙面及顶棚均留有着色痕迹。

供奉毗湿奴的3号窟为德干地区最早的印度教寺庙（据铭文记载建于578年）。所在位置比2号窟高60步台阶，是组群中最大且最考究的一个，具有重要的艺术和历史价值（图3-378~3-386）。其平面比埃洛拉的21号窟（拉梅斯沃拉窟）简单，外廊长21米，宽2.1米。室内宽20米，深15米，高4.6米，由六根带柱础和柱头的方柱支撑。没有前厅，内祠只是一个在后墙上凿出的深3.7米的小型方室。厅堂顶棚分为九格，有诸神浮雕及壁画残迹，后者属印度留存下来最早的这类艺术作品。内部雕像尚保存完好（包括以各种化身出现的毗湿奴造像），特别是挑腿的情侣造型，和

埃洛拉的拉梅斯沃拉窟极为相似（见图3-384）。

位于3号窟东面稍低处的4号窟是四座窟中唯一的耆那教石窟，也是最小的一个，建于7世纪后期（有的学者认为可能属8世纪）。部分装饰看来是后期（11或12世纪）增添。五跨间入口廊道长9.4米，宽2米，如其他窟做法；立四根带柱头和挑腿的方柱（图3-387~3-389）。厅堂深4.9米，内祠宽7.8米，深1.8米。其雕刻类似附近艾霍莱及更北面埃洛拉的耆那教石窟。

在巴达米，属遮娄其王朝第二阶段达罗毗荼风格

左页：

（上）图3-433艾霍莱 拉德汗神庙。东南侧全景

（下）图3-434艾霍莱 拉德汗神庙。东北侧现状

本页：

（上）图3-435艾霍莱 拉德汗神庙。东立面（入口立面）

（中）图3-436艾霍莱 拉德汗神庙。南立面（窗户装镂空的石板）

（下）图3-437艾霍莱 拉德汗神庙。东面入口

（上）图3-438艾霍莱 拉德汗神庙。入口门廊近景（栏板雕瓶饰，左面柱墩浮雕为河流女神，右面为爱侣）

（中两幅）图3-439艾霍莱 拉德汗神庙。窗棂及入口柱墩雕饰细部

（下）图3-440艾霍莱 拉德汗神庙。内景（中央南迪雕像为后期增添，周围设简单的巡回廊道）

（上）图3-441艾霍莱 拉德汗神庙。内景（南迪雕像正对着内祠的湿婆林伽）

（下）图3-442艾霍莱 13号庙（高达尔庙，6世纪后期/7世纪初）。现状外景

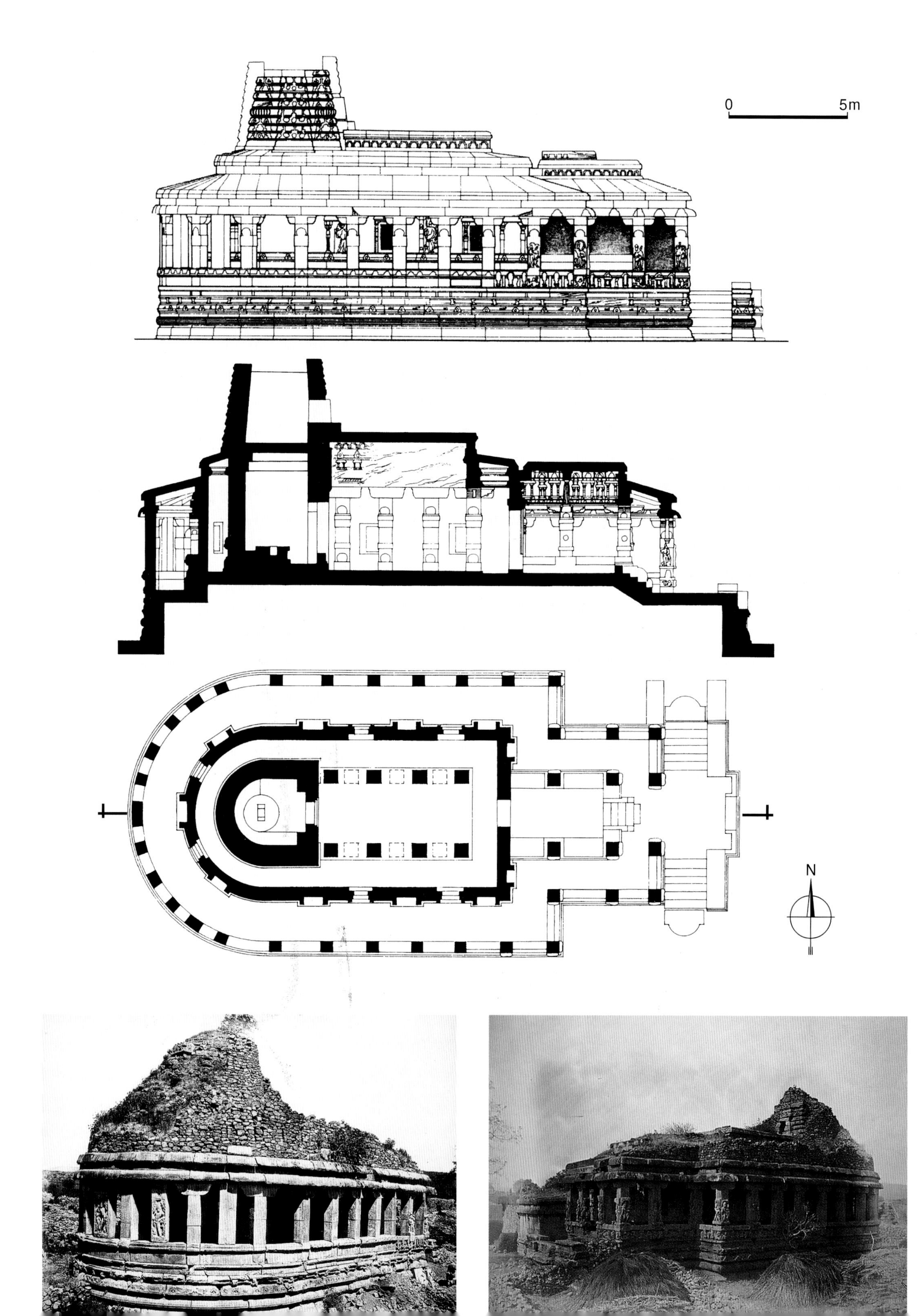
0
5m
N

左页：

（上）图3-443艾霍莱 杜尔伽神庙（675~725年）。平面、立面及剖面（取自MICHELL G. Hindu Art and Architecture，2000年）

（左下）图3-444艾霍莱 杜尔伽神庙。19世纪中叶景色（老照片，1855年，Thomas Biggs摄）

（右下）图3-445艾霍莱 杜尔伽神庙。19世纪下半叶状态（老照片，1874年，James Burgess摄）

本页：

（上）图3-446艾霍莱 杜尔伽神庙。20世纪初景色（图版，取自WRIGHT J H. A History of All Nations from the Earliest Times，1905年）

（下）图3-447艾霍莱 杜尔伽神庙。东南侧远景

的祠庙有下西瓦拉亚庙、上西瓦拉亚庙、马莱吉蒂-西瓦拉亚庙和贾姆布林伽神庙。位于阿加斯蒂亚湖岸边的布塔纳塔寺庙组群则属巴达米遮娄其建筑最后的成熟阶段。

下西瓦拉亚庙位于城市对面北堡附近的一个岩石台地上；上西瓦拉亚庙位于北堡顶部，俯瞰下面的城市。两者可能都建于7世纪早期，但之后部分石块被拆除，用作加固北堡的材料。位于北堡西面下方一个独立岩石上的马莱吉蒂-西瓦拉亚庙保存得相对完好（同样建于7世纪上半叶）。

下西瓦拉亚庙现仅存带顶塔的内祠，外墙已被拆除（图3-390、3-391）。祠堂最初三面环以通道；从破损的屋面板看，东面可能还有柱厅。祠庙大门有莲花饰带，内部椭圆形台座颇为不同寻常（其上雕像已失）。外墙仅有扁平壁柱，没有凸出部分或带雕饰的龛室。屋顶底部于八角形体上立穹顶，角上布置小型角塔。

上西瓦拉亚庙于矩形外墙内安置三面为通道环绕的内祠，后者对着东面的柱厅（内柱已失，图3-392~3-397）。基台上部设凹进的雕刻饰带，上部墙体出狭窄的壁柱。内祠上的方形顶塔为遮娄其早期达罗毗荼式屋顶中保存得最好且最早的实例。其基座墙面设壁柱，上部冠以大型亭阁（kuta）式结构，没有顶饰。

马莱吉蒂-西瓦拉亚庙为现存遮娄其早期达罗毗荼式建筑最早且最精美的实例（图3-398~3-402）。不带巡回廊道的内祠对着三条廊道组成的柱厅。内祠和柱厅墙体采用了曲线砌层，通过凹进形成带雕饰的嵌板。柱厅南北墙面设三个凸出部分，中间一个嵌板上分别表现湿婆（南墙）、毗湿奴（北墙）及其随从。整个建筑上部环以厚重连续的滴水挑檐；柱厅屋顶栏墙由角上的微缩祠堂和中间相同比尺的拱顶亭阁

组成，这种组合模式在内祠上部栏墙处再次出现。后者顶上的八角形及穹顶样式与上西瓦拉亚庙完全一样，只是没有顶饰。内祠基座上现为林伽雕像，可能是取代了原有的偶像。

将这座建筑列为“南方”类型，主要根据祠堂（在达罗毗荼神庙中亦称vimāna[19]）本身的构造及外廓。这种类型的上层结构大都由叠置层位（talas）组成，由微缩实体亭阁形成环绕中央建筑的连续栏墙（hāra）。中央建筑上置穹顶状结构[八角形、圆形或方形，在这里同样称“顶塔”（sikhara），但和

（左页上）图3-448艾霍莱杜尔伽神庙。西北侧远景

（左页下及本页）图3-449艾霍莱 杜尔伽神庙。东南侧现状

本页及左页：

（左上）图3-450艾霍莱 杜尔伽神庙。西南侧全景

（左下）图3-451艾霍莱 杜尔伽神庙。东北侧景观

（中下）图3-452艾霍莱 杜尔伽神庙。东面（入口面）景色

（右上）图3-453艾霍莱 杜尔伽神庙。西侧现状

（右下）图3-454艾霍莱 杜尔伽神庙。门廊，东南侧近景

本页及右页：

（左上）图3-455艾霍莱 杜尔伽神庙。门廊，柱子及栏板近观

（左下、中及右）图3-456艾霍莱 杜尔伽神庙。门廊，柱子雕饰细部

“北方”神庙称整个上部结构为“顶塔”意义不同，尽管用了同一个词]。角上的微缩亭阁（称koṣṭhas或karṇakūṭas）平面方形；中间亭阁平面矩形，上置筒拱顶（śālās）；其他散置的亭阁（pañjaras）上冠装饰性山墙（candraśālā）。尽管祠堂的上部结构偶尔纳有楼层房间，但各叠置层位一般都不打算提供内部空间。主要楼层立面严格按既定的建筑规章制作。在泰米尔地区，一直到近代，实际上都没有多少改变：首先是一个方棱的底座；接着是一个大的半圆形线脚（kumuda）和上面的护墙板（kaṇṭha）；再上面是极

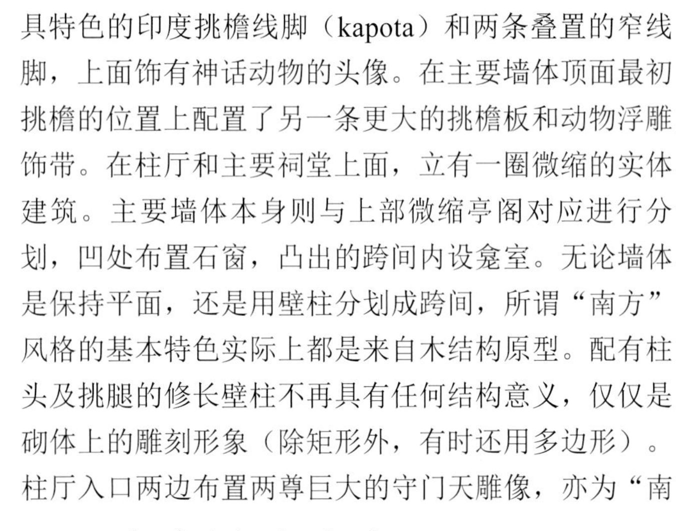

具特色的印度挑檐线脚（kapota）和两条叠置的窄线脚，上面饰有神话动物的头像。在主要墙体顶面最初挑檐的位置上配置了另一条更大的挑檐板和动物浮雕饰带。在柱厅和主要祠堂上面，立有一圈微缩的实体建筑。主要墙体本身则与上部微缩亭阁对应进行分划，凹处布置石窗，凸出的跨间内设龛室。无论墙体是保持平面，还是用壁柱分划成跨间，所谓“南方”风格的基本特色实际上都是来自木结构原型。配有柱头及挑腿的修长壁柱不再具有任何结构意义，仅仅是砌体上的雕刻形象（除矩形外，有时还用多边形）。柱厅入口两边布置两尊巨大的守门天雕像，亦为“南方”风格的特色。平面上，神庙一般均由一个内祠（圣所）、一个柱厅和一个小门廊组成。另一个值得注意之处是，在所有西遮娄其早期的神庙里，内祠都要比柱厅更窄。在巴达米，还有三座损毁程度不一的这种“南方式”神庙。

纳格拉尔的纳加纳塔神庙是唯一一座不在主要遗址上的重要神庙（图3-403~3-405）。尽管其内殿的上部结构已大部坍毁，但仍可看出它同样具有西遮娄其王朝早期特有的“南方”特色。门廊的方形柱子上有表现爱侣的大型雕像。更为重要的是，柱厅上配有高起的天窗并以大的石板作为屋顶。石板交接处以所

左页：

（左上）图3-457艾霍莱 杜尔伽神庙。祠堂顶塔近景

（下两幅）图3-458艾霍莱 杜尔伽神庙。环廊内墙龛室雕刻：左、南廊龛室雕刻（湿婆及南迪，为遮娄其早期艺术的优秀作品）；右、北廊龛室雕刻（表现杜尔伽杀牛魔的典故）

（右上）图3-460艾霍莱 杜尔伽神庙。主厅门廊，柱墩雕刻：爱侣

本页：

（上及中）图3-459艾霍莱 杜尔伽神庙。南侧及北侧回廊内景

（下）图3-461艾霍莱 杜尔伽神庙。主厅门廊，仰视细部

（上）图3-462艾霍莱 杜尔伽神庙。主厅门廊，天棚雕饰

（左中）图3-463艾霍莱 杜尔伽神庙。通向主厅的入口

（左下）图3-464艾霍莱 杜尔伽神庙。主厅入口楣梁雕刻：天堂景色（华美的殿堂由抓住蛇神那迦的迦鲁达支撑）

（右中）图3-465艾霍莱 阿姆比盖组群。现状外景（位于低处的两座祠庙，西北侧景色，6~8世纪）

（右下）图3-466艾霍莱 阿姆比盖组群。东南侧现状（前景为低处大庙，即中部祠庙；远处可看到位于高处的第三座祠庙）

谓“石树干”（stone logs，即将“树干”分为两半，平面朝下）压缝。

巴达米的布塔纳塔寺庙组群由两座砂岩砌造的祠庙组成。1号庙位于湖东侧，称布塔纳塔庙；基台上部的开敞柱厅，一直延伸到湖边。内祠和柱厅建于7世纪后期（巴达米遮娄其时期），朝向湖水的外柱厅完成于11世纪（卡利亚尼遮娄其时期），因而寺庙包含了不同时期的建筑形式（图3-406~3-416）。室内支撑沉重大梁的列柱将厅堂空间分为中央本堂和两侧边廊三部分。柱厅内部仅有通过镂空的窗户进入的微弱光线。祠堂大门两侧分别为代表恒河和亚穆纳河的女神雕像。现祠内的湿婆林伽雕刻属后期增添，最初的供奉对象因无铭文记载已不可知。厅堂北侧有一最初供奉毗湿奴的小祠。继耆那教徒改造之后，林伽派（Lingayatism）教徒最后建造了外厅并在内祠里安置了南迪和湿婆林伽雕像。

规模较小的2号庙位于湖东北侧，亦称马利卡久纳祠庙组群（图3-417、3-418）。平素的墙面、位于开敞柱厅上的大挑檐屋顶，以及由密集水平层位构成的金字塔式的顶部结构，皆为卡利亚尼遮娄其建筑的典型特色。

在巴达米，其他尚可一提的建筑还有瓦伊什纳维祠堂（实际上是一座位于已编号的四座窟对面、湖边山崖脚下半砌筑半开挖的石窟寺，建于578年，图3-419、3-420），达塔特雷亚庙（位于人工湖堤岸上，以祈求神灵保护工程的安全，图3-421、

（左上）图3-467艾霍莱 阿姆比盖组群。东头祠庙（低处小庙），西南侧景色

（右上）图3-468艾霍莱 阿姆比盖组群。高处祠庙（11世纪），东南侧现状

（下）图3-469艾霍莱 昆蒂组群（约700~750年）。建筑群北望景色（左侧近景为西南祠庙；对面右侧为东北祠庙，中间为连接北面两座祠庙的四柱门廊）

本页：

（上）图3-470艾霍莱 昆蒂组群。建筑群南望景色（前景左、右分别为东北祠庙和西北祠庙，中间是连接两者的四柱门廊；穿过门廊可看到西南祠庙的东侧）

（下）图3-471艾霍莱 昆蒂组群。建筑群，自东南方向望去的景色（前景为东南祠庙，右侧为东北祠庙，左边远处可看到西南祠庙）

右页：

（上）图3-472艾霍莱 胡恰皮亚寺院（可能属7世纪后期）。组群现状（前景为湿婆庙）

（下）图3-473艾霍莱 胡恰皮亚寺院。湿婆庙，现状

3-422），耶拉马祠庙（约11世纪初，图3-423、3-424）和阿加斯蒂亚湖边一个有争议的窟（图3-425）。在巴达米，由于同样受到印度北方纳迦罗风格的影响，有些柱厅的屋顶采用了多层挑出的屋檐造型，和下部平素的墙面形成鲜明的对比（图3-426）。一些小型亭阁更利用对角搭接的石梁，在内部形成具有藻井效果的顶棚（图3-427）。

[艾霍莱]

艾霍莱为遮娄其王朝的第一个都城，也是位于卡纳塔克邦北部拥有早期神庙最多的一个重要遗址（图3-428），距这时期另两个重要遗址巴达米和帕塔达卡尔分别为35公里和9.7公里。如今它只是一个普通的村落；直到不久前，许多神庙还被用作住宅或畜栏，只有坚实魁伟的城墙及其入口成为这个著名遗址往昔光荣的见证（尚存部分雉堞，是从如此久远的年代留存下来的仅有的这类城防工程）。

其寺庙建设第一阶段始于6世纪，第二阶段直到12世纪。遗存集中在约5平方公里的范围内，包括自古代到中世纪各种风格的125座石窟寺和构筑祠庙。所有这些寺庙被历史学家分成了22个组群，其中100多座为印度教祠庙，少数属耆那教，只有一座为佛寺。

艾霍莱的两个石窟寺分别属印度教和耆那教，均具有华美的内部装饰。其中最重要的是供奉湿婆的拉沃纳-珀蒂石窟寺，它同时也是艾霍莱最早石窟寺之

一（开凿于6世纪，图3-429~3-431）。其平面布局更为成熟，配有较大的内祠。入口前立一根已风化、带沟槽的柱子和面对祠庙的南迪雕像。入口外部仅存一对穿着西徐亚（塞西亚，Scythian）服装的门卫坐像，使人想起很早以前麦加斯梯尼[20]提到的雇佣外国卫士的传统。室内大厅左侧双柱龛室内布置了一组湿婆在女神陪伴下起舞的精美雕像（见图3-430，6世纪）。右侧对应立面通向地面高起的另两个近于方形的厅堂（寺院，现内部空置，可能没有完成）。大厅顶棚带有精美的浮雕。位于入口对面安置湿婆林伽的内祠，通过一个矩形的双柱门廊与入口厅堂相连。门廊两侧，布置杜尔伽（难近女，Durgā Mahiṣāsuramardinī）和筏罗诃（猪头或猪形毗湿奴）雕像。雕刻极具特色，完全不同于埃洛拉和巴达米石窟，与笈多时代的风格更是大相径庭。人物高冠细腿，举止优雅，以深刻的平行线表示衣褶。

J. C. 哈尔指出，这座石窟的风格和马哈拉施特拉邦北面埃洛拉的21号窟（拉梅斯沃拉窟）极为相近，在艾霍莱地区，可说是独一无二的表现。皮亚·布兰卡乔认为，在风格和设计上，它起到了联系德干地区

和泰米尔纳德邦岩凿建筑传统的桥梁作用。

最初可能供奉太阳神（Sūrya-Narāyaṇa）的拉德汗神庙，是早期重要建筑之一（图3-432~3-441），尽管有关这座著名建筑的某些问题还没有最后确定。其原来的名称已不可考，现名来自祠庙建成约千年后在此短暂居留的一位穆斯林长官的名字。有关其建造年代亦说法不一，从约450年直到6~8世纪；由于带华丽装饰的内柱和天窗在风格上和附近许多其他神庙非常相像，看来不大可能早于6世纪末，估计也不属艾霍莱最早的一批神庙。目前人们倾向的说法有两

本页及左页：

（左）图3-474艾霍莱 胡恰皮亚寺院。湿婆庙，角柱及雕饰细部

（中）图3-475艾霍莱 胡恰皮亚寺院。湿婆庙，内景（南迪雕像面对着内祠的林伽）

（右上）图3-476艾霍莱 14号庙（胡奇马利神庙，7/8世纪）。主庙，19世纪景色（老照片，Henry Cousens摄，1885年）

（右下）图3-477艾霍莱 14号庙。主庙，现状全景

种，一是620年，一是7世纪后期或8世纪初。

除了正面的巨大门廊（由12根带雕刻的柱墩组成）外，建筑平面主体为一个方形大厅，由柱子围成两个同心的方形空间，形成公共活动区（sabha mandapa）。外圈12根带复杂雕饰的柱墩上承高起的天窗，其内4根柱子围括中心区（见图3-432）。背靠后墙的一个小房间（内祠）里面的湿婆林伽可能为后期增添，祠庙中央方形空间内对着林伽的公牛南迪（Nandi）蹲伏造像亦属后期。室内墙面上刻花卉图案。屋顶上已残毁的方形祠堂属最初结构并于三面中间雕毗湿奴、苏利耶和半女之主[21]的雕像。沉重的屋面板相接处以树干状条石压缝，这种酷似原木的条带显然是模仿古代的木构祠庙，为艾霍莱所有柱厅的典型做法。室外不同寻常地将角上的壁柱和窗间的结构柱墩及挑腿结合起来，其间布置沉重的琢石墙和带印度北方风格的镂空格栅花窗。门廊外柱之间安置坐凳（背面浮雕图案位于微缩的壁柱间），如13号庙（高达尔庙）和14号庙（胡奇马利神庙）的做法。

本页及左页：

（左）图3-478艾霍莱 14号庙。主庙，顶塔近景

（右下）图3-479艾霍莱 14号庙。北祠堂（残毁的顶塔可能为金字塔类型，而非主庙那种曲线塔楼；门廊和祠堂之间的镂空石屏为后期增添）

（右上）图3-480艾霍莱 梅古蒂耆那教神庙（634年及以后）。西北侧地段全景（建筑朝北）

（中上）图3-481艾霍莱 梅古蒂耆那教神庙。东北侧现状（砌块之间不用砂浆，南侧顶塔及北侧门廊为后期增建）

（中中）图3-482艾霍莱 73号庙（马利卡久纳庙）。组群现状

位于拉德汗神庙边上的13号庙（高达尔庙）很长时期都没有得到人们的足够重视，这一方面是由于相邻建筑的侵入，另一方面是因为地面抬高后，部分掩盖了它最值得注意的特色（图3-442）。英国考古学家和艺术史学者珀西·布朗在他1940年发表的《印度建筑》（*Indian Architecture*）一书中，作为拉德汗神庙的起源，设想了一个当地早期柱厅的复原图。这是个没有外墙的木构建筑，于外柱之间布置围栅；既可防止动物侵入，又可作为坐凳的靠背；上部用对半切

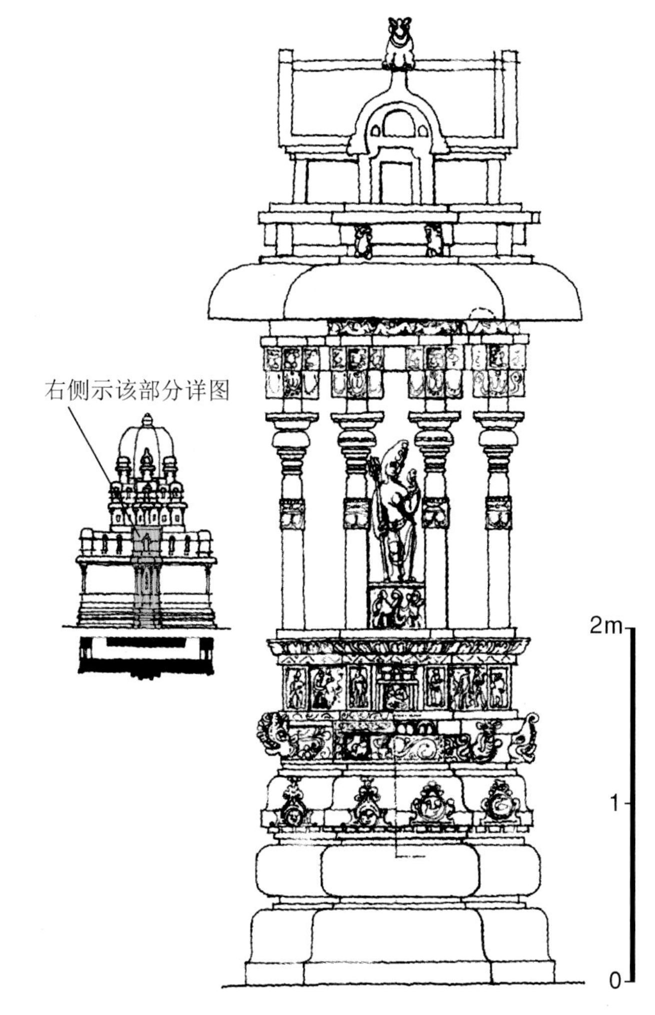
右侧示该部分详图
2m
1
0

开的树干固定茅草屋顶。13号庙（高达尔庙）可以说正是这种类型的建筑，只是改为矩形且用石砌，并带有通向祠堂的内排柱。在平面上它颇似下面还要提到的14号庙（胡奇马利庙）；区别仅在于没有外墙，只于外柱之间砌栏墙，并利用它们作内部坐凳的靠背。内祠（garbhagriha）为矩形，据铭文记载，内部供奉杜尔伽（Durgā）。天窗则如西遮娄其早期的柱厅，直接从本堂和内祠上拔起，外墙小壁柱之间雕低矮的拱廊，上部为两道滴水挑檐。在这个矩形的顶层结构

左页：

（左上）图3-483马哈库塔 圣池（“毗湿奴之莲花池”）。现状

（右上）图3-484马哈库塔 马哈库泰斯沃拉庙（7世纪后期）。立面及中央凸出部分细部（取自HARDY A. The Temple Architecture of India，2007年）

（左中）图3-485马哈库塔 马哈库泰斯沃拉庙。顶塔近景

（左下）图3-486马哈库塔 马利卡久纳庙。现状

（右下）图3-487马哈库塔 湿婆庙。残迹近景

本页：

（上）图3-488马哈库塔 湿婆庙。浮雕嵌板（分别表现梵天、湿婆和毗湿奴，通常表现三神的序列应是梵天、毗湿奴和湿婆；但由于这是座湿婆庙，因此把湿婆放到了中间的凸出位置）

（下）图3-489马哈库塔 桑加梅什沃拉神庙。现状（前方为圣池，后面涂白色的是主祠马哈库泰斯沃拉庙）

本页：

（上）图3-490马哈库塔 毗湿奴神庙。地段形势（左侧为毗湿奴神庙，配有纳迦罗式的上部结构；右侧为一座带迦昙婆式上部结构的祠堂）

（左下）图3-491马哈库塔 毗湿奴神庙。现状全景

（右下）图3-492马哈库塔 毗湿奴神庙。祠堂墙面龛室雕刻（野猪造型的毗湿奴）

右页：

（上）图3-493马哈库塔 毗湿奴神庙。门廊栏板雕饰

（下）图3-494帕塔达卡尔 古城。主要建筑群，自西南方向望去的景色，自左至右为加尔加纳特神庙、维杰耶什沃拉神庙和卡希维什沃纳特神庙

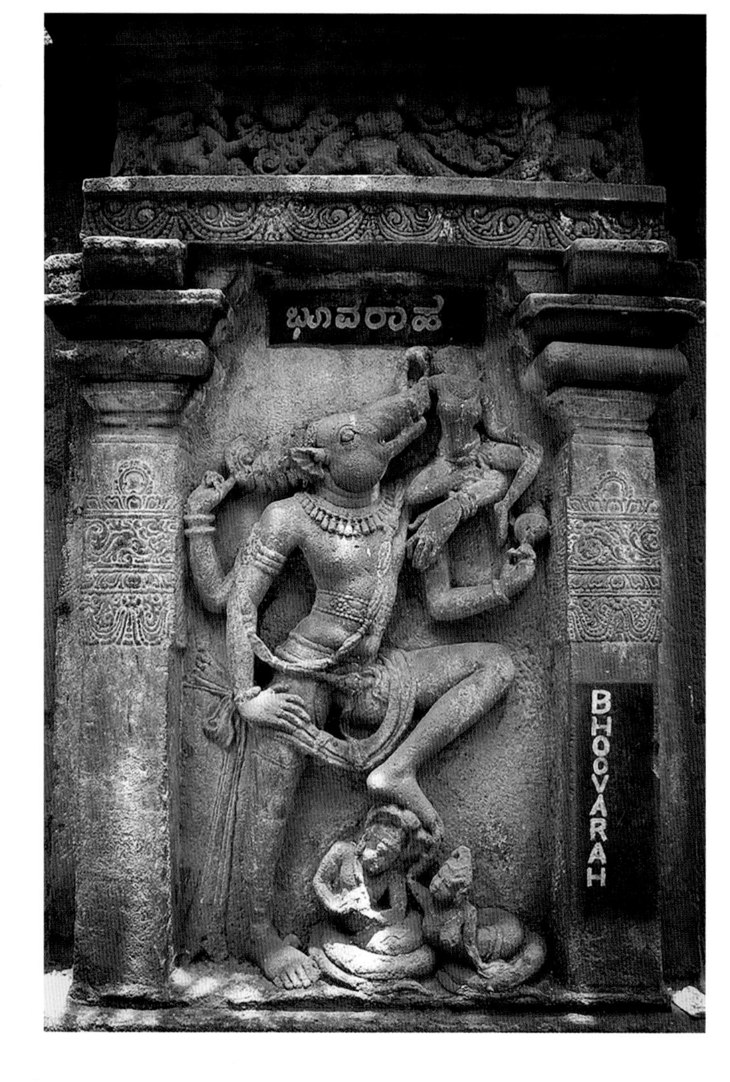

之上，很难想象还有其他的构件。近期的发掘表明，神庙的基础要低于相邻的拉德汗神庙。印度考古学家希卡里普拉·伦加拉塔·拉奥（1922~2013年）于20世纪70年代根据出土的陶器推断建筑属5世纪早期，但乔治·米歇尔根据风格认为现存建筑不可能早于6世纪中叶，看来最可能的是7世纪早期。

杜尔伽神庙是艾霍莱砌筑庙中最著名，也是人们研究得最透彻的一座建筑，但它实际上是供奉印度教神祇苏利耶或毗湿奴，和女神杜尔伽并无关联[现名称的来源有几种说法，其中之一称来自附近一个类似城堡（durg）的残墟]。早期学者认为祠庙创建于5世纪，但之后又有从6世纪后期到8世纪早期的各种说法。现在看来，很可能是建于8世纪初（675~725年）。虽然是砌筑祠庙，但布局上颇似公元前2~前1世纪阿旃陀的支提窟。建筑位于一个带线脚的高基台（adhiṣṭhāna）上，一圈回廊绕内祠及主厅而行。在这一地区，高基台的做法本来就很普遍，将门廊柱加以延续，形成绕行整个神庙的围柱廊并以此取代墙面的做法，亦有13号庙（高达尔庙）的先例。但在内祠上立“北方”风格的曲线顶塔（śikhara）则为独特表现（顶塔已部分损毁，圆垫式顶石现搁置在地面上），它可能是艾霍莱最早配置这种部件的祠庙（所

谓śikhara temple）。显然，在这里，人们试图将佛教支提的设计与婆罗门教做法相结合，因而形成了一个混杂印度南方和北方风格的奇特作品。即便在这样一个折中主义盛行的建筑环境里，其表现也可说是独树一帜（平面、立面及剖面：图3-443；历史图景：图3-444~3-446；外景及细部：图3-447~3-457；内景及雕饰：图3-458~3-464）。

与杜尔伽神庙类似，具有半圆形端部的，除前述切扎尔拉祠庙外，尚有泰尔及奇卡-马哈库特的神庙；这种类型尽管用得并不是很普遍，但一直存在且分布的范围很广，其最早的表现即支提堂（见图1-371）。但这种祠庙上部照例采用筒拱，后部变成圆头，因而被称为“象背”（hastipṛṣṭha）；而杜尔伽神庙用的是西遮娄其早期习见的平屋顶，并于本堂

本页及右页：

（上）图3-495帕塔达卡尔 古城。主要建筑群，自西北方向望去的全景，自左至右为卡达西德什沃拉神庙、加尔加纳特神庙、杰姆布林伽神庙、维杰耶什沃拉神庙、维鲁帕科萨神庙、卡希维什沃纳特神庙和马利卡久纳神庙

（下）图3-496帕塔达卡尔 古城。主要建筑群，自北侧望去的景观，自右至左为杰姆布林伽神庙、加尔加纳特神庙、维杰耶什沃拉神庙和远景处的维鲁帕科萨神庙

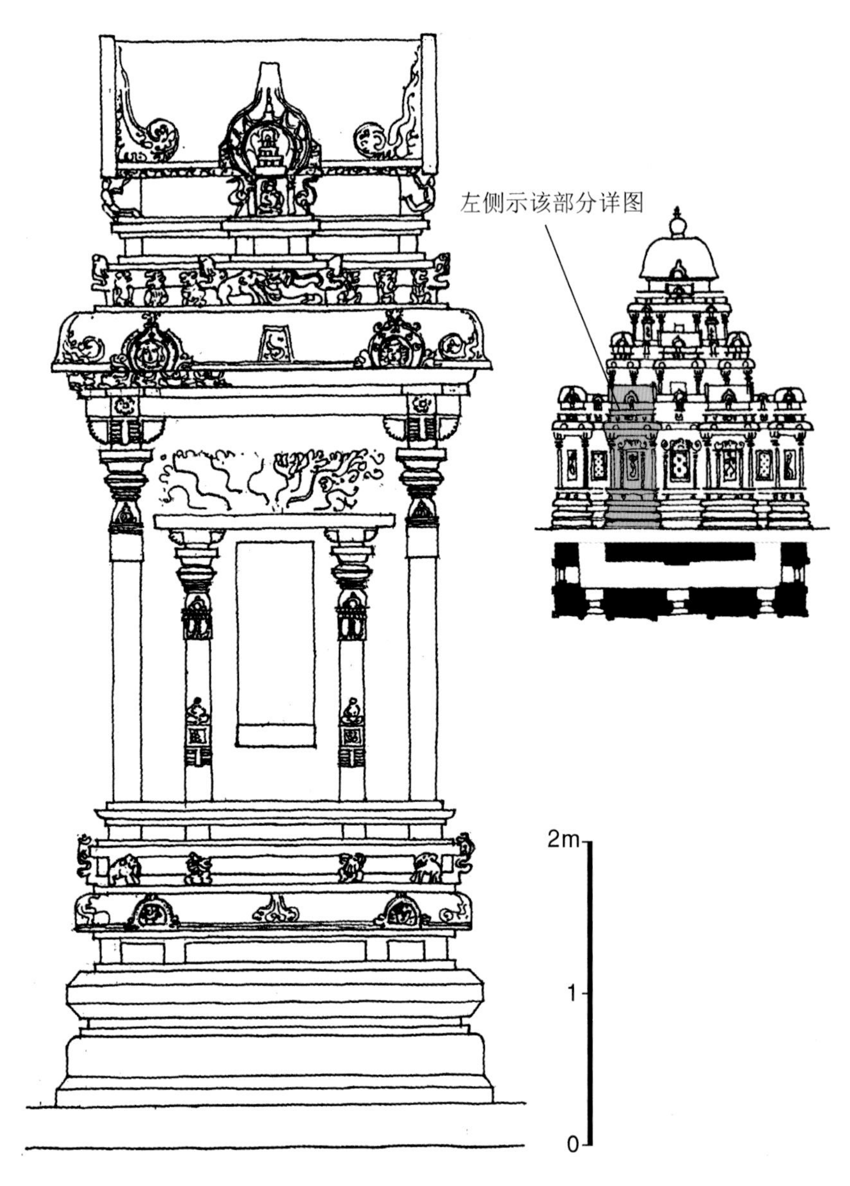
左侧示该部分详图
2m
1
0

本页及左页：

（左上）图3-497帕塔达卡尔 维杰耶什沃拉神庙（桑加梅什沃拉神庙，720~733年）。立面及细部（取自HARDY A. The Temple Architecture of India，2007年）

（右上）图3-498帕塔达卡尔 维杰耶什沃拉神庙。西南侧地段全景（远景为加尔加纳特神庙）

（右下）图3-499帕塔达卡尔 维杰耶什沃拉神庙。西北侧远景

（左下）图3-500帕塔达卡尔 维杰耶什沃拉神庙。西南侧现状

图3-501帕塔达卡尔 维杰耶什沃拉神庙。西北侧近景

上起天窗。令人感兴趣的是，它还是唯一一个在现场看上去要比照片上更大的建筑。其入口大门（gopura）可能也是早期最大的一个。

祠庙回廊、开敞的前厅和主厅部分均配有丰富的雕饰，雕刻师可说是充分利用了这种建筑形制所提供的条件。在绕内殿外墙各龛室布置的雕像中，尤以杜尔伽、那罗希摩[22]和湿婆像最为著名（见图3-458），堪称后笈多风格最纯正和最完美的作品。借助这些杰出的雕刻（包括华丽的门廊及叙事浮雕饰带），杜尔伽神庙不仅是所有“第一代”神庙中规模最大的，也是最壮观的一个。

在艾霍莱，其他塔式庙年代稍晚，加之无法准确

（上）图3-502帕塔达卡尔维杰耶什沃拉神庙。东北侧外景

（下）图3-503帕塔达卡尔 维杰耶什沃拉神庙。西侧全景

判定年代，在考证印度神庙建筑的发展上困难要更多一些。

位于杜尔伽神庙西侧的阿姆比盖组群同样是遮娄其王朝第二阶段成熟期的作品。它由三座在东西轴线上一字排开的简朴建筑组成（两座位于低处，图3-465~3-468）。东头的一栋平面方形，上部不设顶塔，东面及南北两面均为实墙，西面入口对着最大的中部祠庙。后者配有开敞的凉廊，上置缓坡屋顶，内祠尚存残毁的太阳神苏利耶造像。东面这两座建筑

（上）图3-504帕塔达卡尔维杰耶什沃拉神庙。南侧景观（围绕祠堂的回廊由镂空的石窗采光）

（下）图3-505帕塔达卡尔维杰耶什沃拉神庙。西南角近景

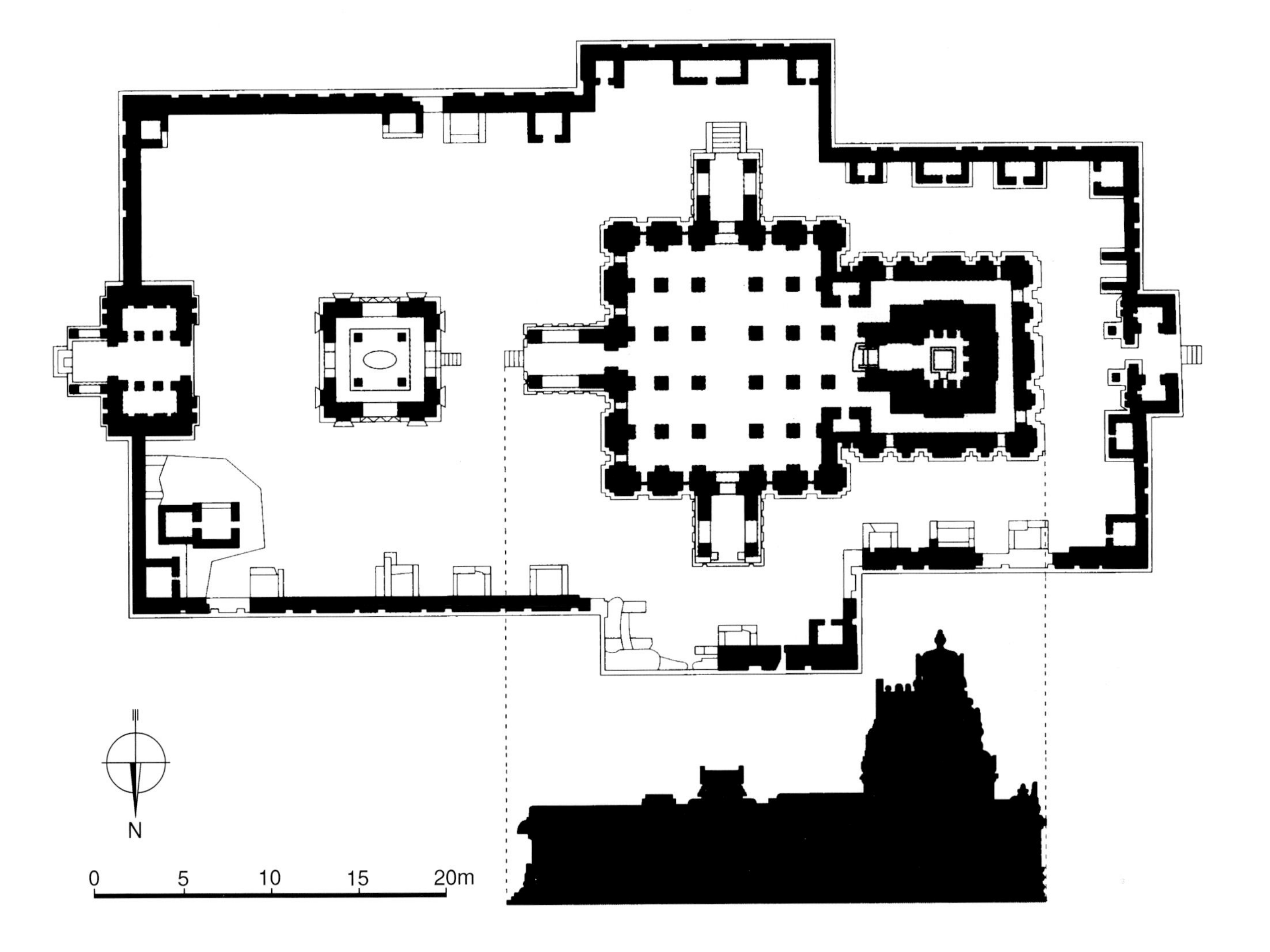

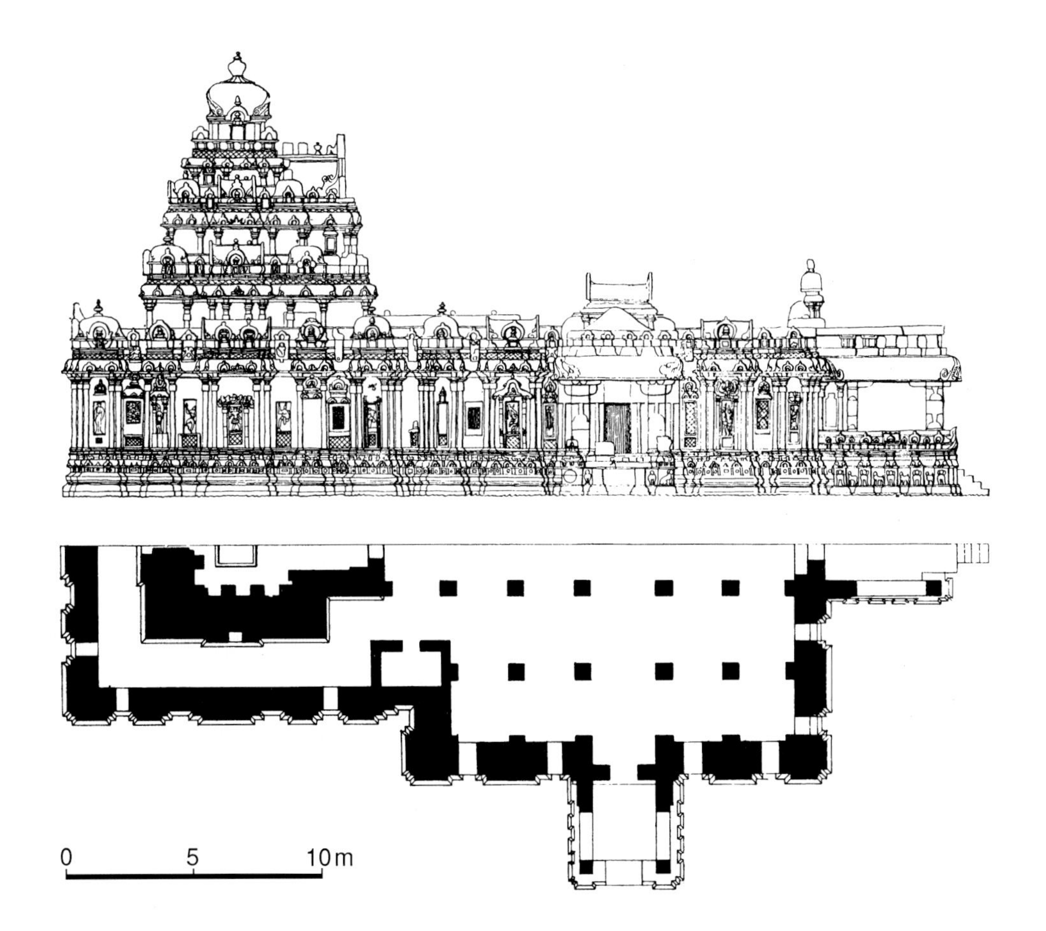

（上）图3-506帕塔达卡尔 维鲁帕科萨神庙（8世纪中叶，约745年）。总平面及主祠剖面简图（取自STIERLIN H. Hindu India, From Khajuraho to the Temple City of Madurai, 1998年）

（下）图3-507帕塔达卡尔 维鲁帕科萨神庙。主祠，半平面及南立面（取自HARLE J C. The Art and Architecture of the Indian Subcontinent, 1994年；原图作者Henry Cousens）

左页：

（上）图3-508帕塔达卡尔 维鲁帕科萨神庙。东北侧远景

（下）图3-509帕塔达卡尔 维鲁帕科萨神庙。西南侧景观（前景为围墙）

本页：

（上）图3-510帕塔达卡尔 维鲁帕科萨神庙。东南侧全景（和早期神庙相比，构图的集中性表现得更为突出）

（下）图3-511帕塔达卡尔 维鲁帕科萨神庙。西端近景（墙面凸出和凹进的垂直线条和基座的水平线脚形成鲜明的对比）

本页：

（上）图3-512帕塔达卡尔维鲁帕科萨神庙。柱厅内景（平面方形，由本堂和双边廊组成；边廊上覆带坡度的石屋面板）

（下）图3-513帕塔达卡尔维鲁帕科萨神庙。南迪厅（730~740年，对着主祠东入口），西北侧景色

右页：

（上）图3-514帕塔达卡尔维鲁帕科萨神庙。南迪厅，南侧景色

（下）图3-515帕塔达卡尔马利卡久纳神庙（8世纪中叶）。东北侧地段形势（右侧为卡希维什沃纳特神庙）

创建于6~8世纪，属遮娄其早期（Early Chalukya Period）。

位于较高地势处的组群第三座建筑约建于11世纪遮娄其后期，形制和结构上均按典型的印度教祠庙做法。内祠墙体上采用达罗毗荼方式，重复使用塔楼母题。可惜顶塔上部已毁，内祠雕像散失，其他墙面人物雕刻面部也大都损毁。

由于在内祠后墙基础部位进行的有限发掘发现了1~3世纪的器物和早期砖构祠庙的遗存，主持发掘的印度考古学家希卡里普拉·伦加拉塔·拉奥认为，现存石构建筑是以3世纪的砖构祠庙为范本建造的。但赫曼特·卡达姆比指出，6~8世纪遮娄其时期祠庙的铭文均没有提到早期祠庙的存在。由于目前尚没有发现更多的证据，因此我们对这一说法只能暂时存疑。

位于艾霍莱中心区的昆蒂组群由四座祠庙组成（图3-469~3-471），形成一个大致方形的组群，并在西遮娄其早期柱厅式祠庙的基本平面形式上引进了更多的变化：在矩形平面一边布置柱列门廊，靠对面墙建内祠。东南和西北祠庙柱墩上刻情侣和性爱雕像，东南祠庙群像的风格类似杜尔伽神庙的同类雕刻，并和它们一样，上冠巨大的圆形线脚（所谓“滚筒式线脚”，roll-moulding）。这组祠庙约建于700~750年[23]，唯一带上部结构的东北祠庙表现出一

些后期的特征。其顶塔（sikhara，取该词的“南方”含义）总体廓线近于方形，平面上于每边开两个或更多的凹面。壁龛转换为贴上去的装饰部件，内部不再有安置雕刻的功能，作为古典达罗毗荼风格基本要素的建筑和雕像之间的精心区分已不复存在。这几座祠庙为何如此紧密地组合在一起（其中北面两座还以四柱门廊相连），目前还没有搞清楚。这几座建筑似可作为日后在卡纳塔克邦风行的多祠堂祠庙的先兆（带有相互联系的内祠）。其中最早的一个，巴达米的贾姆布林伽神庙（696年），和艾霍莱的梅古蒂神庙一

起，是西遮娄其早期“第一代”神庙中仅有的日期确凿的实例。贾姆布林伽神庙的十字形平面可说是一种超前的表现，但其雕刻装饰，特别是顶棚上的，则表现出一种复古和衰退的迹象。

位于杜尔伽神庙组群南部约一公里处，一个相对隔绝地段上的胡恰皮亚寺院，由两座可能属7世纪后期的印度教祠庙组成（图3-472~3-475）。前面较大的一个为湿婆庙，另一座是个荒弃的寺院。前者通向柱厅的大门朝东对着旭日方向，其他各面均为石墙。主立面四根柱墩相邻两面饰爱侣组雕（表现各个求爱阶段）。柱厅顶棚于三个大的圆形框架内雕梵天、毗湿奴和湿婆诸神及其坐骑的造型。大厅中央地面上蹲伏的南迪面对着内祠里的湿婆林伽。厅内另有湿婆及象头神迦内沙立像，墙面上饰有各种形式的檐壁及表现爱侣的浮雕。雕饰具有笈多风格的特色。建筑上部为平顶，无顶塔。

在艾霍莱，尚有一批具有“北方”样式顶塔的祠庙，特别是9号、12号（塔拉帕庙）和14号庙（胡奇马利神庙，图3-476~3-479）。后者为一座入口朝东的简单祠庙，配有方形门廊及7.32米见方的主厅

左页：

图3-516帕塔达卡尔 马利卡久纳神庙。主祠，东南侧景观

本页：

图3-517帕塔达卡尔 马利卡久纳神庙。主祠，西立面全景

（sabha mandapa）。门廊立四根柱墩，和主厅内的四根柱墩在围括范围及尺寸上相互应和。北方风格的顶塔安置在几乎方形的内祠上。

在艾霍莱，这类顶塔造型相对简单但比例完美，每侧均有垂向凸出面（ratha），并在角上按一定间距插入圆垫式石块（āmalakas）。顶塔基部立面上出凸出部件（称nāsika或śukanāsa，原指“鼻子”）；正面宏伟的装饰性山墙（gavākṣa）中心往往饰有舞王湿婆的浮雕像。顶塔上部冠以独石制作的大型圆垫式顶石（一块带棱纹的圆形扁平石块，为“北方”风格的特色表现）。神庙前的厅堂和门廊按西遮娄其早期

本页：

（左）图3-518帕塔达卡尔 马利卡久纳神庙。主祠，西北侧现状

（右）图3-519帕塔达卡尔 马利卡久纳神庙。采用达罗毗荼式线脚的顶窗式亭阁（立面，取自CRUICKSHANK D. Sir Banister Fletcher' s a History of Architecture，1996年）

右页：

（左上）图3-520帕塔达卡尔 马利卡久纳神庙。外墙浮雕：仙女（婀娜多姿的体态为遮娄其风格的表现）

（下）图3-521帕塔达卡尔 马利卡久纳神庙。柱厅内景（由20根具有优美雕饰的柱墩支撑，为印度中世纪柱厅建筑的优秀作品）

（右上）图3-522帕塔达卡尔 马利卡久纳神庙。柱墩雕饰

形制布局。厅堂被四根柱子分为中央本堂及两个边廊；本堂上设高起的天窗，侧面带华美的雕饰。中央的三块屋面板上精心地雕出毗湿奴、湿婆、梵天诸神的物化形象（即所谓物神崇拜，mūrtis）及大量的随从人物，其中有的属最优秀的西遮娄其早期作品。门廊同样可有带雕饰的天棚，表现卷曲的蛇神（nāgas，在巴达米的石窟寺里，已经出现过这样的母题）。

然而，更值得注意的是，这些祠庙的外墙往往是平素的琢石砌体，通常只开小的方窗，内装平的石格栅板。墙上很少开壁龛，而且从不用壁柱进行分划和装饰。这些特色，连同它们采用的所谓"北方"顶

本页及左页：

（左及中）图3-523帕塔达卡尔 马利卡久纳神庙。雕刻：湿婆

（右）图3-524帕塔达卡尔 卡希维什沃纳特神庙（约公元700年）。东北侧现状（左侧为马利卡久纳神庙）

左页：

（左两幅）图3-525帕塔达卡尔 卡希维什沃纳特神庙。东侧，远观和近景

（右上）图3-526帕塔达卡尔 卡希维什沃纳特神庙。南侧近景

（右下）图3-527帕塔达卡尔 卡达西德什沃拉神庙（7世纪中叶或8世纪初）。东北侧景观，左侧远处为形制类似的杰姆布林伽神庙

本页：

图3-528帕塔达卡尔 卡达西德什沃拉神庙。西南侧全景

塔，完全有别于“南方”类型的神庙传统，尽管两者都采用了西遮娄其早期典型的底层平面和柱厅。在9号和14号庙（胡奇马利庙），门廊侧面以墙封闭到人腰的高度，外侧施浮雕，内侧形成坐凳。14号庙的内祠和15号庙（希基庙）一样，没有和柱厅后墙相连，是个真正的内部结构；顶塔直接自它上面拔起。这些神庙大部分看来均属7世纪末和8世纪初，即遮娄其早期。

在艾霍莱，属遮娄其第二阶段成熟期的耆那教建筑尚有塞塔沃神庙和梅古蒂耆那教神庙。前者是个精心施工和制作的多层祠庙（在卡纳塔克邦，这类耆那教祠庙称basadi），三塔式（trikuta）祠堂边上设三

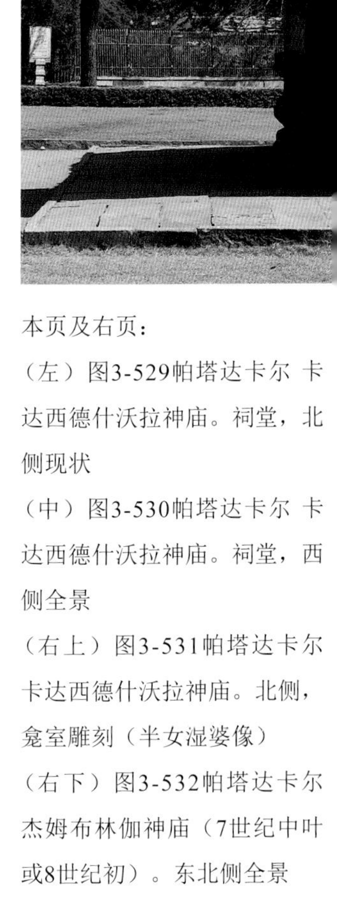

本页及右页：

（左）图3-529帕塔达卡尔 卡达西德什沃拉神庙。祠堂，北侧现状

（中）图3-530帕塔达卡尔 卡达西德什沃拉神庙。祠堂，西侧全景

（右上）图3-531帕塔达卡尔 卡达西德什沃拉神庙。北侧，龛室雕刻（半女湿婆像）

（右下）图3-532帕塔达卡尔 杰姆布林伽神庙（7世纪中叶或8世纪初）。东北侧全景

个半开敞的厅堂（ardhamandapas）和一个公用的集会厅（navaranga）。按一则著名的铭文记载，后者建于公元634年（尽管有的部分年代较晚）。建筑位于一个小卫城内，俯瞰着全城（图3-480、3-481）。其平面颇为奇特，甚至无法推测最初上部结构的形态；不过墙体结构是典型的“南方”式样，在结构设计和砌筑技术上均有所进步。基部粗大的线脚和巴达米马莱吉蒂-西瓦拉亚庙非常相近，表明两者属同一时期。

目前人们还无法对艾霍莱如此大量且富于变化的

小型祠堂进行全面的总结和评述。其中有的只有简单的“南方”穹顶，有的配一到两层上部结构后再置穹顶，还有的在内殿前安置简单的小型厅堂。这种多样化的表现并不是一种地方现象：对每个大型祠堂或可载入艺术史册的重要祠庙来说，往往都有一个年代久远或较小或已残毁的建筑核心。73号庙（马利卡久纳庙，图3-482）是个采用西遮娄其早期典型平面的“第一代”神庙，在这里，值得一提的是它所采用的羯陵伽式的上部结构。一系列等距配置的滴水挑檐板环绕着直线侧边的角锥形顶塔，顶部平台上置一大型石罐（kalaśa）。在邻近地区，尚有艾霍莱类似的10号庙和马哈库塔的一座庙；在其他地区，最接近的实例是绍拉斯特拉某些所谓帕姆萨纳类型的早期祠庙。

[马哈库塔]

从巴达米有一条跨越群山的朝圣道路通向马哈库塔圣地（tīrtha）。立在高原上的一个毗奢耶那伽罗时期[24]的大门（toraṇa）面对着通向山间幽谷的小

径。山涧泉水从那里流向一个圣池（称“毗湿奴之莲花池”，图3-483）。6或7世纪，在围墙内围绕圣池建造了约25个或大或小的祠庙（其年代判定主要根据组群内的两则碑文以及与附近艾霍莱类似建筑风格的比较）；有的配有“南方”类型的内殿，有的带有北方风格的顶塔，还有一个配置了和艾霍莱的马利卡久纳庙同一类型的羯陵伽（亦称Kadamba）式的上部结构。其中两座最大的达罗毗荼风格神庙是马哈库泰斯沃拉庙（图3-484、3-485）和马利卡久纳庙（图3-486）。它们全都保存完好，并和纳格拉尔神庙属同一基本类型，但规模更大，在外部龛室内配置了雕像。长期以来，人们都相信，马哈库泰斯沃拉庙即公

本页及左页：

（左）图3-533帕塔达卡尔 杰姆布林伽神庙。西南侧现状

（中）图3-534帕塔达卡尔 杰姆布林伽神庙。内祠，入口及湿婆林伽

（右上）图3-535帕塔达卡尔 加尔加纳特神庙（7世纪后期或8世纪中叶）。顶塔下部立面（取自HARDY A. The Temple Architecture of India，2007年）

（右下）图3-536帕塔达卡尔 加尔加纳特神庙。顶塔中央凸出部分构图元素解析（取自HARDY A. The Temple Architecture of India，2007年）

元601年一个著名的铭刻里提到的建筑（铭文刻在一根原立在围墙外的柱子上，柱子现存比贾布尔）。由于建筑外部覆盖了一层厚厚的灰泥粉刷，内部亦按后世风格进行了拙劣的改造，故而长期以来，人们很难追溯其风格的演进。目前，裸露的立面使人们有可能对两座神庙进行比较。看来，它们很可能和纳格拉尔神庙一样，属7世纪下半叶。

在马哈库塔，属遮娄其成熟阶段的另一座著名建筑是伯嫩蒂古迪神庙，同样采用了达罗毗荼风格。圣地内其他尚可一提的建筑还有湿婆庙（图3-487、3-488）和采用纳迦罗风格或顶塔的桑加梅什沃拉神庙（图3-489）及毗湿奴神庙（图3-490~3-493）。

左页：

图3-537帕塔达卡尔 加尔加纳特神庙。西侧全景

本页：

（上）图3-538帕塔达卡尔加尔加纳特神庙。西南侧现状

（下）图3-539帕塔达卡尔加尔加纳特神庙。东南侧景色

1
2
3
4
5
6
7

左页：
（左上）图3-540帕塔达卡尔 加尔加纳特神庙。顶塔近景（为采用拉蒂纳模式的纳迦罗式神庙）
（右上）图3-541带巡回廊道的祠庙，平面及形制的演进。图中：1、南奇纳 神庙（5世纪）；2、艾霍莱 13号庙（高达尔庙，7世纪）；3、阿拉姆普尔 库马拉梵天祠庙（7世纪）；4、奇卡-马哈库特 神庙（7世纪）；5、马哈库塔 马哈库泰斯沃拉庙（7世纪）；6、帕塔达卡尔 耆那教纳拉亚纳神庙（9世纪）；7、格内勒奥 摩诃毗罗（大雄）神庙（10世纪）；其中2~4是将内祠置于封闭或开敞柱厅内的变体形式；5和6为改进型，内祠及回廊与柱厅分开但有所联系；至7已形成8~12世纪印度中部和西部地区的典型样式
（下）图3-542帕塔达卡尔 耆那教纳拉亚纳神庙（9世纪）。东南侧全景

本页：
（上）图3-543帕塔达卡尔 耆那教纳拉亚纳神庙。东北侧近景
（下）图3-544帕塔达卡尔 帕珀纳特神庙（696~750年）。南侧，19世纪中叶景色（老照片，1855年，Thomas Biggs摄）
（中）图3-545帕塔达卡尔 帕珀纳特神庙。西南侧全景

[帕塔达卡尔]

位于卡纳塔克邦北部玛拉普拉巴河西岸的帕塔达卡尔是7~8世纪印度教和耆那教寺庙的重要遗址。该地距巴达米和艾霍莱分别为23公里和9.7公里，当年可能是个特定的礼仪中心。正是在这里，西遮娄其早期第二阶段的作品达到了顶峰（图3-494~3-496）。其建筑成功地将印度南方和北方的形式结合在一起，

（上）图3-546帕塔达卡尔帕珀纳特神庙。南侧现状

（中）图3-547帕塔达卡尔帕珀纳特神庙。南侧近景

（下）图3-548森杜尔 帕尔沃蒂（雪山神女）神庙（7世纪后期）。现状全景

创造出一种具有折中性质的艺术。已被联合国教科文组织列入世界文化遗产名录的祠庙包括维鲁帕科萨神庙、马利卡久纳祠庙、维杰耶什沃拉神庙、卡希维什沃纳特神庙、卡达西德什沃拉神庙、杰姆布林伽神庙、加尔加纳特神庙、耆那教神庙（以上八座位于同一组群内）和帕珀纳特神庙。

帕塔达卡尔的几座大庙中，除帕珀纳特神庙外，皆为典型的达罗毗荼风格。其中最早的一个，即以其建造者、遮娄其王朝国王维杰亚迪蒂亚（胜日王，696~733年在位）命名的维杰耶什沃拉神庙（建于

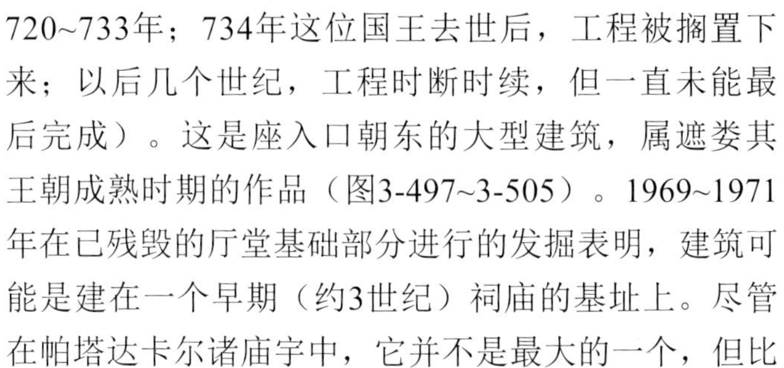

720~733年；734年这位国王去世后，工程被搁置下来；以后几个世纪，工程时断时续，但一直未能最后完成）。这是座入口朝东的大型建筑，属遮娄其王朝成熟时期的作品（图3-497~3-505）。1969~1971年在已残毁的厅堂基础部分进行的发掘表明，建筑可能是建在一个早期（约3世纪）祠庙的基址上。尽管在帕塔达卡尔诸庙宇中，它并不是最大的一个，但比

（左上）图3-549森杜尔 帕尔沃蒂神庙。立面景色

（右上）图3-550森杜尔 帕尔沃蒂神庙。上部结构，近景

（右中）图3-551索加尔 索梅斯沃拉神庙。现状

（右下）图3-552库卡努尔 纳瓦林伽神庙。立面及局部详图（取自HARDY A. The Temple Architecture of India，2007年）

右侧示该部分详图

本页：

（上）图3-553库卡努尔 纳瓦林伽神庙。19世纪末状态（老照片，1897年）

（下）图3-554库卡努尔 纳瓦林伽神庙。现状

右页：

（上下两幅）图3-555加达格特里库泰什沃拉神庙。组群现状

例宏大，气势不凡。祠堂内置湿婆林伽，外绕巡回廊道，廊道通过墙面上3个镂空的石雕窗户采光。没有通向内祠的前室，不仅内祠墙体甚薄，相应顶塔基部也没有立面上的凸出部件（nāsika）。对着内祠的厅堂两侧布置两个较小的祠堂（原有象头神迦内沙和杜尔伽的雕刻，现已无存）。厅外为由16根柱子组成的开敞柱厅（可能属祠庙完成后增建的项目，已部分毁坏）。外墙辟多个龛室（部分完成于不同阶段），内置毗湿奴和湿婆雕像。祠堂上部结构两层，顶层为方形亭阁式塔楼。

据铭文记载，帕塔达卡尔的维鲁帕科萨神庙和马利卡久纳祠庙系由超日王二世（733~746年在位，为维杰亚迪蒂亚之子）的连续两任王后（也是两姊妹，名洛卡玛哈提毗和特赖洛基娅玛哈提毗）为纪念他在建志（甘吉普拉姆）战胜帕拉瓦人而建（740~745年），两者均采用了成熟的达罗毗荼建筑风格。据信，埃洛拉著名的凯拉萨神庙就是仿这座祠庙建造，尽管它本身的灵感又是来自建志（甘吉普拉姆）的凯拉萨大庙。

帕塔达卡尔的维鲁帕科萨神庙[25]和建志（甘吉普拉姆）的凯拉萨大庙一样，可能是当时印度最大和最华丽的这类建筑（至少据目前所知，没有另一个具有同样尺度和壮观程度的神庙留存下来，图3-506~3-514）。建筑群位于一道高高的矩形栏墙内，墙内侧布置供奉

左页：

（上）图3-556加达格 特里库泰什沃拉神庙。萨拉斯沃提祠堂，背面景色

（下）图3-557加达格 特里库泰什沃拉神庙。萨拉斯沃提祠堂，栏墙近景

本页：

图3-558加达格 特里库泰什沃拉神庙。开敞柱厅内景（对面为萨拉斯沃提祠堂入口）

次级神祇的小祠堂及其门廊（原有32个，有的仅留基础），东西两侧立带装饰的入口大门（pratolis）。这种做法显然是直接效法建志（甘吉普拉姆）的大庙。祠庙本身立在一个配有五条粗大线脚的基台上并按其他这类建筑的通例，入口朝东，方形内祠（garbhagriha）外绕巡回廊道（pradakshinapatha），并于前室（antarala）内设两个小祠堂。东西轴线上的柱厅（sabha mandapa）于东面及南北两面均设门廊（厅内18根柱子，分成四排，中间两排各五根）。内祠及柱厅外墙出带凹龛的凸出部分，龛内布置雕像，各凸出部分之间开镂空花窗；屋顶栏墙与下部墙体分划相对应配置了各种样式的微缩亭阁及祠堂。主体部分屋顶为平面方形的三层金字塔式结构（所谓达罗毗荼式顶塔，dravida-vimana），各层重复使用屋顶栏墙部分的构图要素，顶上以罐饰作为结束（顶端距祠庙铺地17.5米，为9世纪前印度南部最高的祠庙）。面对主要祠庙入口，另布置了一个独立的大型亭阁（平面方形，四面敞开，上置平顶），内置湿婆的坐骑——南迪（公牛）雕像，开了这类做法的先河。

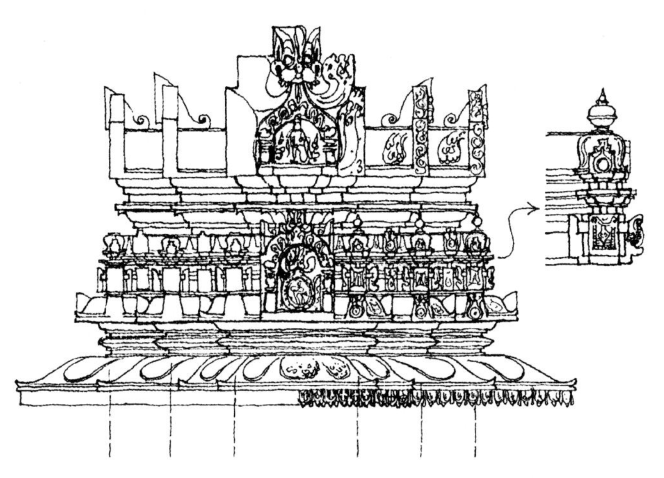

位于维鲁帕科萨神庙北面供奉湿婆的马利卡久纳神庙不仅建于同一时期，设计和形制也类似；两者均有立面上的凸出部件（图3-515~3-523），只是马利卡久纳神庙规模略小。内祠前为一个带门廊的柱厅，南迪厅被纳入祠庙内，顶塔端头亦改为半球形穹顶。

对柱厅构图意义的重视、优美的石格栅窗[只有少数恒伽（Gaṅgā）王朝时期的作品能出其右]，以及对大型爱侣形象的喜好，构成了西遮娄其早期的建筑和艺术传统；仅设门廊及把浮雕自龛室中移出放到墙面上去的做法，属更为通行的后笈多风格。

在维鲁帕科萨神庙，几乎所有的建筑细部（壁柱、枕梁、装饰性山墙和基座线脚），全都采用了达

左页：
图3-559加达格 特里库泰什沃拉神庙。萨拉斯沃提祠堂，柱墩雕饰细部

本页：
（上）图3-560希雷赫德格利 卡莱什神庙（1057年）。立面部件详图（拱顶亭阁，取自HARDY A. The Temple Architecture of India，2007年）

（下）图3-561希雷赫德格利 卡莱什神庙。现状全景

本页及右页：

（左）图3-562希雷赫德格利 卡莱什神庙。祠堂及主塔近景

（中）图3-563希雷赫德格利 卡莱什神庙。祠堂墙面雕饰

（右两幅）图3-564希雷赫德格利 卡莱什神庙。墙面微缩祠庙，雕刻造型及其平面、立面和细部复原图

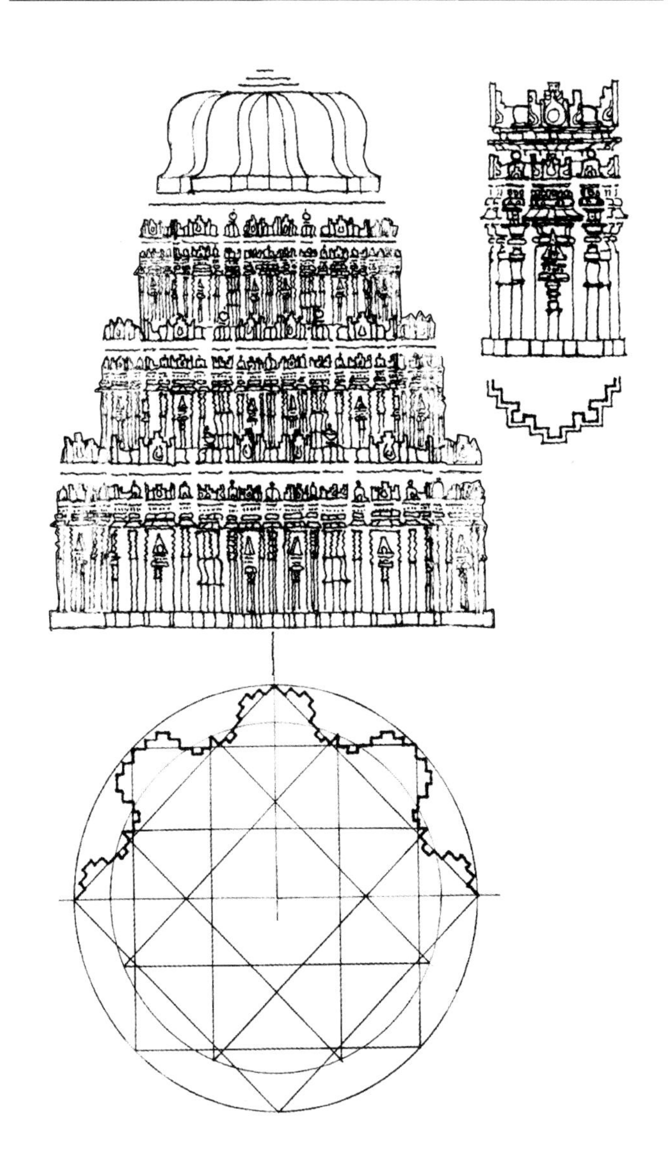

罗毗荼风格。某些特色，如基座和主要檐口滴水挑檐板上的亚利浮雕饰带、龛室上带神话人物形象的过梁（makaratoraṇas）及守门天的风格，都令人惊奇地酷似一个半或两个世纪之后的朱罗早期（Early Cola）

(上）图3-565希雷赫德格利卡莱什神庙。祠堂入口门廊

(左下）图3-566希雷赫德格利 卡莱什神庙。面对内祠的封闭柱厅

(右下)图3-567伊塔吉 摩诃提婆神庙（可能为1112年）。柱亭立面（取自HARDY A. The Temple Architecture of India，2007年）

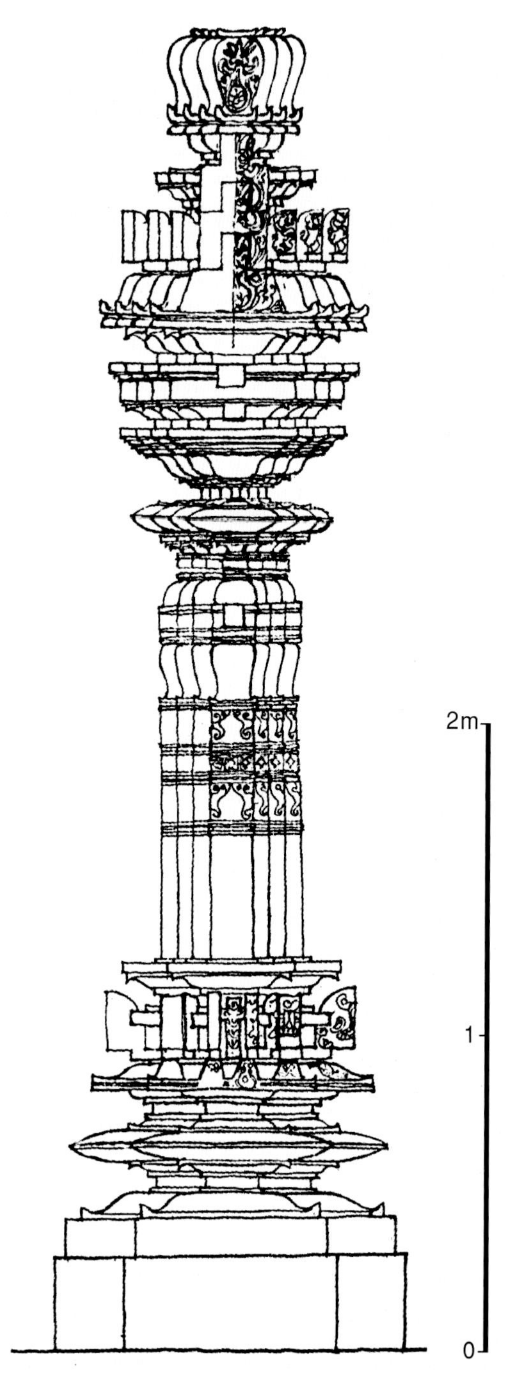

风格的作品。然而，差不多同一时期泰米尔纳德邦帕拉瓦王朝建筑风格的影响却难以觉察。7~8世纪，帕拉瓦王朝和西遮娄其王朝早期君主之间曾有过激烈的争斗，双方都曾攻占过对方的都城；因此，艺术交流的机会应该存在。只是不知道，当时人们如何把握和利用它。

带有丰富装饰的德干地区神庙的室内本是源于自身的石窟寺传统，其最终的源头是笈多，而不是泰米尔纳德邦。后者的室内长期以来都不施装饰。帕塔达卡尔的神庙，包括达罗毗荼风格的在内，均延续地方的传统。维鲁帕科萨神庙的室内柱墩雕有取自史诗《罗摩衍那》和《摩诃婆罗多》的场景；类似的浮雕在马利卡久纳神庙则是表现黑天神[26]的典故。只是在某些具体的图像表现上可看到来自帕拉瓦王朝的影响。

建于公元700年左右的卡希维什沃纳特神庙是座规模不大的祠庙，位于一个带五层线脚的高基台上（最上层线脚处雕马、象、狮子、孔雀及花卉图

（上）图3-568伊塔吉 摩诃提婆神庙。东北侧全景

（下）图3-569伊塔吉 摩诃提婆神庙。东南侧现状

（本页上）图3-570伊塔吉 摩诃提婆神庙。西南侧景观

（本页下及右页）图3-571伊塔吉 摩诃提婆神庙。西侧全景

案）。台上核心部分为内置林伽的方形内祠，通向柱厅的入口处尚可看到象征恒河和亚穆纳河的女神雕像（图3-524~3-526）。外墙出成对壁柱，上承支提拱。祠堂上部顶塔由五个层位构成，表面由交织的马蹄形拱券（所谓“牛眼”，gavaksha）形成复杂的图案，为印度北方雷卡-纳迦罗风格（Rekha-Nāgara Style）的典型表现（顶塔上部的圆垫式顶石及罐饰已失）。正面中央方形凸出部分顶部支提券内雕舞蹈的雪山神女-湿婆（Parvati-Shiva）像。室内柱墩及壁柱上均有复杂的雕刻饰带，顶棚浮雕表现湿婆、南迪、雪山神女及八个方位护法神（ashta-dikpalas）。东面与祠堂相对另有个安置南迪雕像的平台。

卡达西德什沃拉神庙是座相对较小的祠庙（图3-527~3-531）。印度考古调研所（ASI）认定的创建年代为7世纪中叶，但著名南亚建筑权威学者乔治·米歇尔（1944年出生）认为它应属8世纪初。建筑朝东，方形内祠于基座（pitha）上置湿婆林伽（面对着它的南迪雕像在外部），外绕巡回廊道并于轴线上布置柱厅。建筑多处损毁。顶塔属北方雷卡-纳迦罗风格，东侧带有位于内祠入口上的凸出装饰部件（sukanasa，部分已毁）。祠堂外墙各面龛室内分别安置阿达纳里什沃拉（Ardhanarishvara，一半为湿婆，一半为雪山神女组合的形象，位于北墙）、诃利诃罗（Harihara，另译哈里哈喇，为半湿婆、半毗湿奴造型，Hari-毗湿奴，Hara-湿婆；位于西墙）和拉库利萨（Lakulisha，南墙）雕像。

杰姆布林伽神庙是位于卡达西德什沃拉神庙南面的另一个小祠庙，两者实际上是一对“孪生”建筑（图3-532~3-534）。印度考古调研所和乔治·米歇尔认定的建造年代分别为7世纪中叶和8世纪初。祠堂外墙龛室内分别安置毗湿奴（北墙）、太阳神苏利耶（西墙）和拉库利萨（南墙）雕像。在这里，方形顶塔东侧凸出部分尚保存完好，包括位于马蹄券内表现湿婆舞蹈形象的群雕（两边为雪山神女和公牛南迪

本页及左页：

（左）图3-572伊塔吉 摩诃提婆神庙。祠堂主塔，东南侧景色

（右）图3-573伊塔吉 摩诃提婆神庙。祠堂主塔，南侧现状

（上）图3-574伊塔吉 摩诃提婆神庙。祠堂主塔，北侧景观

（下）图3-575伊塔吉 摩诃提婆神庙。开敞柱厅，内景（在东西轴线上西望的景色）

图3-576伊塔吉 摩诃提婆神庙。自开敞柱厅通向封闭厅堂的入口

像）。顶塔本身同样为北方雷卡-纳迦罗风格，带有饱满的外廓曲线，只是上部圆垫式部件及顶饰，和入口两侧的守门天雕像一样，现皆无存。

位于杰姆布林伽神庙东侧的加尔加纳特神庙体现了早期混用南北两种风格的努力（图3-535~3-540）。印度考古调研所估计这座祠庙建于8世纪中叶（约740年），而乔治·米歇尔认为它很可能属7世纪后期。带林伽的内祠及其前厅（antarala）属印度北方的雷卡-纳迦罗风格，祠庙外可能有一尊对着内祠的南迪造像。

鉴于内祠外有室内巡回廊道，可知这一印度教传统在7~8世纪已经确立。建筑中充分发挥了各式柱厅的作用，只是包括前部柱厅（mukha mandapa）在内的许多部分现仅存基础或为残墟。乔治·米歇尔认为，这座祠庙几乎是689年建造的阿拉姆普尔（位于安得拉邦）的斯沃加梵天祠庙的精确复制品。由于阿拉姆普尔和帕塔达卡尔均属巴达米遮娄其王国（Badami Chalukya Kingdom），在当时，设计理念上的交流是完全可能的。

建于9世纪的耆那教纳拉亚纳神庙在建筑形制上和其他印度教祠庙并没有很大区别：方形内祠配有巡回廊道（这种带巡回廊道的祠庙经过几个世纪的演进，此时已变得相当成熟、完整，图3-541），另设前厅、柱厅及门廊；只是除耆那（Jina）像外，没有印度教的神祇造像（图3-542、3-543）。柱厅于南北墙之间分成七个跨间，窄龛内有耆那坐像。屋顶各层饰方形顶塔。印度考古调研所在基址上进行的发掘表明，这里曾有一座早期的大型砖构祠庙（建于遮娄其早期之前或开始之时）。

在维鲁帕科萨等8座祠庙组成的建筑群以南约半公里处，是建于遮娄其早期将近结束时的帕珀纳特神庙（图3-544~3-547）。这是帕塔达卡尔带纳迦罗式顶塔的四座祠庙中最大的一座。其主要特色是创造性地将南北两种风格（达罗毗荼和纳迦罗）整合在一起。装饰、栏墙和某些布局方式为达罗毗荼风格的表现，而塔楼和带壁柱的龛室则是纳迦罗风格。这种不同寻常的布局可能是因其施工经历了三个阶段：696~720年建了内祠、顶塔及第一个柱厅；720~730年建第二个柱厅，接着于730~734年建绕内祠的回廊；最后于735~750年完成带浮雕的龛室和装格栅板的洞口（只是这种三阶段说法尚没有得到碑文的证实）。由于有两个相互关联的柱厅（分别拥有16根和4根柱子），因而和早期建造的内祠及“北方”风格

本页及左页：

（左上）图3-577伊塔吉 摩诃提婆神庙。图3-576入口楣梁细部

（右）图3-578伊塔吉 摩诃提婆神庙。厅堂柱墩基座雕饰

（左下）图3-579伊塔吉 摩诃提婆神庙。天棚浮雕细部

的顶塔相比，建筑在比例上显得特别长。在时间上，它应该是紧接着维鲁帕科萨神庙；从设计和供奉对象的变化上看，几乎可以肯定是在建造两个柱厅之前。

和其他祠庙一样，这座建筑朝东，内祠安置湿婆林伽，但没有南迪厅，只是在面对内祠的柱厅里安置了南迪雕像。顶棚中心饰有精美的湿婆（Shiva Nataraja）像，其他顶棚嵌板表现毗湿奴。祠庙龛室上配有拉贾斯坦邦那种蜂窝状的装饰性山墙

本页及左页：

（左）图3-580伊塔吉 摩诃提婆神庙。厅堂内小祠堂

（中）图3-581伊塔吉 摩诃提婆神庙。内祠，入口大门雕饰

（右）图3-582伊塔吉 摩诃提婆神庙。侧面入口，门柱及楣梁雕饰

（udgamas），极为引人注目。外墙饰各类神祇雕像，复杂的浮雕嵌板上表现来自《罗摩衍那》等史诗的典故。柱厅外部为单个妇女及不同姿态的爱侣雕像，部分嵌板上表现持各种乐器的音乐家。有的板面上还刻有雕刻师的名字；在印度，这种情况颇为罕见。其中有的还被复制到维鲁帕科萨神庙上，说明同一批雕刻师曾参与这两座神庙的工作，尽管它们采用了完全不同的传统。从这里也可看出，地区之间风格

（上）图3-583伊塔吉 摩诃提婆神庙。侧面入口，穹顶仰视

（下）图3-584拉昆迪 卡西维斯韦斯沃拉神庙（11世纪，1087年前）。19世纪末状态（老照片，1897年）

（中）图3-585拉昆迪 卡西维斯韦斯沃拉神庙。西南侧全景（左为湿婆祠庙，右为太阳神祠堂）

的多样性表现，并不一定意味着是由不同的石雕匠师组群完成。

[其他遗址]

在遮娄其建筑核心区以外，巴达米东南140公里处的森杜尔，有一座早期遮娄其风格的帕尔沃蒂（雪山神女）庙。这座不同寻常的建筑建于7世纪后期，长宽分别为14.6米和11.3米（图3-548~3-550）。建筑综合了印度南方和北方的风格（后者主要体现在塔楼的造型上）。大厅部分被代之以一个带筒拱顶的塔楼

（上两幅）图3-586拉昆迪 卡西维斯韦斯沃拉神庙。西祠（湿婆祠庙），主塔南侧近景及细部

（左下）图3-587拉昆迪 卡西维斯韦斯沃拉神庙。东祠（太阳神祠堂），顶塔南侧细部

（右下）图3-588拉昆迪 卡西维斯韦斯沃拉神庙。楣梁雕饰细部

本页及左页：

（左上）图3-589库鲁沃蒂 马利卡久纳神庙（11世纪）。侧面现状

（左下）图3-590库鲁沃蒂 马利卡久纳神庙。自柱厅入口望祠塔景色

（中）图3-591库鲁沃蒂 马利卡久纳神庙。祠堂，墙面龛室及雕饰近景

（右）图3-592库鲁沃蒂 马利卡久纳神庙。柱厅，柱子近景

本页及右页：

（左）图3-593库鲁沃蒂 马利卡久纳神庙。挑腿人物雕刻

（中）图3-594库鲁沃蒂 马利卡久纳神庙。祠堂，入口门柱雕饰

（右上）图3-595巴加利 卡莱斯沃拉神庙。地段形势

（右下）图3-596巴加利 卡莱斯沃拉神庙。俯视全景

式前厅，“错列”的底层平面成为后期（11世纪）的流行样式。

卡纳塔克邦其他属遮娄其成熟阶段的著名古迹尚有：贡努尔的帕拉梅什沃拉神庙（原为建于860年的耆那教祠庙，后被改造用于供奉湿婆），萨瓦迪的婆罗贺摩提婆神庙，罗恩的马利卡久纳祠庙，胡利的安达凯什沃拉神庙，索加尔的索梅斯沃拉神庙（图3-551），洛卡普拉的耆那教神庙，库卡努尔的纳瓦

林伽神庙（图3-552~3-554），加达格的特里库泰什沃拉神庙（以后扩建，图3-555~3-559），以及古巴加市希里瓦尔的众多祠庙。考古研究表明，这些寺庙有的采用了星形（多边形）平面，这种做法以后在贝卢尔和赫莱比德的曷萨拉帝国建筑中得到了进一步的普及。鉴于在这一时期的德干地区形成了印度建筑中作品最丰富的类别之一，为了和传统的达罗毗荼风格相别，艺术史家亚当·哈迪将之称为卡纳塔克-达罗毗

左页：

（上）图3-597巴加利 卡莱斯沃拉神庙。侧面景观

（下）图3-599巴加利 卡莱斯沃拉神庙。开敞柱廊，内景

本页：

图3-598巴加利 卡莱斯沃拉神庙。入口近景

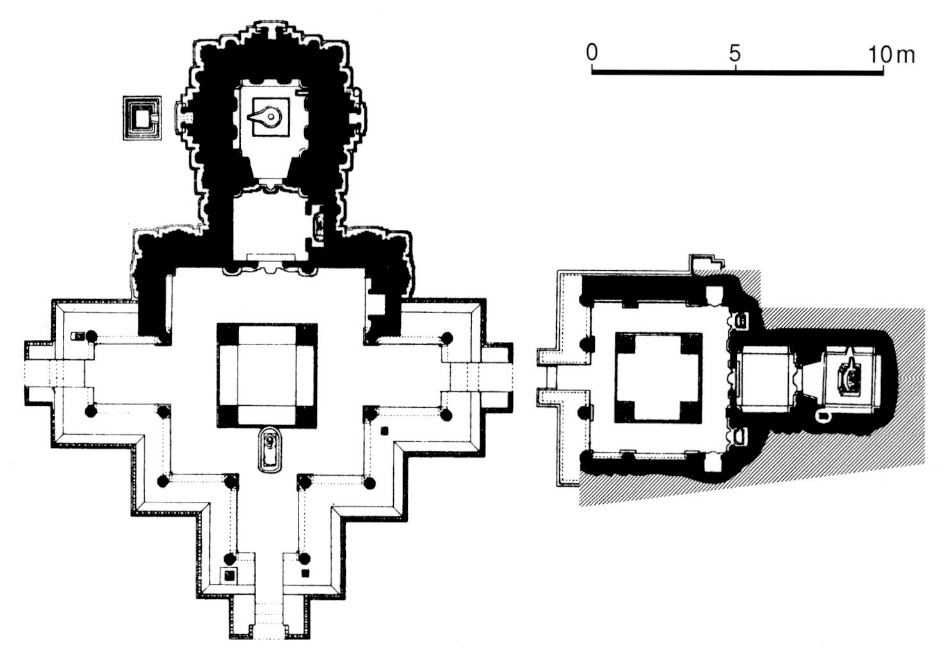

本页：

（上）图3-600巴加利 卡莱斯沃拉神庙。开敞柱廊，自南迪雕像望祠堂入口

（下）图3-601哈韦里 西德斯沃拉神庙（11世纪中叶）。平面（取自HARLE J C. The Art and Architecture of the Indian Subcontinent，1994年）

右页：

（上）图3-602哈韦里 西德斯沃拉神庙。现状全景，柱厅一侧景色（柱厅平面采用退阶的形式）

（下）图3-603哈韦里 西德斯沃拉神庙。祠堂及主塔，侧立面

荼风格（Karnata dravida style）。

除了上述遗址外，西遮娄其王朝时期卡纳塔克邦其他建筑中值得一提的还有：希雷赫德格利的卡莱什神庙（1057年，祠堂上的顶塔为后期重建，亚当·哈迪认为这座神庙极其接近西遮娄其建筑的主流样式，图3-560~3-566）、伊塔吉的摩诃提婆神庙（可能

建于1112年，摩诃提婆为主神湿婆的别名，意“伟神”“大自在天”，图3-567~3-583），拉昆迪的卡西维斯韦斯沃拉神庙（图3-584~3-588），库鲁沃蒂的马利卡久纳神庙（图3-589~3-594），巴加利的卡莱斯沃拉神庙（图3-595~3-600），哈韦里的西德斯沃拉神庙（图3-601~3-605）和安尼盖里的阿姆泰斯沃拉神庙（图3-606~3-608）。

在卡纳塔克邦东部的果拉尔县，距县城32公里阿瓦尼村的拉梅斯沃拉神庙由四座祠堂组成（始建于统治当地的诺拉姆巴王朝时期，约10世纪；朱罗王朝时期增建，图3-609~3-613）。除一座以外，每个均有自己的柱厅，有三座并列在一起。带有恒伽时期铭文的萨特鲁格斯沃拉祠堂，除近代砖砌的上部结构外，可能是年代最早的一个（图3-614、3-615）。拉克斯马内斯沃拉祠堂时间稍晚，已经表现出卡纳塔克地区堆积垂向部件的倾向。其他祠堂至少有一个带有完全砖砌的上层结构，至朱罗王朝末期，在泰米尔纳德邦，这已成为普遍的做法。尽管有后期的增添部分，

但拉梅斯沃拉神庙仍然可能是最早在一个大围墙内安置若干独立祠堂和其他建筑的实例。

位于奇卡巴拉普尔县南迪山脚下的双祠堂[博加南迪斯沃拉祠（南祠）和阿鲁纳卡莱斯沃拉祠（北祠）]，可能建于9世纪（图3-616、3-617）。除北祠的顶塔外，上层均为石砌；外墙则规则地布置壁柱和制作精细的镂空石窗。北祠堂南墙及南祠堂北墙上分

本页及右页：

（左右两幅）图3-604哈韦里 西德斯沃拉神庙。祠堂及主塔，近景

（上）图3-605哈韦里西德斯沃拉神庙。墙面壁柱及浮雕细部

（下）图3-606安尼盖里阿姆泰斯沃拉神庙（11世纪后期）。现状全景

别安置湿婆和杜尔伽雕像。两座祠堂上皆立角锥形的多层顶塔。南祠堂塔楼上层布置黑石制作的湿婆和南迪雕像，祠堂前柱厅的顶棚雕饰表现湿婆、雪山神女和环绕着他们的方位护法神。圆形柱身上有雕饰嵌板。两座祠堂内殿里均安置用磨光的黑石制作的大型林伽。前方的亭阁内安放南迪雕像。后期两座祠堂均经扩建，16世纪，在两者之间增建了一座小亭，柱上饰有雕像。顶棚采用穹状构图，于中央莲花图案周围布置载歌载舞的人物形象。17世纪又在开敞的亭阁后面增建了一座小型祠堂，外墙上雕制列队前行的神祇

（左上）图3-607安尼盖里 阿姆泰斯沃拉神庙。墙面近景（自左至右分别为达罗毗荼式柱亭、小祠堂及顶窗式亭阁）

（右上）图3-608安尼盖里 阿姆泰斯沃拉神庙。雕饰细部

（下）图3-609阿瓦尼村 拉梅斯沃拉神庙（约10世纪）。通向祠堂的入口

和圣人。连接两座祠堂的墙被巧妙地处理成9世纪初建时的样式。与此同时，在两座祠堂前建了一个宽阔的柱厅，整个组群被纳入一个围柱廊内，未完成的大门位于东面。大厅和两个南迪亭阁（现已封闭）的柱子，包括其垫式柱头及硕大的方形冠板，为早期朱罗风格的典型表现。连接两个祠堂的柱厅建造得尤为精美。后期增建工程能如此合乎逻辑地按对称法则，将最初的两个祠堂组合到一起，实属罕见。

位于斯拉瓦纳-贝尔戈拉两山中较低的坎德拉吉里山上，建于980年的卡蒙达拉亚神庙是座具有相当

（上）图3-610阿瓦尼村 拉梅斯沃拉神庙。并列三祠西北侧（背面）景观

（下）图3-611阿瓦尼村 拉梅斯沃拉神庙。中祠，西南侧近景

（上）图3-612阿瓦尼村拉梅斯沃拉神庙。会厅内景

（下）图3-613阿瓦尼村拉梅斯沃拉神庙。天棚雕饰

（上）图3-614阿瓦尼村 拉梅斯沃拉神庙。萨特鲁格斯沃拉祠堂，现状外景（左侧为祠堂前的南迪亭）

（下）图3-615阿瓦尼村 拉梅斯沃拉神庙。萨特鲁格斯沃拉祠堂，南迪亭，近景

（左上）图3-616南迪山 双祠堂（可能为9世纪）。组群现状

（右上）图3-617南迪山 双祠堂。阿鲁纳卡莱斯沃拉祠（北祠），带舞者和乐师雕饰的石窗

（下）图3-618斯拉瓦纳-贝尔戈拉 卡蒙达拉亚神庙（980年）。东南侧全景

规模、外观朴实的建筑（图3-618~3-620），有一个内部楼梯通向柱厅的屋顶。卡纳塔克地区的传统仅表现在带雕饰的大门上。在靠近科弗里河塞林伽巴丹上游约50公里处的奇克-哈纳索盖村，有一座规模不大，但经精心修复的三祠堂（trikūṭa）耆那教神庙（basti）。围绕其中一个大门配置了一条扇形棕榈叶（tāla）饰带，为笈多后期及后笈多时期的典型特征，也是这种形式最南端的实例。其内部亦有很多精美的雕刻。在斯拉瓦纳-贝尔戈拉附近的卡姆巴达哈利村，有一座重要的五祠堂（pañcakūṭa）神庙，其

（上）图3-619斯拉瓦纳-贝尔戈拉卡蒙达拉亚神庙。东北侧（入口面）景色

（下）图3-620斯拉瓦纳-贝尔戈拉卡蒙达拉亚神庙。西南侧（背面）现状

（中）图3-621卡姆巴达哈利村（位于斯拉瓦纳-贝尔戈拉附近）五祠堂神庙。组群现状

平面类似西方所谓“洛林十字”[27]；只是将垂直杆下部去掉，祠堂分别安置在垂直杆顶端及两个水平杆顶端（图3-621、3-622）。最初它仅由十字形顶上的三座祠堂组成，采用典型的帕拉瓦王朝后期和朱罗早期风格。大部分龛室内均有雕像（耆那立像），在这一时期的卡纳塔克邦南部，可说是一种特殊的表现。三座顶塔分别为方形、八角形和圆形。开敞的柱厅内安

（上）图3-622卡姆巴达哈利村五祠堂神庙。祠堂近景（为典型的达罗毗荼式建筑）

（下）图3-623纳拉萨曼加拉姆拉马林盖斯沃拉庙（约公元800年或以后）。西北侧现状

置了三尊优美的黑石雕像。

最后，在卡纳塔克邦最南部，紧靠尼尔吉里丘陵（原意“青山”）一个名纳拉萨曼加拉姆的孤立村落里，有一个精致的拉马林盖斯沃拉小庙（图3-623）。通常认为它建于公元800年左右，但由于它和坦焦尔（坦贾武尔）附近普拉曼盖朱罗早期的神庙极为相近[凸出的亭阁（pañjaras）直至基座线脚处]，估计年代应更为晚近。建筑没有龛室和墙面浮雕，但在底层凸出的亭阁和上层各亭阁之间，自由地布置各类灰泥造像。这些造像因损毁曾经修复，但和早期的照片比较，质量似不如原作。内部有一些雕刻精致的楣梁，特别是顶棚雕饰格外优美[表现舞蹈的湿婆及围着他的各方位护法神（dikpālas）]。在这一时期的卡纳塔克邦，所有比较考究的神庙里，几乎都有这类带雕饰的顶棚板。分开的祠堂里有完整的母神（Mātṛkās）系列雕像，保存虽好但缺乏生气；相伴的湿婆恐怖相（Vīrabhadra）倒是可圈可点。

除了三四个例外，所有现存笈多时期的寺庙全都集中在中央邦。但后笈多时期的遗迹分布地区较广，从西面的印度沙漠直到东面的比哈尔邦、亚穆纳河和纳尔马达河之间的地域，包括现在的古吉拉特邦、拉贾斯坦邦、中央邦和比哈尔邦。最集中的是古代的摩腊婆地区。尽管流传范围较广，风格上呈现创新和试验的特色，但这些遗迹仍具有同样的母题和灵感来源；只是较大的寺庙很少，且由于年代久远，损毁严重，没有一个能原样留存下来。因而当前还有许多研

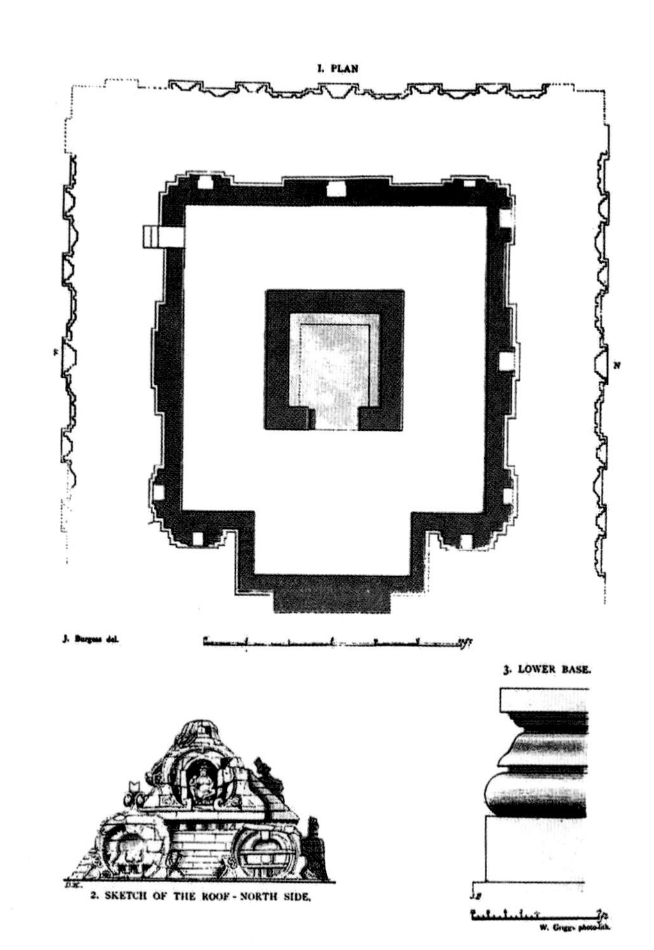

（右上）图3-624戈普神庙。平面、北侧屋顶及下部基座细部（1876年图版，作者James Burgess）

（左上及下）图3-625戈普 神庙。19世纪下半叶景色（老照片，1874年）：左上为东南侧，下为西北侧

究及清理整修工作需要去做，特别是在雕刻方面。但近年来，通过一批学者的努力，人们已有可能第一次在某些细节上追溯印度寺庙建筑发展史上这个最富有魅力的阶段。尽管寺庙建筑的最高成就属下一阶段，但此时已为它们的出现奠定了坚实的基础。雕刻仍然充满了笈多时代的活力和情色，另加巴洛克式的夸张，寺庙构造此时也越来越多地借鉴雕刻的处理手法。总体而论，这批充满了试验精神、变化多样、丰富多彩（尽管有时显得有些杂乱）的后笈多时代的寺庙建筑——在某种程度上也包括其雕刻——可以说不愧为印度艺术史上最耀眼的篇章之一。在印度西北地区（古吉拉特邦和拉贾斯坦邦）及中央邦，尚可看到较多这一时期的遗存。

一、西北地区及中央邦

[西北地区]

位于古吉拉特邦西南角绍拉斯特拉（苏罗湿陀罗）的一些奇特的小型祠堂是印度西部现存最古老的

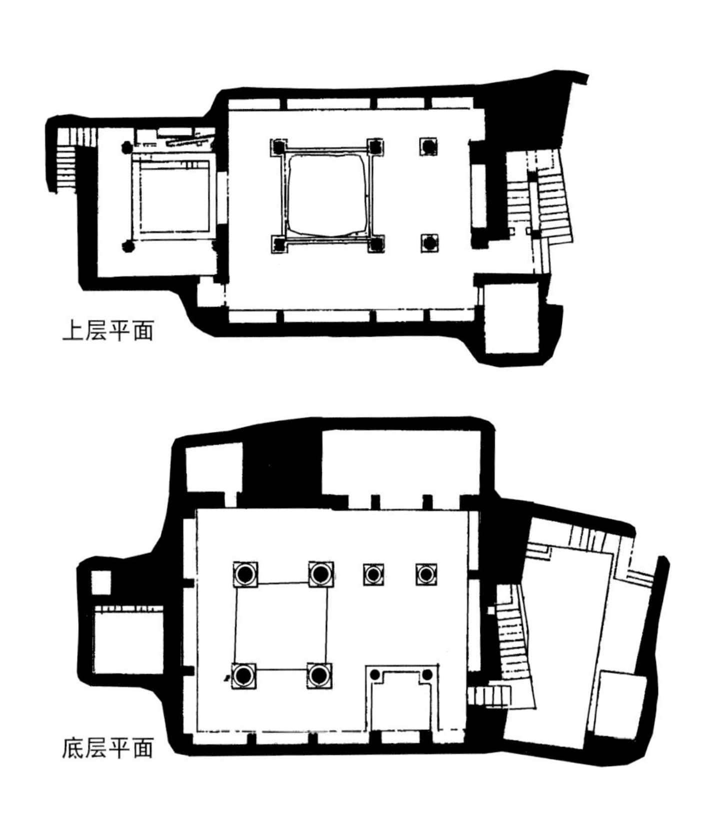

（左上）图3-626戈普 神庙。东北侧，现状

（右上）图3-627朱纳格特 乌帕尔科特石窟。底层及上层平面[原作者James Burgess（1832~1916年）和John Faithfull Fleet（1847~1917年），1876年，经改绘]

（下）图3-628朱纳格特 乌帕尔科特石窟。顶部现状

（上）图3-629朱纳格特 乌帕尔科特石窟。入口，俯视景色

（下）图3-630朱纳格特 乌帕尔科特石窟。底层，内景

这类建筑。由于所在地域相对隔绝，发展滞后，其上部结构仍然保留了在别处已无法看到的早期形式特征。它们大都采用近似角锥状的造型（bhūmiprāsādas风格）和层叠式的结构，并随意搭配其他的要素，如在角上采用南方形式的小方亭上置球根状的顶石（amalakas），或在上部结构冠以达罗毗荼式的顶塔（Dravida sikhara）。马蹄形拱券（gavākṣas）简洁无饰，但其宏伟的尺度和大胆的构图，在当时的印度可谓独树一帜。尽管由于采用了平素的墙面，不设龛室，也没有线脚分划，很少或没有雕饰，总体效果显得有些严肃乃至呆板，但寺庙总体上仍能给人们留下鲜明的印象。至少在两座祠庙里（巴纳萨拉的2号和5号庙），上层结构更具有南方（达罗毗荼）而非北方（纳迦罗）的特征。同时，祠堂和大厅几乎总是被围在单一的矩形围墙里，即便在采用更为程式化的北方上层结构时也不例外。

戈普神庙为印度西部卡提阿瓦半岛和古吉拉特邦留存下来最早的石构神庙（图3-624~3-626）。其创建年代在学界尚无定论，目前看来最可能的是6世纪最后25年（梅特拉卡时期）至7世纪上半叶，但不会早于朱纳格特的乌帕尔科特石窟（图3-627~3-634）。尽管建筑已部分损毁，但仍是至今这类建筑中最精美和最著名的一座；由此可以想象现已荡然无存的梅特拉卡王国（Maitraka Kingdom）都城伐腊毗当年建筑的辉煌景象[28]。

组群由一个被双重“院落”环绕的方形祠庙组成。内院已大部损毁，原有木构坡顶，实际上构成了一个绕内祠巡行的通道（所谓sāndhāra）。平面内部10.72米见方，东侧突出部分长宽分别为5.6米及2.2米。整体立在双重平台（jagatī）上，平台在墙裙上

（上下两幅）图3-631朱纳格特 乌帕尔科特石窟。厅堂，内景

下配两组线脚。建筑朝东，平台在此方向向外延伸，容纳相对的两跑台阶。每跑台阶起始处设半圆形的凸出部分，即所谓“月亮石”（ardhacandra），这可能是在安得拉邦和斯里兰卡以外地域第一次出现的这类部件。除东面外，外墙各面于中间及角上设三个开壁龛的凸出部分，龛室内当年很可能安放神像，龛室之间饰有侏儒之类的小型人物雕像。外院宽约2.9米，可能是露天，至少侧面是敞开的。

祠堂本身内部3.58米见方，墙厚0.76米，现高7米（内部当初是否分为两层尚无文献记载）。墙体由琢石分层砌筑，每层高约20厘米，严密合缝，不用任何水泥之类的粘接材料。平素的墙面没有任何装饰，自地面起3.35米高度处前后墙上开四个高约35厘米的洞口，可能是用于安放托梁。在这些洞口之上，侧墙上开六个较小的洞口，想必是用于安置椽子。朝东的祠堂大门左边侧柱上有铭文，但尚无法释读，可能是婆罗米文（brāhmī，是除了尚未破解的印度河文字外，印度最古老的文字）的一种地方变体形式。

左页：

（上）图3-632朱纳格特 乌帕尔科特石窟。墙面龛室

（下两幅）图3-633朱纳格特乌帕尔科特石窟。柱子近景

本页：

（上下两幅）图3-634朱纳格特 乌帕尔科特石窟。柱础及柱头

目前耸立的中央结构宛如欧洲中世纪的城堡，至5.2米高度处起角锥形的屋顶（顶塔，shikhara）。这个仅有的优雅结构由两个叠置的四坡屋顶组成，各层按叠涩挑出方式砌筑，砌块切斜角，形成屋顶坡面，顶上置单一石板。下层每边安置两个大型支提窗（gavākṣas），上层一个；是最早的这类屋顶（所谓帕姆萨纳式屋顶，phāṁsanā roof）实例。这些支提窗实际上是个空的老虎窗，在其中布置石像而非浮雕（西侧尚可看到象头神迦内沙像，另一尊女神坐像位于北侧）。这种表现颇值得注意，因为除了位于筒拱屋顶前并采用其截面形式的支提窗外，在印度寺庙里大量采用的这类窗户通常都很浅，深度仅数英寸而

已。屋顶的另一个特殊表现是顶部以一个样式像钟的部件（称cūḍa）取代了通常的圆垫式顶石（āmalaka）。这种重复叠置的矩形坡屋顶尚可在8世纪及以后几个世纪的克什米尔寺庙中看到（如潘德雷坦神庙）。除了克什米尔和某些喜马拉雅山地区以外，它们仅在印度西部和中央邦的大型厅堂上得到应用，在随后建造的主要寺庙中亦不再采用。

在戈普，留存下来的雕刻很少。神庙祠堂内有两尊黄色石头的雕像，当地人称罗摩（Rama）和拉克什曼（Lakshaman），有的历史学家鉴定为毗湿奴和室建陀（战神，Skanda），有人认为是太阳神苏利耶。从风格上看，雕刻当属6世纪后期，显示出和西遮娄其王朝早期的联系。

位于阿布山西面库苏马的湿婆祠庙建于636~637年，亦即和艾霍莱的梅古蒂神庙（634年）几乎同期，是印度西部为数不多的几座重要神庙之一。这是个相当优美的作品，尽管后期在很大程度上经过改造，但仍具有一定的价值。内祠位于平面矩形的厅堂内（后经全面改造）。大厅通过外墙三面加大的洞口得到充分的采光。厅内中央立四根柱墩；第一跨内尚存最初精心设计的尖券顶棚，是这类形式的首例，被称为乌特西普塔样式（utkṣipta type）的这种顶棚随后得到广泛的应用，并构成了印度西部，特别是古吉拉特邦建筑的光辉成就之一。在这里——实际上也只是在这里——才能探得这种类型起源于木构建筑的踪迹。除了内部两个奇特的附属祠堂（面对面位于柱厅两侧）、带柱子的门廊和精心制作的断裂支提拱山墙外[在这里第一次出现了菱形-莲花（puṣparatna）及半菱形（ardharatna）的图案]，平面其他部分和艾霍莱的希基神庙极为相近。其他类似7~8世纪西遮娄其早期寺庙的地方还包括带挑腿的中央柱墩[其挑腿由外出的圣童（kumāras）躯体支撑]和中央本堂升高的造型天窗。通向祠堂的大门虽已拆除、更换，但所幸留有记录，其山墙尺度宏伟、构思独特，大量神像为后笈多早期风格的典型范例，也是印度最精美的这类作品之一。

坎德拉巴加河边的西塔莱斯沃拉神庙保存状况欠佳，其最初结构仅下部尚存，且大部经过改造，所余雕刻亦不在原位（图3-635）。建筑的具体建造年代（689年）尚未获得普遍认可，但祠堂属7世纪当无疑问。由于它位于拉贾斯坦邦与中央邦西部交界处、昌

（上）图3-635贾尔拉帕坦 西塔莱斯沃拉神庙（7世纪，可能为689年）。现状

（下）图3-636奥西安 诃利诃罗1号庙（约725~750年）。南侧现状（由立在高台上的五座祠堂组成）

（上）图3-637奥西安 诃利诃罗1号庙。东北侧景观（基台四角小祠堂中尚存三座，西北角小祠堂仅留基础）

（左下）图3-638奥西安 诃利诃罗1号庙。南侧近景（左侧为中央主祠，右侧为尚存的东面两座小祠堂）

（右下）图3-639奥西安 诃利诃罗1号庙。主塔近景

本页：

（上）图3-640奥西安诃利诃罗1号庙。主塔细部

（下）图3-641奥西安诃利诃罗1号庙。东南角小祠，北侧景观

右页：

（左右两幅）图3-642奥西安 诃利诃罗1号庙。西南角小祠，东北侧景色

巴尔河上游贾尔拉帕坦附近，因此在建筑史上具有一定的价值（著名建筑史学家詹姆斯·弗格森认为这是他见到的最早和最优美的印度建筑之一）。

在印度西北地区及中央邦，为数更多的8~9世纪的寺庙里，已出现了许多后笈多风格的共同特色。祠堂上部结构几乎总是由北方风格（纳迦罗风格）的单一塔楼组成；不像后期的大型寺庙那样，另加角上的小塔形成更复杂的构图。在顶塔前面，是个立面近似三角形的巨大凸出部分（称śukanāsa或nāsika），有的其中还纳入龛室，或在上面冠以支提窗，或在整体造型上取大型支提窗样式。在小祠堂里，这部分往往凸出在门廊之上；在较大的祠庙里，一般都延伸到前厅（ardhamaṇḍapa、antarāla）处。顶塔本身照例上冠大型球根状圆垫式顶石，顶上最高处为球罐体及尖顶饰（这部分往往丢失）。塔楼表面满布成排叠置的支提窗网格图案，角上每隔一定层位嵌入球根状垫块，有时中央凸出部分亦作如此处理。所有这些都是各地——包括奥里萨邦和卡纳塔克邦——共有的特色。但另一方面，矩形圣所却很少采用筒拱顶（在西部地区这种样式被称为伐腊毗式）。在较大的祠庙里，主要祠堂配有内部的回廊通道，但很少通过窗户采光，而是更多采用开敞的阳台（见图3-652）。有时祠堂

成组布置成梅花形（即五点式，pañcāyatana），每个前面均设小门廊。在较大的祠庙里，特别是在这片地域的西部，在主要祠堂和门廊之间，往往另布置开敞或封闭的柱厅。其屋顶或为帕姆萨纳式（phāṁsanā type），外廓取直线，上置钟形部件；或为瑟姆沃伦达式（saṁvaraṇḍā type），围着低矮的穹顶，于三面檐口之上立大型三角山墙（siṁhakaṛṇas，通常由支提拱构成）。

精心设计的基部在整个印度均可见到。首层线脚（khura）和二层线脚（kumbha）均以圆头或更复杂的曲线形式取代了印度南方那种平直的线脚（jagatī）。再往上为两层或更多层位的滴水挑檐（称kapota，梵文原意为“鸽子”；因这种上部圆头、底面凹进的线脚形式颇似鸽子的头部廓线）。在它们之间，通常均以密集成排的方形椽头（现仅为装饰部件）取代原先大量采用的半圆形线脚（kumuda）。除了最小和最简单的祠堂外，墙面大都由垂直的凸出部件（bhadras）进一步划分，直至塔楼上部的圆垫形顶石。祠堂可以只有一个中央龛室，也可以每面均有一个，或中央设一凸出部分、两边设两个龛室。墙面还可通过壁柱及角柱进行分划，檐口由一道或两道滴水挑檐组成（一般为两道）。但墙面上少有人物或叙事场景的浮雕。

尽管产生于笈多时期的结构及其象征意义并没有完全淡出人们的记忆，但许多部件这时都开始更多具有了装饰的特色，如内置图像的龛室及其山墙、带雕饰的顶棚（特别是在西部地区）、柱墩和壁柱之类。柱子配置了罐状并带叶饰的柱础及柱头，这样的柱子及仿其样式的壁柱实际上已成为后笈多风格的标志。但在角上带扇形棕榈叶垂饰的柱头或冠板，由于过于接近上述罐状及叶饰的构图模式，看上去并不是特别成功。柱墩往往带有棱纹，基座处有的还配有小型龛室。龛室边的平直壁柱很多被新柱型取代；后者带有薄的弧形截面，柱身一半高度处配凹进的束带，上冠

（上下两幅）图3-643奥西安诃利诃罗2号庙（8世纪）。东南侧，修复前后状态

小的肋状柱头并承小型石构支提拱（底面带藻井或肋骨）。山墙由延伸或断裂的支提拱发展成精美的蜂窝状结构（由层层叠置的小支提拱组成），成为后笈多时期最为流行的母题和最独特的创造之一。

后笈多时期的线脚和条带装饰（特别是交替布置的三角形）可以在整个地区看到，只是表现叙事场景的浮雕条带仅限于西部地区。檐口下钟形或半圆花饰两边的花环有时被彼此相交的花环取代。有的基座滴水挑檐下还可看到栖居在支提拱处的鸟类形象，但更多是取半圆花饰图案。

即便在很小的祠堂里，大门制作也变得越来越精美，不过基本上仍是以笈多时期的作品为范本并采用笈多时期的要素，所有这些都位于一个单一平面内。大门两侧大都配壁柱或设五六道线脚，立守门天、河

（上）图3-644奥西安 诃利诃罗2号庙。西侧近景

（下）图3-645奥西安 诃利诃罗2号庙。主塔南侧，毗湿奴雕像

流女神及其侍从的雕像，叠置嵌板内饰性爱及其他人体形象。可能象征蛇尾的交织条带则是一个新出现的元素，但这些线脚中没有一个能和笈多时期的植物条带（扇形棕榈叶饰带）媲美。在饰有狮子及其他母题的高门槛前，通常还会布置一块半圆形的所谓“月亮石”（ardhacandra）。

这一时期在大门设计上最重要的创新，是在楣梁中部安置位于龛室或亭阁造型内的微缩雕像（称冠顶像，bimba-lalāta），其中最常用的母题是大鹏金翅鸟[29]，通常顶上还有成排的各种神像，极尽华丽之能事。如此多的细部使大门不免显得有些繁琐，但门边基座上的某些雕像仍可视为印度雕刻艺术的精品（如巴多利的格泰斯沃拉神庙的门卫和河流女神像，见图3-684）。

目前保存得极好的拉贾斯坦邦（古代马尔瓦尔和梅瓦尔地区）的寺庙为人们了解自公元750年左右至850年或稍后这段时期印度西部地区的建筑风格提供了大量的信息。在奥西安，尚存15座祠庙。在山下和城外，各类较小的神庙组群，大部都没有经后世增建或改造，仍然屹立在带龛室的高平台上。在这里，共有三座供奉诃利诃罗[30]的祠庙（编号1~3），其中头两个建于8世纪，第三个建于8世纪后期或9世纪（诃利诃罗1号庙：图3-636~3-642；2号庙：图3-643~3-645；3号庙：图3-646~3-648）。从风格上看最早的1号庙，采用了梅花形（五点式）布局（周围四个小祠堂

中现仅存三个）。每个祠堂入口处均立双柱门廊。底层外墙各凸出部分设带雕像的龛室。诃利诃罗2号庙最初同样采用五点式布局，只是次级祠堂现已缺失。开敞的大厅部分由带倾斜靠背的座椅围括。诃利诃罗3号庙和前两座庙一样，建在高台上且配置了更大的开敞厅堂。上部不同寻常的拱顶由巨大的弯曲石板并列而成，顶上方形洞口由三块矩形石板封闭。矩形内祠采用外廓为直线、上置钟形部件的帕姆萨纳式屋顶。1号和3号庙室内及墙面装饰均经过整修。三座神庙皆于挑檐的两块滴水檐板之间设精美的檐壁雕刻。在奥西安，顶棚位于一个平面内，分成四个象限，中心部位布置大的圆形徽章图案。

奥西安的太阳神庙（7号庙）是座具有精美雕饰的建筑，两个门廊柱墩（可能年代稍晚）向下延伸至地面，其他结构均位于高台上（图3-649~3-651）。从柱墩外侧一度填以象头的榫口推测，现除南侧一段外全部敞开的大厅，最初可能如诃利诃罗3号庙一样部分封闭。位于檐口两道滴水檐板之间的空间布置装饰性的方块“梁头”，为典型的后笈多时代做法。

位于奥西安城西的耆那教大雄（摩诃毗罗）庙，和上述那些或被弃置或被滥用的寺庙不同，是个香火旺盛的祭拜场所（图3-652、3-653）。顶塔及附属建筑属后期，大部经修复的最初部分建于783年，属可在内部围绕祠堂巡行的类型（称sāndhāra）。建筑配有一个封闭的柱厅、一个开敞的前廊和一个门廊。封闭厅堂各面和祠堂本身的侧面及背面一样设阳台，其洞口装早期的石格栅窗（jālas）。内部设两个小祠堂及许多龛室，包括围绕内祠（圣所）的三个（无雕像）。大厅及门廊上置外廓直线的帕姆萨纳式屋顶。从修复后的基座线脚及墙面构造可知，它和城外的神庙，特别是太阳神苏利耶神庙（7号庙）的风格相当接近。

和耆那教大雄庙差不多建于同一时期的萨奇娅（母神）庙是个更为著名的朝拜处所，经历也类似（图3-654）。从风格上看，位于左面供奉太阳神的小祠堂当为奥西安最古老的结构（上部顶塔已残

左页：

（左）图3-646奥西安 诃利诃罗3号庙（8世纪后期或9世纪）。近景

（右）图3-647奥西安 诃利诃罗3号庙。雕饰细部

本页：

（左上）图3-648奥西安 诃利诃罗3号庙。开敞柱厅，内景

（下）图3-649奥西安 太阳神庙（7号庙，8世纪）。19世纪末景观（老照片，1897年）

（右上及右中）图3-650奥西安 太阳神庙。现状

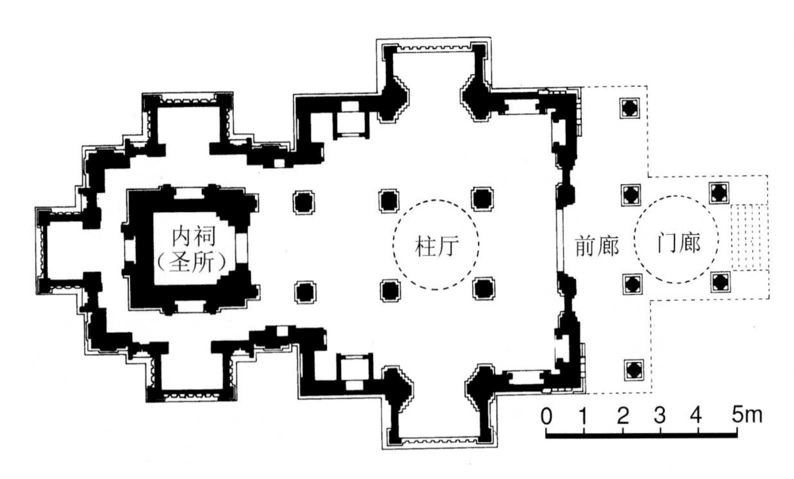

（左上）图3-651奥西安 太阳神庙。龛室雕刻：太阳神像（华丽的龛室上置牛眼拱山墙；和大多数其他的印度教神祇不同，在这里，太阳神仅有两只手，手上持盛开的莲花）

（右上）图3-652奥西安 耆那教大雄庙（摩诃毗罗庙，783年及以后）。平面（取自HARLE J C. The Art and Architecture of the Indian Subcontinent，1994年）

（右中）图3-653奥西安 耆那教大雄庙。主塔近景

（下）图3-654奥西安 萨奇娅庙（母神庙，8世纪后期）。19世纪末景观（老照片，1897年）

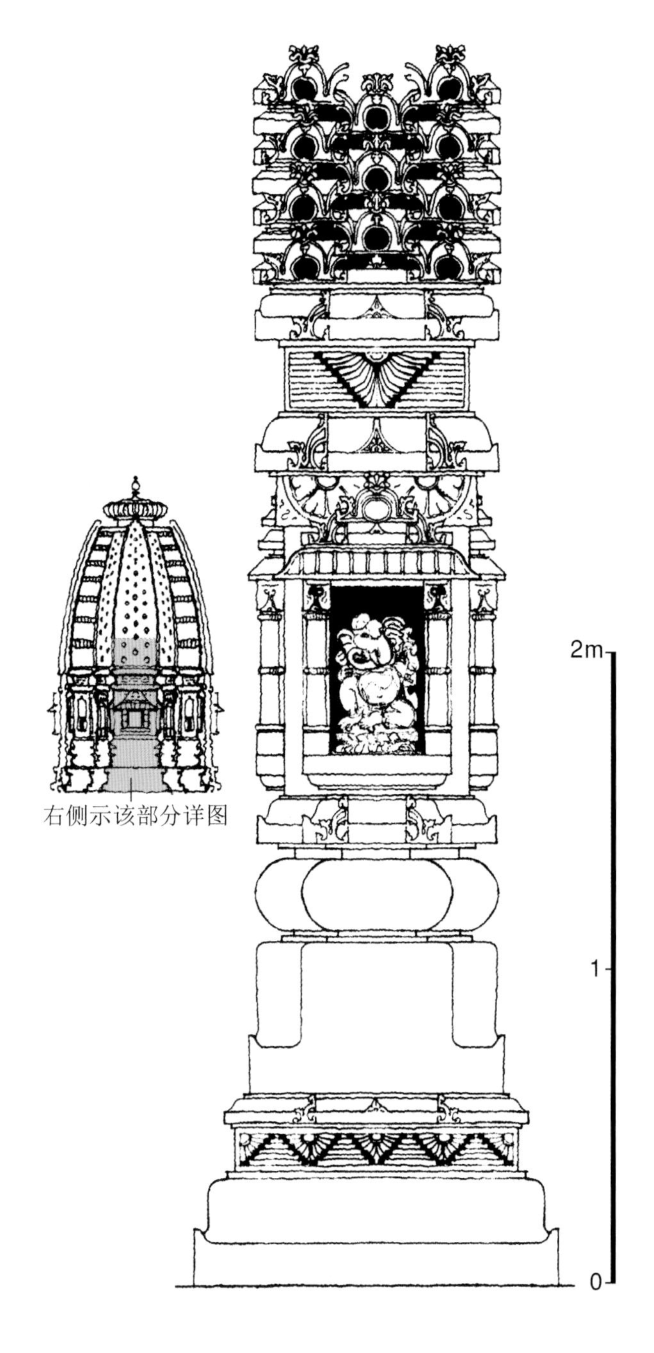

（左上）图3-655奥西安 皮普拉庙（9号庙，约800~825年）。外景

（左下）图3-656奥西安 毗湿奴神庙1（约775年）。外景

（右上）图3-657巴瓦尼普拉 纳克蒂神庙（9世纪）。立面及中央凸出部位详图

（右下）图3-658巴瓦尼普拉 纳克蒂神庙。现状

本页：
图3-659奇托尔 卡利卡神庙（8世纪50~70年代）。现状

右页：
（左上）图3-660罗达（古吉拉特邦） 1号庙（湿婆庙，8世纪后期）。地段形势，前景为2号庙（鸟庙，因祠堂内墙上雕有鸟而得名）

（右上）图3-661罗达 1号庙。立面现状

（左下）图3-662罗达 1号庙。内景

（右下）图3-663罗达 2号庙（鸟庙）。现状全景（是七座庙中最小的一座）

毁）。神庙所在平台配有极其优美的"波浪"状图案饰带。这一题材，尽管完全体现了后笈多艺术的精神，但在其他地方未见报道。情况与之类似的还有皮普拉庙（9号庙，约800~825年）的一种新型龛室（配置了细长的圆柱或壁柱，柱身中间设凹进的束带，上置简单的肋状莲花柱头）。从风格的其他方面来看，这座庙可能是奥西安寺庙中最晚近的一座（图3-655）。约建于775年的毗湿奴神庙1则是一个雕饰精美，采用山庙形式的建筑，塔楼的构图还保留了某些早期纳迦罗风格的特色（图3-656）。

位于同一地区的布姆达纳、兰巴和巴瓦尼普拉（纳克蒂神庙，图3-657、3-658）的神庙，在风格上和奥西安的非常相近。这些地方风格与距离较远的拜杰纳特的神庙，实际上也没有很大的区别。而位置相对较近的布奇卡拉的神庙却和位于南面古吉拉特邦边界处罗达的神庙更为接近，都配有厚重敦实、上置低矮山墙的小型龛室。奥西安诃利诃罗1号庙的一个附属祠堂更以壁柱替代了中央龛室两边的壁龛。尤为奇特的是，在这些壁柱之间安置了足尺的天女

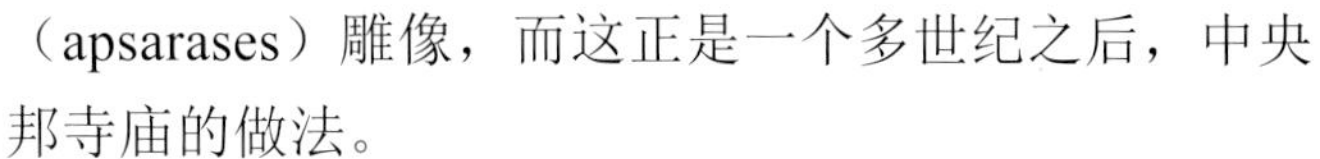

（apsarases）雕像，而这正是一个多世纪之后，中央邦寺庙的做法。

在梅瓦尔公国（Mewār Principality）[31]的最初首府奇托尔，古代城堡内的卡利卡神庙一般认定为建于8世纪50~70年代（图3-659）。城堡内至少有一个神庙，即位于卡利卡神庙边上的克塞曼卡里神庙，可视为奥西安附近巴瓦尼普拉神庙的复制品；以类似的薄壁柱取代了中央垂直突出部分（bhadra）两边的龛

本页：

（左上）图3-664罗达 2号庙。侧立面近景

（右上）图3-665罗达 2号庙。祠堂内墙上表现鸟的浮雕

（右下）图3-666罗达 3号庙（湿婆庙）。立面及角上凸出部分细部（取自HARDY A. The Temple Architecture of India，2007年）

右页：

（左上）图3-667罗达 3号庙。现状外景

（右上）图3-668罗达 3号庙。通向祠堂的大门雕饰

（左下）图3-669罗达 5号庙（毗湿奴庙）。现状景观

（右下）图3-670罗达 5号庙。主塔，背面景色

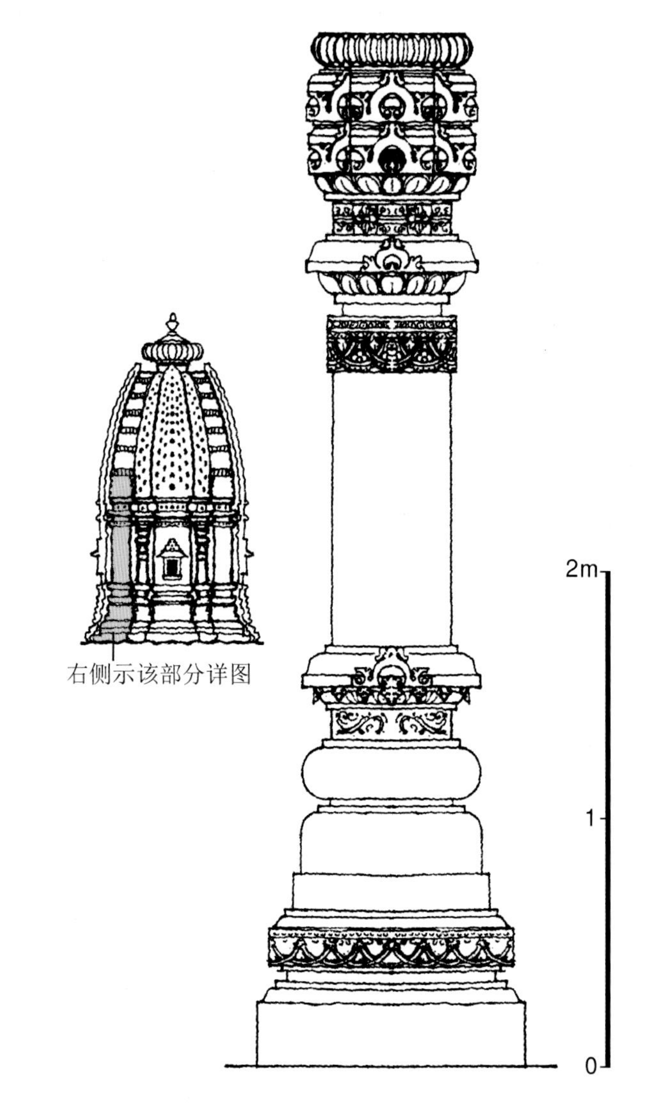

室。所有的龛室均设棱角抹圆的壁柱和石构挑檐板。和奥西安一样，奇托尔也有两个采用后笈多风格并设内部环形通道的大型神庙，且同样经过大规模改建及扩建。从风格上看，库姆伯斯亚马神庙当和卡利卡神庙同期；如果是这样的话，新型龛室在这里的出现至少要比奥西安早三四个世纪。

由于在主要祠堂处开了更多的龛室，这些神庙的图像表现要比印度西部其他地方更为丰富。在奥西安的诃利诃罗1号庙，三面中每面中央龛室两边均布置两个龛室，其内安置方位护法神（Dikpālas）、象头神迦内沙及杜尔伽的雕像。两侧中央龛室安放毗湿奴的化身侏儒特里维格罗摩（Trivikrama）和人狮那罗希摩（Narasimha）雕像，后面中央龛室为诃利诃罗像；在这后一个位置通常都安置神庙的主要供奉对象，如太阳神庙（7号庙）安置拉贾斯坦邦主神苏利耶[在这座神庙里，仅有少数方位护法神；其地位由其他的物神（mūrtis）取代]。在诃利诃罗1号庙一个龛室里发现的佛像表明，此时佛陀已被视为毗湿奴的一个化身。

位于古吉拉特邦北端罗达的一组小型祠庙属8世纪后期（1号庙：图3-660~3-662；2号庙：图3-663~3-665；3号庙：图3-666~3-668；5号庙：图3-669、3-670；6号庙：图3-671、3-672；7号庙：图3-673、3-674）。尽管与奥西安各庙大致同期，但这批建筑在风格上却有显著区别。其中大多数都是无内部巡回廊道的小型祠庙，其中1、4和6号庙均为三车平面（位于3号和5号庙之间的4号庙是这三座庙中最小的一个，且仅留基础）；即便是采用五车平面的祠庙（3、5和7号庙），侧面也只有一个龛室，而且仅1号庙立在平台上[按：这里所说的三车和五车平面，均指在方形平面基础上发展出来的各种平面形式：当每边中间凸出一块，类似十字形时，称三车；若在凸起部分的正面再伸出一块，则称五车；以此类推，还可得到更复杂的七车、九车等形式，图3-675]。前门廊上饰有山墙；侧面处理成两层帕姆萨纳屋顶的样式，巨大的装饰性山墙颇为不同寻常，使人想起很早以前

左页：

（左）图3-671罗达 6号庙（九曜庙）。侧立面

（右上）图3-672罗达 6号庙。通向祠堂的大门

（右下）图3-673罗达 7号庙（迦内沙/湿婆庙，8世纪后期）。残迹现状

本页：

（上两幅）图3-674罗达 7号庙。侧立面

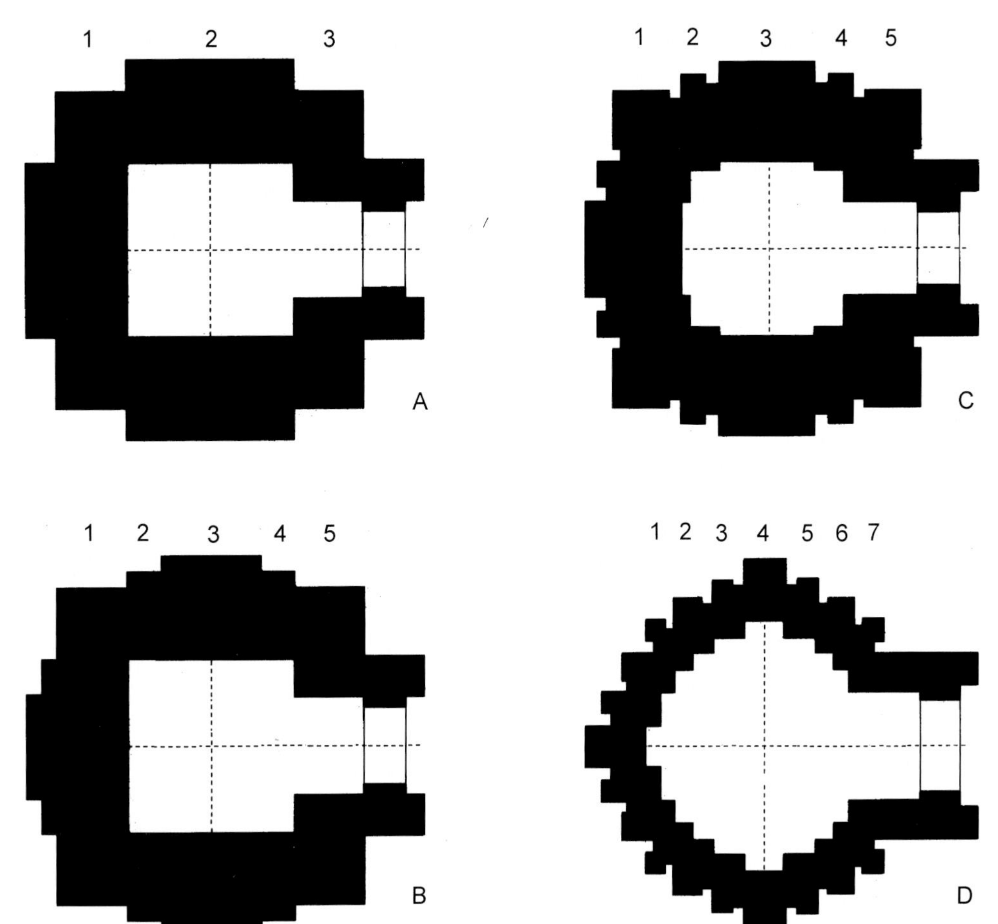

（下）图3-675祠堂及顶塔的平面形式（取自STIERLIN H. Hindu India, From Khajuraho to the Temple City of Madurai，1998年）。图中：A、三车平面；B、五车平面；C、五车平面另带角上凹进部分；D、七车平面另带角上凹进部分

卡提瓦半岛地区的神庙。在配有封闭式大厅及门廊的7号庙，大厅上为一个似套筒般向外伸出、端头以山墙封闭的两层尖矢拱顶（所谓śukanāsa式，原意为“鹦鹉嘴”，见图3-674），门廊上想必也是如此处理。在侧面，三层帕姆萨纳式屋顶跌落至封闭式大厅中央凸出部分（bhadra）的曲线山墙上（这类山墙称siṁhakarṇa，本身又由许多装饰性的山花组成）；在这个中央凸出部分两侧，布置了两个角塔。这个不免显得有些杂乱的布局成为后期柱厅屋顶的先声。

这些神庙给人的总体印象是带有不高的顶塔、敦实厚重的实体结构，其连续的层位如奥西安那样，通过布置大小交替的装饰性山墙得到缓解。在某些龛室

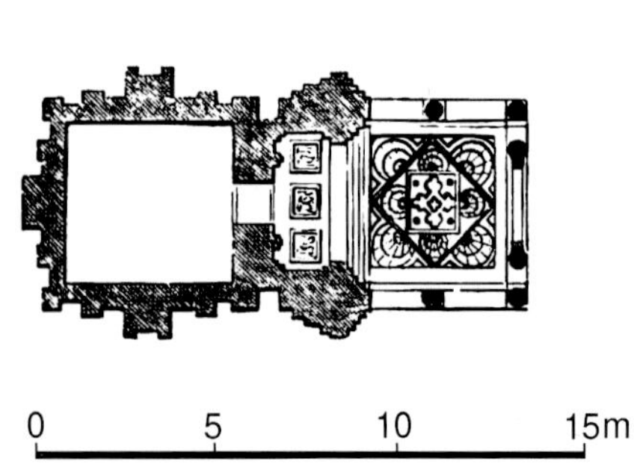

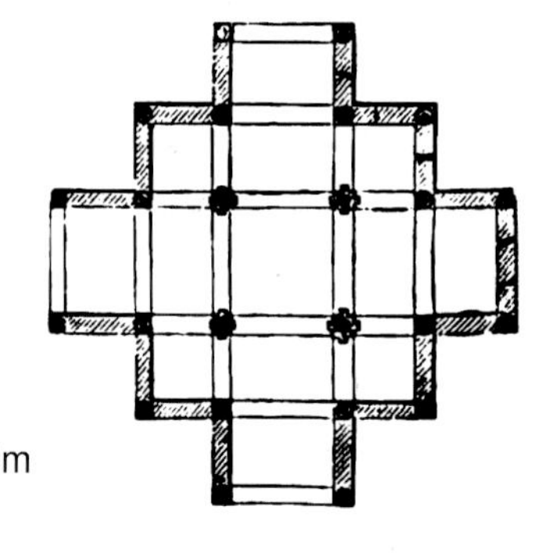

上，类似的部件不成比例地缩小，形成网格般的效果。在同一地区，萨马拉吉的哈里斯坎德拉尼-科里有一个带开敞阳台的柱厅，配置了一直延伸到门廊的半高墙体及柱墩。大厅上冠帕姆萨纳式屋顶。

在罗达的3号庙，中央凸出部分（bhadra）两边的类似部件被处理成壁柱的形式，顶上没有采用带瓶饰和枝叶图案的柱头，而是更接近德干地区那种圆垫类型（见图2-256），在后期（Later Hindu Period）及印度西部的所谓“南方”后笈多风格作品里，这后一种形式已成为柱子和壁柱的备选题材之一。在3号庙精美的大门上，有两条叠置的角狮饰带（vyālas，在奇托尔和阿巴内里龛室两边可再次见到这样的动物，见下文）、菱形的花卉图案和植物母题；后者虽用了深刻手法，但基本上保持了平面效果，这种做法以后在神庙建筑中得到了广泛的应用。楣梁上习见的五个神祇位于以高浮雕形式表现的龛室内，龛室上饰低矮的顶塔。

以白色大理石砌筑的瓦尔曼（跋摩）的布勒马纳斯瓦米神庙和较早的库苏马湿婆祠庙大体位于同一地

区，可能建于9世纪后期（属最早的太阳神庙之一，建筑毁于古吉拉特军队入侵期间）。其平面已相当复杂，和其他特点一起预示了随后神庙建筑的发展。在这里，已出现了外挑的阳台和比库苏马神庙复杂得多的带中央垂饰的顶棚（所谓乌特西普塔样式）。基座处采用的狮面条带（在印度西部称grāsapaṭṭikā）是以后用得极为普遍的这一母题的早期实例。在某些笈多后期的神庙里，这一题材被进一步用在楣梁上，只是

左页：

（上两幅）图3-676阿巴内里 赫尔瑟特祠庙。外景及细部

（中三幅）图3-677阿巴内里 赫尔瑟特祠庙。龛室雕刻（9世纪）

（下）图3-678巴多利（巴罗利） 格泰斯沃拉神庙（10世纪上半叶）。平面（图版，作者James Burgess）

本页：

（上）图3-679巴多利 格泰斯沃拉神庙。20世纪初景色（版画，作者James Burgess，1910年）

（下）图3-680巴多利 格泰斯沃拉神庙。东南侧全景

本页及右页：

（左上）图3-681巴多利 格泰斯沃拉神庙。南立面景色

（中上）图3-682巴多利 格泰斯沃拉神庙。东北侧现状

（右两幅）图3-683巴多利格泰斯沃拉神庙。舞厅近景

（中下）图3-684巴多利 格泰斯沃拉神庙。雕刻：门卫及河神

（左下）图3-685巴多利 格泰斯沃拉神庙。圣池（已干涸）和池中的小祠堂

狮头之间距离拉得更大。

建于9世纪中叶奥瓦的卡梅斯沃拉神庙是个颇为特殊的作品，其平面矩形的圣殿并没有采用筒拱顶（śālā，在拉贾斯坦邦，人们几乎不知道这种做法），而是采用了帕姆萨纳式屋顶，于每侧叠置三角形山墙，并在每个角上布置两个位于不同高度错列的

小型顶塔。其开敞的大厅上置钟形穹顶，颇似奥西安采用五车式平面的神庙，只是采用了更为精美豪华的装饰性山墙（gavaksa）。在以雕刻闻名的阿巴内里的赫尔瑟特祠庙（现仅存少量残迹，图3-676、3-677），这一点表现得更为典型。其龛室两侧立一双小柱，由成对的角狮（vyālas，位于这个位置的这种独特的怪兽在奇托尔的库姆伯斯亚马神庙已可见到）支撑，颇似洛可可风格的做法。位于拉贾斯坦邦最北端的奥瓦和阿巴内里的这两座神庙，在风格上想必和与之在西北两面相邻的旁遮普邦和北方邦西部那些现已无存的神庙有诸多联系。既然它们和奥西安、奇托尔两地的神庙关系同样密切，可以想象，所有这三个地区之间应该都有一定的关联。由于旁遮普邦更多受到笈多建筑的影响，因此有理由相信，现已湮没的那些神庙，风格上应该更为成熟。

位于昌巴尔河边巴多利（拉贾斯坦邦）的一组神

庙具有优美的比例，但由于几乎没有外部龛室，柱墩和壁柱也平坦无饰，朴素的外貌不免显得有几分严峻。这批建筑自9世纪中叶开始，在两个世纪内建成。最早的顶塔为砖砌。线脚下的小型心形和叶状垂

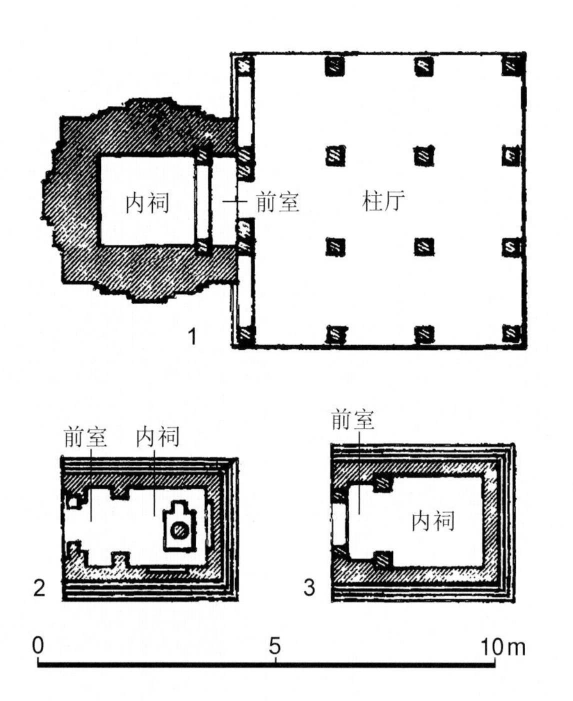

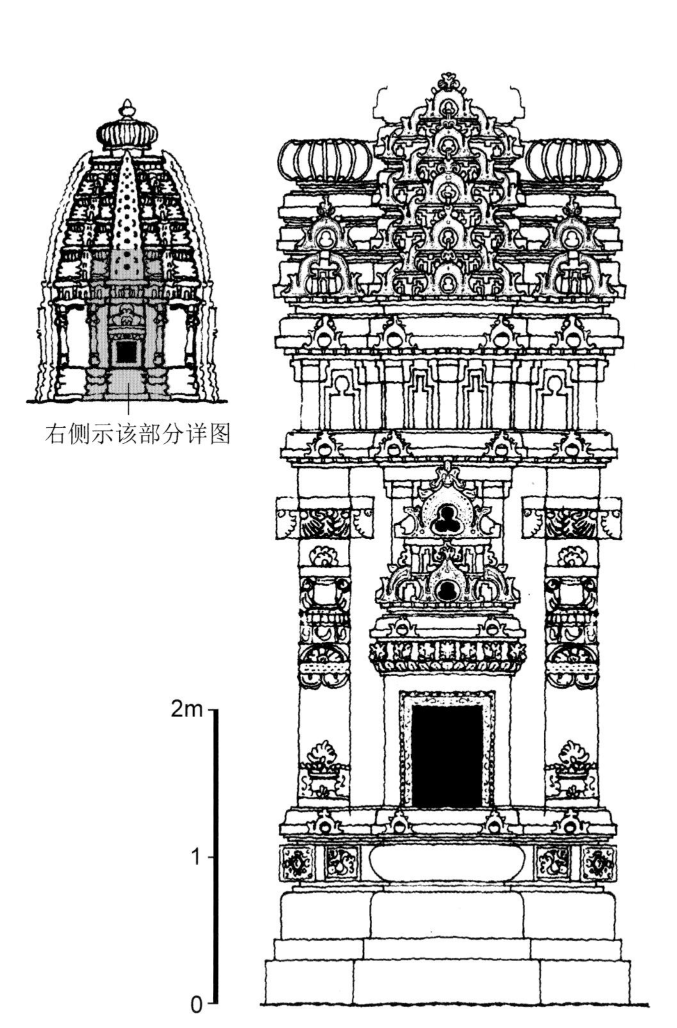

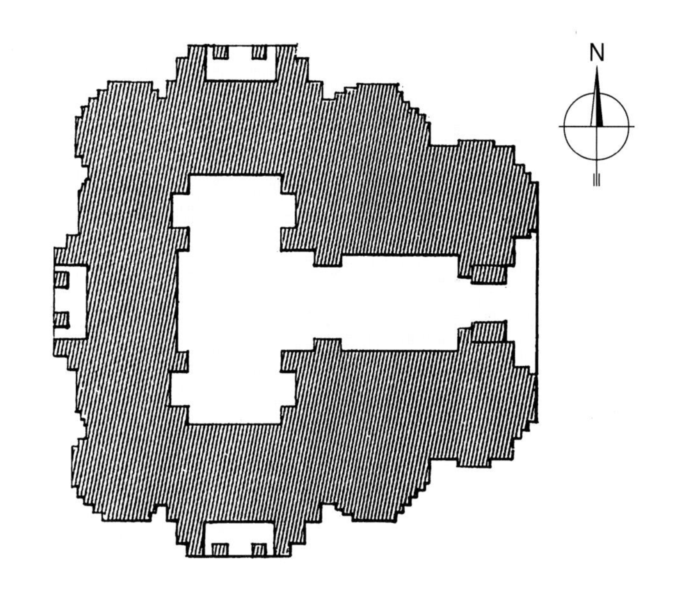

饰，以及带装饰性山墙的滴水挑檐（两边隔一定距离配半山墙），皆为同类形式的早期例证。在10世纪，分划墙面的凸出部分演化成粗大的壁柱，菱形或星形的底层平面则预示了未来的发展。

建于10世纪上半叶的巴多利（巴罗利）格泰斯沃拉神庙是这批神庙中最大和最精美的一座，保留完好的主体结构由圣所（内祠，garbhagriha）和前厅（mukhamandapa）组成（图3-678~3-684）。内祠龛室内安置雪山神女帕尔沃蒂和林伽的造像（巴多利的天后庙在类似位置上安放了这位女神的一尊大型雕像；和少数外部龛室一样，内部龛室配有带环饰及肋状柱头的小柱及侍从形象），顶棚表现盛开的大莲花。内祠上为精细雕刻的顶塔（shikara）。在顶塔后面，高度超过一半的地方，立了个旗座（dhvajadhara），首次为顶塔的沉重形体增加了些许生气。

大型六柱前厅形成通向神庙内祠的柱廊入口，在它和内祠之间安置湿婆的坐骑公牛南迪（Nandi）的雕像。前厅配置了帕姆萨纳式屋顶，由六根柱子及两

左页：

（左上）图3-686伯泰斯沃尔 印度教祠庙组群（8~10世纪）。典型组群平面（作者Alexander Cunningham，1885年），图中：1、布泰斯沃拉祠庙；2、湿婆祠庙；3、毗湿奴祠庙

（右上、右中及下）图3-687伯泰斯沃尔 印度教祠庙组群。现场景观（遗址内约有200座砂岩砌筑的祠庙，平面简单，但具有各种风格）

本页：

（左）图3-688马华 2号湿婆庙（约675年）。立面及中央凸出部分细部（取自HARDY A. The Temple Architecture of India，2007年）

（右上）图3-689拉道勒 摩诃提婆庙（7世纪）。外景

（右下）图3-690瓜廖尔 城堡。泰利卡神庙（约700~750年），平面（平台未画）

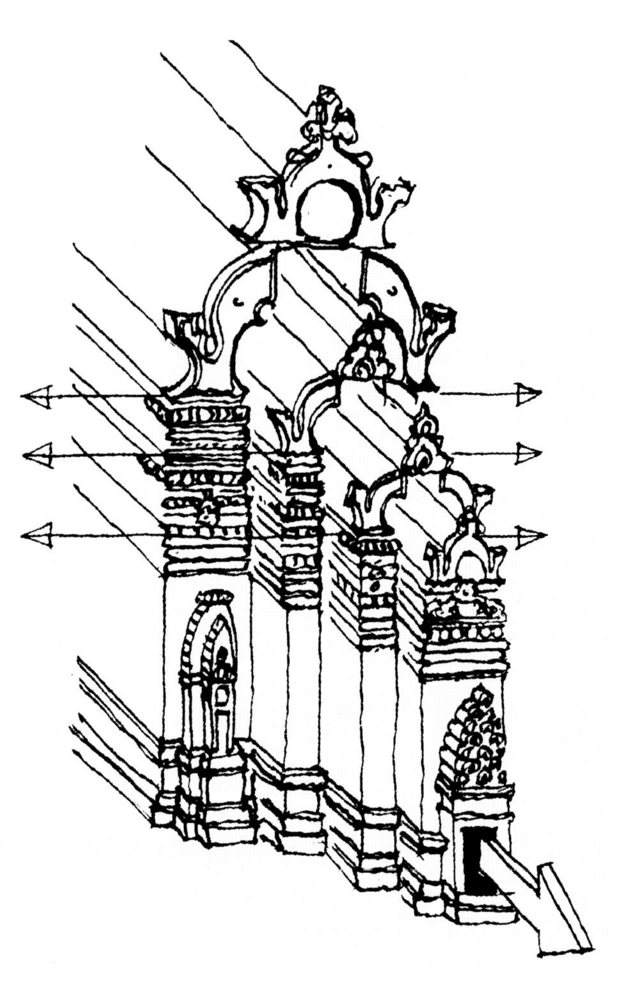

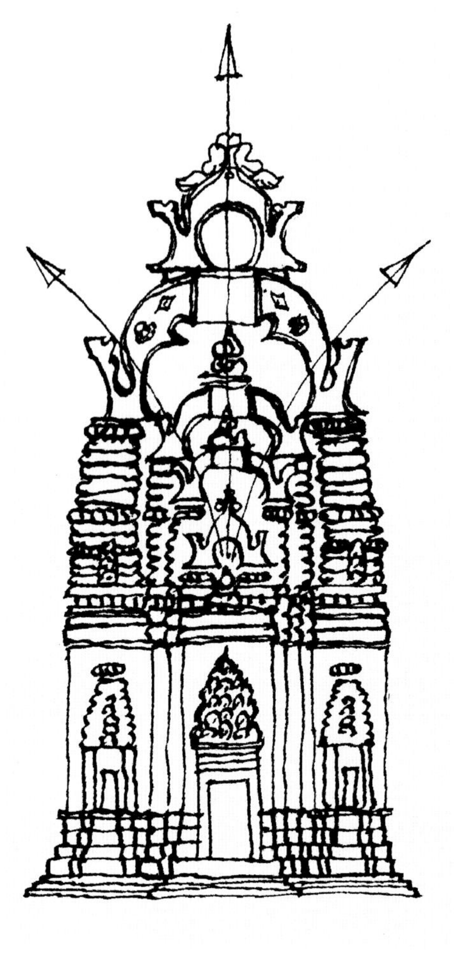

（上）图3-691瓜廖尔 城堡。泰利卡神庙，祠堂立面构图解析（纳迦罗式祠庙，伐腊毗式构图，图版取自HARDY A. The Temple Architecture of India，2007年）

（左下）图3-692瓜廖尔城堡。泰利卡神庙，19世纪下半叶修复前状态（东南侧，老照片，摄于1869年）

（右下）图3-693瓜廖尔城堡。泰利卡神庙，19世纪后期景观（东北侧，老照片，摄于1885年；部分修复后，增添了雕刻花园）

根壁柱支撑。作为内祠墙体的组成部分，壁柱凸出厚度相当于其宽度的2/3，其间形成的龛室内安置雕刻。前厅带中央垂饰的顶棚尤为引人注目（采用了所谓乌特西普塔样式；在这里，还另加了位于角上的神祇形象，边上更堆积了成排布置的上百个小型人物）。通向内祠的大门相对平素，但门楣上有作为顶饰的大型雕像：一个跳舞的湿婆，角上为具有同样尺

图3-694瓜廖尔 城堡。泰利卡神庙，东立面全景

度的毗湿奴和湿婆雕像；在基座上，同样大小的河流女神站在莲叶伞盖下；尺度较大的守门天更是姿态夸张，充满力度。如此形成的张力构成了晚期后笈多风格的一个基本要素。

庙前的舞厅（sringar chauri，rangamandapa）属后期增建。为一建在基台（pitha）上带装饰性雕刻的大型柱厅。东西入口位于同一轴线上。大厅的四个中央柱墩带有丰富的装饰，包括河流女神、守门天及三相神——梵天、毗湿奴与湿婆。周围的20个柱墩，设计上相对简单。

此外，神庙外还有个带小祠堂的圣池，有台阶通到水边（图3-685）。

[中央邦]

散布在中央邦中部贝德瓦河东西两侧的一组小型单室祠庙约建于公元7世纪。很多祠庙局部为巨石结构，大块平板充当基础线脚，立板作壁柱和中间墙板，屋顶亦由单块石板组成。在印度很多石材丰富的

地区都可看到这种粗犷的小型巨石祠堂。实际上，就观念而言，这类祠堂和大寺庙的内祠（或称圣所，即所谓“圣中之圣”，garbhagṛha）应有一定的联系，后者基本上也是个立方体结构，内部既无采光也无装饰。但这种小型祠庙的最终来源可能还是木结构的平顶柱亭（maṇḍapikā）。大部分这类建筑此时都是平顶，但有的最初可能上冠所谓“北方”的角锥形顶塔（shikhara，śikhara），如伯泰斯沃尔的一些建筑（图3-686、3-687）；特别是两座相邻且非常类似的巨石结构祠堂（编号为14、15），其中一个为角锥形塔式屋顶，另一个为平屋顶。这类角锥形屋顶均由独石制作，没有砂浆和祠堂下部结构相结合，因而很容易拆除或倒塌。

这类神庙几乎前面均有简单的双柱门廊，尽管是由独石块或石板建成，其基础，墙板或壁柱均按当时的流行风格（或它的某种地方变体样式）制作和雕饰，因而很难和琢石砌筑的祠庙加以区分。最早的实例，如马华的2号湿婆庙（图3-688）和拉道勒的摩诃提婆庙（图3-689），配有柱身截面变换的柱子、壁柱及小的角上穹隅[有的平素无饰，有的配有伐迦陀迦风格（Vākāṭaka Style）的圆形莲花饰]，但这种形式很快就被典型的后笈多时期的柱墩和壁柱取代（配有罐形及枝叶状的柱头及柱础）。带扇形棕榈叶的第二类柱头或冠板首先见于阿旃陀末期的石窟，接下来是德奥加尔的3号庙，此后便得到了广泛的应用。这些小祠堂顶多在各面墙中央辟一个龛室，最初龛室上

本页：

（左）图3-695瓜廖尔 城堡。泰利卡神庙，南侧现状

（右）图3-696瓜廖尔 城堡。泰利卡神庙，墙面龛室雕刻近景

右页：

（上）图3-697巴多 加达马尔神庙。西侧全景

（下）图3-698巴多 加达马尔神庙。西北侧近景

设一个支提窗，随后发展为两个或三个叠置。这类神庙中最成熟的例子可能是德奥加尔的库赖亚-比尔庙，除了平面采用五车形式外，尚有一个中央龛室，上置挑檐石（chādya），并第一次出现了蜂窝状支提窗组成的山墙，它很快就成为后笈多时期广为流行的样式。在这座神庙的平屋顶上还有一个不同寻常的小祠堂（四面配小的立柱门廊，上置当时流行的平素顶塔）。这种形式表明，在这类平屋顶神庙顶层建筑的设计上，人们还可充分发挥想象力挖掘其构图的可能性。

位于瓜廖尔大城堡上宏伟的泰利卡神庙是后笈多时期最大的这类建筑（图3-690~3-696），遗憾的是其部分立面及山墙进行了拙劣的修复。建筑位于一个巨大的矩形平台上，主要大门高约11米，内祠前配置了进深很大的前厅（antarāla），上置筒拱顶（属所谓伐腊毗类型）。基部墙裙于壁柱间布置浮雕神像，其上是一条独特的卷叶条带；它和其他细部一起似表明，神庙建造时间应该不晚于公元750年。巡回通道可像通常那样自后面进入，也可自祠堂两侧的大门进入，是其独特之处。神庙背面平面五车，侧面为三车，墙面各凸出部分设龛室。中部凸出最大的部分立三重顶塔。门上以浮雕表现由小支提窗叠置而成的蜂窝状塔楼及山墙。顶塔或山墙下叠置各种形式的挑檐

左页：

（上）图3-699伯尔瓦-萨格尔 杰赖卡神庙（9世纪）。立面外景

（下）图3-700吉亚勒斯布尔（中央邦） 马拉德维神庙（9世纪下半叶）。东北侧现状

本页：

图3-701吉亚勒斯布尔 马拉德维神庙。东南侧近景

（多达六层）。除岩凿支提堂的洞口外，其装饰性山墙可能是印度砌筑神庙中最大的一个（上部高度约为下部之半）。特别值得注意的是，这座高大的祠庙尽管通过各类部件强调其向上的动态，但同时保持了各部良好的比例关系。

在位于瓜廖尔以南几百公里处的印多尔，现已残破的加尔加杰神庙在风格上和泰利卡神庙极为相近。其内祠为圆形，墙面12个凸出部分，每个均设龛室。龛室以上以高浮雕和极其写实的手法表现成排的狮头，颇似奇托尔的卡利卡神庙主要巡回通道龛室边上

本页：

图3-702吉亚勒斯布尔 马拉德维神庙。顶塔，西北侧近观

右页：

（左上及下）图3-703吉亚勒斯布尔 马拉德维神庙。入口门廊近景及柱头细部

（右上）图3-704巴多利 三相神庙（神庙4，10世纪）。被毁的三相湿婆雕像

的表现。其他带圆形内祠的10世纪早期神庙尚见于坎德雷希（湿婆神庙）和马绍姆（位于雷瓦县）。

在中央邦，三座相对较大的9世纪后期及10世纪神庙是埃兰附近巴多的加达马尔神庙（图3-697、3-698）、伯尔瓦-萨格尔的杰赖卡神庙（以上两庙均已部分残毁），以及毗底沙附近吉亚勒斯布尔的马拉德维神庙。前两座为矩形内殿，但上冠沉重的北方纳迦罗式顶塔。两者内部均有绕内殿巡行的廊道。其中较小的伯尔瓦-萨格尔的杰赖卡神庙在除后墙外的每面墙的凸出部分设一阳台，其大门可能是所有后笈多

时期这类部件中最大和最优美的一个（图3-699）。巴多神庙（内殿及门廊属9世纪，现状顶塔为后期增建）立在一个装饰华美的平台上，周围布置了七座附属祠堂；其开敞厅堂的外柱如奥西安做法，伸出象头

雕刻；龛室上出遮阳的石构棱纹挑檐。两座神庙均在基座线脚之间设配置带山墙的小龛室，与上部主要龛室对齐；后者拉长的装饰性山墙延伸至檐口，在那里再以不同的形式延续，形成外凸的上层结构；整体看上去宛如一个自基础开始，直至上部圆垫式顶石的连续墙垛。两者均在某些线脚下配置心形或叶状的垂

饰，特别是巴多神庙，尺度要大得多，在表面部件的安排上，也有许多偏离常规的做法。而伯尔瓦-萨格尔的杰赖卡神庙在后笈多风格的表现上，显然要更为纯净规范，檐口梁头上的雕饰也格外精美。

中央邦吉亚勒斯布尔的马拉德维神庙为一耆那教祠庙，背靠山岩，位于高台上，俯视着下面的广阔平原（图3-700~3-703）。建筑后部巧妙地深入山岩内，利用一个小石窟作为内殿。和奇托尔的库姆伯斯亚马神庙一样，是个多顶塔神庙（称anekāṇḍaka）。中央塔楼外加各角两个上下错列的小塔，共计九塔。神庙可能建于9世纪下半叶，由于无需支撑屋顶的重量，内祠墙体很薄。另一个特殊的表现是大厅上布置了一个帕姆萨纳式屋顶。在立面主要凸出部分，布置了一个硕大的假阳台。龛室之间具有很大的差异，位于侧面凸出部分的配有带雕饰的侧柱及底板，且具有很大的深度，尺寸上相当于某些小龛室的六倍（后者

左页：

（上）图3-705吉亚勒斯布尔伯杰拉-默特神庙（10世纪）。遗存现状

（下）图3-706吉亚勒斯布尔因多拉门。地段形势（左侧为四柱庙）

本页：

图3-707吉亚勒斯布尔 因多拉门。立面全景

左页：

（上）图3-708吉亚勒斯布尔 因多拉门。上部结构及雕饰近景

（下两幅）图3-709吉亚勒斯布尔 因多拉门。柱子及雕饰细部

本页：

（上）图3-710吉亚勒斯布尔 四柱庙。现状全景

（下）图3-712吉亚勒斯布尔 八柱庙。现状外景

图3-711吉亚勒斯布尔四柱庙。雕饰细部

多配带环箍的小柱）。极其宏伟的门廊柱墩为后笈多风格的杰出范例（见图3-703）。

在中央邦，至少有三座后笈多时期的神庙设有并列的三个内祠。在可能建于8世纪后期的梅纳尔神庙，这些内祠尽管靠得很紧，并共有一个长的门廊，但仍作为分开的单元上承北方样式的上层结构。不过，即便在这里，柱子也是成对布置。在后部，祠堂两个外侧面中部凸出部分设一龛室，次级凸出部分则

（上）图3-713吉亚勒斯布尔 八柱庙。柱头细部

（下）图3-714吉亚勒斯布尔 八柱庙。檐口雕饰

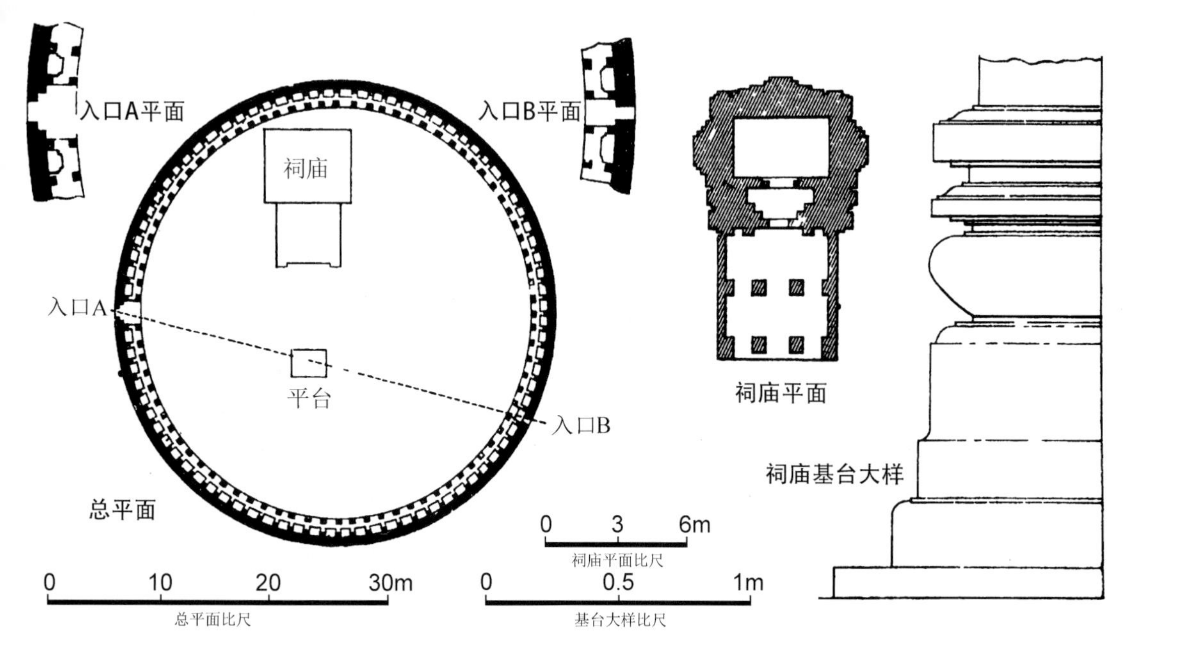

（上）图3-715贝拉加特六十四瑜伽女祠堂（10世纪及以后）。平面及线脚细部（图版，作者Alexander Cunningham，1879年，平面图下方为北）

（中）图3-716贝拉加特六十四瑜伽女祠堂。围墙外景观

（下）图3-717贝拉加特六十四瑜伽女祠堂。院内，主祠及平台亭阁（东北侧景色）

处理成壁柱形式。中央祠堂完全是平素墙面，仅中间设一条带，如巴多利三相神庙（神庙4）的做法。后者位于寺庙组群东南，建于10世纪，已部分残毁。现存结构采用瞿折罗-普腊蒂哈腊风格[32]，由一个五车平面的内祠（上置优雅的北方风格顶塔）和一个前厅组成（前方柱厅已毁）。内祠入口楣梁雕舞王像，内

（上）图3-718贝拉加特六十四瑜伽女祠堂。主祠，西北侧现状

（下）图3-719贝拉加特六十四瑜伽女祠堂。周边祠堂景观

部供奉三相湿婆（Trimurti Shiva，Maheshamurti，面部已毁，图3-704）。

上面这两座祠庙的表现似乎表明，神庙建造模式的差异首先和风格的地区差异和发展程度相关。可能直到一个世纪之后，阿姆万3号庙的三个祠堂才开始作为单体建造。中央一个后部取五车平面形式，侧面祠堂没有凸出部分，而是于后面及侧面每面开六个龛室，每组角上三个，全部配石檐板。檐口挑檐板两道，中间宽条带由交替的三角形组成。三个分开的顶塔高度与下部基座及墙体相当（已部分坍毁）。共用门廊的柱墩遗迹和吉亚勒斯布尔的马拉德维神庙颇为相似（见图3-703）。

同在吉亚勒斯布尔的伯杰拉-默特神庙建于10世纪，三个祠堂亦组合成一整体（图3-705）。由于年代比较晚近，有几个与后期神庙共有的特色。每个祠堂后部中央凸出部分的凸出程度要比老神庙大得多，但龛室较小。线脚下的垂饰演变成平素的三角形齿饰。有些凸出部分的龛室被墙面本身的足尺雕像取代。龛室同样出现在檐口之上。主要顶塔尚保留完好。两个侧面祠堂上采用逐层退进的叠置檐口板，形成塔式屋顶（所谓bhūmiprāsāda，由两侧向内退进，紧靠中央塔楼）。此外，在吉亚勒斯布尔，还留有一批雕饰精美的小型柱式建筑（如因多拉门、四柱庙及八柱庙，后两者分别由一或两座四柱亭阁组成；因多拉门：图3-706~3-709；四柱庙：图3-710、3-711；八柱庙：图3-712~3-714）。

在9世纪后期或10世纪初的一些神庙中，可看到下一个时期其他一些表现的先兆（包括各种物神崇拜），像装饰性山墙这样一些细部虽用深刻手法，但保持了平面效果。这种做法可能是源于古吉拉特邦，随后扩展到整个地区。

在恒河和亚穆纳河之间的冲积地带（Gaṅgā-Yamunā Doab），没有这一时期的神庙留存下来（尽管在勒克瑙和阿拉哈巴德博物馆内还藏有几扇精致的大门），但在次喜马拉雅地区（Sub-Himālayan regions）尚可看到一些小的祠庙。

在贾巴尔普尔附近，贝拉加特一个老遗址上的六十四瑜伽女祠堂是极少数的露天祠庙之一（图3-715~3-720）。大部分结构属10世纪，中间的祠堂时间稍晚。总共81个祠堂形成一个直径35米的圆圈，内置64个瑜伽女神及其伴神的雕像。大多数雕像上均

本页及左页：

（左上及右）图3-720贝拉加特 六十四瑜伽女祠堂。周边祠堂内景及雕刻

（左下）图3-721布巴内斯瓦尔 瑟特鲁格内斯沃拉组群（6世纪后期或7世纪初）。祠堂顶塔近景

有标记，在研究印度宗教图像及中央邦东部这一时期的雕刻风格上具有重大价值。

二、奥里萨邦及安得拉邦

[奥里萨邦]

自纪元初年至6世纪后期，对奥里萨邦的历史，人们几乎是一无所知。在西苏帕尔格发现了罗马和贵霜帝国类型的钱币，表明直到4世纪，这一地区仍然处于被占领的状态；一些保存状态很差的夜叉和那迦（蛇神）雕刻亦属这一时期，当时的奥里萨邦看来仍处于正统的印度教范围之外。这种孤立隔绝的政治状态表明，甚至在后笈多时期，这里仍然相当落后。但到7世纪，它却发展成了一个最重要的建筑和雕刻中心，而且在整个后期都保持了这种势头。某些早期祠庙尽管规模不大，但已成为印度最富有魅力的作品。采用深刻手法的大量浮雕覆盖了几乎整个结构，且第一次带有强烈的民俗传统的印记；即便在采用更成熟的风格时，雕刻师的创新精神亦从未泯灭。

奥里萨邦首府布巴内斯瓦尔是寺庙最集中的地

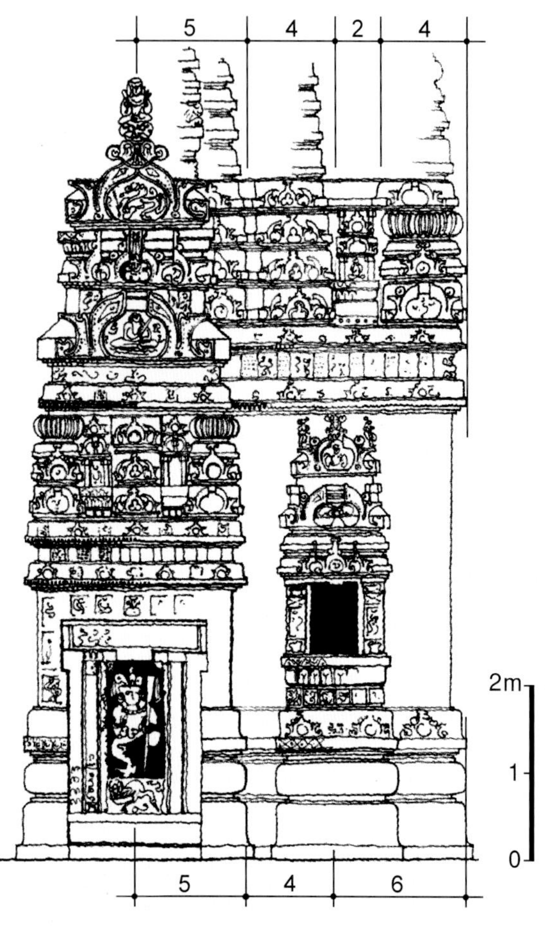

左页：

（上）图3-722布巴内斯瓦尔 珀勒苏拉梅斯瓦拉寺庙（6世纪后期~7世纪初）。主塔下部雕饰立面（局部，取自HARDY A. The Temple Architecture of India，2007年）

（下）图3-723布巴内斯瓦尔 珀勒苏拉梅斯瓦拉寺庙。西南侧景观

本页：

（上）图3-724布巴内斯瓦尔 珀勒苏拉梅斯瓦拉寺庙。东南侧全景

（下）图3-725布巴内斯瓦尔 珀勒苏拉梅斯瓦拉寺庙。西北侧现状（前景立石雕林伽）

本页：

图3-726布巴内斯瓦尔珀勒苏拉梅斯瓦拉寺庙。主塔近景

右页：

图3-727布巴内斯瓦尔珀勒苏拉梅斯瓦拉寺庙。主塔南侧雕饰细部

域，它们成组围绕着宾杜瑟罗瓦尔圣湖布置，立在相邻的旷野上，只是现在已开始受到近代城市的挤压。其中年代最早的可能是瑟特鲁格内斯沃拉组群的三个平行的小祠堂（属6世纪后期或7世纪初，仅剩外壳，大部经修复，图3-721）。虽然目前它们仅留祠堂本身（奥里萨语称deul），不过几乎可以肯定，当初曾有过前厅（奥里萨语称mukhaśālā 或jagamohana）。在这里可以识别两个最主要的特征：一是在内祠门楣浮雕上表现八个而不是九个行星（grahas）；二是在祠堂及顶塔的墙面（bāḍa）之间布置叙事或表现神话场景的饰带。同一位置的类似饰带另见于奥西安的某些神庙，这是相距甚远且相互隔绝的后笈多时期神庙中具有共同特征的一个引人注目的实例。

在年代最为久远的奥里萨邦神庙中，名气最大的是布巴内斯瓦尔规模较大且经良好整修的珀勒苏拉梅斯瓦拉寺庙（图3-722~3-729）。比例敦实、上

置巨大圆垫式顶石的祠堂（deul），满覆浅浮雕的门厅（mukhaśālā），赋予建筑一种古拙的魅力。塔楼下自墙面凸出的中央龛室两侧有两个小龛室，每个都配有自己的线脚。由于它们全为湿婆庙，主要龛室内均置其妻雪山神女帕尔沃蒂（已缺失）、儿子室建陀和象头神迦内沙的雕像。顶塔五车平面，每侧中央部分显著凸出，正面最宽，配大支提窗，上下两层[这些带有“北方”顶塔的神庙在奥里萨邦称rekha，另一类于矩形内祠上冠筒拱部件（śālā）的则称khākharā]。

珀勒苏拉梅斯瓦拉寺庙的前厅上置缓坡屋顶及天窗，配有内部柱墩及石格栅窗，颇似西遮娄其王朝早期第一阶段的柱厅（mandapas）；只是在这里，配置了带有丰富雕饰的外墙，室内则几乎平素无饰。不过，大厅端头和侧面均设入口则是这里的一个独具特色，不见于后期神庙。直接在墙面上雕制大型图像是另一个典型的早期特色（画面自一个砌块延伸到另一个砌块，一般只用于浅浮雕）。属试验阶段的另一个迹象是在人物形象和母题的布局上显得有些混乱，在一定程度上可能是因为利用最初砌块重建时安排不当所致。和这种布局安排上的问题相比，对这个具有丰富雕饰的作品来说，比例上的缺陷似更为突出。成排的人物形象，挤在过于局促的壁柱之间，被上面似塔楼般叠置的楣梁、巨大的装饰性山墙压得好像喘不过气来。上面的人物形象不是比下面更小而是更大。这类比例失衡现象往往是民俗艺术的特征。有些形式显然是初次尝试，如象头神多少带有人的特征，只是简单地将头下部分扩大转为躯体。门厅和祠堂之间装饰的对比也令人困惑，特别是在两个主要结构之间缺乏形体过渡时。

墙面、大门、龛室和窗户满覆雕饰，包括断裂的装饰性山墙、带瓶饰和枝叶状柱头的壁柱、下方带鸟类形象的屋檐线脚、方格状图案、扇形棕榈叶条带、玫瑰花饰等，几乎涵盖了后笈多时期所有的建筑装饰母题。但楣梁以叙事或表现神话场景的浮雕替代了雕有狮子面相的梁头，门侧柱的线脚也不再延伸跨过楣

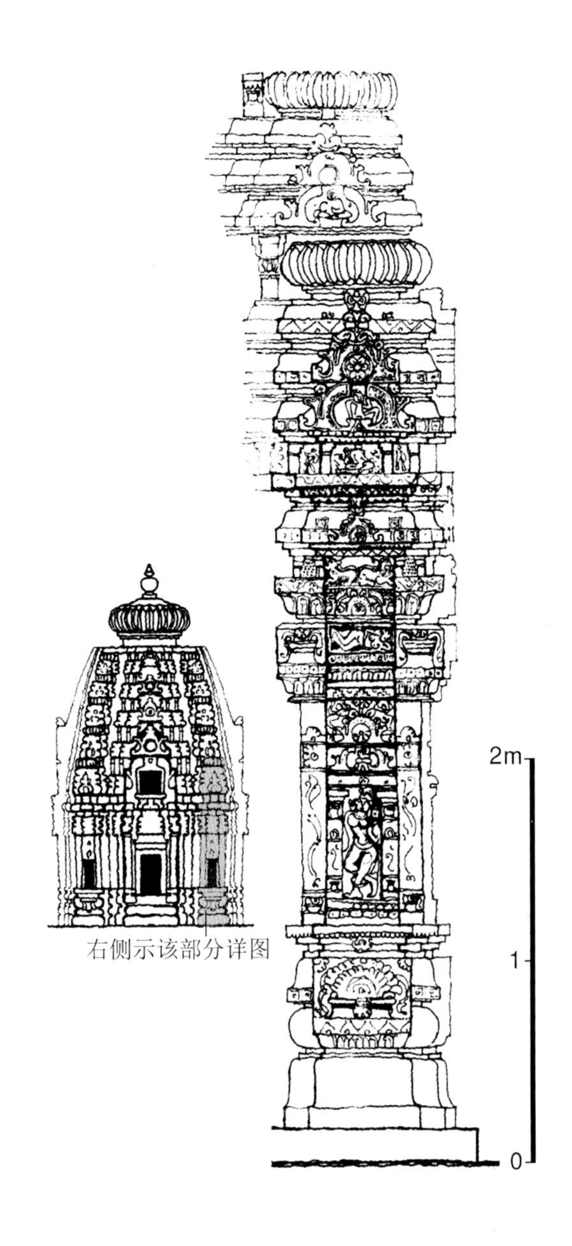

梁。大量使用珠饰勾勒部件外廓是地方民俗情趣的另一个重要表现。正如美国艺术史学家斯特拉·克拉姆莉什教授（1896~1993年）所说，在这里，没有一个雕刻系用来烘托或强调所装饰部件的功能作用；也就是说，没有一个真正具有建筑意义[33]。

在布巴内斯瓦尔，三座最早的神庙，珀勒苏拉梅斯瓦拉寺庙、斯沃尔纳杰莱斯沃拉神庙和高里-森卡拉神庙，均以所谓“空中林伽”（ākāśalinga finials）作为顶饰，取代了通常的罐形顶石[34]，同时人们还找到了有关这种顶塔最高部件的文献记载。其他布巴内斯瓦尔的早期神庙还包括莫希尼祠庙、珀斯奇梅斯沃拉祠庙（一座很小的建筑）和乌塔雷斯沃拉神庙。莫希尼祠庙在祠堂主要龛室内布置了一对完整的边神

左页：

图3-728布巴内斯瓦尔 珀勒苏拉梅斯瓦拉寺庙。墙面雕饰细部

本页：

（左上）图3-729布巴内斯瓦尔 珀勒苏拉梅斯瓦拉寺庙。会堂（或舞乐厅），内景（不施雕饰的柱墩支撑着屋顶稍稍高起的中央本堂）

（左中）图3-730库厄洛 神庙。组群现状

（左下）图3-731穆克林伽姆（安得拉邦） 默杜凯斯沃拉神庙。现状外景

（右）图3-732布巴内斯瓦尔 西西雷斯沃拉神庙（约750年）。立面及角上凸出部分细部（取自HARDY A. The Temple Architecture of India，2007年）

本页及右页：

（左）图3-733布巴内斯瓦尔 西西雷斯沃拉神庙。主塔近景（左侧前景为相邻的瓦伊塔拉庙）

（右）图3-734布巴内斯瓦尔 瓦伊塔拉神庙（8世纪后期）。组群东南侧现状（右侧远景处为西西雷斯沃拉神庙）

（中上）图3-735布巴内斯瓦尔 瓦伊塔拉神庙。主祠，西南侧立面

（中下）图3-736布巴内斯瓦尔 瓦伊塔拉神庙。主祠，西墙（背面）近景

（pārśva devatās）。乌塔雷斯沃拉神庙位于宾杜瑟罗瓦尔圣湖边上，组群里还包括一些小型祠堂和一个小池（在整修过程中几乎所有细部均用灰泥进行了修补）。其龛室雕刻，以及头部特小、身体瘦长的人物造型，和其他早期神庙明显不同；有的权威学者相信，它们最初是安置在别处，系之后移来。

除布巴内斯瓦尔外，还有一些散布在其他地方的早期神庙。位于克塔克西北库厄洛的神庙是个采用五点式（pañcāyatana，亦称梅花式）布局的建筑，一些附属祠堂保存得相当完好（图3-730）。马哈纳迪河边的杜尔伽神庙高仅4米，是个上冠筒拱顶的建筑（所谓khākharā式）。在奥里萨邦及其他地方，配有矩形内祠的这些神庙，几乎全是供奉某种形态的提毗女神[35]。

在这里还需提一下安得拉邦穆克林伽姆[36]的默杜凯斯沃拉神庙，因它基本遵循奥里萨传统，尽管具有一定的差异（图3-731）。这是座具有重要地位的建筑，其规模要比前述各个神庙都大，配有通常的内祠和带柱的门廊（mukhasala）。位于高墙内的建筑组群包括角上的次级祠堂、中间的筒拱顶祠堂和两个入口门楼。虽然较小的祠堂沿袭通常的奥里萨模式，但中央祠堂墙上未设龛室。顶塔各叠置层位之间凹进，上置双层圆垫式顶石。这组建筑的主要价值在于其丰富的雕刻，包括大门上的植物涡卷图案和前厅外墙上

本页：

（上）图3-737布巴内斯瓦尔瓦伊塔拉神庙。东北侧近景

（下）图3-738布巴内斯瓦尔瓦伊塔拉神庙。主塔，近景

右页：

（上两幅）图3-739布巴内斯瓦尔 瓦伊塔拉神庙。龛室雕刻（护卫仙女）

（中）图3-740伐腊毗式祠堂形制的演进（取自HARDY A. The Temple Architecture of India，2007年）。图中：1、简单类型；2、带上部结构的简单变体形式（如带边廊的支提堂）；3、配有拉蒂纳式祠庙层位的印度中部地区类型；4、奥里萨邦的成熟样式（以布巴内斯瓦尔的瓦伊塔拉神庙为代表）

（下）图3-741勒德纳吉里 1号寺院（毗诃罗，8世纪后期）。门廊遗存

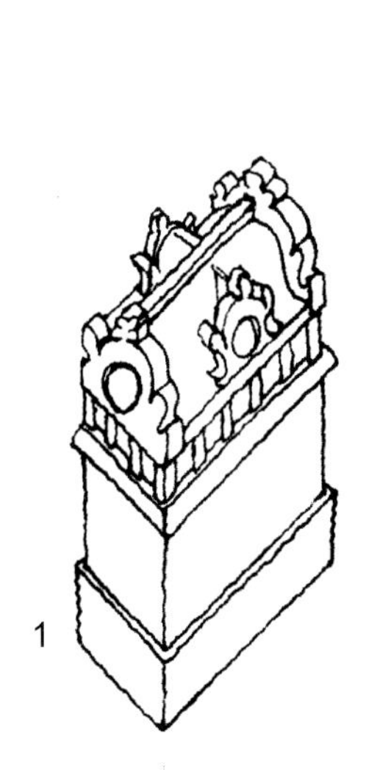

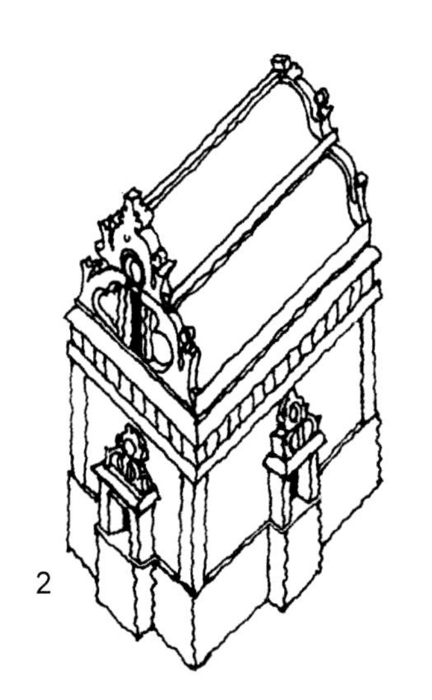

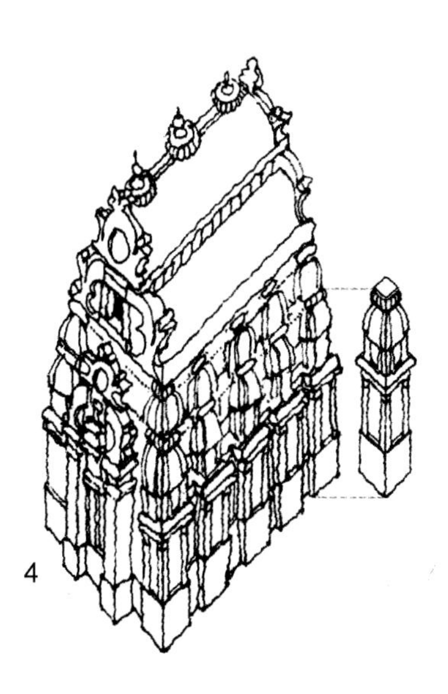

的物神崇拜对象。尽管掺有某些民俗艺术的成分，但和早期布巴内斯瓦尔的神庙相比，笈多艺术的影响要更为明晰。雕饰的丰富和华丽在很大程度上是因为采用了一种质地柔软、易于雕刻的叶理变质岩（khondalite），它构成了后笈多风格的一个最本质的特征。这座建筑极可能属8世纪下半叶，同一基址上两个较小但不失精美的祠庙，在年代上要更为晚近。

另外几座令人感兴趣的祠庙同属早期阶段，但表现得更为成熟，其中位于布巴内斯瓦尔同一地区的马

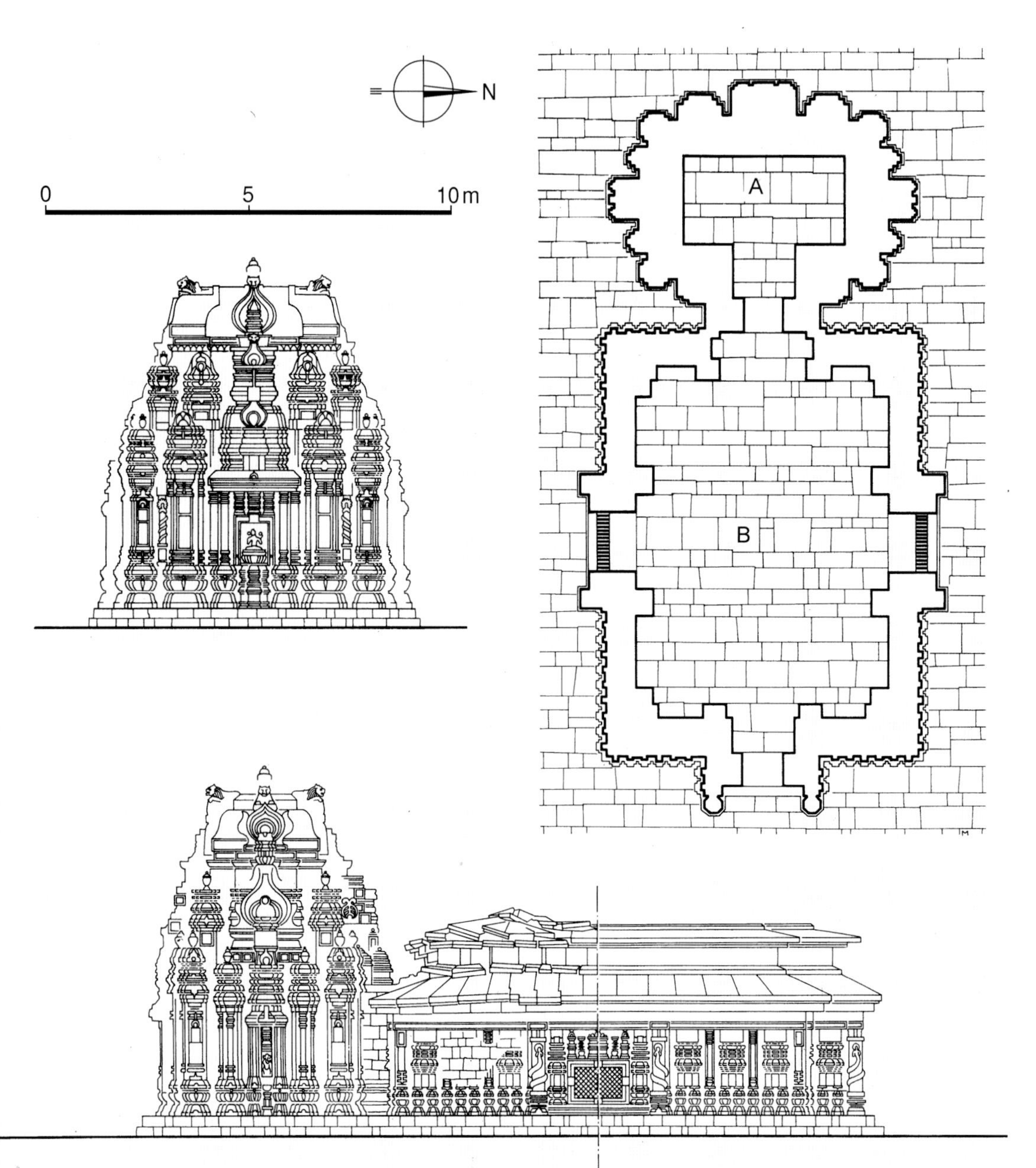

（左上）图3-742乔拉西 筏罗诃祠庙（约930年）。平面、立面及剖面（取自STIERLIN H. Comprendre l' Architecture Universelle，II，1977年），图中：A、内祠；B、会堂

（右上）图3-743乔拉西 筏罗诃祠庙。端立面及中央构图单元详图（取自HARDY A. The Temple Architecture of India，2007年）

（左下）图3-744乔拉西 筏罗诃祠庙。西南侧全景

（上下两幅）图3-745乔拉西筏罗诃祠庙。东南侧，远景及近景

尔肯德斯沃拉神庙和西西雷斯沃拉神庙（图3-732、3-733）几乎完全一样，两者的内祠上皆采用曲线内斜式顶塔[即所谓拉蒂纳类型，在奥里萨称雷卡类型（Rekha type）]。祠堂主要龛室及侧面龛室雕像直接从建造神庙的石头上雕出；但这种做法由于容易导致接缝错位，在以后的神庙中不再应用。基础线脚及祠堂立面亦变得更为复杂，角上圆垫式顶石层层叠置。入口上中央部分凸出甚多（该部分称sukanasi），特别是支提窗；且如西遮娄其王朝早期那样，对着祠堂和前厅之间的门廊。室内柱墩和侧门均不再设置。马尔肯德斯沃拉神庙的门廊几乎全为新建，但西西雷斯沃拉神庙和辛加纳特神庙（后者位于马哈纳迪河一个岛上、克塔克上游约100公里处）则表现出早期矩形前厅最后阶段的特征。在西西雷斯沃拉神庙，和珀勒苏拉梅斯瓦拉寺庙一样，洞口上布置笈多风格的交叉直棂窗，但配有精心雕制且富于变化的滴水挑檐（kapotas）。奥里萨邦的这些格栅窗在严格遵循传统构造的同时，也反映出某些源自古代围栏的影响；和同时期卡纳塔克邦那种更富有变化的曲线图案形成了鲜明的对比。珀勒苏拉梅斯瓦拉寺庙前厅外墙上那种杂乱的构图及特短的壁柱已成为过去。辛加纳特神庙大厅室外的装饰采用了更深的浮雕形式，构图组织亦更为考究。沿屋顶基部布置表现《罗摩衍那》场景的精美雕饰条带。

布巴内斯瓦尔的瓦伊塔拉神庙为所有奥里萨邦神庙中最令人感兴趣的一个，它与西西雷斯沃拉神庙属同一组群。从风格上看，均属8世纪（图3-734~3-740）。这是个内祠平面矩形，上冠筒拱顶的建筑（khākharā式），高11.5米。在顶部厅堂（śālā）上安置排成一列的三个圆垫式顶石，其上均配罐状顶饰。

祠堂背面皆为女性题材的雕刻，极具性感及魅力。在半男半女的湿婆（Śiva Ardhanārī）立像两侧，第一次安排了足尺大小、对镜装扮的美丽妇女形象[所谓“持镜的妇女”（darpanakanyā），神庙也因此而闻名]。纵长的背立面取消了中央凸出部分，但祠堂较短的侧面并没有延续这一做法。较大的中央龛室

左页：

图3-746乔拉西 筏罗诃祠庙。南侧全景

本页：

图3-747乔拉西 筏罗诃祠庙。主祠，南侧景色

两侧布置了成对的女像。中央雕像分别为雪山神女帕尔沃蒂和天后（Mahiṣamardinī/Umā）。前立面则如通常做法，有一中央凸出部分；装饰着它的断裂山墙上部，按常规安置舞王湿婆像，下部却一反惯例，纳入了太阳神苏利耶雕像。屋顶则按11或12世纪记录中世纪（可能自10世纪开始）奥里萨神庙建筑的梵文文献《技艺之光》（*Śilpa-prakāśa*）的做法，平素无饰；从端头望去，其截面形式非常接近支提拱廓线。两根门廊柱完全按建筑方式处理，对8或9世纪除印度南部以外的地区来说，这种做法颇为不同寻常。前厅角上立小祠堂，是例外表现。建筑整体平素无饰，和邻近的西西雷斯沃拉神庙厅堂雕饰丰富的墙面截然不同，

本页及右页：

（左上）图3-748乔拉西 筏罗诃祠庙。会堂，南侧景色

（右）图3-749乔拉西 筏罗诃祠庙。背面（西侧）花岗石太阳神像

（中上）图3-750阿拉姆普尔 斯沃加梵天祠庙（7世纪中后期）。平面及几何分析

（中下）图3-751阿拉姆普尔 斯沃加梵天祠庙。东侧现状

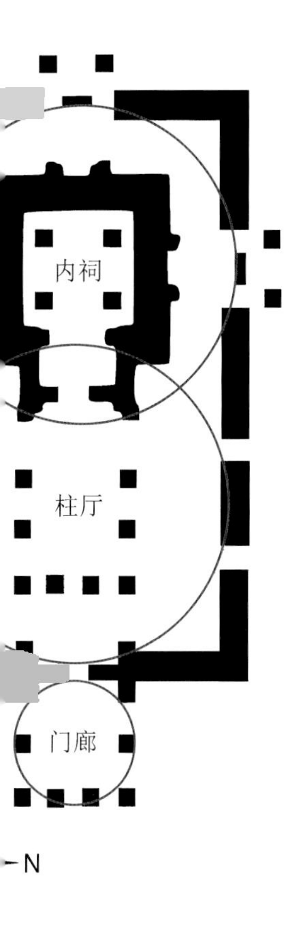
内祠
柱厅
门廊
N

本页：

（上）图3-752阿拉姆普尔斯沃加梵天祠庙。南侧景色

（下）图3-753阿拉姆普尔斯沃加梵天祠庙。主塔，东南侧近景

右页：

（上下两幅）图3-754阿拉姆普尔 斯沃加梵天祠庙。窗饰及雕刻细部

也可能是没有完成。

位于克塔克东北的三座山头（勒德纳吉里、拉利塔吉里和乌达耶吉里，后者与布巴内斯瓦尔附近拥有早期耆那教石窟的遗址同名，但不是一个地方）上尚有一批重要的佛教遗存。在勒德纳吉里，印度考古调研所发掘出一座大型窣堵坡和两座毗诃罗。后者之一称1号寺院，是印度留存下来的石雕装饰中最优美的一例（图3-741）。建筑最初至少高两层，主体结构砖砌，但大门、柱墩和雕像均用石料。石础雕饰线脚和主要大门的龛室雕像，皆采用当时奥里萨地区的风格，它们和内院背面通向中央祠堂的入口一起，构成了现存最精美的一组构图[包括最精致的层叠饰带（tala-band），其中每个部件都带有三个花饰]。青绿色的绿泥石和地方孔兹石（一种具有紫红色调的片麻石）之间的色彩对比尤为引人注目。这座1号寺院虽无文献记载，但从建筑装饰风格及许多人物雕刻上看，无疑和瓦伊塔拉神庙及上述两座位于布巴内斯瓦尔的其他神庙属同一时期，即8世纪左右。事实上，有证据表明，往往人们雇佣的是同一批雕刻师，这也说明，教派的专业化在这些地方表现得并不明显。在11或12世纪的一次整修期间，人们还在通向某些小室的前厅上，使用了真券。寺院的主要造像是位于菩提树下的坐佛（用孔兹岩石块制作，连基座高3.59米）。

目前处于边远地带、难以通达的基钦格，曾是北方一个相当重要的中心城镇。大量雕刻表明，在那里曾有三座以上的神庙遗存。最大的一座于12世纪初进行了重建，但没有完全按原来的样式。雕像往往具有不同寻常的巨大尺度，身材高挑，面带文雅的“古风式”微笑，极富魅力。特别优美的是一尊独立的天后（Mahiṣamardinī）像和一组高2米的湿婆和雪山神女坐像。

乔拉西优美的筏罗诃祠庙（约930年）从许多

本页及左页：

（左）图3-755阿拉姆普尔 伯勒梵天祠庙。母神像（Mātṛkās）

（中）图3-756迦腻色伽一世雕像（公元2世纪，马图拉出土，现存马图拉博物馆）

（右上）图3-757乌什库尔（古代胡维斯卡普拉） 窣堵坡。19世纪下半叶状态（老照片，1868年，John Burke摄）

（右下）图3-758佛陀头像（陶制，7~8世纪，可能来自乌什库尔，现存大英博物馆）

方面看，当属奥里萨地区后笈多风格巅峰时期的作品（图3-742~3-749）。建筑采用北方风格[纳迦罗风格（nāgara style），在印度中部，称卡克拉风格（khākharā style，因其典型表现可在中央邦克久拉霍见到）]。各向平面均为五车，通过叠置部件构成柱子的做法颇似当时克尔纳塔克的某些神庙（见图3-747），而极其丰富华丽的雕刻及装饰，则如西方巴洛克建筑的作风。平面矩形的门廊配置了精心装饰的平屋顶，檐壁上表现正在行进的军队。内祠中的筏罗诃[37]雕像保存完好，其肥胖的身躯和精心雕刻的发卷形成鲜明的对比；女神手持一条鱼，暗示她从海中拱起沉没的大地。立面其他小型浮雕大都表现性交行

本页：

（上）图3-759珀里哈瑟普勒坎库纳窣堵坡。正面大台阶，现状

（中）图3-760珀里哈瑟普勒坎库纳窣堵坡。大台阶边侧遗存状态

（下）图3-761珀里哈瑟普勒坎库纳窣堵坡。遗址背面，残迹景色

右页：

（左上）图3-762珀里哈瑟普勒 坎库纳窣堵坡。大台阶栏墙端头雕饰

（左中及左下）图3-763珀里哈瑟普勒 商羯罗神庙（公元前220年左右，现状结构可能属9世纪）。19世纪下半叶状态（老照片，1868年，John Burke摄）

（右上）图3-764珀里哈瑟普勒 商羯罗神庙。现状

（右下）图3-765马尔坦 太阳大庙（8世纪中叶，可能为725~756年）。平面（取自HARLE J C. The Art and Architecture of the Indian Subcontinent, 1994年）

S.SIDHU FARIDKOT
8MAHATO

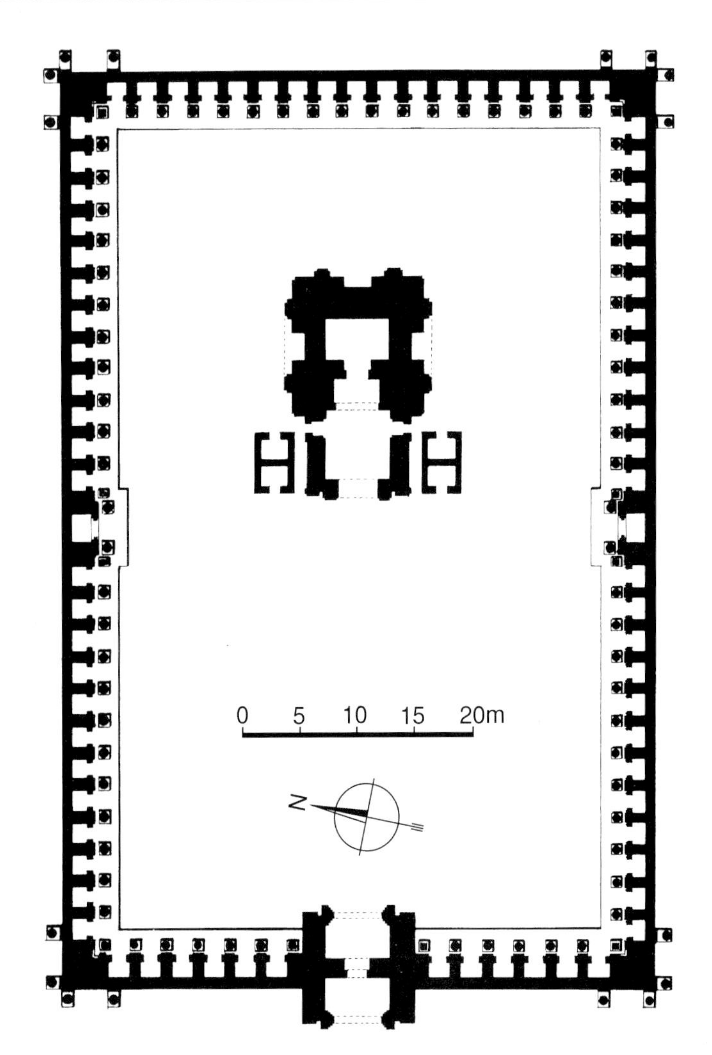
0 5 10 15 20m
N

本页及右页：

（左上）图3-766马尔坦 太阳大庙。想象复原图（取自DUGUID J. Letters from India and Kashmir，1870年）

（右下）图3-767马尔坦 太阳大庙。19世纪下半叶景色（老照片，1868年，John Burke摄）

（左下）图3-768马尔坦 太阳大庙。遗址现状（自西南方向望去的情景）

（左中及右上）图3-769马尔坦 太阳大庙。中央祠堂，西侧全景

为，这种强烈的情欲表现显然是属湿婆教的考拉-卡帕利克教派（Kaula Kāpālika Sect）。

[安得拉邦]

在东北方向高贤河（栋格珀德拉河）和克里希纳河交汇处附近的阿拉姆普尔[38]，以及东部和东南部直到纳拉马拉山和更远的地方，目前尚存许多寺庙建筑。在阿拉姆普尔，和这一时期的所有边界地带一样，受到来自各地的影响；但和西面相比，来自北方的影响占有更重要的地位。在纳沃布勒赫马组群，除了特勒克梵天祠庙外，均配有纳迦罗式的三车顶塔。祠庙为典型的后笈多风格，和拉贾斯坦及奥里萨地区的极为相像。在恒河和亚穆纳河流域，门柱基座、内墙上的雕像龛室（包括内殿围墙），以及外部带蜂窝状装饰山墙的龛室，皆为“北方”样式。与平面上前厅（antarāla）部分对应，顶塔前独特的特勒克梵

（上）图3-770马尔坦 太阳大庙。中央祠堂，西南侧现状

（下）图3-771马尔坦 太阳大庙。中央祠堂，东北侧（背面）景观

（上下两幅）图3-772马尔坦太阳大庙。围墙柱廊及小室残迹

天祠庙的三角形凸出部分（nāsika）大都为装饰性山墙，内置舞王湿婆像，如艾霍莱和帕塔达卡尔的做法（在这些地方，大型达罗毗荼式神庙都具有这一特色）。在其他方面，阿拉姆普尔祠庙则类似卡纳塔克邦早期带柱厅的神庙，包括本堂上高起的天窗、以墙围括的内祠（garbhagṛha）、三联窗及门廊（只是在阿拉姆普尔，柱子间不砌半高的墙体）。

在阿拉姆普尔，最优秀的神庙作品是斯沃加梵天

（上下两幅）图3-773马尔坦 太阳大庙。围院西南角，内侧现状

(上)图3-774马尔坦 太阳大庙。围院外墙残迹

(下)图3-775马尔坦 太阳大庙。墙面雕饰近景

祠庙(图3-750~3-754)。据一则铭文记载，它建于维纳亚迪蒂亚统治时期(681~696年)，墙本身附大型浮雕。基座上表现椽子尽端的方头，扇形棕榈叶柱头、柱础及柱头处的罐饰及叶饰，均为典型的后笈多时期母题。窗户与内祠墙上的龛室对应，外部建门廊。门廊上第一次出现了四臂守门天形象，稍后再次见于艾霍莱和帕塔达卡尔。阿拉姆普尔的最后一座神庙(维斯沃梵天祠庙)尽管雕刻质量上乘，但已表现出卡纳塔克邦后期建筑那种过度装饰的倾向，表面被分割成各个垂向叠加的部件。喜用方位护法神(dikpālas)同样是卡纳塔克邦的特色；维斯沃梵天祠庙的12个外部龛室中10个为其雕像占据，只是和墙面及三联窗中部嵌板的雕刻相比，往往显得有些僵硬。这座梵天祠庙的22个龛室中大部分雕像现已无存。另一座伯勒梵天祠庙的母神像(Mātṛkās，图3-755)给人印象极为深刻。

7世纪期间，遮娄其早期王朝东部分支在操泰卢固语的海岸地区克里希纳河下游另成立了一个小王国，并在那里留下了大量的佛教遗迹。其中包括一些最早的印度古迹，如安得拉邦维杰亚瓦达附近克里希纳河两岸的石窟寺。其中最重要的位于莫古尔拉杰普勒姆和温达瓦利；在更南边科特珀尔(内洛尔县)的拜勒沃孔达山上，还有一些规模较小，但装饰更为精致的石窟。温达瓦利石窟有一个配有柱子的底层和上

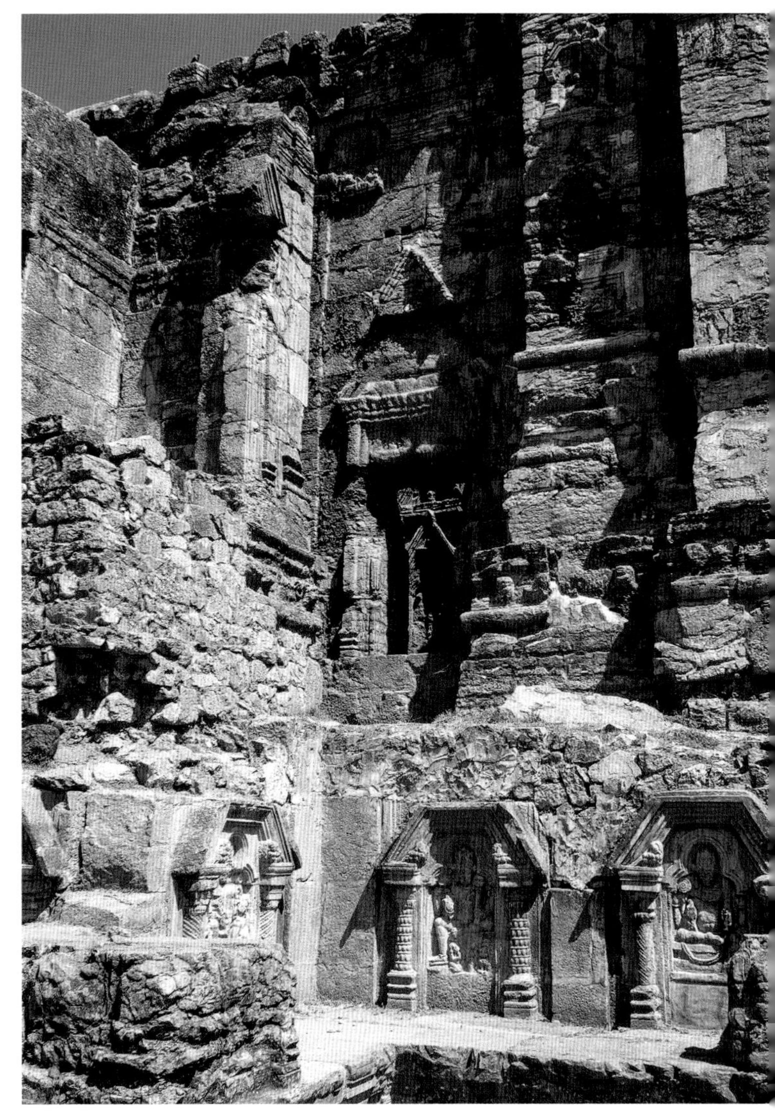

本页：

（上）图3-776哈尔万 寺院。遗址现状

（下）图3-777阿万蒂普尔 阿万蒂斯沃米神庙（9世纪下半叶）。平面及局部立面（取自BUSSAGLI M. Oriental Architecture/2，1981年）

右页：

图3-778阿万蒂普尔 阿万蒂斯沃米神庙。西侧，遗址全貌（前景为围院入口大门）

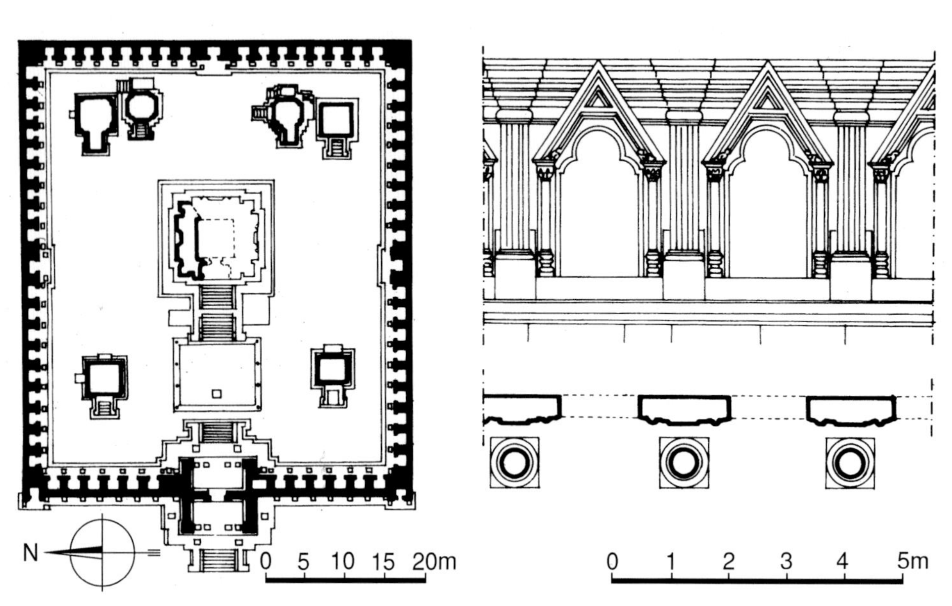

两层，外加一个较小的第四层。拜勒沃孔达山石窟（8~9世纪）的蹲狮柱础和带卷轮装饰（tarañga）的枕梁，显然是受到帕拉瓦王朝后期石窟的影响。实际上，帕拉瓦王朝据信就起源于泰卢固地区，如带角的守门天，在莫古尔拉杰普勒姆和阿拉姆普尔均可看到。

在阿拉姆普尔，西遮娄其早期建造的神庙几乎全都是纳迦罗风格，带有许多典型的后笈多特征；但另一方面，东戈达瓦里县比克沃卢的神庙（约850~950年）则是明白无误的达罗毗荼风格的地方变体形式。其顶塔平面方形；龛室顶部和侧面填以窄的石板，上部如巴达米北堡的上神庙那样，配有带神话人物的过梁（makaratoraṇas）并带悬垂的中央部件。但在这里，海兽摩伽罗[39]有着华丽的长尾，下垂到龛室两侧；另一对摩伽罗自主要檐口的装饰性山墙尖端向下凝视。和卡纳塔克地区所有的达罗毗荼式建筑一样，截面矩形的壁柱配置得相对紧密，枕梁和檐口之间还插入了一个高的砌块。各处龛室内安置具有奥里萨邦地方特色的雕刻，于狭窄的矩形立板上刻高浮雕造型。

在安得拉邦的大部分海岸地区，东遮娄其王朝的统治一直延续到12世纪。后期的一些祠庙，如德勒克瑟拉默（戈达瓦里县）的比梅斯沃拉祠庙、比默沃拉

姆（东戈达瓦里县）的遮娄其神庙、索默拉马（西戈达瓦里县）的索梅斯沃拉神庙、阿马拉瓦蒂（贡图尔县）的厄默雷斯沃拉神庙及切布罗卢（贡图尔县）的比梅斯沃拉神庙，都配置了两个主要层位（后两座底层封闭，林伽位于上层内祠处）。建筑由砂岩砌造，林伽以黑色或白色大理石制作。顶塔仍为方形，内殿上层减缩，不设栏墙；长期以来，这一直是某些遮娄其神庙的特征。

三、克什米尔及周边地区

[自然环境与历史背景]

克什米尔艺术的发源地是为群山所环抱的杰赫勒姆河[40]及其支流谷地，特别是斯里那加和达尔湖周边地区。这片完全为山峦环抱的美丽沃土因其地理位置而免遭外敌的频繁入侵，但同时也在一定程度上使它与外界隔绝。在克什米尔的发展历史上，得天独厚的外部条件具有重大的意义。在这种环境里诞生的建筑，在很大程度上反映了壮美的自然风光和一种宁静淡泊的处世心态。这个“世外桃源”的历史很多来自传说，但这些民间故事同样在古代和近代一些受人敬仰的编年史家的记录里得到反映。甚至连唐代著名高僧、法相宗创始人玄奘（602~664年）据说也相信有关其起源的典故。按当地人的说法，在遥远的古代，这里的峡谷为一个大湖所淹没，水中住着一条凶恶的巨龙。后来仙人迦叶波[41]在雪山女神的帮助下杀死了巨龙，排干了湖水，从而为人们提供了这片安居乐业的绿色峡谷。

12世纪的编年史家卡尔诃那在他编纂的克什米尔王朝史《诸王流派》(*Rajatarangini*，另称《王河》）中，列出了克什米尔历史初期52位国王的名字（想必主要是根据传说）。只是在一位名戈南迪亚三世的统治者出现之后，历史图景才开始比较清晰地呈现出来。戈南迪亚王朝（Gonandiya Dynasty）可能一直延续到以后卡尔科塔王朝（又称那加王朝，Karkoṭa Dynasty）出现的时候；但卡尔诃那并没有指

出这个王朝存续的时间，同时也无法从其他资料中推算出来。在阿育王统治时期，克什米尔估计是孔雀帝国（Maurya Empire）的属地；以后又归贵霜帝国（Kushan Empire）管辖。据载，著名的贵霜帝国统治者迦腻色伽一世（图3-756）曾在克什米尔资助了一次佛教大结集（Great Buddhist Council）。遗憾的是，由于嚈哒人入侵，整个印度西北地区，之后都遭到破坏和洗劫。

本页及左页：

（左两幅）图3-779阿万蒂普尔 阿万蒂斯沃米神庙。围院入口大门（上下两图分别为残迹西北和西南侧景观）

（中两幅及右）图3-780阿万蒂普尔 阿万蒂斯沃米神庙。围院柱廊及小室，残迹现状

公元622年，杜尔拉巴伐檀那创建了卡尔科塔王朝（622~885年）；其最著名的代表人物是王朝第三任君主拉利达迪蒂亚·穆克塔皮陀（约724~760年在位）。德国学者赫尔曼·戈茨认为其功业可与亚历山大大帝、查理曼（大帝）和拿破仑这样一些历史上的伟大人物并列。在克什米尔的历史上，拉利达迪蒂亚·穆克塔皮陀的统治标志着一个重要的转折点；在他任内，领土急剧扩张。根据《诸王流派》的记载，其征服范围已达印度（直至德干地区）、阿富汗，直到库车和吐鲁番这样一些中亚商旅大道的北部边界。不过，拉利达迪蒂亚·穆克塔皮陀的最大贡献还是在推动国内各项事业的发展上，特别是艺术和文化事业更占有特殊的地位。

拉利达迪蒂亚·穆克塔皮陀死后，卡尔科塔王朝走向衰落。接续而来的乌特波罗王朝（Utpala Dynasty，855~1003年）出现了两个强势统治者：阿槃底跋摩（855~883年在位）和桑卡拉跋摩（883~902年在位）。但在他们相继离世后，无论在政治上还是文化上，缓慢却不可逆转的衰退已经开始，并最终导致这片地域于1339年被穆斯林征服。

上面概括的这些历史事件深刻地影响到克什米尔建筑发展的各个阶段。留存下来的建筑在编年顺序上往往很难确定，学者们尽管同意将某些作品归入某个特定的历史时期，但很难确定每个建筑在克什米尔建筑风格发展上的具体定位。因此只能按珀西·布朗已采用的标准进行大致分类，依最重要的历史阶段进行考察。

[建筑概况]

克什米尔和尼泊尔均属难于通达的地区，但在这里产生了一种独特的建筑风格和充满活力的金属和石雕学派。克什米尔特有的历史和地理环境为其艺术注入了一种世界性的情趣，特别表现在建筑的某些希腊-罗马特色上。由于其艺术和西面的斯瓦特谷地极为相近，所以通常都把它们放在一起考察。

据克什米尔的地方传说，阿育王曾亲自来到这片谷地，并在现斯里那加郊区建了第一座佛教建筑群。但由于没有任何孔雀王朝时期的建筑留存下来，我们的研究只能从公元200年到卡尔科塔王朝兴起的这段时期开始。

属克什米尔历史初始阶段的最早佛教遗存位于乌什库尔（古代胡维斯卡普拉）和哈尔万。在这些城市，尚有可能辨认出和祭祀相关的一批建筑，包括窣堵坡、支提堂、寺院及其他宗教设施，但大部分仅存地面遗迹。

乌什库尔窣堵坡的基座和雕刻反映出犍陀罗后期的影响（图3-757、3-758）；而对哈尔万遗迹的研究则使人们对公元后最初几个世纪克什米尔窣堵坡的结构、支提堂的形制及相关的建筑技术问题有了深入的了解。

哈尔万窣堵坡并没有完整地保存下来。留下来的仅有建在四方空间中央的基础及三个连续阶层，以及一个入口台阶。但人们相信，它应该类似在陶板上刻制的大量窣堵坡形象：穹顶位于中央，传统的印度式

左页：

（左右两幅）图3-781阿万蒂普尔 阿万蒂斯沃米神庙。门道雕饰细部

本页：

（上）图3-782阿万蒂普尔 阿万蒂斯沃米神庙。主祠，台阶栏墙端头雕饰细部

（中及下）图3-783马洛特 神庙（8/9世纪）。地段形势

“伞盖”在这里为13层的塔式结构所取代。但另一方面，支提堂则很接近印度的类型，保留了印度卡尔拉和巴贾那种半圆头的平面。不过，在克什米尔，这种形式看来并没有得到足够的重视；在之后的中世纪期间，再没有发现这类遗迹。

和邻近地区不同，建筑技术上仍处于相当粗始的

本页及右页：

（左两幅）图3-784马洛特 神庙。遗存现状

（中及右）图3-785马洛特 神庙。近景及雕饰细部

水平，普遍采用简单的混砌卵石和泥浆的方法。稍后，到6~7世纪，卵石进一步被更大的不规则石块取代，砌块间的缝隙用小石块充填。为了避免如此形成的不雅外观，墙面和地面均覆装饰性的陶板。在哈尔万，早在4~5世纪，人们已开始以这种新颖而独特的方式对粗糙的砌体进行饰面：在支提堂院落周边作为僧侣座席的高起台座上，每块覆面陶板尺寸可达45厘米×30厘米，并带有模制的装饰图案（包括印度和波斯萨珊王朝的母题，可能还有某些中国的题材及人物形象）。支提堂本身估计也用了这类覆面；尽管其中能视为工艺美术杰作的不多，但采用这种陶板饰面时，多少显得有些艺术情趣。

然而，仅仅一个世纪之后，地方建筑师们就能够在建筑中采用加工完美的方形砌块，借助石灰砂浆砌合（在印度，直到穆斯林到来之前，人们很少采用这种做法），甚至通过金属销件连接，创造出特别宏伟的琢石建筑。与建筑技术的进步同时，建筑活动也在同步增长，并形成了克什米尔建筑第二阶段的风格。所有这些令人震惊的成就，无疑和卡尔科塔王朝著名国王拉利达迪蒂亚·穆克塔皮陀（约724~760年）密切相关。这位著名君主通过武力征讨控制了中亚和印度的大片领土，不仅大大增加了国家的财富，增进了各民族之间的交流；同时，极大地扩大了自己的视野，亲眼目睹了被征服国家——特别是都城——的壮美建

筑。这些都进一步激发了他大兴土木的愿望，这些建筑既是对神祇的还愿奉献，也是歌颂君王本人的纪念碑。随他征讨的随员中，想必还有许多艺术家，把相关的知识和经验带回克什米尔。对艺术史家来说，余下的工作只是如何在这个时期各种各样的建筑中，分辨哪些是模仿来的要素，哪些是地方文化的独创表现。

在7~10世纪建造的佛教建筑中，最著名的有珀里哈瑟普勒和潘德雷坦的建筑群，以及洛杜沃、纳勒斯坦、马尔坦、阿万蒂普尔和帕坦各地的寺庙。

位于斯里那加西北约22公里的珀里哈瑟普勒为国王拉利达迪蒂亚·穆克塔皮陀的新都（约750年）。在能够充分保证饮用水的前提下，作为建筑用地，干燥的珀里哈瑟普勒高原，显然要优于斯里那加那样的低地沼泽。为了显示帝王的荣耀和宫廷的富足，拉利达迪蒂亚·穆克塔皮陀和他的大臣们竞相以豪华的建筑美化这座新城。但在布满残迹的高原上，如今仅有少数得到发掘清理。其中最重要的是三座佛教建筑：一座巨大的窣堵坡、一座宫廷寺院和一个支提堂。其共同的特点是采用了巨大的石灰岩块体（有的石块尺寸可达4.9米×4.3米×1.7米，重约64吨），雕琢平整光滑，接缝精美细致。

位于高原东北角上的窣堵坡尚存大片残迹，称坎库纳窣堵坡（图3-759~3-762），其名来自国王拉利达迪蒂亚·穆克塔皮陀扩张政策的重要谋臣，曾为唐朝官员的吐火罗族（也可能是土库曼族）丞相。建筑上部结构俱毁，残迹中有一巨大石块，中间开深约1.5米的圆孔，可能是窣堵坡的顶石，圆孔则是插伞盖石柱基部的榫眼。

窣堵坡有一个边长约39米的方形基座和两层阶台。阶台每边均设台阶，线脚采用通常形制，中间为半圆截面，檐部为条带饰。台阶边上立平栏墙，正面

左页：

图3-786德拉伊斯梅尔汗（县）北卡菲尔-科茨庙。组群全景（由五座祠庙组成，为方便叙述，以下各图分别按本图自左至右顺序称1号~5号祠）

本页：

（上）图3-787德拉伊斯梅尔汗（县） 北卡菲尔-科茨庙。2号祠，近景（部分经修复）

（左下）图3-788德拉伊斯梅尔汗（县） 北卡菲尔-科茨庙。2号祠，上层内景（窗外可看到1号祠上层）

（右下）图3-789德拉伊斯梅尔汗（县） 北卡菲尔-科茨庙。3号祠，近景

（上）图3-790德拉伊斯梅尔汗（县） 北卡菲尔-科茨庙。5号祠（自3、4号祠所在平台望去的景色，右侧近景为4号祠）

（下）图3-791阿塔克县 卡拉尔神庙。遗存现状

（上）图3-792阿塔克县 卡拉尔神庙。侧面景观

（下）图3-793阿塔克县 卡拉尔神庙。近景及墙面雕饰细部

本页：

（左上）图3-794帕坦（桑卡拉普拉帕塔纳，拉利特普尔） 苏根德萨神庙。19世纪下半叶状态（老照片，1868年，John Burke摄）

（右两幅）图3-795帕坦 苏根德萨神庙。现状

（左下）图3-796帕坦 桑卡拉高里神庙。19世纪下半叶景况（老照片，1868年，John Burke摄）

右页：

（左两幅及右上）图3-797帕坦 桑卡拉高里神庙。立面现状

（右下）图3-798斯皮提谷地 塔布寺。总平面（由图上标注a~h的8座神庙组成，图版取自BUSSAGLI M. Oriental Architecture/2，1981年）

壁柱饰力士像（或坐或立，有的仍在原位，有的已被移至斯里那加博物馆）。造型不像其他犍陀罗艺术那样面目狰狞，而是宁静潇洒，好像是轻松地支撑着上面巨大的形体。两个基台的上表面都有足够的宽度用于举行朝拜巡行仪式（pradaksinapatha）。在东南和西南角，还散置着少量奇特的砌块，半圆线脚的圆形块体上饰有四条或平或斜的条带。由于在两个基座上均没有采用这样的线脚，因而很可能属于窣堵坡的鼓座部分。另有三叶形拱券的残段，上有佛陀和菩萨的雕像。

位于窣堵坡南面的宫廷寺院为一平面方形的大型建筑。东面有台阶通向凉廊，26个房间围着一个方形大院布置（院内石铺地部分尚存）。房间前设宽阔的凉廊，由柱列支撑屋顶。和东面台阶相对应的另一道台阶向下直达院落。对面西墙中央为三个带前厅的房间，建在向院落凸出的基座上，可能是寺院主持或长老的用房。近角处一个大的石槽用于存放沐浴用水，院落雨水及污水通过房间下的石砌水道排出。外部基座高约3米。

位于南侧的下一座建筑为拉利达迪蒂亚·穆克塔皮陀建的支提堂。它立在通常的双层基座上。东面台阶通向入口，上部最初想必是三叶形拱券（遗址上尚可看到其残段），建筑采用了一些以前克什米尔神庙从未用过的特大石块，可和古代埃及建筑相比（圣所地面一块石头达4.27米×3.81米×1.57米）。8.23米见方的圣所外绕巡行通道。顶棚可能是支撑在四根柱子上，现仅存四个角上的柱础。屋顶估计是金字塔状，支撑在沉重的巡回通道石墙上。院落外围毛石墙。庙前台阶处有柱础，可能是支撑神旗的旗杆。台阶侧墙的力士像与窣堵坡的类似。

在院落中央布置带雕像的祠庙（支提堂caitya）显然是来自犍陀罗的原型，并进一步为更大的印度祠庙提供了样本。但将珀里哈瑟普勒的佛教组群和前一阶段的作品相比较，不难发现某些结构上的变化。例如，在这里，支提堂不再采用半圆室的平面而代之以方形端头，甚至在内祠安置圣像时也是如此。逐渐以方形取代圆形作为基本结构的几何图形，想必同样发生在婆罗门教建筑里。事实上，人们已注意到，属拉利达迪蒂亚·穆克塔皮陀初期（尽管在这点上学者们的意见并不一致）的商羯罗神庙可能是外部方形、内部圆形；而后期神庙则完全变成方角。尽管这类变化有的可能是因为仪式的变更，但绝大多数无疑是出自美学的考量；偶像则越来越具有调和、折中的趋势。在斯里那加博物馆里，来自珀里哈瑟普勒的佛陀和菩萨雕像，表现出后笈多早期风格的很少，其中一两件几乎可以肯定是受到中国的影响。

和尼泊尔一样，至少在穆斯林征服之前，印度教和佛教同时存在。上述高地上皆为佛教建筑，另两个高地为印度教专用。这种安排可能是有意为之，以避免这两种主要宗教之间的冲突。

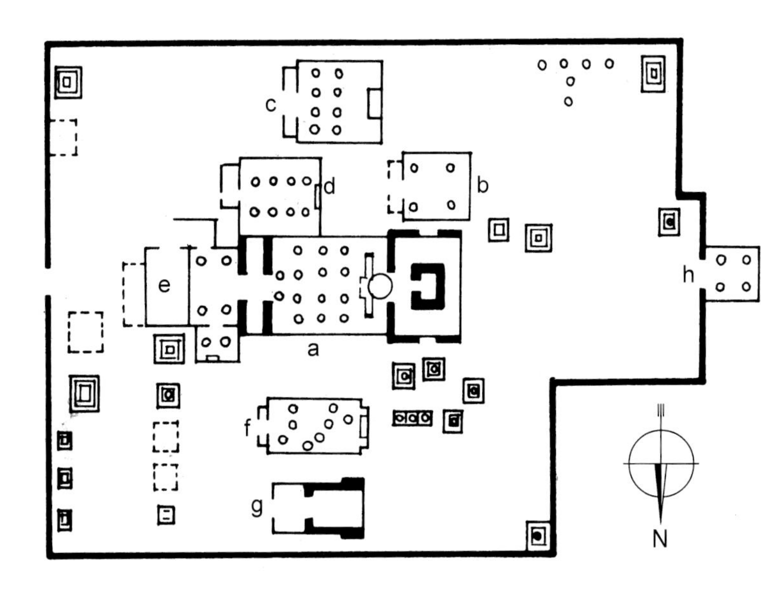

本页：

（上下两幅）图3-799斯皮提谷地 塔布寺（位于同名村落处）。寺院及窣堵坡，现状

右页：

（上下两幅）图3-800斯皮提谷地 凯伊寺。远景

上面提到的商羯罗神庙位于达尔湖边高出平原300米的塔克特苏莱曼山顶上，是克什米尔地区留存下来的印度教祠庙中最古老的一个（创建于公元前220年左右，但现状结构可能属9世纪，图3-763、3-764）。这是个极为独特的建筑。上部平面方形，带凹进的侧面和圆形的内殿，显然是个初始发展阶段的代表。

马尔坦的太阳大庙为克什米尔印度教寺庙中最大的一个（图3-765~3-775）。敬献印度教主神苏利耶的这座寺庙建于公元8世纪（可能为725~756年）拉

本页及右页：

（左上）图3-801斯皮提谷地 凯伊寺。现状近观

（左下）图3-802佛陀说法像（鹿野苑出土，笈多时期，公元5世纪，高1.6米，现存鹿野苑考古博物馆）

（中）图3-803立佛像（鹿野苑出土，笈多时期，公元474年，高1.93米，现存鹿野苑考古博物馆）

（右）图3-804菩提伽耶（佛陀伽耶）摩诃菩提寺（“大正觉寺”，金刚宝座塔，舍利堂，创建于5~6世纪）。大塔，南立面，19世纪下半叶状态（老照片，1878年）

利达迪蒂亚·穆克塔皮陀时期。马尔坦是个环境优美的处所，附近就是利达尔谷地和克什米尔大溪谷的交会处。寺庙建在高原顶上，从那里可俯瞰整个克什米

尔谷地。从现存残迹和考古发掘上可知这个组群为克什米尔建筑的杰出范例，综合了犍陀罗、笈多、中国、罗马、叙利亚-拜占廷和希腊的各种建筑形式。

建筑群依大型寺庙的通常做法，设一带围柱廊的院落（长宽分别为67米和43.3米，为克什米尔最大的这类实例）。主要祠庙位于中心，周围还有84个小祠堂、一座早先建造的较小祠庙及各类房间。主入口亦按印度教寺庙通例，位于方院西侧，和祠庙本身同宽，以其精美的装饰与后者在总体上相互应和。祠庙采用集中式结构，与其他克什米尔同类建筑的区别仅在于（可能是考虑到它的规模），按五点式（梅花式，pañcāyatana）布局的中央结构配有一个分开的门廊。后者通过一个坚实的大门通向大院。主要祠庙上部屋顶已毁，但无疑属直线锥顶类型，可能还采用了几个叠置的形式，这也是克什米尔庙堂的通常做法。

无论在总体构思，还是在细部构造及施工上，都可看到来自希腊和罗马的影响。三叶形拱券的壁凹、入口和位于陡坡三角形山墙下的龛室，以及带沟槽的柱子和壁柱、和印度形式相比更接近希腊多利克柱式的柱头，都是它和许多规模较小但保存较好的祠庙共有的特色。神庙前室墙上的雕刻除了太阳神苏利耶外，还表现其他神祇，如毗湿奴及各河流女神（分别

本页：

图3-805菩提伽耶 摩诃菩提寺。现状，东南侧全景

右页：

（上下两幅）图3-806菩提伽耶 摩诃菩提寺。东侧景观及上层结构立面（基部，半立面，取自HARDY A. The Temple Architecture of India，2007年）

代表恒河及其支流亚穆纳河等）。

15世纪早期，这座著名建筑被克什米尔穆斯林王朝（Shah Miri Dynasty）第六任苏丹、“偶像破坏者”布特希坎（1389~1413年在位）破坏，现仅留残墟。

某些学者认为，克什米尔地区某些祠庙的表现颇似西方哥特时期的艺术。这种看法显然流于表面，论据也欠充分；但应该承认，就强调几何效果而言，它们和具有古典渊源的艺术之间，确有相通之处。在印度艺术史上，克什米尔建筑的发展具有特殊的地位，完全可以独立成篇。马尔坦这座太阳神庙，以及上述以独特的琉璃墙面装饰而闻名的哈尔万寺院（图3-776），都可以作为这方面的证明。

现仅存遗址的阿万蒂普尔曾是国王阿槃底跋摩（855~883年在位）的都城。两座神庙中较大的一个，在规模上仅次于马尔坦神庙，位于杰赫勒姆河（希达斯皮斯河）岸边一个周围设围柱廊的院落中心，供奉湿婆。只是基础以上部分大都未能留存下来。约一公里外的另一座系供奉象征阿万蒂君主（跋摩）[Lord of Avanti（varman）]的毗湿奴（阿万蒂

斯沃米神庙），平面同样采用五点式布局，是克什米尔第二阶段的杰出实例（尽管创新表现不多，图3-777~3-782）。其设计上类似马尔坦神庙；但在这里，内外柱廊进一步丰富了绕中央庭院布置的60多个祠堂的构图。围院入口位于西墙正中，沿周边围墙布置的外柱廊将作为入口的外立面和位置稍后的圣区协调地组合到一起。寺庙中央开敞空间设一供仪式净洗用的水池，围院角上立四个次级祠堂。龛室内或嵌板上的雕刻虽说偶尔表现出克什米尔的特色，但总的来看仍以后笈多风格为主调。肥胖矮小的躯体和当代的奥里萨雕刻一样，多少反映了民俗艺术的情趣。

在南部盐岭及其周围地区尚存少数祠庙，但几乎全为残迹。有的经大规模修复，有的仅留壮观的遗址，如马洛特神庙（图3-783~3-785）。后者华丽的

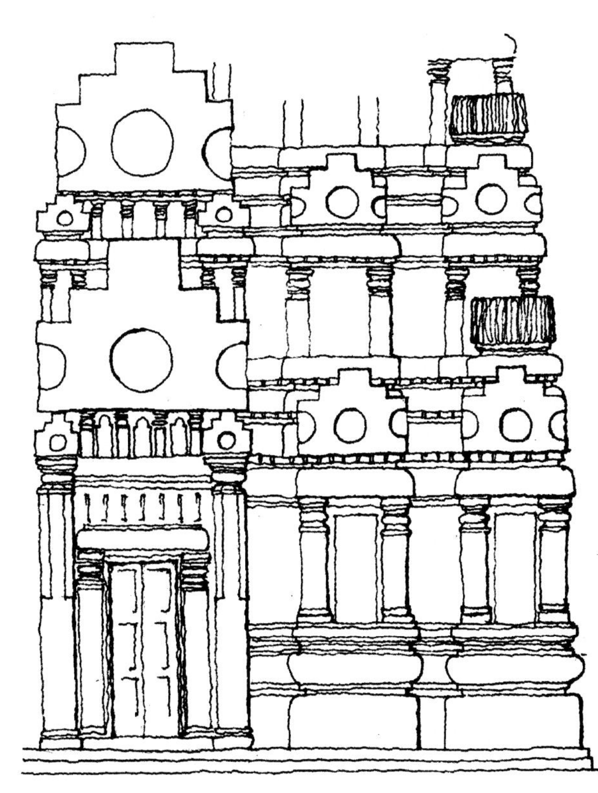

大门及带沟槽的柱子，显然和克什米尔风格具有密切的联系，同时带有附加的洛可可要素。另一个位于德拉伊斯梅尔汗（县）的组群形成了后笈多时期中天竺建筑向印度西北地区的延伸。其中包括两组称卡菲尔-科茨的神庙（北卡菲尔-科茨庙和南卡菲尔-科茨庙，两组相距35公里；北卡菲尔-科茨庙：图3-786~3-790）以及阿塔克县的卡拉尔神庙（图3-791~3-793）。后者砖构，其他几个用质地较软的石灰华建造，但创造了同样的效果。只是所有这些建筑，保存状态都很差。

在学术界，很早就有人指出，中世纪的克什米尔

艺术，特别是建筑上反映出来的某些希腊-罗马艺术的特色很可能是以犍陀罗艺术为范本。如果将斯瓦特谷地的重要佛教建筑（如古尼亚尔寺院和塔克特-伊-巴希窣堵坡）与马尔坦的太阳大庙相比较，这点似乎无可非议：它们都具有同样的总体布局——由祠堂围起一个开敞的四方空间；在中间，窣堵坡位于一侧，胎室（garbhagriha）位于另一侧。但通过对具体实例的深入考察仍可看出其中的某些差异。事实上，在马尔坦，我们已经辨别出三个克什米尔本土建筑的固有要素：三叶形拱券、三角形山墙（有时为断裂山墙）和金字塔式的屋顶。头两个装饰要素已为犍陀罗艺术家所知，但只是在克什米尔匠师这里，两者才被综合在一起，形成一种具有高雅情趣的装饰部件。

如果仅从这些事实来看，两者的差异似乎并不大，也有利于直接来自犍陀罗艺术的说法（尽管在程度上有着不同的理解）。但事实上，在我们所讨论的这两种艺术之间相差了几个世纪，在这段时期，像白匈奴入侵这样一些事件，无疑为两地的文化交流造成了新的阻碍。即便不考虑这些因素，也应该看到，马尔坦的太阳神庙在形制上和塔克特-伊-巴希窣堵坡亦有很大的差异。

本页及左页：

（左）图3-807菩提伽耶 摩诃菩提寺。西南侧景色

（中）图3-808菩提伽耶 摩诃菩提寺。塔顶近景

（右）图3-809菩提伽耶 摩诃菩提寺。大塔，基座近景

事实上，相关的权威学者，无论是英国考古学家珀西·布朗，还是德国历史学家赫尔曼·戈茨，都坚持认为，在克什米尔建筑中看到的古典建筑要素，并非如之前人们想象的那样，通过犍陀罗艺术，而是直接来自西方。但在具体的来源上，两位学者的看法并不一致，珀西·布朗强调希腊-罗马艺术的贡献，而赫尔曼·戈茨则认为来自叙利亚-拜占廷艺术。第二种说法

（本页及右页左下）图3-810菩提伽耶 摩诃菩提寺。大塔，基座及涂金佛像近景

（右页上）图3-811菩提伽耶 摩诃菩提寺。大塔基座及外部石栏

（右页右下）图3-812菩提伽耶 摩诃菩提寺。石栏雕饰细部（浮雕表现法轮崇拜等宗教场景）

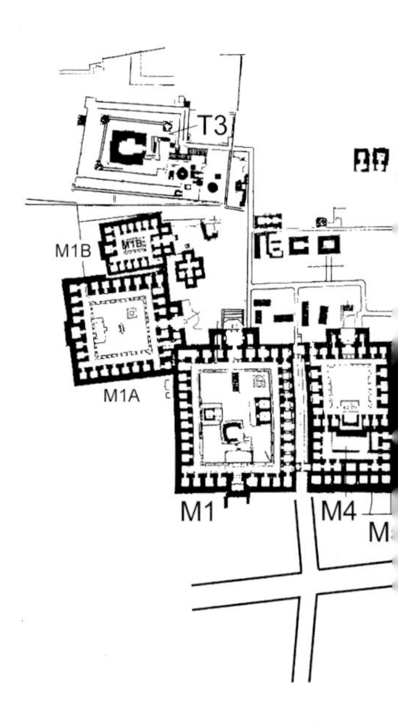

本页及右页：

（左上）图3-813菩提伽耶摩诃菩提寺。主塔西侧的菩提树

（左下）图3-814那烂陀（那罗）寺院。寺院及周围地区古建遗址图[取自1861~1862年印度考古调研所（ASI）调查报告，主持人Alexander Cunningham，图中标出周围地区的水塘]

（右上）图3-815那烂陀 寺院。遗址总平面，图中：M、寺院（monastery）；T、祠庙（Temple）

（中下）图3-816那烂陀 寺院。出土文物：文殊菩萨像（约750年，新德里国家博物馆藏品）

（右下）图3-817那烂陀 寺院。出土文物：手持莲花的观世音菩萨（9世纪，高1.4米，新德里国家博物馆藏品）

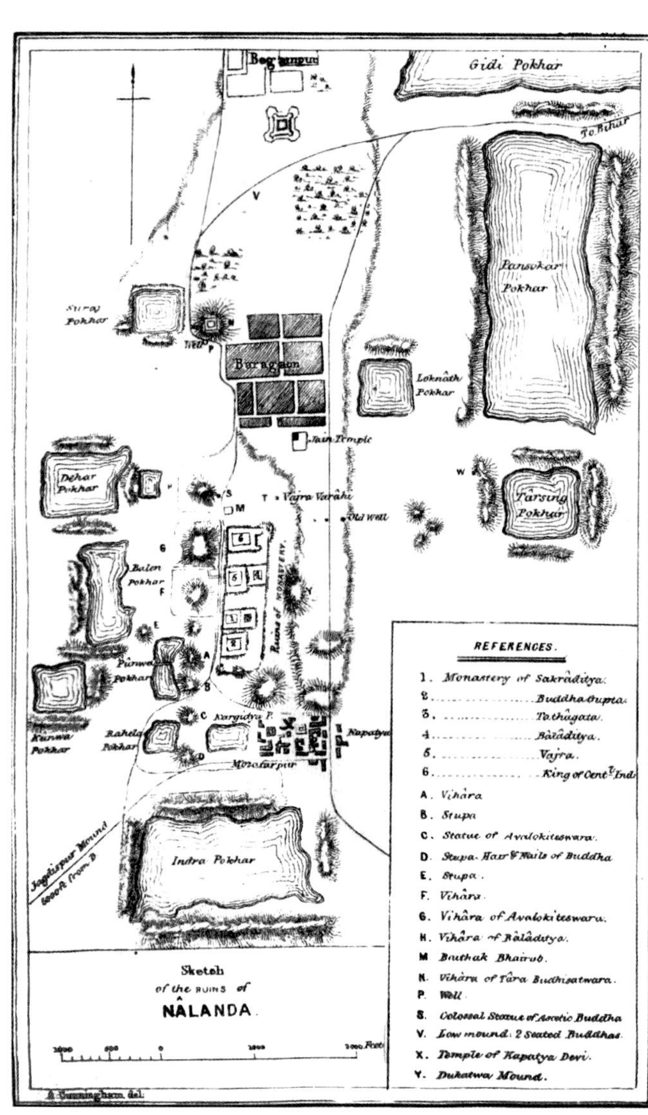

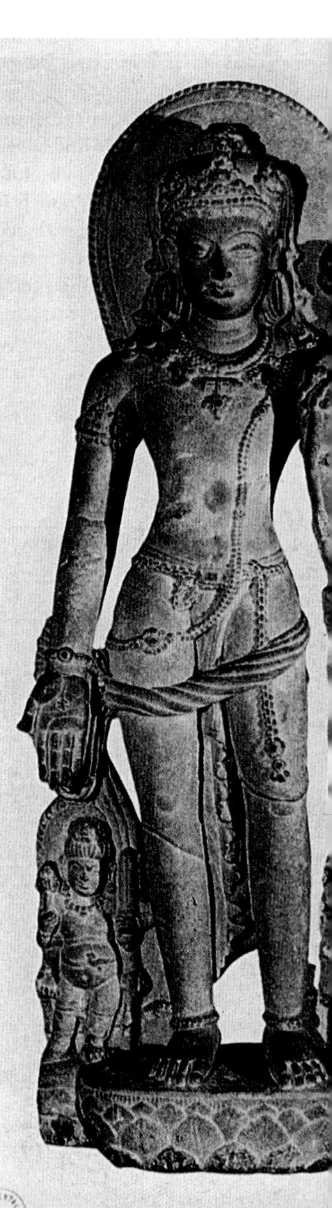

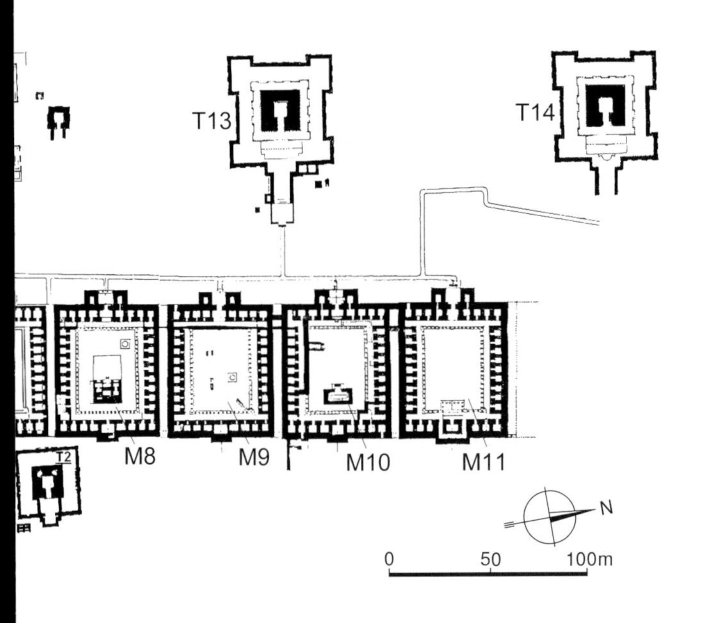

似乎更为可信，因为两者不仅年代上更为接近，同时还因为克什米尔建筑在协调和均衡上，从未达到过古典建筑那样的高度。其古典要素仅停留在建筑技术和采用所谓“准陶立克”柱头上，这也是人们质疑它们直接来自犍陀罗艺术的一个理由；因为后者更喜用科林斯柱头。事实上，马尔坦大庙在均衡和完美上都未能尽如人意。

想必地方艺术家们也认识到这些缺陷，因而在后期建筑中进行了局部改进。如阿万蒂普尔的两座印度教寺庙：两者的结构非常类似，入口墙面内外均饰浮雕，尽管并不是特别壮观，但和前期作品相比，无疑要更为完美。在阿万蒂普尔，尚存克什米尔婆罗门教国王拉利达迪蒂亚·穆克塔皮陀时期建造的神庙残迹（遗址遭地震破坏，现由印度考古调研所监管维护）。

帕坦古代名桑卡拉普拉帕塔纳，系根据其创建者国王桑卡拉跋摩（883~902年在位）而得名。据12世纪克什米尔王朝史《诸王流派》的记录，在帕坦建有三座寺庙。由于建造这些寺庙时所用的一些材料系来自年代较早的珀里哈瑟普勒遗址，可见在前穆斯林时期，这种破坏劫掠的行为已见端倪。据克什米尔编年史的记载，这三座寺庙分别名桑卡拉高里、苏根德萨和拉特纳沃尔达内萨。第一座靠近城市且规模较大，由国王本人斥资建造；第二座更靠近斯里那加，系因王后苏根达而得名；第三座由大臣拉特纳沃尔达纳建造，除建筑残段外，已无迹可寻。所有这三座庙均供奉湿婆。

苏根德萨神庙和克什米尔其他这类建筑没有太大区别（图3-794、3-795）。祠堂3.87米见方，前设柱廊，仅一面敞开。其他各面外墙辟三叶形龛室，内置雕像。但这座位于双层基台上的神庙一直未能最后完成。通向院落的入口位于围柱廊东墙中央，如通常做法，由两个带隔墙的房间组成，门道位于中间。在散落于遗址上的大量建筑残段中，最值得注意的有：1、两个带沟槽的柱子及其柱头；2、两个支撑上部檐壁的挑腿式柱头（带有涡券端头并刻力士形象）；3、一块巨大的挑檐石，上雕成排的怪兽头像（kirtimukhas）和圆花饰；4、一块可能属入口分隔墙的石块，上面有两个小的三叶形龛室，内置女像；下面两个矩形龛室，一个内置坐在两头狮子之间的力士像，另一个龛室内雕两只人头鸟。

左页：

（上）图3-818那烂陀 寺院。舍利佛塔（3号庙，5/6世纪，经修复），东北侧现状

（下）图3-819那烂陀 寺院。舍利佛塔，南侧景观

本页：

（上）图3-820那烂陀 寺院。舍利佛塔，西侧现状

（下）图3-821那烂陀 寺院。舍利佛塔，西南侧全景

由国王本人下令建造的桑卡拉高里神庙只是王后庙的一个扩大的复制品（图3-796、3-797）。由于排水问题未能很好解决，建筑还有部分仍然埋在地下。圣殿5.18米见方，地面中央石块3.81米×3.05米，上有九个圆洞，排成三排，可能是将偶像基座就位的榫口。柱廊左墙上开三叶形龛室，分成两块嵌板。下面较大的一块包含的形象中主要为湿婆，上面一块表现坐着的象头神迦内沙。外墙壁凹处附墙柱饰有制作精

（上）图3-822那烂陀 寺院。舍利佛塔，北侧景色

（下）图3-823那烂陀 寺院。舍利佛塔，北侧梯道及雕饰近景

图3-824那烂陀 寺院。舍利佛塔，东北角塔，东南侧近景（原有四座角塔，现仅存两座）

美的几何及其他图案，柱头上冠以人头鸟。

帕坦的桑卡拉高里及苏根德萨神庙，和阿万蒂普尔供奉毗湿奴的阿万蒂斯沃米神庙一起，均可作为成熟时期的代表作；构图完美、均衡，充分体现了克什米尔艺术家及工匠的观念及理想。在克什米尔，后期神庙只是不断地重复同样的母题，衰退的过程亦越来越明显，直到最后被穆斯林征服。在这期间，可能唯一的例外是12世纪位于潘德雷坦的一座供奉湿婆的祠庙，其中采用了中亚典型的“顶塔”（lantern）式穹顶。不过这座建筑现已大部损毁，仅存19世纪的老照片。

与克什米尔南部接壤的喜马偕尔邦是个人烟稀少

本页：
图3-825那烂陀 寺院。舍利佛塔，东南角塔，东侧景观

右页：
（上）图3-826那烂陀 寺院。12号庙，东南侧全景

（下）图3-827那烂陀 寺院。12号庙，东南角围墙外侧及窣堵坡（自东面望去的情景）

的地域，当地居民类似西藏等地区，信奉佛教（密宗）。在这里，最值得注意的是位于斯皮提谷地（Spiti，意为“中地”，即位于西藏和印度之间的地方）的一组建筑，特别是塔布寺和凯伊寺。这些寺庙均具有悠久的历史，大量采用地方石材和泥土作为基本建材。有的更依托山势，形成蔚为壮观的景象（塔布寺：图3-798、3-799；凯伊寺：图3-800、3-801）。

四、印度东部及孟加拉地区

尽管从编年史上看，帕拉王朝（Pāla Dynasty）[42]与森纳王朝（Sena Dynasty）[43]应属印度后期（即下一章）的范围，但由于这一地区的艺术表现主要是雕刻，其风格在9世纪已经形成。本书用公元950年左右作为区分后笈多时期和印度后期的年代分界，对印度东部地区来说并无实质意义，因此我们仍将其艺术

（上下两幅）图3-828 那烂陀 寺院。12号庙，围墙南侧景观及砖饰

（上）图3-829那烂陀 寺院。12号庙，带大量佛像雕饰的还愿窣堵坡

（下）图3-830那烂陀 寺院。13号庙，东南侧远景

（约800~1200年）放在本节评述。

本节所考察的广大地域包括次大陆人口最密集的部分地区，两条大河（恒河和布拉马普特拉河）的下游地段（自瓦拉纳西东面直到缅甸边界），包括今印度比哈尔邦、西孟加拉邦及孟加拉国等地域。其北部与尼泊尔和喜马拉雅山东部接壤，南面至古代默哈科瑟拉地区（现部分属中央邦，部分属比哈尔邦）、奥

（上）图3-831那烂陀 寺院。14号庙，东侧现状

（下）图3-832那烂陀 寺院。14号庙，南墙局部（经修复，好似自山体中隐现）

里萨邦和孟加拉湾。在12世纪被穆斯林征服之前，在这里占主导地位的宗教是印度教和佛教。和早期不同，此时的宗教和艺术理念是从印度东部传至尼泊尔，再经由中国的西藏传至中原地区。在比哈尔邦，因为伊斯兰教徒的破坏（即考古学上所谓“伊斯兰狂暴”，furor islamicus），后笈多时期的遗存几乎已荡然无存（唯一的例外是古代的默哈科瑟拉地区，几乎所有留存下来的神庙都集中在这片树木繁茂的山

(上）图3-833那烂陀 寺院。2号庙，遗址全景（自东北方向望去的景色）

(下）图3-834那烂陀 寺院。2号庙，西侧南角基部雕饰板块

地）。孟加拉地区因位于前笈多帝国的边缘地带，加之缺乏石料，只能依靠砖、陶土和灰泥作为建筑材料，留存下来的建筑和雕刻也很少。但9世纪以后，在帕拉王朝统治下的相对和平时期，用拉杰默哈尔山的黑色和灰色石头制作的雕刻得到了广泛的传播，青铜制品更在整个印度都享有盛誉。

2002年被列为世界文化遗产项目的菩提伽耶摩诃菩提寺（即“大正觉寺”，亦称金刚宝座塔）无疑是

这一时期最重要的佛教建筑。菩提伽耶（又称佛陀伽耶）位于今印度比哈尔邦巴特那城南约96公里处，是释迦牟尼悟道成佛处，与他的诞生地蓝毗尼园、第一次为五比丘说法的鹿野苑（出土佛像：图3-802、3-803）以及涅槃之地拘尸那罗并列，为佛教四大圣地之一。中国古代高僧智猛、法显和玄奘等曾先后参拜菩提伽耶并留有记载[44]。

约公元前250年，阿育王造访菩提伽耶，并在圣地建造寺院，是为最早的摩诃菩提寺。建筑现已无存，但可在约公元前25年桑吉1号窣堵坡大门的浮雕以及巽伽王朝（Shunga Dynasty，约公元前185~前73年）早期帕鲁德窣堵坡围栏的浮雕上看到其形象。现存寺庙可追溯到公元5~6世纪笈多帝国时期（可能纳入了部分2~3世纪的早期结构），是印度次大陆现存年

本页：

（全四幅）图3-835那烂陀 寺院。2号庙，基部雕板细部（浮雕形象均被围在祠堂形的框架内，并以带瓶饰和植物图案的柱子分开）

右页：

（左上）图3-836那烂陀 寺院。4号寺，遗址北望景色

（右上）图3-837那烂陀 寺院。6号寺，遗址东北侧全景（自12号庙望去的景色）

（下）图3-838那烂陀 寺院。6号寺，北望景色，前方为下沉式场院，西北设井，北侧安置平台

代最久远的庙宇之一，并因其历史地位成为世界上所有大型佛教古迹中最重要的一个（图3-804~3-812）。主塔西侧即标志着公元前530或前520年左右佛陀悟道成佛处的大菩提树。原树已于1870年被大风刮倒，现在的树据说是原树的“曾孙”，高12米，树干直径约3米，树冠半径30米左右，枝繁叶茂，状如大伞（图3-813）。树东侧靠近大塔处立红砂石板佛陀金刚座，上有四根柱子搭成的布幔覆盖。当年，悉达多王子据信就是在这里结跏趺坐。但现存寺庙和最初围绕菩提树建造的所谓菩提祠（bodhi-ghara）并无关联（后者的形象见于帕鲁德的浮雕，见图1-199）。

神庙立在一个高两阶的高台上，内设主要祠堂，可通过一座引人注目的门廊进去（见图3-805）。其上祠庙采用梅花式（五点式，pañcāyatana）布局，由

（上）图3-839那烂陀寺院。6号寺，自寺院东区北望情景（右侧远景为2号寺）

（下）图3-840那烂陀寺院。6号寺，自西南方向望去的景色

中央主塔和周围角上四座同样风格和样式的小塔组成。高耸的巨大主塔内部安置上层祠堂，前面同样设一门廊。塔高约55米，底部正方形，边长15米，直线侧边向上逐渐内收，形如金字塔。顶部呈圆柱形，上部冠以圆垫式顶石，再上为一小型窣堵坡和叠置的系列三重伞盖（chhatravali，在现场找到了一个这样的

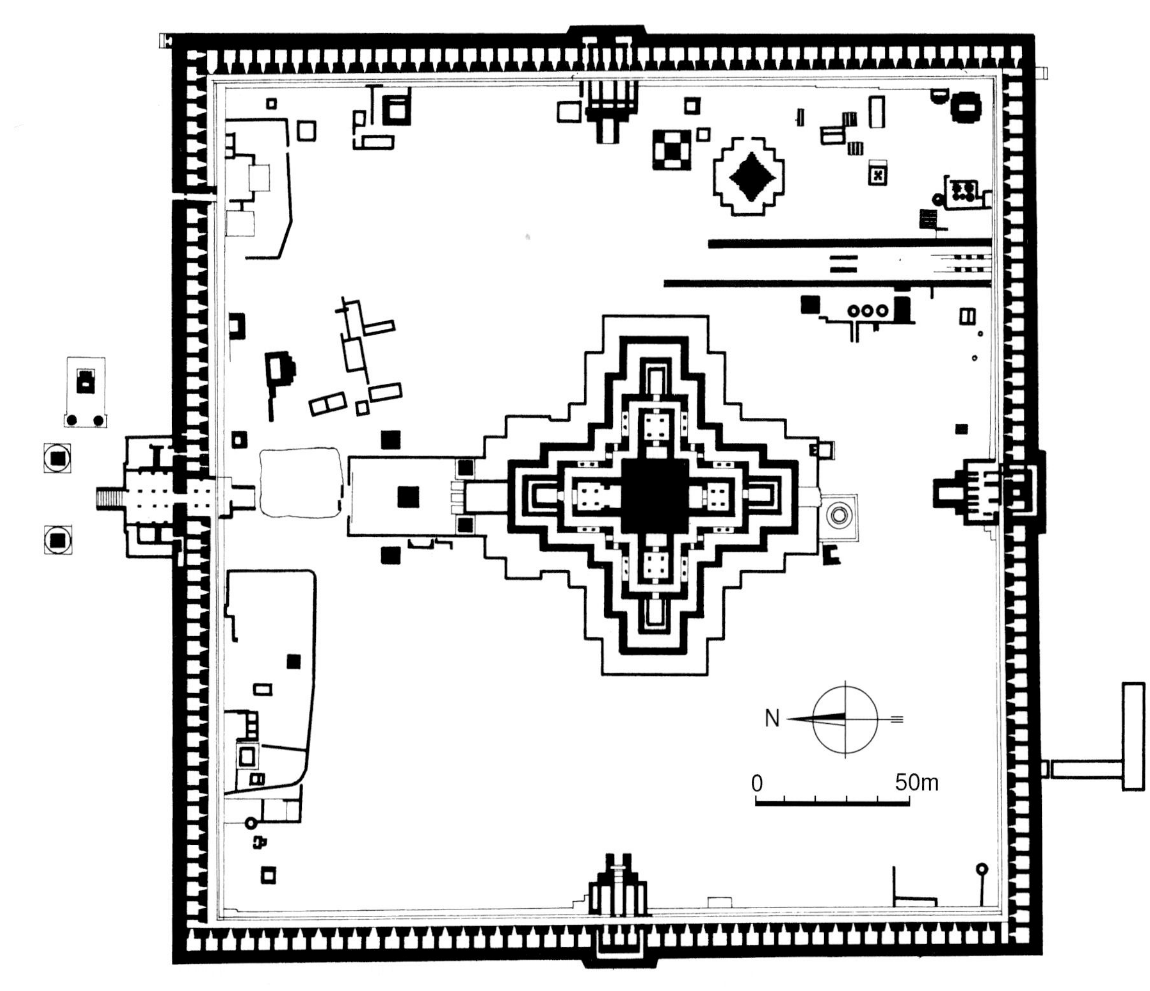

（左上）图3-841那烂陀 寺院。7号寺，俯视景色（自12号庙向东望去的情景）

（右上）图3-842安蒂恰克（村） 超戒寺（超行寺、超岩寺）。主体结构现状（经整修）

（右中）图3-843安蒂恰克（村） 超戒寺。院落入口处，残迹现状

（下）图3-844巴哈尔布尔大寺（索马普拉寺，8世纪后期/9世纪初）。总平面（取自HARLE J C. The Art and Architecture of the Indian Subcontinent，1994年）

（左中）图3-845巴哈尔布尔 大寺。主祠，复原模型

伞盖）。塔身外表面满布上冠装饰性山墙的龛室，每层均用水平线脚分开。中央一组装饰性山墙要比两侧的大很多，角上于各层间另插入圆垫式部件。

大塔东门两旁辟有佛龛，立贴金佛像数座。寺庙周围各面为高约2米的石围栏（所用材料及风格大体可分为两种类型：较早的用砂岩砌造，约属公元前150年；其他的用一种未磨光的粗糙花岗石砌筑，据信属于笈多时期），原物现藏于各地博物馆，现场为复制品。

11世纪和19世纪期间，缅甸统治者对寺庙建筑群及周围围墙进行了修复。最后一次包括中央主塔在内的大规模整修是在19世纪70~80年代（英国殖民时期，修复主持人为亚历山大·坎宁安）。通过这些修复，大体重现了最初替代菩提祠的结构样式。但直线造型的基台和顶塔修复后显得过于工整，外貌感觉上有些僵硬。新建筑内安置坐在金刚宝座[45]上的佛祖雕像。此事在印度寺庙（特别是纳迦罗类型的）建筑发展史上至关重要。虽无确凿的年代证据，但肯定不会晚于5或6世纪，19世纪后期修复前拍摄的砖线脚和灰泥塑像无疑就属于这一时期。因此，尽管经过许多修复，它仍是留存下来的最大和最重要的早期寺庙，而且是第一座被7世纪早期中国著名高僧玄奘记载过的

左页：

（上）图3-846巴哈尔布尔 大寺。西侧地段全景

（中）图3-847巴哈尔布尔 大寺。主祠，东南侧景观

（下）图3-848巴哈尔布尔 大寺。主祠，西南侧现状

本页：

（上）图3-849巴哈尔布尔 大寺。主祠，西北侧景色

（中及下）图3-850巴哈尔布尔大寺。主祠，前室内景

古迹（据玄奘《大唐西域记》卷8记述，在中印度摩揭陀国菩提伽耶佛陀成道处建造的大精舍中，安置有释迦降魔成道像）。有证据表明，这种带直线侧边顶塔的多层庙宇在贵霜帝国时期已经存在（见图1-242之11）。因而现存寺庙主体部分有可能属2或3世纪，笈多时期的工程很可能是第一次修复（对这种砖和灰泥砌筑的建筑来说，显然有必要每隔200或300年进行一次大修）。

摩诃菩提寺是自笈多时代（公元300~600年）以来印度现存全部以砖石砌造的佛教寺庙中最早和最壮观的实例，为早期印度砖石结构的光辉杰作。石栏更是早期佛教石雕艺术的范例，具有很高的历史研究价值，对后期印度建筑传统的发展具有深远的影响。

蒙德斯沃里山上的石构神庙（现属罗塔斯县）虽然上部结构已毁，但目前仍是除摩诃菩提寺以外印度东部地区最重要的后笈多时期的建筑古迹。据铭文记载，其年代大致相当公元636年，因而应和西面的神庙具有密切的联系。其八角形的底层平面，至少在早期神庙中可说是独一无二的表现。

印度东部后笈多时期最宏伟的建筑作品是孟加拉地区的巴哈尔布尔大寺和迈纳默蒂寺院（始建于笈多时期），比哈尔邦的那烂陀寺和超戒寺（又名超行寺、超岩寺）。其中规模最大的即2016年被列入联合国世界文化遗产名录的那烂陀寺。

那烂陀位于古摩揭陀国王舍城附近，今印度比哈尔邦中部都会巴特那东南约60公里处。那烂陀寺规模宏大，不仅是古代中印度佛教的最高学府，同时也是

左页：

(上) 图3-851巴哈尔布尔 大寺。主祠，西北侧基台近景

(下) 图3-852巴哈尔布尔 大寺。主祠，东北角基台近景

本页：

(上及中) 图3-853巴哈尔布尔 大寺。主祠，基台雕饰细部

(下) 图3-854巴哈尔布尔大寺。周边建筑残迹

本页：
（全三幅）图3-855迈纳默蒂 瑟尔本（萨拉沃纳）寺院（6世纪）。遗址现状

亚洲最大的学术中心之一。寺内藏书多达九百多万卷，历代学者辈出，最盛时有上万僧人学者。玄奘《大唐西域记》、义净《大唐西域求法高僧传》《南海寄归内法传》、慧立《大慈恩寺三藏法师传》对那烂陀寺都有过记载。其他中国及朝鲜的朝拜者也都留有在那里研习的记录，应寂护论师（725~788年）与藏王赤松德赞礼请入藏创立僧团的莲花生[46]就是8世纪那烂陀寺的僧人及著名云游僧。

据玄奘记载，其建造者是以曲女城（今卡瑙吉）为都城的布舍萨地王朝（Pushyabhuti Dynasty）的戒日王（约590~647年，606~647年在位）。义净对当时（7世纪末）那烂陀寺的布局、建筑样式、寺院制度和寺僧生活习惯的记述，尤为详细准确。按他的说法，那烂陀寺宛如一座方城，四周围有长廊。寺高三层，高三到四丈，用砖砌造，每层高一丈多。横梁用木板搭建，以砖平铺为顶。每寺四边各有九间僧房，房呈四方形，宽约一丈多。僧房前方安有高门，并开窗洞，但不得安帘幕，以便互相瞻望，不容隐私。僧房后壁乃寺院外围墙，有窗向外开。围墙高三四丈，上面排列人身大小的塑像，雕刻精细，美轮美奂。

1193年突厥军队将领巴克蒂亚尔·卡尔吉带兵侵占那烂陀寺，寺院和图书馆遭受严重破坏，大批僧侣逃往西藏避难。从此那烂陀寺失去昔日的光辉，并渐渐被人遗忘，沦为废墟。直到1811~1812年，这片遗址才引起了苏格兰医生兼地理学家弗朗西斯·布坎南-汉密尔顿（1762~1829年）的注意；但直到1847年，

（上）图3-856塔拉 提婆拉尼祠庙。现状

（下）图3-857锡尔布尔（中央邦）罗什曼那祠庙（7世纪早期）。立面（局部）及构图要素解析（取自HARDY A. The Temple Architecture of India，2007年），图中：1、三层伐腊毗式亭阁；2、两层穹式亭阁；3、两层圆垫式亭阁；箭头示可能的第二和第三级伐腊毗式亭阁

马卡姆·基托（1808~1853年）才确认它就是著名的那烂陀寺院。1861~1862年，亚历山大·坎宁安和新成立的印度考古调研所（ASI）进行了一次正式的考察。但直到1915~1937年才在印度考古调研所的主持下进行了系统发掘，1974~1982年进行了第二轮发掘和修复。

现遗址范围南北方向长488米，东西宽244米。发掘揭示了布局规整的13座寺院（8座大型寺院、4座中型寺院和1座小型寺院）和6座重要的砖构祠庙（图3-814~3-817）。在西面的祠庙和东面的寺院之间布置了一条宽30米的南北向通道。尽管发掘表明，可能有笈多王朝后期（5世纪后期和6世纪初）的国王们参与投资建造，但现存最早的建筑及雕刻应属6~7世纪，寺院工程一直延续到12世纪。大部分建筑都经历了几个建造阶段，在原有的残迹上再起新的结构。许多建筑都有被焚烧过的痕迹。

在已发掘的建筑中，遗址南端蔚为壮观的舍利佛塔（3号庙）是那烂陀的标志性建筑。即便在残毁状态，其高度亦在31米以上（图3-818~3-825）。但最初它只是一个小结构，至少五次按窣堵坡的样式进行扩建后，方具有现在的规模。北面很长的几跑入口台阶自方形基座处向外伸出，形成带中央方形的十字形平面，突出了几何图形的效果。但不免产生了某种离心的动态，这显然背离了传统印度建筑的曲线形式和浑圆的造型。发掘和复原有意向人们展示了各个阶段的状况，因而看上去形体似乎很不完整，难以理解。顶部祠堂室内现仅有基座，当年上面想必立有巨大的佛像。第五次扩建时建了四座角塔（其中两座已揭示出来，但顶部俱毁）。台阶墙及两个揭示出的小塔侧面饰有笈多时期精美的装饰嵌板；线脚及龛室内保存得很好的佛陀及菩萨塑像，以及本生故事（Jataka tales）等场景皆用灰泥制作。祠庙周围尚有大量还愿窣堵坡，有的系砖造上刻佛经。

左页：
图3-858锡尔布尔 罗什曼那祠庙。东南侧全景

本页：
图3-859锡尔布尔 罗什曼那祠庙。东侧（入口侧）现状

现在不太清楚的是，这座宏伟的建筑究竟是像菩提伽耶那样的祠庙，还是一座采用梅花式布局的窣堵坡。由于仅存底层残迹，因此无法回答上述问题。尤为遗憾的是，在印度东部地区，其他大型砖构佛教建筑的准确性质也因同样的问题难于判断。总之，此时在窣堵坡和祠庙之间看来不再有明确的区分界线，一个窣堵坡式的建筑上冠顶塔也并非不可能。

位于3号庙北面的12、13和14号庙朝东，面对着排成一列的其他寺院（12号庙：图3-826~3-829；13号庙：图3-830；14号庙：图3-831、3-832）。在13号庙基址上发现了一个砖构熔炉，从废弃的金属和矿渣上可知是用于铸造金属部件。在北面的14号庙里，发现了一尊巨大的佛像，基座上尚存的壁画残段是那烂陀寺仅存的这类作品。位于寺院东面一个独立地段上同样朝东的2号庙尚存基座处表现各种宗教题材的211块雕刻板面（图3-833~3-835）。在印度东部地区，除了山岩或巨石上的浮雕外，能留在原地的石雕很少，因而这批雕刻显得格外珍贵。在2号庙东面的萨

赖丘新近发掘出一座多层的佛教祠庙（萨赖庙），被厚重墙体围括的祠堂内曾有一尊高约2.4米的佛像。

所有寺院在布局及外观上大体类似。除了1A和1B号寺院朝北外，所有8座主要寺院均朝西，按南北方向一字排开（4号寺：图3-836；6号寺：图3-837~3-840；7号寺：图3-841）。组群中最早和最重要的1号寺院建造层位多达九个。每座寺院均于矩形平面周围布置典型的僧室。大寺每边九间，恰如义净所述；中寺每边七间，小寺院每边五间（楼梯间位于西南角）。僧室前一排凉廊围着中央矩形大院。东面正对院落入口的中央房间为祠堂（祭拜厅）。大部分寺院最初至少高两层。前厅立石柱，西侧另有小型窣堵坡和祠庙（实际上，这种安放雕像的祠堂在犍陀罗时期已成为寺院建筑群的重要组成部分）。这些祠庙的上层结构现只能揣测，在一座比较特殊的石构祠庙边上，发现了圆垫式顶石的残段及带装饰性山墙雕饰的石块，表明上部应为北方类型的顶塔。

寺院的屋顶、房檐和院落地面，都用特制的材料

本页及左页：

（左上）图3-860锡尔布尔 罗什曼那祠庙。西北侧景色

（中）图3-861锡尔布尔 罗什曼那祠庙。西侧现状

（左下）图3-862锡尔布尔 罗什曼那祠庙。西南侧景观

（右上）图3-863锡尔布尔 罗什曼那祠庙。南侧景色

覆盖，这种覆盖材料是用核桃大小的碎砖和以黏土制成，覆盖碾平后，再用浸泡多日的石灰杂以麻筋麻渣烂皮涂上，盖上青草三五天，在完全干透之前，用滑石磨光，然后涂一道赤土汁，最后再上油漆。经过如此处理的寺院地面，光亮犹如明镜，坚实耐用，据称使用二三十年后仍坚固如初。

1960~1969年，巴特那大学（Patna University）开始对位于比哈尔邦边界处安蒂恰克村的一处遗址进行发掘，这项工作随后（1972~1982年）由印度考古调研所接手。发掘揭示出一座巨大的寺院，一座藏经阁和一系列还愿窣堵坡。在寺院北面尚有一些散置的结构，包括印度教和藏式的祠庙。

这些遗存被确认为帕拉王朝君主、法护王达摩波罗（775~812年在位）[47]创建的超戒寺（图3-842、3-843）。平面方形的组群每边长330米，共有208间僧舍（每面52间，朝向共用的凉廊）。在一些房间下尚有带砖拱的地下室。作为主要祭拜对象的中央窣堵坡平面十字形，由两阶组成，以砖和泥浆砌筑，高约15米，台阶设于北侧。四个主要方位上带柱廊前室的凸出房间如阶梯状金字塔般逐层拔起，前方另设分开的柱厅。四个房间（或称大型龛室）里，想必曾如许多奉献或还愿窣堵坡那样，安置佛陀的大型灰泥坐像。两层台地墙面均饰线脚和陶板，后者为帕拉时期（8~12世纪）这类艺术的杰作。

藏经阁为一个矩形建筑，位于寺院西南角上，距寺院约32米，两者之间以一条窄廊相连。通过相邻水池的冷水和后墙上的系列洞口进行空气调节，以保护

本页：
图3-864锡尔布尔 罗什曼那祠庙。主塔，雕饰近景

右页：
（左上）图3-865拉吉姆 拉吉沃-洛卡纳神庙（7世纪中叶）。主祠轴测复原图（取自HARDY A. The Temple Architecture of India，2007年），带有八角形的穹式亭阁（左）和简单的伐腊毗式亭阁（右）

（右上）图3-866拉吉姆 拉吉沃-洛卡纳神庙。东南侧俯视全景

（右中）图3-867拉吉姆 拉吉沃-洛卡纳神庙。西北侧现状

（下两幅）图3-868拉吉姆 拉吉沃-洛卡纳神庙。雕饰细部

内藏的珍贵手稿。

巴哈尔布尔的大寺（索马普拉寺）可能同样为法护王达摩波罗创建。其窣堵坡和陶板装饰母题与差不多同时期的超戒寺类似，平面也非常相近；只是外墙上没有后者那种类似城堡的凸出部分，规模也较小（图3-844~3-854），175个小室中绝大部分以后都被改造成为祠堂。中央结构同样是一个大型十字形建筑，基部五车平面，上承三层平台，面对通向寺院的主入口一侧加以延伸。中心方形柱状结构高25米，顶部墙体厚度超过5.5米，上层结构想必非常沉重。

迈纳默蒂的砖构佛教建筑群位于孟加拉东南的库米拉附近，是二战期间建造军事工程时发现的。名为瑟尔本（萨拉沃纳，可能意为“娑罗树林”）的这座寺院创建于6世纪，成为形制类似的巴哈尔布尔寺院的先声，只是规模要比后者为小；中央十字形结构没有那么高耸，且经后期的大规模改建（图3-855）。在主要方位上一个龛室（也可能是祠堂）里发现的铜基座表明，在那里曾安置过一尊金属坐佛像。顶部构

件则如其他各地一样，已经散失。所有这些建筑的基部都有带雕饰的陶板（在巴哈尔布尔寺院，它们和石雕板块交替布置）。

后笈多时期留存下来的吠陀教祠庙仅见于马哈纳迪河上游地区。其中最早的一座，塔拉的提婆拉尼祠庙，可能建于笈多末期，主要檐口以上已荡然无存；仅存的精美浮雕属笈多后期最杰出的作品，但只是从装饰的华丽上表现出和默哈科瑟拉地区后

期雕刻的联系（图3-856）。更令人感兴趣的是这座祠庙独特的底层平面和外入口两侧一直延伸到第二层檐口处的巨大壁柱。某些龛室上带人物浮雕的楣梁（makaratoraṇas）同样具有重要意义。这座建筑表明，直到笈多末期，神庙建筑仍处在早期形成阶段，具有未定型的试验性质。

中央邦赖普尔县锡尔布尔的罗什曼那祠庙[48]位于恰迪斯加尔平原上，建于7世纪早期（图3-857~3-864）。建筑砖构，已部分沦为残墟，最初形式难以全面复原。仅有的石构部件是前方柱厅的柱子（已毁）、内殿的门框和神庙所在的平台。小前厅则完全以提婆拉尼祠庙为样板。祠堂采用四门形制（sarvatobhadra），只是三个外门实为假门（盲门，ghanadvāras）。精心分划的墙面于大门两侧布置

沉重的亭阁（pañjaras），门上安置小的直线挑檐（chhajjās），基部线脚粗大复杂。简朴的罐饰和枝叶柱头、滴水挑檐和棋盘式图案皆为磨光的砖雕，构成后笈多建筑的独具特色。早期的拉蒂纳式顶塔可能由五层组成，目前顶部为近代修复。和其他尚存的7世纪顶塔相比，不同层位的处理更富有建筑特色，装饰性山墙尺度上有很大变化。通向内殿的大门用米色砂岩砌造，是将后笈多时期的华丽和充满生机的力度及尺度的变换相结合的杰出范例。占据了楣梁大部分的毗湿奴卧像、手持树枝的美丽妇女（śālabhañjikās）和大门两侧的成对爱侣雕像，其尺寸两倍于位于最外部框架上的各种毗湿奴化身像。卡罗德较小的砖构祠庙在修复前也具有同样的复杂程度，但外部构图完全不同：内殿大门极具魄力，两侧代表恒河和亚穆纳河的足尺雕像占据了洞口的整个高度。锡尔布尔的两座佛寺建筑群具有同样精美的砖构装饰，一些大型坐佛和菩萨像则如勒德纳吉里那样由分开的石块组成。

和锡尔布尔不同，同样位于马哈纳迪河边的拉吉姆至今仍是一个重要的宗教圣地。始建于7世纪中叶的拉吉沃-洛卡纳神庙，尽管多年来经历了许多变化，主要祠堂上的顶塔大部分已经修复，但看来仍在较大程度上保留了最初的特征（图3-865~3-868）。柱厅柱子及门上的小型浮雕和大门采用后笈多风格，表现大胆，充满活力，带有早期奥里萨雕刻的民俗特色。柱子雕像至少具有两种类型：附属祠堂内一些磨光的物神石雕采取了颇为怪异的风格，引人注目，颇似在锡尔布尔的罗什曼那（拉克什曼那）祠庙发现的一尊毗湿奴雕像；而在拉吉姆的另一座重要建筑——拉马坎德拉神庙里，柱厅的柱子上雕有位于树下的足尺女像（有些面部经过重雕），极为拘谨的物神雕像在这里被代之以妩媚性感的造型。

在巴哈尔布尔，人们用大面积的组合陶板装饰大型建筑的基部和其他部位。陶板制作略嫌粗糙，但充

左页：

（左上）图3-869伯拉卡尔 贝古尼亚组群。1号及2号庙，现状

（下）图3-870伯拉卡尔 贝古尼亚组群。1号及2号庙，近景

（右上）图3-871伯拉卡尔 贝古尼亚组群。1号庙，墙面雕饰细部

本页：

（左上）图3-872伯拉卡尔 贝古尼亚组群。2号庙，雕饰细部

（左下）图3-873伯拉卡尔 贝古尼亚组群。4号及5号庙，外景

（右上）图3-874伯拉卡尔 贝古尼亚组群。4号庙，雕饰细部

（右下）图3-875伯拉卡尔 贝古尼亚组群。5号庙，入口上方湿婆雕像

满活力，具有很强的民俗特色（只有少数表现神祇，有时很难鉴别）。但在基部，和陶板一起还布置了63块制作更为精致的石板浮雕，几乎全都是表现吠陀教（婆罗门教）诸神祇。这些雕刻表明，在该地区东部，笈多时期的特色曾长期得到延续。无论是石板还是陶板，几乎可以肯定和8世纪末建造的建筑同时。大体上属于这种类型的陶板另见于安蒂恰克寺院、迈纳默蒂的瑟尔本寺院，以及莫哈斯坦附近巴苏-比哈尔等地的建筑（后者风格上更为考究，年代可能更早）。

后期留存下来的神庙很少，它们几乎都在孟加拉西部的布德万（原曼布姆）和本库拉县。大多数皆为砖砌，几乎所有这些神庙都配置了拉蒂纳式的北方纳迦罗顶塔。它们类似奥里萨地区的祠庙，最突出的特点是没有柱厅。在布德万县，最重要的遗存是伯拉卡尔的贝古尼亚组群（1号及2号庙：图3-869~3-872；4号及5号庙：图3-873~3-875）；其中年代最久远的可能是以石砌造且保存良好的4号庙。砖构祠庙大都极

（左上）图3-876伯胡拉拉 西德斯沃拉神庙。外景

（左中）图3-877孙德尔本斯 杰塔尔神庙。地段全景（塔高30米，底部面积25平方米）

（右上）图3-878孙德尔本斯 杰塔尔神庙。近景

（左下）图3-879迪赫尔 双祠庙。现状

为残破，值得注意的是配置了很高的内殿墙和直线侧边的顶塔[至顶部突然变为圆形，如本库拉县伯胡拉拉的西德斯沃拉神庙（图3-876），孙德尔本斯国家公园边的杰塔尔神庙（图3-877、3-878）]。在本库拉县的迪赫尔尚有一对虽已成废墟但值得关注的双祠庙（图3-879）。在神庙建筑和雕刻中采用木料的证据很少，来自达卡的一根雕有妇女形象的长柱可作为古代印度留存下来最重要的木雕作品，它具有石雕那样的精美风格，可能属11世纪（现存达卡博物馆内）。

第三章注释：

[1]帕拉瓦王朝（Pallava Dynasty，275~897年）是古代印度南部王朝，在宗主国百乘王朝衰退后崛起。首都建志补罗（今甘吉布勒姆Kanchipuram），统治泰卢固和泰米尔北部地区约600年。长期与北部巴达米地区的遮娄其人和南部泰米尔人王国朱罗王朝、潘地亚王朝交战。最终于9世纪败于朱罗王朝。

[2]朱罗王朝（Chola Dynasty，9~13世纪，又名注辇），印度半岛古国，其地在今泰米尔纳德邦。

[3]亚利（Yāḷi，Vyala，Vidala），为印度教神话中综合狮、象、马及鸟类特征的怪兽。

[4]曷萨拉帝国（Hoysala Empire，10~14世纪），印度南部帝国，1346年被毗奢耶那伽罗王朝灭亡。

[5]吠陀教（Vedism），早期印度教，英国人称婆罗门教（Brahmanism）。

[6]罗湿陀罗拘陀王朝（Rāshtrakūta Dynasty，753~982年），古代统治印度中部与南部的一个重要王国。

[7]婆罗门（Brahmins），印度种姓制度中最高等级人物或僧侣阶级。

[8]往世书（梵语Puranas，原意为“古代的”或“古老的”），为一类古印度文献的总称，覆盖内容非常广泛，包括宇宙论、神谱、帝王世系和宗教活动。

[9]帕拉马拉王朝（Paramara Dynasty，9~14世纪），印度中部拉其普特人王朝。位于古代摩腊婆地区，大致相当今拉贾斯坦邦东部和中央邦西部，首都达尔（Dhar）。

[10]摩腊婆王国（Malwa Kingdom，古名Malava），中文译名最早见于玄奘《大唐西域记》，赵汝适《诸蕃志》称麻罗华国。其大致地理范围为古吉拉特邦以东，拉贾斯坦邦以南，博帕尔城以西，温迪亚山脉以北，今印度中央邦马尔瓦地区。1947年以前，该地区一直是个独立的行政单位。

[11]凯拉萨山（梵语Kailāśa Parvata，另译吉罗娑山），耆那教称八足（Aṣṭapāda），位于西藏普兰县境内（藏语拼音为Kangrinboqê，即冈仁波齐峰），是冈底斯山脉的第二高峰，海拔6721米；其北麓是印度河上游狮泉河的发源地。相传苯教发源于该山；印度教认为这里是湿婆的居所，世界的中心；耆那教认为它是祖师瑞斯哈巴那刹得道之处；藏传佛教认为此山是胜乐金刚的住所，代表着无量幸福，因此吸引了大量在此转山的各地信徒。

[12]五方佛（Five Dhyāni Buddhas，亦称五方如来、五智如来），即东南西北中五方，各有一佛主持：中央毗卢遮那佛（俗称“大日如来”）、东方阿閦佛（不动佛）、西方阿弥陀佛、南方宝生佛、北方不空成就佛。

[13]执金刚神（Vajrasattva，Vajradhara，又译持金刚、金刚持、金刚总持），为佛教崇拜的护法神之一；手执金刚杵，外貌凶恶，象征以智慧击破无明。大乘佛教认执金刚为菩萨，为佛陀化身；在藏传佛教噶举派与格鲁派中，视其为初始佛（本初佛）。

[14]巧妙天（梵语Viśvakarma，又译工巧天、毗首羯磨），印度神话神祇；精于制造神器及城池，在《梨俱吠陀》中被视为宇宙万有的创作者。

[15]佛像的手，有各种不同的姿势，佛教称之为“印相”或“印契”。各种印相有其特定的含意，为识别佛像的重要依据。说法印（dharmacakra mudra）是以拇指与中指（或食指、无名指）相捻，其余各指自然舒散，象征佛说法，故名。

[16]8世纪中叶，巴达米遮娄其王朝被新兴的罗湿陀罗拘陀王朝取代；在后者于10世纪中叶衰落后，遮娄其人在970～975年重新崛起。原遮娄其王室后代逮罗二世（Tailapa II）重建王朝，史称西遮娄其王朝。

[17]曷萨拉王朝（Hoysala Dynasty，1026~1346年），印度南部王朝，1187年前隶属于西遮娄其王朝，1346年亡于毗奢耶那伽罗王朝。

[18]西恒伽王朝（Western Ganga Dynasty，350~1000年），为印度古代卡纳塔克地区的重要王朝。称“西恒伽”是为了与后几个世纪统治今奥里萨地区的东恒伽王朝相别。

[19]维摩那（梵文Vimāna），原意为天上神宫或是吠陀诸神乘坐的飞行战车，见于《摩诃婆罗多》等印度史诗。建筑上有时指王宫（特别是高七层的）或带顶塔的神庙及内殿。

[20]麦加斯梯尼（Megasthenes），古希腊塞琉西一世的使节，曾几次前往印度孔雀王朝旃陀罗笈多一世的宫廷，在那里待了一段时间并在印度北部游历；是首位撰述印度历史的希腊人，著有四卷本的《印度史》。

[21]半女之主（Ardhanarishvara），为湿婆及其配偶帕尔沃蒂（雪山神女）的组合像；半边为湿婆，半边为帕尔沃蒂。

[22]那罗希摩（Narasiṁha），意“人狮”，即半人半狮；为毗湿奴10种化身之一。

[23]20世纪60年代，拉梅什·尚卡尔·古普特认为该组群建于6世纪；但最近（2017年），乔治·米歇尔指出，有的可能属8世纪。

[24]毗奢耶那伽罗王朝（Vijayanagara Dynasty，另译维查耶纳伽尔王朝，1336~1646年），印度南部的印度教帝国。王朝之名来自其首都毗奢耶那伽罗（意“胜利城”），该城的废墟在今卡纳塔克邦亨比村。

[25]维鲁帕科萨（Virupaksha），为湿婆形态之一。

[26]黑天神（Kṛṣṇa，Krishna，字面意思为黑色，又译奎师那、克里希纳等），最早出现于史诗《摩诃婆罗多》中，是婆罗门教-印度教最重要神祇之一。按照印度教的传统观念，为主神毗湿奴或那罗延的化身。

[27]“洛林十字”（Cross of Lorraine），和一般十字相比差别在于上部多一个小横杆。

[28]伐腊毗（Valabhī），位于戈普东偏南方向约230公里，在6~8世纪为梅特拉卡王国（Maitraka Kingdom，约493~776年）的都城，在历史上具有重要地位。

[29]大鹏金翅鸟（Garuḍa，或简称金翅鸟，音译迦楼罗），印度神话中的巨鸟，为主神毗湿奴的坐骑。

[30]诃利诃罗（Harihara，另译哈里哈喇），由半毗湿奴（Hari）和半湿婆（Hara）组合而成的神祇。

[31]梅瓦尔公国（Mewār Principality），创建于14世纪，最初首府在奇托尔，以后迁至乌代布尔。

[32]瞿折罗-普腊蒂哈腊风格（Gujara-Pratihara Style），其名来自瞿折罗-普腊蒂哈腊王朝（Gurjara-Pratihara Dynasty，简称普腊蒂哈腊王朝，又译瞿折罗-波罗提诃罗王朝），是7世纪中叶至1036年由瞿折罗族建立的一个印度教王朝，占有印度的西北部，大致相当今古吉拉特邦、拉贾斯坦邦一带，首都卡瑙杰。

[33]见KRAMRISCH S. The Walls of Orissan Temples，1947年。

[34]马杜苏丹·厄米拉尔·达基认为ākāśalinga相当于space liṅga；但斯特拉·克拉姆莉什认为它并不是由space组成，相反是个作为湿婆神庙塔楼顶饰的实体结构。见于7~10世纪奥里萨邦和安得拉邦祠庙的这种部件往往和下面内祠的林伽位于同一垂直轴线上。

[35]提毗（Devī，梵语“女神”之意），婆罗门教奉行一元论，认为提毗是所有女神的原型，因而所有的印度女神均为提毗的不同形态。

[36]穆克林伽姆（Mukhaliṅgam）为11世纪创建的东恒伽帝国（Eastern Ganga Empire，1078~1434年），首都卡林伽纳加拉。东恒伽王朝源自羯陵伽，作为印度次大陆的印度教政权，统治地区包括今印度整个奥里萨邦和西孟加拉邦、安得拉邦、恰蒂斯加尔邦的一部分。

[37]筏罗诃（Varāhī），毗湿奴化身之一，猪头女身。

[38]阿拉姆普尔（Ālampur）现位于印度南部特伦甘纳邦（Telangana），该邦系2014年由原安得拉邦部分区域分离组建而成。

[39]摩伽罗（Makara，玄奘《大唐西域记》中记为“摩竭”），印度神话中的海中异兽，恒河女神及伐楼拿的坐骑。有人认为其形象源自鳄鱼，亦有人认为是鲸鱼、海豚，甚至是鱼身象头等的结合。

[40]杰赫勒姆河（Jhelum River，古称希达斯皮斯河），流经印度和巴基斯坦，为旁遮普地区五条河流中最西边和最长的一条，穿过杰赫勒姆河谷地区。

[41]迦叶波（Kashyapa、Kaśyap，字面意思为“龟”），印度神话中的一位重要仙人。按照传统说法，迦叶波是参与创造世界的神，同时也是众生之父。

[42]帕拉王朝（Pāla Dynasty，又称波罗王朝），8~12世纪印度东北部的重要王朝。君主名称均以帕拉为后缀，意为“保护者”，为大乘佛教和密宗的信徒。其主要据点位于孟加拉地区和今印度的比哈尔邦。

[43]森纳王朝（Sena Dynasty，亦作犀那王朝，1070~1230年），古典后期印度次大陆王朝，盛期占有次大陆东北大部分地区。

[44]梁代慧皎法师著《高僧传》卷三云：宋高僧智猛于后秦弘始六年（404年）发足长安，到达印度“又睹泥洹坚固之林，降魔菩提之树……兼以宝盖大衣覆降魔像”。约略同时，法显也访问了该圣地，他在自撰《法显传》中叙述完释迦降魔事迹后写道：“后人皆于中起塔立像，今皆在”。入唐以后除高僧玄奘（其参拜时间据高田修考证系于634年）和唐使节王玄策（他至少于645年、660年两次造访菩提伽耶）外，巡礼此地的僧侣仅据义净《大唐西域求法高僧传》记载就有近二十人。

[45]金刚宝座（vajrāsana，vajrā意为永恒），为释迦成道时所坐不动不倾之宝座。

[46]莲花生（梵文Padmasambhava，藏语拼音Bämajungnä），另译莲华生大士。

[47]其在位年代各历史学家有不同说法，这里采用的是D. C. Sircar1975~1976年提出的期限；A. M. Chowdhury（1967年）认为是781~821年，R. C. Majumdar（1971年）认定为770~810年，B. P. Sinha（1977年）认为是783~820年。

[48]罗什曼那（Laksmana），印度史诗《罗摩衍那》中拘萨罗国国王十车王之子，三兄弟均获得大神毗湿奴的神力。

第四章
印度 拉其普特时期

大约7世纪，在印度北部兴起的拉其普特人在7～8世纪之后的印度历史中起到了突出的作用。从7世纪中叶直到12世纪末穆斯林征服印度北部这段时期，通常被称为拉其普特时期。在这段时间里，几乎所有的印度北部政权都是拉其普特人建立的（南方的遮娄其人实际上也是拉其普特人的一支）。但拉其普特人并不是一个统一的民族，其中主要有瞿折罗-布罗蒂诃罗人、兆汉人和遮娄其人。各拉其普特王国之间混战不已，只有波罗王朝于750~1174年统一过印度北部。由于这些拉其普特人全力抗击伊斯兰教势力对印度的侵略，因而被视为印度教的保卫者，有学者更把这段时期称为印度教后期（Later Hindu Period）。

第一节 印度西部、摩腊婆和中央邦

一、10世纪~11世纪中叶

10世纪期间，印度西部神庙建筑进入最后一个重要发展阶段，其范围自沙漠城贾伊萨梅尔（杰伊瑟尔梅尔）开始，经古吉拉特邦至绍拉斯特拉和马哈拉施特拉邦北部，包括整个中央邦地域（奥里萨地区尽管

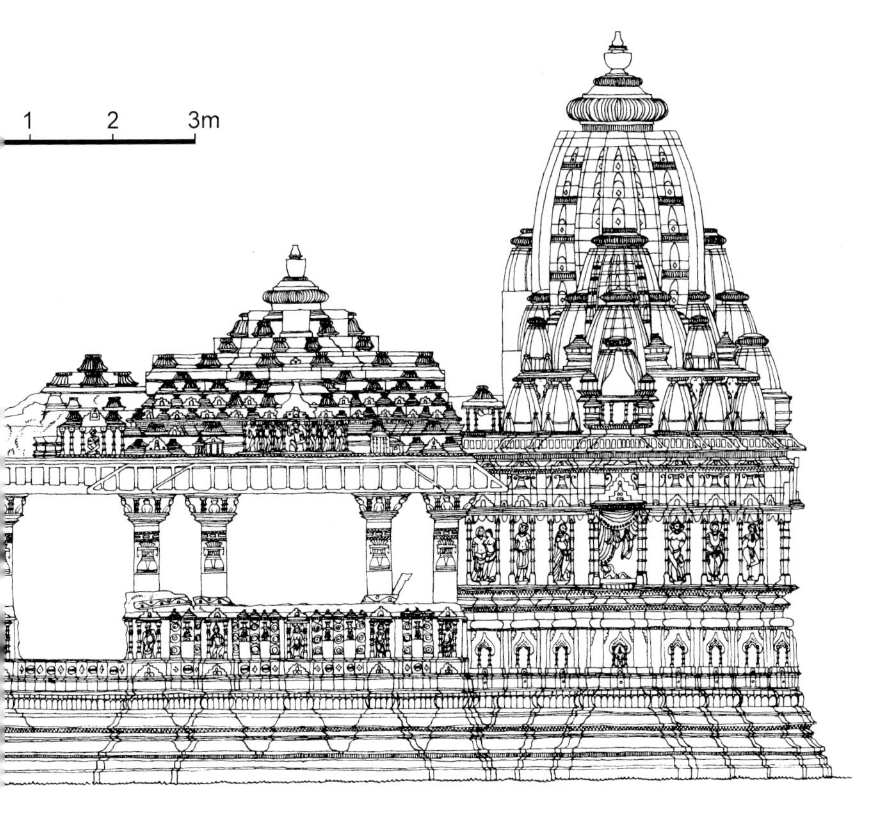

（左）图4-1苏纳克 尼拉肯特庙（10世纪，另说约1075年）。立面（部分复原，图版取自HARLE J C. The Art and Architecture of the Indian Subcontinent，1994年）

（右）图4-2苏纳克 尼拉肯特庙。19世纪下半叶景色（老照片，1885年，Henry Cousens摄）

（左上）图4-3苏纳克 尼拉肯特庙。现状

（左中）图4-4格内勒奥 摩诃毗罗（大雄）神庙（10世纪中叶）。现状外景

（右上）图4-5格内勒奥 摩诃毗罗神庙。主塔近景

（左下）图4-6格内勒奥 摩诃毗罗神庙。柱厅近景

（右下）图4-7纳格达（拉贾斯坦邦） 千臂毗湿奴庙（10世纪后期）。主庙祠塔构成解析图（取自CRUICKSHANK D. Sir Banister Fletcher' s a History of Architecture，1996年）

（左上）图4-8纳格达 千臂毗湿奴庙（萨斯-伯胡庙）。建筑群全景[自西面望去的景色，左为主祠庙（北庙），右为南祠庙（顶塔已毁）]

（下）图4-9纳格达 千臂毗湿奴庙。主庙，东南侧外景（整修前）

（右上）图4-10纳格达 千臂毗湿奴庙。瓦马纳祠堂（位于主祠庙与南祠庙之间，平台东侧）

在许多方面具有同样的美学诉求，但仍然继续发展自己的风格）。在这里，人们开始引进带多个尖头的顶塔，平素的墙面空间亦开始被装饰填满（如苏纳克的尼拉肯特庙，图4-1~4-3）。龛室扩大到基座部分及顶塔下部。连续条带（一般为两条，有时甚至用三条）大都用来表现各种各样的物神及其随从；所有这些浮雕都被围在龛室内或以龛室进行分隔，龛室两侧配有圆形或方形截面的小柱。主要龛室被用来强调平面主要方位或主要方位之间的凸出部分（bhadras）。墙体和上部结构往往通过位于檐口上的龛室连为一体。平面上越来越多的凸出和凹进部分形成大量垂向窄面。在许多祠庙里，底层平面的这些

本页及左页：

（左上）图4-11纳格达 千臂毗湿奴庙。主庙，顶塔近景（整修后）

（中两幅）图4-12纳格达 千臂毗湿奴庙。主庙，柱厅南入口及栏墙近景

（左下）图4-13纳格达 千臂毗湿奴庙。栏墙雕饰细部

（右）图4-14纳格达 千臂毗湿奴庙。南祠庙，大厅墙面雕饰近景

本页及右页：

（左及右上）图4-15纳格达 千臂毗湿奴庙。南祠庙，大厅墙面雕饰细部

（右中）图4-16塞杰克普尔 纳沃拉卡神庙（12世纪早期）。平面（取自HARLE J C. The Art and Architecture of the Indian Subcontinent，1994年）

（右下）图4-17塞杰克普尔 纳沃拉卡神庙。平面及和其他带开敞式柱厅祠庙的比较（取自HARDY A. The Temple Architecture of India，2007年），图中：1、巴达米 耶拉马祠庙（11世纪）；2、哈韦里 西德斯沃拉神庙（11世纪）；3、苏纳克 尼拉肯特庙（约1075年）；4、凯金德 尼拉肯德-摩诃提婆祠庙；5、塞杰克普尔 纳沃拉卡神庙（12世纪早期）

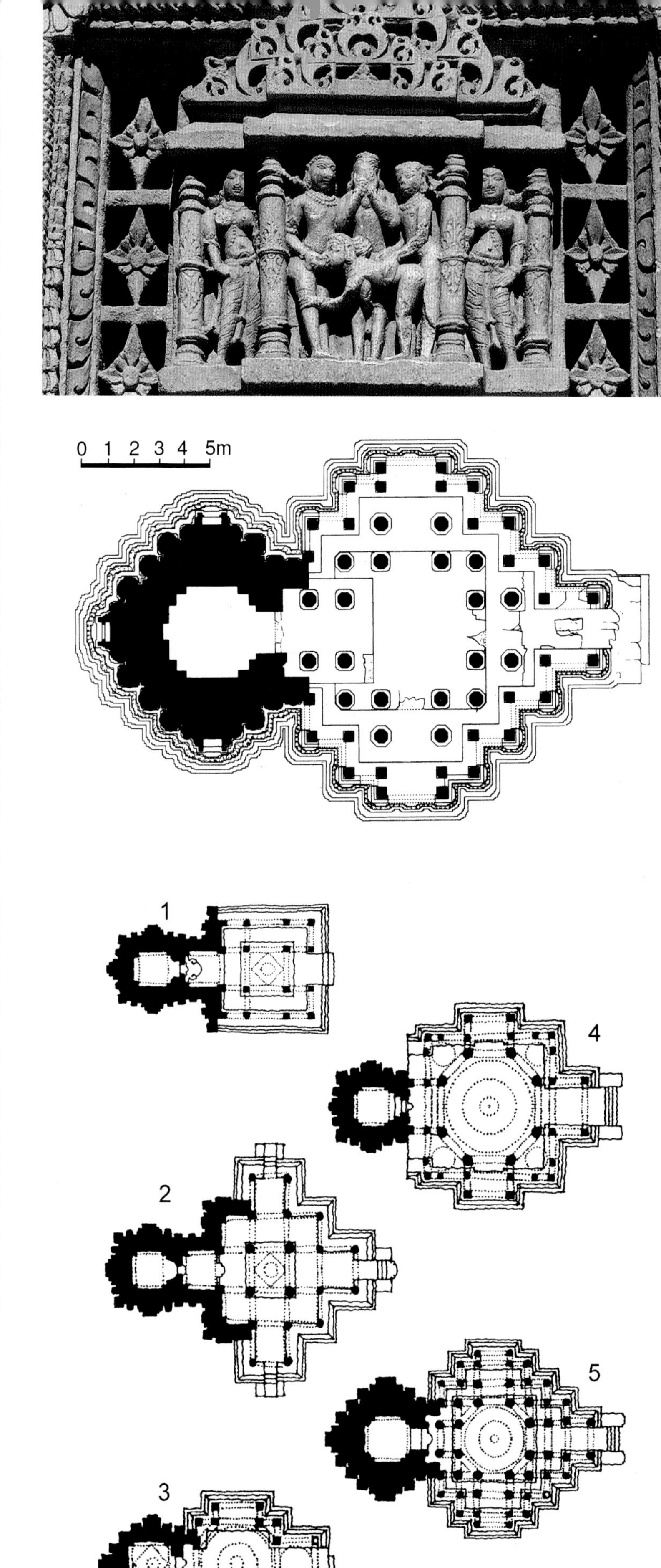

变化和调整如壁垛般自基部延伸到檐口，在那里再借助附属顶塔（uruśṛṅgas）上升到神庙顶端。较大的神庙很快在祠堂前方增设了一个封闭的前厅，然后是一个用于戏剧表演或舞蹈的开敞大厅（通常为一个分开的建筑），最前方则是一个独立的塔门（toraṇa），两根柱子支撑着多叶形（aṇḍolā）的拱券。到11世纪中叶，耆那教神庙周围还布置了众多的小祠堂（最初数目为24个），组成矩形院落。

顶塔（prāsāda）和柱厅（maṇḍapas）外部装饰

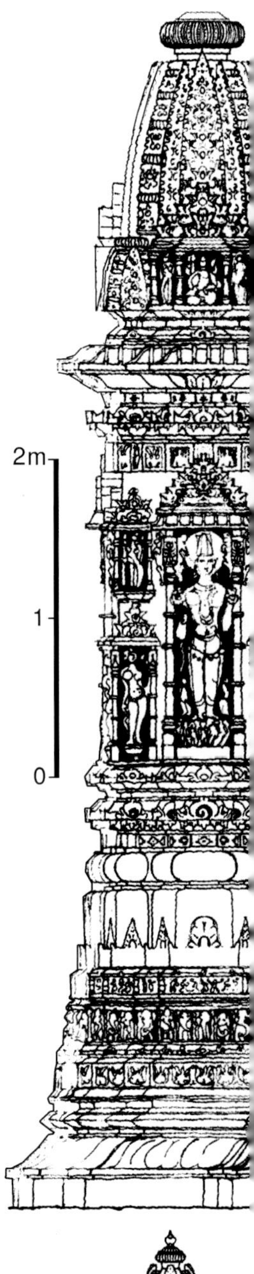

本页：

（左上）图4-18塞杰克普尔 纳沃拉卡神庙。远景

（右上）图4-19塞杰克普尔 纳沃拉卡神庙。现状全景

（左下）图4-20塞杰克普尔 纳沃拉卡神庙。柱厅立面

（右下）图4-22莫德拉 太阳神庙。立面及局部详图（取自HARDY A. The Temple Architecture of India，2007年）

右页：

（上）图4-21莫德拉 太阳神庙（苏利耶神庙，1026年）。总平面（取自HARLE J C. The Art and Architecture of the Indian Subcontinent，1994年），图中：1、内祠；2、柱厅；3、舞艺厅；4、大台阶；5、圣池

（下）图4-23莫德拉 太阳神庙。主祠，东南侧全景

上图为该部分详图

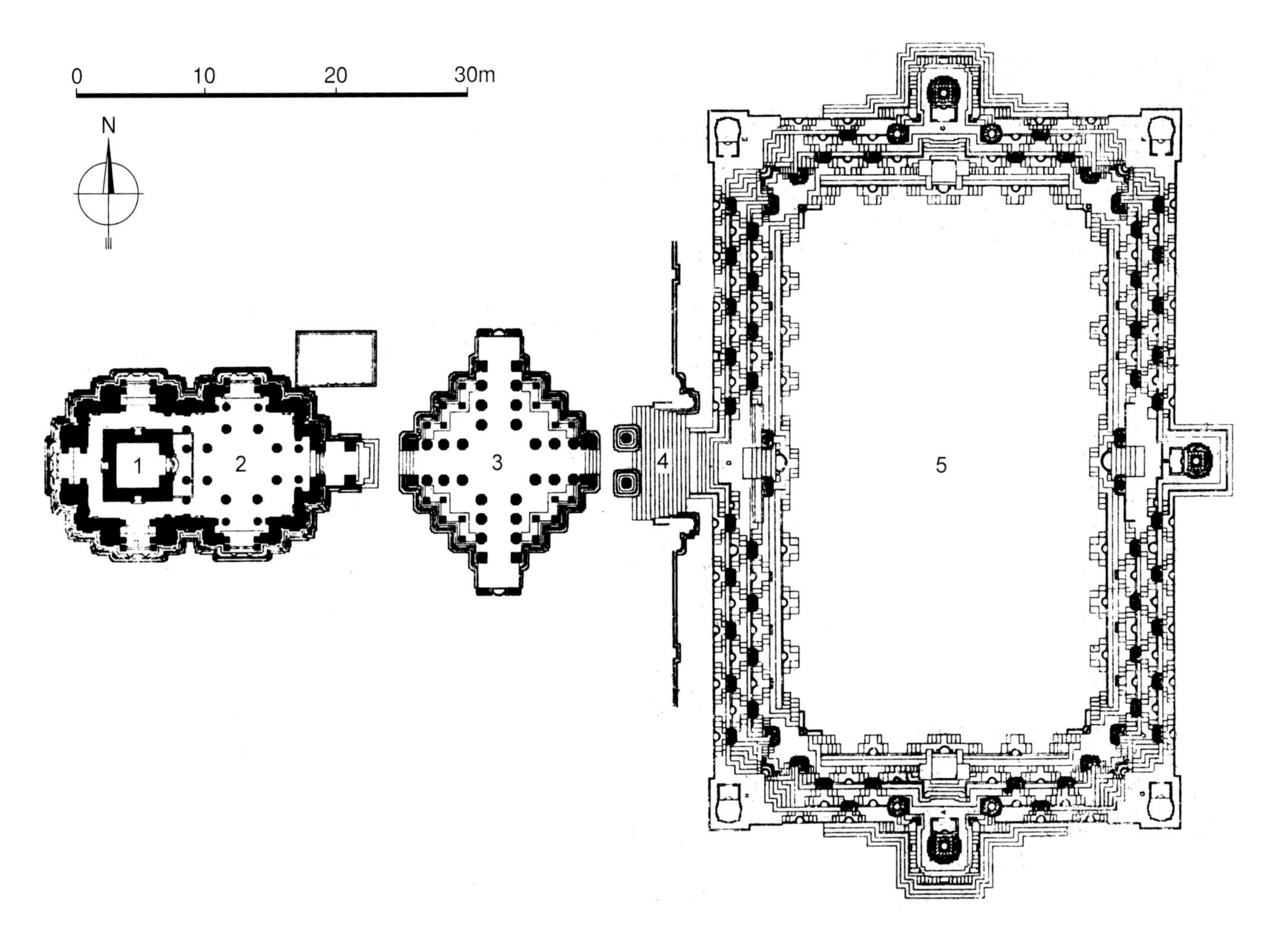
0
10
20
30m
N
1
2
3
4
5

极其华丽，乃至超过一平方英尺的空白处都很难找到。构图的基本模式仍是后笈多时期确立的垂向体制，但现在往往是两倍甚至三倍翻番，只有专业人士才能分辨出其中形态的变化。水平建筑线脚中，最具印度特色的是由平直线和双曲线组成的复合线脚（称kapotāli）。老的装饰性山墙此时因尺度缩减在构图上的意义大为降低。线脚底边上新的半圆花饰向上延伸形成尖头三角形。莲花花瓣及装饰性山墙的蜂窝状图案均用所谓"平面保留技术"（flat "en reserve" technique）刻制。无限重复的"天福之面"[1]、

大象、马和人物的形象覆盖着基座，再往上是智慧之神（vidyādharas，一组具有魔力的神灵）的造型。各个部件本身越来越具有线性、程式化和重复的特点，但当它们合在一起，倒也显得十分热闹，促成了一种生机勃勃、动态十足和向上飞升的效果。

本页及左页：

（左上）图4-24莫德拉 太阳神庙。主祠，西北侧现状

（左下）图4-25莫德拉 太阳神庙。主祠，雕饰及线脚近景

（中）图4-26莫德拉 太阳神庙。主祠，东侧雕饰细部

（右）图4-27莫德拉 太阳神庙。主祠，内景

本页：

（上）图4-28莫德拉 太阳神庙。主祠，柱厅角跨仰视景色

（下）图4-29莫德拉 太阳神庙。演艺厅，东侧景观

右页：

（上）图4-30莫德拉 太阳神庙。演艺厅，东南侧景色

（下）图4-31莫德拉 太阳神庙。演艺厅，南侧全景

和奥里萨地区的做法不同，柱厅内部极尽华丽之能事。基部设龛室的柱子，至上部截面变为八角形和圆形并带复杂的雕饰。老式的圆形顶棚演进成类似穹顶的样式，雕饰的华美更是令人难以置信：穹顶基部的挑腿上承女体雕像，中心布置一组花蕊状的垂饰（见图4-75）。建造最为精美的是多层柱厅（所谓meghanāda maṇḍapas，一般为两层），每对柱子之间采用纯装饰性的多叶拱券（aṇḍolā toraṇas）。由于梁

柱式结构要求密集的支撑，不可能创造巨大的空间效果，因而人们只能在装饰的华丽上下功夫。.

前述杰加特的阿姆巴马塔祠庙是拉贾斯坦邦这时期能准确判定年代的最早神庙之一（960年）。它不仅是建筑杰作，同时也是雕刻宝库，其价值部分来自其过渡性质（见图3-57）。主要顶塔并不是单独一个，但依附于它的较小塔楼只是简单地排列在檐口上，封闭的前厅和门廊上冠以帕姆萨纳式屋顶（phāṁsanā roofs）。早期西部地区的特征还包括几何图案的格栅（jālas）、由双重复合线脚（kapotāli）组成的檐口及龛室下的大型莲花线脚。中央凸出形体（bhadras）和角上凸出部分均配有带独特山墙装饰的龛室，小柱亭内安置坐像。方形壁柱上凸出立体感甚强的足尺雕像。墙面上极其优美的天女（apsarases）形象和作登攀姿态的角狮造像几近圆雕，其上是同样向前凸出婀娜多姿的成对坐像，颇似普拉曼盖朱罗早期神庙龛室两边的大型浮雕造像。再往上凸出部分的嵌板内布置智慧之神雕像。如其他供

奉沙克蒂（śakti，shakti，女神生殖力、性力）神庙的规制，除了方位护法神外，造像几乎清一色为女性。其中有的在图像研究上具有很大价值。

格内勒奥的摩诃毗罗（大雄）神庙同样建于10世纪中叶，是另一个具有过渡性质的作品（图4-4~4-6）；虽然其美学价值有限，但独创性上仍可圈可点（可惜的是经历了多次改造）。封闭式柱厅的柱子和壁柱非常平素朴实，不大的壁龛占据了墙面的中央条带。祠堂前依次配置小前厅（antarāla）、封闭式柱厅、敞开式小柱厅和门廊；平面形成双十字形，带有等长的臂翼，颇似克久拉霍的大庙，只是程度上更为节制；尤为特殊的是封闭柱厅的柱子形成八角形。顶棚（vitānas）格外优美且富于变化。在柱厅尖矢拱顶天

本页及左页：

（左上）图4-32莫德拉 太阳神庙。演艺厅，西南侧景观

（左下）图4-33莫德拉 太阳神庙。演艺厅，西北侧雕饰细部

（中及右）图4-34莫德拉 太阳神庙。演艺厅，内景

棚乌特西普塔式的挑腿上，站着一个在树荫下带着孩子的妇女雕像，下面为大象的造型。随后的50~75年建造的24个正面敞开的小型附属祠堂（devakulikās），形成一个环绕着主要祠庙的矩形院落。遗憾的是，建筑的上部结构已完全更新。

位于埃格灵吉附近纳格达的千臂毗湿奴庙（10世纪后期）是印度西部纳迦罗风格的典型作品，配有著名的双祠庙，是这时期位于大平台（jagatī）上的拉贾斯坦邦神庙中罕见的例证（图4-7~4-15）。其他的早期神庙尚有分别于959年和971年建造的温沃斯祠庙和埃格灵吉祠庙。两者均配置了朱罗时期那种简单的基座线脚。温沃斯祠庙在每个立面的主要凸出部分辟单一龛室，于墙面中间布置一条绕行的平素条带。这是座带有多个顶塔（anekāṇḍaka）的建筑，以砖砌造的顶塔在这个地区仅偶尔可见。埃格灵吉祠庙为供奉湿婆的梅瓦尔国王家神祠堂，其墙体如早期巴多利和罗达神庙的做法，完全没有装饰。

瑟瓦迪的摩诃毗罗（大雄）神庙（约1000~1025年）为最早的布米贾式（Bhūmija Type）祠庙之

一（在本节后面还要讨论这个问题），除了顶塔（prāsāda）各立面中部的单一龛室外，墙体完全平素无饰。这种不免显得有些僵冷的外貌因平面的丰富得到了一定程度的缓解。这一趋势在巴多利的格泰斯沃拉神庙中已开始显露出来，并在塞杰克普尔的纳沃拉卡神庙中得到了完美的体现（只是在这个实例中，仍然可看到通常的丰富装饰，图4-16~4-20）。五车式平面的柱厅，连同柱上的挑檐，在立面上形成退阶的效果。檐口以上为布米贾式的层叠顶塔。

在乌代布尔城外的古代遗址阿哈尔（阿哈德），约建于1050年的米拉神庙基部的二层线脚（kumbha）可视为由半圆花饰向尖头三角形发展的早期阶

左页：

（上）图4-35莫德拉 太阳神庙。演艺厅，穹顶仰视

（中）图4-36基拉杜 毗湿奴祠堂。现状

（下）图4-37莫德拉 太阳神庙。圣池，东侧全景（远景为舞艺厅）

本页：

（上）图4-38莫德拉 太阳神庙。圣池，东南侧全景

（下）图4-39莫德拉 太阳神庙。圣池，自西侧向东望去的景色

左页：
（上下两幅）图4-40莫德拉 太阳神庙。圣池，向西北及北向望去的景色

本页：
（上）图4-41莫德拉 太阳神庙。圣池，池边台地近景
（左下）图4-42巴拉纳式柱（系于垫式柱头上置宽阔的冠板，流行于10世纪印度中部及西部；图版取自HARDY A. The Temple Architecture of India, 2007年）。图中：1、莫德拉 太阳神庙（1026年）；2、索默纳特-帕坦神庙（约12世纪）
（右下）图4-43萨德里 巴湿伐那陀神庙（约公元1000年）。屋顶平面（取自HARDY A. The Temple Architecture of India, 2007年）

段，并最终在古吉拉特邦各清真寺中得到应用。和杰加特的阿姆巴马塔祠庙相比，其雕刻显得更为生硬、线性，构图虽不上档次，但倒也不乏生气。奥西安大雄庙的塔门（toraṇa）是于1018年增建的项目，附属的小型祠堂（devakulikās）中大多数属11世纪建造。由于上部采用单一的尖顶结构（拉蒂纳式），其平面更接近8~9世纪的类型。

二、11世纪中叶~13世纪

到11世纪中叶，在这片地区，进一步演进出一种样式统一、构图协调的建筑风格。莫德拉的太阳神庙，以其精彩的圣池、台阶、平台、台地和小型祠堂而著称（遗憾的是顶塔部分缺失，图4-21~4-28）。在内祠的地下小室里尚存太阳神雕像的底座。进行音乐、舞蹈演出的大厅年代稍晚，这部分与内祠分开，形成独立建筑，是现存这类厅堂中最精美的实例（图4-29~4-35）。建筑沿袭最基本的梁柱体系，如基拉

本页及左页：

（左上）图4-44萨德里 巴湿伐那陀神庙。主塔近景

（左下及右上）图4-45库姆巴里亚 摩诃毗罗（大雄）神庙（约1062年）。柱厅内景

（右下）图4-46库姆巴里亚 摩诃毗罗神庙。天棚，仰视景观

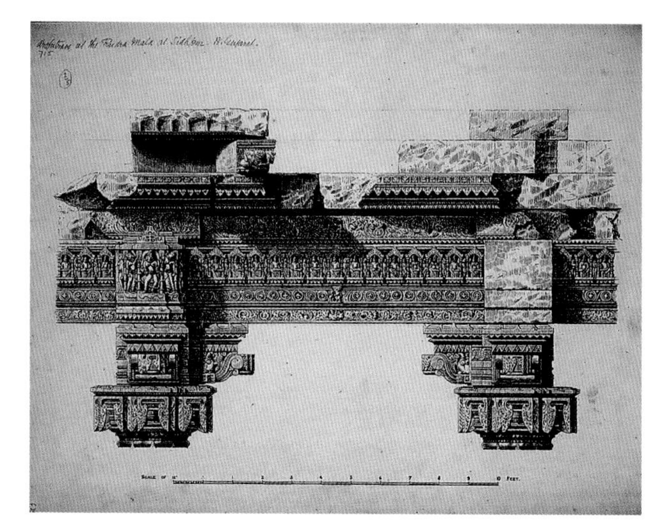

杜规模较小且已残毁的毗湿奴祠堂（图4-36）和200英里以外纳格达的千臂毗湿奴庙大厅的做法。它和东面装饰华美的圣池一起，构成了建筑群重要的组成部分（图4-37~4-41）。在莫德拉，华丽的柱子[所谓巴拉纳式柱（Bharana Pillars），图4-42]、满覆墙面的雕饰、大量采用的多叶形拱券，以及躁动不安的人物雕刻，多少为建筑注入了些许生气，缓解了结构的僵硬感觉。

在这片地域，从最西边（基拉杜）直到内地的绍拉斯特拉，尚有许多其他精美的祠堂，可惜顶塔能完整保存下来的极少。它们大部分都没有基台

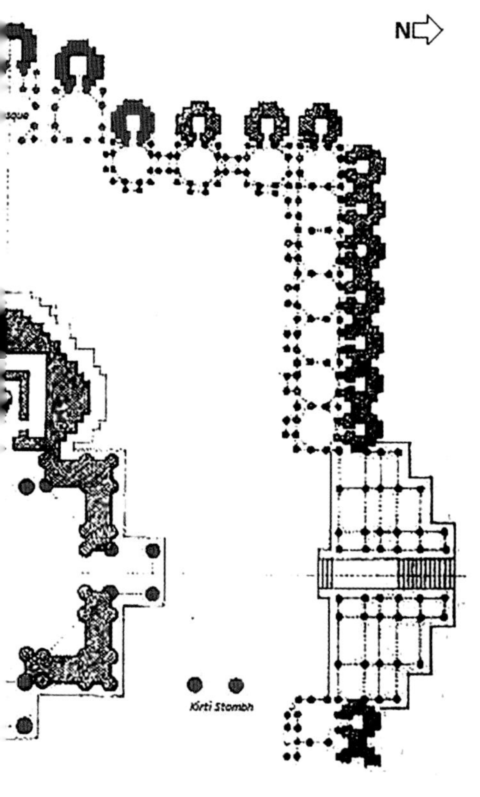

本页及左页：

（左上）图4-47奇托尔 瑟米德斯沃拉神庙（12世纪中后期）。外景（谢卡里式祠堂配萨姆沃拉纳式大厅）

（右）图4-48奇托尔 瑟米德斯沃拉神庙。内景

（中上）图4-49希德普尔（古吉拉特邦） 鲁德勒默哈拉亚神庙（12世纪）。总平面（复原图，作者A. K. Forbes，1856年，周围建筑仅绘出四分之一）

（左下）图4-50希德普尔 鲁德勒默哈拉亚神庙。门楣立面（图版，作者A. K. Forbes，1856年）

（中下）图4-51希德普尔 鲁德勒默哈拉亚神庙。柱头及楣梁细部[取自BURGESS J. Original Drawings（of）Architecture of Northern Gujarat，1856年]

本页及左页：

（左上）图4-52希德普尔 鲁德勒默哈拉亚神庙。19世纪末部分残迹状态（老照片，1885年，Henry Cousens摄）

（左下）图4-53希德普尔 鲁德勒默哈拉亚神庙。塔门，20世纪初景观[版画，1905年，作者John Henry Wright（1852~1908年）]

（右）图4-54希德普尔 鲁德勒默哈拉亚神庙。塔门，现状

（中）图4-55希德普尔 鲁德勒默哈拉亚神庙。门柱，现状

本页：

（上）图4-56希德普尔 鲁德勒默哈拉亚神庙。大厅，外景

（下）图4-57希德普尔 鲁德勒默哈拉亚神庙。大厅，内景

右页：

（上）图4-58希德普尔 鲁德勒默哈拉亚神庙。大厅，檐壁雕饰及天棚

（下）图4-59希德普尔 鲁德勒默哈拉亚神庙。大厅，天棚雕饰

本页：

（上）图4-60德博伊 金刚门。现状景观

（下）图4-61厄纳希尔瓦德-帕坦 “王后井”（11世纪）。自入口台阶处望去的景色

右页：

图4-62厄纳希尔瓦德-帕坦 “王后井”。向入口方向望去的全景

（jagatī），而是在基部配置了一个很高但没有多少装饰的罐状线脚（kumbha），顶塔底部则有一道凸出的挑檐石（chādya）。前面提到的基拉杜湿婆祠庙基部的一条大型反曲线莲花线脚有些类似朱罗早期的神庙，但感觉上更像织纹；条带布置上具有更严格的规章，只是人物雕刻有时为取自《罗摩衍那》（*Rāmāyaṇa*）等典籍的生动场景取代。

塔楼（prāsādas）平面大都承继前期的五车样

本页：

（上下两幅）图4-63厄纳希尔瓦德-帕坦“王后井”。阶台状墙面、平台及廊道近景

右页：

（上下两幅）图4-64厄纳希尔瓦德-帕坦“王后井”。墙面雕饰及细部

左页：
（上下两幅）图4-65厄纳希尔瓦德-帕坦“王后井”。廊道近景

本页：
（上下两幅）图4-66厄纳希尔瓦德-帕坦“王后井”。柱列细部

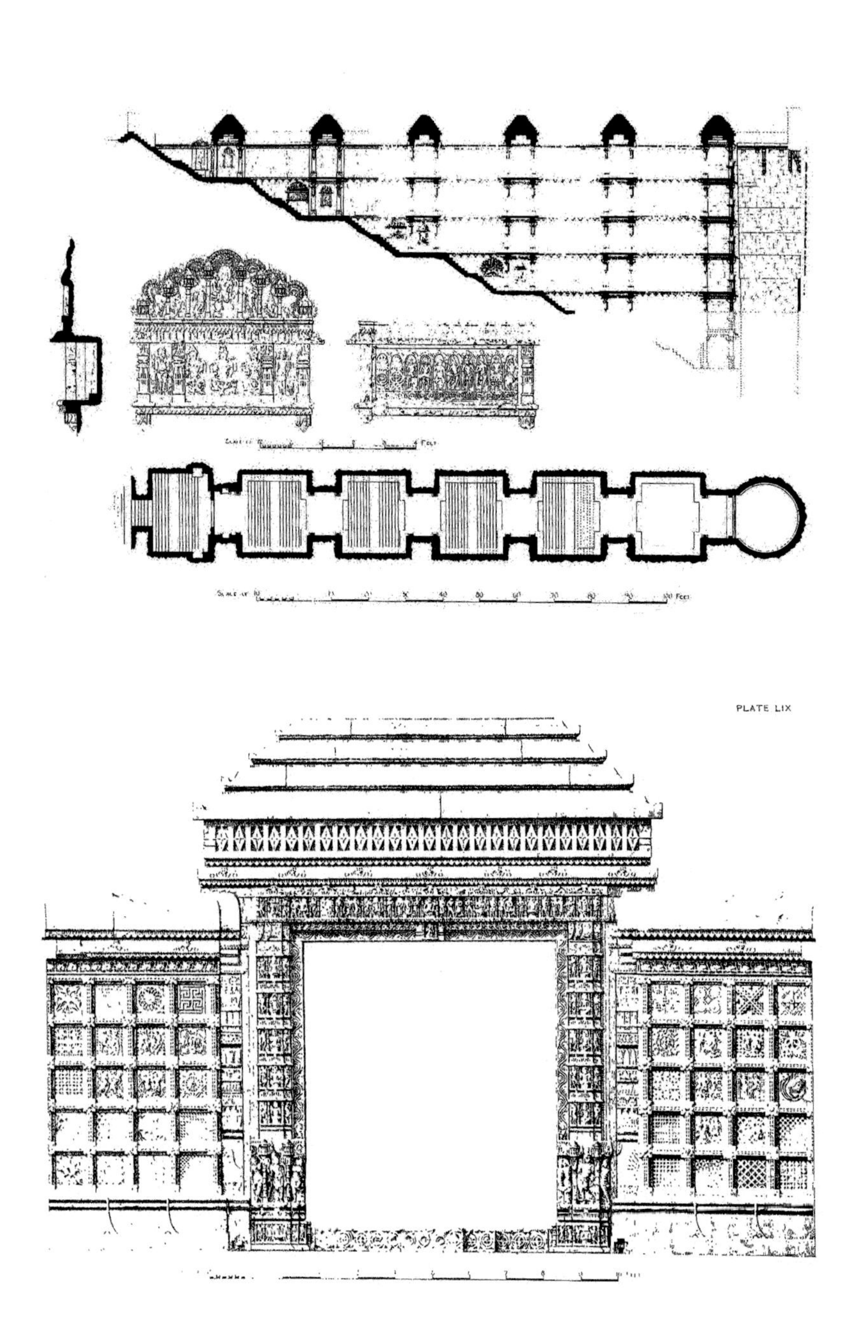
PLATE LIX

式，只是第一眼望去很难分辨（见图3-26、4-16）。由于除了中央凸出部分外，平面上的其他退阶均按同样的长度，因此方形的平面具有菱形的外廓，只是在端头抹平形成的凸出形体上布置主要龛室。在各个凸角上，进一步通过次级凸出部分起到类似壁垛的加固作用。各凸角两面均于小柱形成的龛室内布置雕像，柱子及间墙上另出环箍。龛室山墙由带花边的三角形组成，传统装饰性山墙的组成要素消失殆尽。支撑山墙的圆柱柱头已高度程式化（由平素的矛尖状部件组成，从薄薄的冠板角上垂下），以致很难辨别它到底

本页及左页：

（左上）图4-67苏伦德拉讷格尔（古吉拉特邦）马德瓦井（13世纪）。平面及剖面[图版，1931年，作者Henry Cousens（1854~1933年）]

（左中）图4-68苏伦德拉讷格尔 马德瓦井。立面细部（图版，1931年，作者Henry Cousens）

（中上）图4-69苏伦德拉讷格尔 马德瓦井。外景

（左下）图4-70苏伦德拉讷格尔 马德瓦井。内景

（中下及右上）图4-71厄纳希尔瓦德-帕坦 水池及渠道遗迹

（右下）图4-72迪尔瓦拉（阿布山） 维马拉神庙（1031/1032年）。门廊，现状

左页：

图4-73迪尔瓦拉 维马拉神庙。入口柱厅及藻井（由叠涩挑出形成的穹式藻井支撑在八角形厅堂的华丽支柱上，16个挑腿上饰有仙女形象，由柱头上升起的挑腿构成楣梁的加固支撑，形成稳固的三角形结构）

本页：

(左上及下）图4-74迪尔瓦拉 维马拉神庙。柱厅，柱头及挑腿细部

（右上）图4-75迪尔瓦拉 维马拉神庙。柱厅，穹式顶棚仰视

是来自罐饰，还是叶饰或扇形棕榈叶。凸出部分的深龛与檐口上的龛室相互应和。除基拉杜和绍拉斯特拉神庙外，拉尼附近纳多尔精美的巴特摩巴罗波神庙、拉纳克普尔附近萨德里的巴湿伐那陀神庙，都可作为这种风格得到广泛传播的见证（图4-43、4-44）。

除了较小的附属祠堂外，位于内祠前的封闭柱厅继续沿用顶塔的垂向构图直至主要檐口处。上部通常

本页及右页：

（左上）图4-76迪尔瓦拉 维马拉神庙。女神雕像

（左中）图4-77迪尔瓦拉 卢纳祠庙（1232~1248年）。柱厅，内景[绘画，19世纪50年代，作者William Carpenter（1818~1899年）]

（左下）图4-78迪尔瓦拉 卢纳祠庙。柱厅，现状

（中上）图4-79迪尔瓦拉 卢纳祠庙。穹式顶棚仰视

（右上）图4-80德伦加（古吉拉特邦） 斯韦塔姆巴拉祠庙组群。东南侧全景

（中下）图4-81德伦加 斯韦塔姆巴拉祠庙组群。南侧俯视景色（前景水塘已干涸）

（右中）图4-82德伦加 阿耆达那陀耆那教神庙（1165年）。西南侧景色（谢卡里式祠堂配萨姆沃拉纳式大厅）

采用低矮的金字塔式屋顶（所谓saṁvaraṇā roof），如库姆巴里亚壮观的摩诃毗罗（大雄）神庙（图4-45、4-46）。柱子和顶棚（后者现已成为真正的穹顶）和室外一样具有丰富的雕饰。人物雕刻或取枕梁的形式以躯干作为结束（均为男性），或呈托架形式（均为女性），有的顶棚上还雕有大量的神祇及人物。在像迪尔瓦拉（阿布山）的维马拉神庙（见图3-14）和奇托尔的瑟米德斯沃拉神庙（图4-47、4-48）这样一些建筑里，除了正面门洞外，还可通过侧面入口采光。但演出大厅（raṅgamaṇḍapa）大部分是开敞的，因此塔楼的构图形制无法延续到基座处。其矮墙通常处理成封闭的栏杆形式，相应配坐板及靠背（kakṣāsana）。粗壮的柱子支撑屋顶。除了丰富的装饰外，柱子之间还出现了纯装饰性的多叶形拱券（aṇḍolā toraṇas），偶尔设置第二层，布置基本遵循前期做法。

左页：

（上）图4-83德伦加 阿耆达那陀耆那教神庙。北侧全景

（下）图4-84德伦加 阿耆达那陀耆那教神庙。东南侧现状

本页：

图4-85德伦加 阿耆达那陀耆那教神庙。主塔近景（穹式亭阁上以复合式谢卡里顶塔取代单一的拉蒂纳式塔楼，构图效果更趋华丽复杂）

包括圣池在内，莫德拉神庙主要轴线延伸约75米。同在古吉拉特邦北部希德普尔、建于12世纪的鲁德勒默哈拉亚神庙，如果把其对称布置的附属祠堂都包括在内的话，两者组群规模亦大致相当（图4-49~4-59）。不过，这座巨大的湿婆神庙如今仅存一座塔门（toraṇa）和少量两层演出大厅（raṅgamaṇḍapa）的遗迹。索默纳特-帕坦的索默纳特大庙于1025~1026年被迦色尼王朝（Ghazni Dynasty）的马哈茂德破坏后一度重建，1169年再次被大规模洗劫，仅留残墟。现建筑为1950~1951年重建。

在我们考察的这片地区南部，特别是古吉拉特邦，尚有一些装饰精美的城门，采用了神庙的某些风格特征，其杰出实例位于金杰瓦达和德博伊（在伯罗德附近，图4-60）。带台阶的井泉亦然，其中

本页及左页：

（左上）图4-86乌代布尔（中央邦）乌代斯沃拉神庙（1059~1080年）。西南侧现状

（中下）图4-87乌代布尔 乌代斯沃拉神庙。仰视近景

（左下）图4-88贾尔拉帕坦 太阳神庙。现状全景

（右上）图4-89贾尔拉帕坦 太阳神庙。门廊及柱厅近景

（中上）图4-90贾尔拉帕坦 太阳神庙。顶塔近景

最华丽可能也是最早的是位于厄纳希尔瓦德-帕坦城外的所谓“王后井”（11世纪，系国王比默·德沃的遗孀、王后乌德娅玛蒂为纪念其夫君而建，图4-61~4-66）。这组豪华的建筑长64米，宽20米，深27米，周围廊道及墙面上如祠庙一样满布龛室及各类雕像。属13世纪的古吉拉特邦苏伦德拉讷格尔县的马德瓦井系按不同的设计理念建造，保存完好，但内部几乎没有雕刻（图4-67~4-70）。在厄纳希尔瓦德-帕坦，还留存有一批人工湖（水库）、水道和水渠等工程设施（图4-71）。

迪尔瓦拉的维马拉神庙始建于1031/1032年（供奉耆那教第1位祖师勒舍波提婆/阿底那陀），是印度西部耆那教建筑开始发展的标志（图4-72~4-76）。其建造者维马尔沙是古吉拉特地区遮娄其王朝国王毗摩一世（约1022~1064年在位）手下的一位大臣。祠庙位于由廊道环绕的大院里，廊道内沿墙设成排的小祠堂（devakulikās，这种由系列小祠堂形成的围墙有着悠久的历史），内置耆那教祖师（tirthankaras）的雕像。事实上，它只是个增添了柱廊和屋顶的内部围地，其中顶塔和封闭的柱厅只占很小的面积，外观上

也不是特别重要（从外部仅能看到顶塔部分）。建筑用库姆巴里亚附近的白色或暗色大理石建成（在库姆巴里亚，还有另外一组用同样石料建造的重要寺庙组群）。在这里，美化室内同样是建筑师和雕刻师的主要目标。为了增加室内高度，在额外的系列枕梁上另加立柱。由于采用了清澈的大理石，加上来自露天空

本页及左页：

（左上）图4-91贾尔拉帕坦太阳神庙。太阳神雕像

（左下）图4-92拉姆格尔本德-德奥拉神庙。主塔近景

（中下）图4-93拉姆格尔本德-德奥拉神庙。柱厅内景

（右下）图4-94拉姆格尔 帕尔瓦蒂神庙（12世纪）。残迹现状（交替采用脊肋及穹式亭阁，形成拉蒂纳和布米贾的混合样式）

（中上）图4-95内默沃尔西德斯沃拉神庙。入口立面全景

（右上）图4-97比乔利亚（拉贾斯坦邦） 马哈卡尔神庙。地段全景

间和双层柱厅的光线，室内完全不像类似的印度南方大厅那样昏暗。但由于大型部件的用料及尺度上很少变化（如周围的54个小型附属祠堂就完全一样），建筑不免显得有些缺乏生气。

然而，不可否认的是，这座建筑的雕刻是惊人的优美（见图4-75、4-76）。一些小祠堂外面的顶棚雕饰表现来自吠陀教（婆罗门教）经典的场景。年代稍晚的象厅更是个不合传统规制的奇特建筑，浮雕上成排的巨象驮着一位大臣、他的儿子及先人。近旁极其类似的卢纳祠庙系1232~1248年由大臣泰亚帕勒建造，

（左上）图4-96内默沃尔 西德斯沃拉神庙。侧面景色

（下）图4-98比乔利亚马哈卡尔神庙。侧面现状

（右上）图4-99阿姆巴尔纳特（马哈拉施特拉邦）神庙（1060年）。19世纪下半叶景况（老照片，约1855~1862年）

（上下两幅）图4-100阿姆巴尔纳特 神庙。现状

系供奉耆那教第22位祖师内密那陀（图4-77~4-79），位于内殿后面的象厅用一道镂空的石格栅分开，只是这类厅堂以后再没有出现过。

印度西部古吉拉特邦的德伦加是耆那教朝圣中心，最早的耆那教神庙建于1121年。最大的斯韦塔姆巴拉组群由14座祠庙组成（图4-80、4-81）。在德伦加山上另有五座祠庙。主要建筑阿耆达那陀庙建于遮娄其王朝国王库马拉帕拉（1143~1174年在位）时

期，位于约宽66米，长100米的主要广场上，祠庙本身长宽分别为15和30米，高43米（图4-82~4-85）。

在这片地域，布米贾式神庙的特色主要表现在顶塔上，属所谓多塔祠庙（anekāṇḍaka）类型，其小塔（称uruśṛṅgas，通常为奇数）位于四个正向的凸出基肋（latās）之间，成竖向排列，每列叠置的小塔可达九个之多，自下至上尺寸递减。最早的布米贾式建筑是位于拉贾斯坦邦帕利县瑟瓦迪的摩诃毗罗（大雄）神庙（建于11世纪最初二三十年），只是其上层结构带有平素沉重的壁柱，平面也和当时印度西部的典型祠庙难以区别。这类神庙可在拉贾斯坦邦和马哈拉施特拉邦北部看到，在古吉拉特邦和中央邦东部也有几个，但大多数仍在据信是其发源地的马尔瓦地区。几乎所有这类神庙均无内部巡行廊道

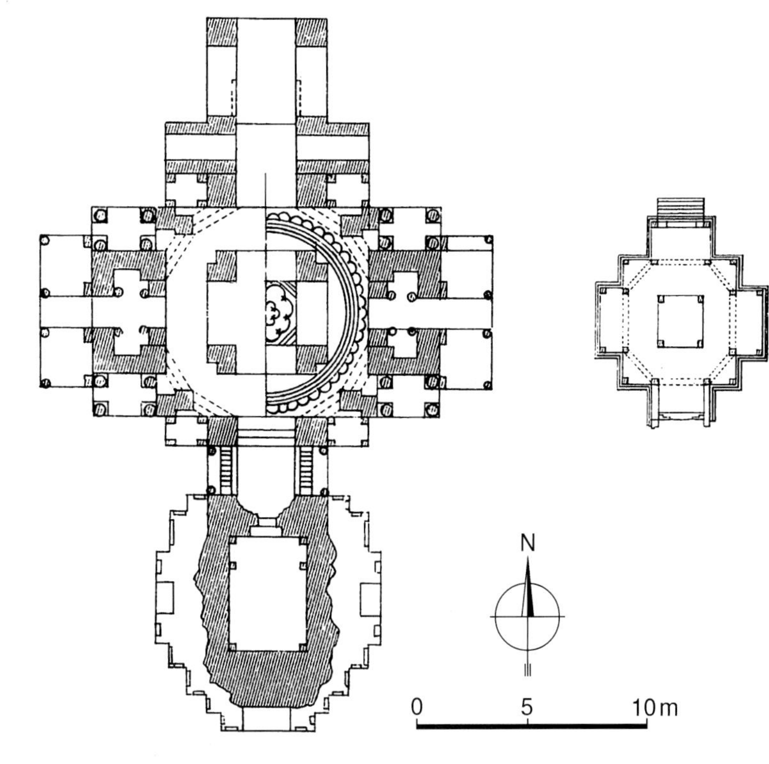

左页：

（上下两幅）图4-101阿姆巴尔纳特神庙。雕饰细部

本页：

（左上）图4-102乔德加 曼克斯沃拉祠庙。19世纪下半叶景色（老照片，Henry Cousens摄，1885年）

（右上）图4-103瓜廖尔 城堡。萨斯-伯胡神庙组群，平面（作者Ms Sarah Welch，1871年）：左、萨斯庙（大庙）；右、伯胡庙（小庙）

（下）图4-104瓜廖尔 城堡。萨斯-伯胡神庙组群，现状（东侧景观，近景为小庙，远景为大庙）

(上)图4-105瓜廖尔 城堡。萨斯-伯胡神庙组群,西北侧景色(前景为大庙)

(下)图4-106瓜廖尔 城堡。萨斯-伯胡神庙组群,萨斯庙(大庙),19世纪下半叶,东侧景色(老照片,George Edward摄,1869年)

(中)图4-107瓜廖尔 城堡。萨斯-伯胡神庙组群,萨斯庙,西北侧现状

(即nirandhāra),平面或如上面所说类型,或为所谓“圆廓星形”(circular-cum-stellate,即以方形为基准,绕中心旋转,形成带许多凸角的星形)。

乌代布尔的乌代斯沃拉神庙通常被认为是布米贾式祠庙中最优秀的范例(图4-86、4-87)。始建于1059年并于1080年举行奉献仪式的这座祠庙采用七车平面,各面小塔水平方向五个并列,每个均有自己的基座(kūṭastambhas),竖向七层小塔叠置,尺寸向上逐层递减。通过这样的布局,明确划分的肋状壁垛产生了飞升的效果,自基座直至顶部的圆垫式顶石。主塔处仅有一条大型人物雕刻饰带,雕像之间用小柱

（上）图4-108瓜廖尔城堡。萨斯-伯胡神庙组群，萨斯庙，东侧，现状全景

（下）图4-109瓜廖尔城堡。萨斯-伯胡神庙组群，萨斯庙，西侧基座及门廊近景

分开，其上没有采用山墙造型，而是形成由许多檐口线脚分划的基座，分别支撑第一排的各个小塔。每个基肋（latā）底部线脚复杂的龛室上冠以大型装饰性山墙，顶部饰有一个“天福之面”（kīrttimukha），这种做法在印度北部非常少见。在东面顶塔基部格外高大的三角形凸出部分（śukanāsa）处，另外增设了一个层位，在主龛室两侧及上面布置龛室及雕像。通

本页及左页：

（左上）图4-110瓜廖尔 城堡。萨斯-伯胡神庙组群，萨斯庙，东侧门廊近景

（左下）图4-111瓜廖尔 城堡。萨斯-伯胡神庙组群，萨斯庙，栏板雕饰

（中上）图4-112瓜廖尔 城堡。萨斯-伯胡神庙组群，伯胡庙（小庙），19世纪下半叶，西北侧景色（老照片，1885年）

（右上）图4-113瓜廖尔 城堡。萨斯-伯胡神庙组群，伯胡庙，东北侧现状

（右下）图4-114瓜廖尔 城堡。萨斯-伯胡神庙组群，伯胡庙，西侧全景

（中下）图4-115克久拉霍 寺庙组群分布图

本页及右页：

（左）图4-116克久拉霍 阿底那陀庙（950年）。东南侧现状

（中上）图4-117克久拉霍 阿底那陀庙。南面景观

（右上）图4-118克久拉霍 阿底那陀庙。主塔近景

（中下）图4-119克久拉霍 阿底那陀庙。雕饰细部

（右下）图4-120克久拉霍 六十四瑜伽女祠庙（9世纪后期）。遗址全景（风格古朴的建筑立在陡峭的高台上）

向内祠的大门为这时期一个极为豪华的例证，两侧壁柱向外凸出厚度相当其直径之半，楣梁上亭阁浮雕的高度也大大超过以往。封闭的十字形柱厅规模宏大，三面均辟门廊及入口，上覆精美的缓坡金字塔式屋顶（saṁvaraṇā roof）。周围于高平台上布置七座附属祠堂的这座祠庙为印度最大神庙之一，尤为可贵的是保存完好。

贾尔拉帕坦精美的太阳神庙在立面基肋部位布置了附属顶塔（uruśṛṅgas），并有两个雕刻条带，是其特殊之处（图4-88~4-91）。在同一地区，考塔县拉姆格尔的本德-德奥拉神庙表现出更为明显的印度西部特征，如基部的无数条带、底座上额外的饰带和反莲花线脚等（图4-92、4-93）。大门两侧的壁柱事实上已成了圆雕的柱子。但雕刻僵硬，缺乏生气。同在

下图为祠庙角部雕饰详

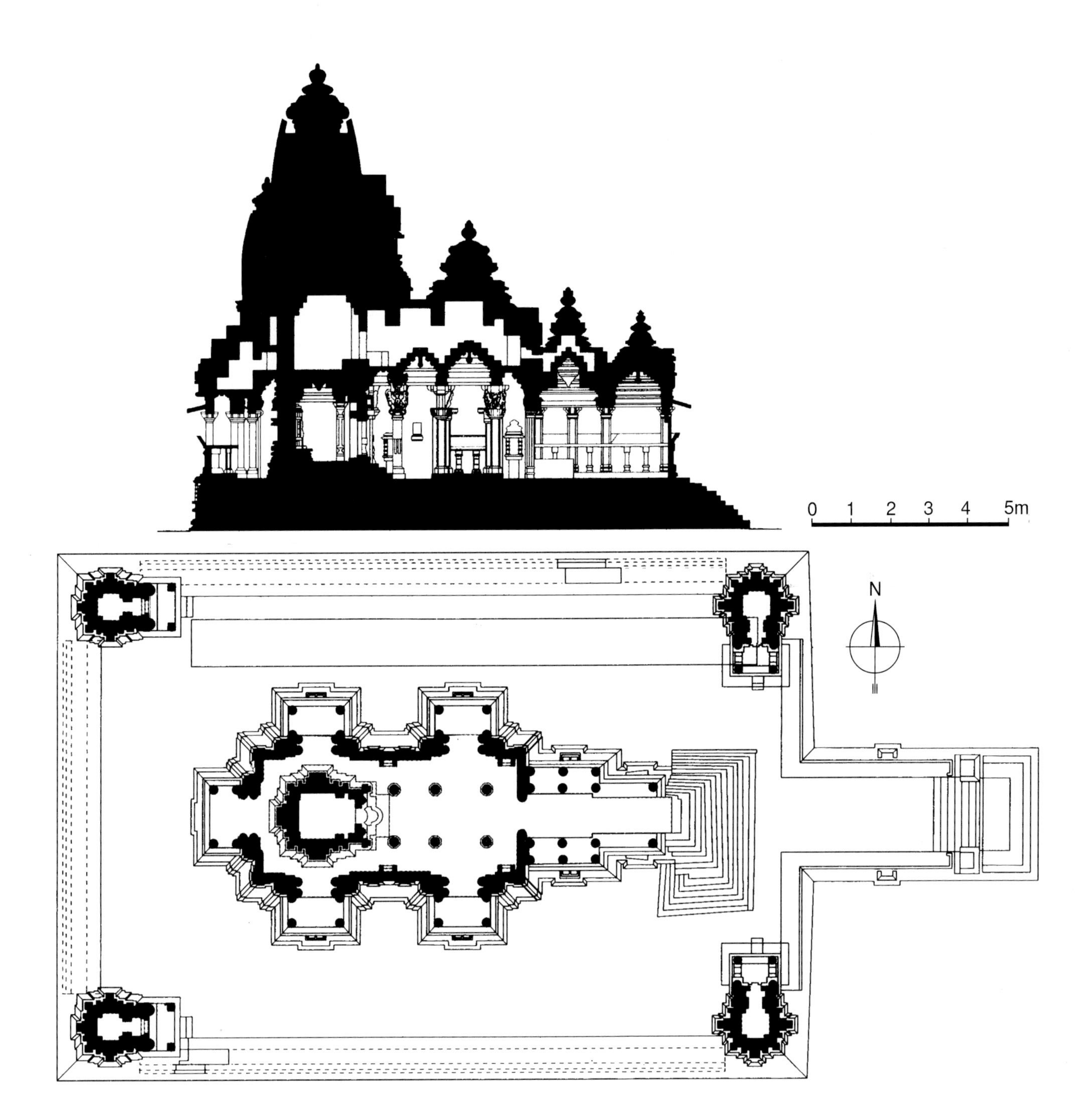

左页：

（左上）图4-121克久拉霍 六十四瑜伽女祠庙。院落现状

（左中）图4-122克久拉霍 六十四瑜伽女祠庙。小室近景

（左下）图4-123克久拉霍 马坦盖斯沃拉神庙。地段全景

（右）图4-125克久拉霍 罗什曼那祠庙。主要结构立面及角上雕饰详图（取自HARDY A. The Temple Architecture of India，2007年）

本页：

图4-124克久拉霍 罗什曼那（拉克什曼那）祠庙（约930~950年）。平面及剖面（取自STIERLIN H. Hindu India，From Khajuraho to the Temple City of Madurai，1998年）

拉姆格尔的帕尔瓦蒂神庙则是个组合布米贾及拉蒂纳方式的实例（图4-94）。

这类布米贾式神庙由于上部结构具有良好的比例，附属小塔布局规则，往往给人留下很深的印象。但叠置9层小塔的祠庙（称navabhūmi），如马尔瓦地区内默沃尔的西德斯沃拉神庙（图4-95、4-96）和拉贾斯坦邦比尔沃拉县比乔利亚的马哈卡尔神庙（图4-97、4-98），一般效果都不是很好，因顶层小塔（śṛṅgas）过于纤细，挤在一起使整体轮廓线显得太尖，顶部曲线向内弯曲过大。虽然经典著作上认可这种类型，但无论在结构还是美学上，实际操作起来难

左页：

（上）图4-126克久拉霍 罗什曼那祠庙。东北侧远景（远处为马坦盖斯沃拉神庙）

（下）图4-127克久拉霍 罗什曼那祠庙。西北侧全景（建筑立在高台上，为纳迦罗风格最成熟的作品之一）

本页：

（上）图4-128克久拉霍 罗什曼那祠庙。北侧景观

（下）图4-129克久拉霍 罗什曼那祠庙。东侧现状

度都很大，至少对建造者来说是如此。

在马哈拉施特拉邦北部，著名的阿姆巴尔纳特神庙（建于1060年，图4-99~4-101）是个和乌代斯沃拉神庙类似的建筑，而伯尔萨内（位于杜利亚县）的三联祠堂神庙和乔德加（位于纳西克县）的曼克斯沃拉祠庙（图4-102），则和辛讷尔的贡德斯沃拉祠庙一样，和当时卡纳塔克邦及拉贾斯坦邦的神庙关系更为

本页及左页：

（左上）图4-130克久拉霍 罗什曼那祠庙。主祠，南侧景色

（左下）图4-131克久拉霍 罗什曼那祠庙。东侧，入口面景色

（右下）图4-132克久拉霍 罗什曼那祠庙。基台近景

（右上）图4-133克久拉霍 罗什曼那祠庙。南侧，廊台及前厅近景

左页：

（上下两幅）图4-134克久拉霍 罗什曼那祠庙。墙面雕饰：婚礼仪仗队（由神祇、武士、女性形象及动物组成，每组雕刻均立在独立的挑台上）

本页：

（左右两幅）图4-135克久拉霍 罗什曼那祠庙。墙面雕饰：爱侣

密切。瓜廖尔城堡素有建筑宝库之称，城堡内有两座建于11世纪末的萨斯-伯胡神庙（平面：图4-103；现状景色：图4-104、4-105；大庙：图4-106~4-111；小庙：图4-112~4-114），其中较大的一座是这时期最大的神庙之一。其三层柱厅按十字形平面规划，配有许多阳台，塔楼（prāsāda）虽已无存，但从柱厅规模及其由王室投资的事实来看，建筑当属布米贾类型。

三、克久拉霍建筑群

位于中央邦北部的克久拉霍现只是个小镇，仅有一些为旅游服务的设施。但自9世纪至13世纪，这里曾是统治印度中部盛极一时的昌德拉王朝[Candella（Chandella）Dynasty]的都城。在印度漫长的历史上，昌德拉王朝或许只算得上昙花一现，但在它鼎盛的100年期间，在方圆10公里范围内建起了85座风格各异的印度教与耆那教石构神庙。如今留存下来的所有建筑及雕刻皆属宗教范畴，没有世俗建筑，这点倒是颇为令人惊异。除了残墟外，尚有约35座保存较好

左页：

（左上）图4-136克久拉霍罗什曼那祠庙。墙面雕饰：闺蜜生活

（右上）图4-137克久拉霍罗什曼那祠庙。雕刻：那迦尼像（以蛇神那迦为头饰的少女，其职责是以精神和物质的礼物施与大众）

（左下）图4-138克久拉霍罗什曼那祠庙。龛室雕刻：象神

（右下）图4-139克久拉霍罗什曼那祠庙。雕刻：照镜妇女（挑台雕像，约公元1000年，现存加尔各答印度博物馆内）

本页：

（上）图4-140克久拉霍罗什曼那祠庙。基座檐壁雕刻：坐在亭阁里的统治者及其属臣

（下）图4-141克久拉霍罗什曼那祠庙。由柱厅望内祠景色（柱厅内除柱头及顶棚外，没有其他雕饰）

的祠庙，以及数量惊人的雕刻，构成了印度北方宗教建筑及雕刻最伟大的成就。这些祠庙可分为三组，即西庙群、东庙群和南庙群（图4-115）。其中最重要的西庙群现已被开发为环境优美的公园，园内散落着大大小小的10座印度教祠庙。东庙群属于耆那教（Jain），距西庙群1.5公里，规模较小，仅少数几座保留完整（如供奉耆那教第一祖师阿底那陀的庙宇，图4-116~4-119），其他多为废墟遗迹。东西庙群均于1986年被列入世界文化遗产名录。南庙群主要以精湛的雕刻而闻名。

本页：

（上）图4-142克久拉霍 罗什曼那祠庙。内祠毗湿奴像

（下）图4-143克久拉霍 罗什曼那祠庙。围绕内祠的巡回廊道（通过侧面向外凸出的廊台采光，图示回廊南部区段，右侧可看到内祠入口边的浮雕）

右页：

（上）图4-144克久拉霍 维什瓦拉塔神庙（约公元1000年）。总平面（前方为南迪祠堂，图版取自CRUICKSHANK D. Sir Banister Fletcher' s a History of Architecture，1996年）

（中）图4-145克久拉霍 维什瓦拉塔神庙。组群，南侧全景

（下）图4-146克久拉霍 维什瓦拉塔神庙。组群，东南侧景观

克久拉霍祠庙大都由砂岩砌造，花岗石仅作为基础，埋在地下。但有三四座祠庙不同于其他建筑，采用花岗石，或混用花岗石及米色的砂岩建造。其中最令人感兴趣的是建于9世纪最后二三十年的六十四瑜伽女祠庙（图4-120~4-122）。64个小祠堂围绕着矩形院落布置，可能是印度这类祠庙中没有采用圆形平面的唯一实例。其中留存下来的均配有原始的纳迦罗式顶塔。这些小祠堂及其大门的平素线脚、顶塔基部立面上三角形的凸出部分（śukanāsas），以及墙面中间的条带，都显示出这是个地方的、几乎可说是带有乡土气的作品。

在克久拉霍，稍后处于更高发展阶段的有婆罗门

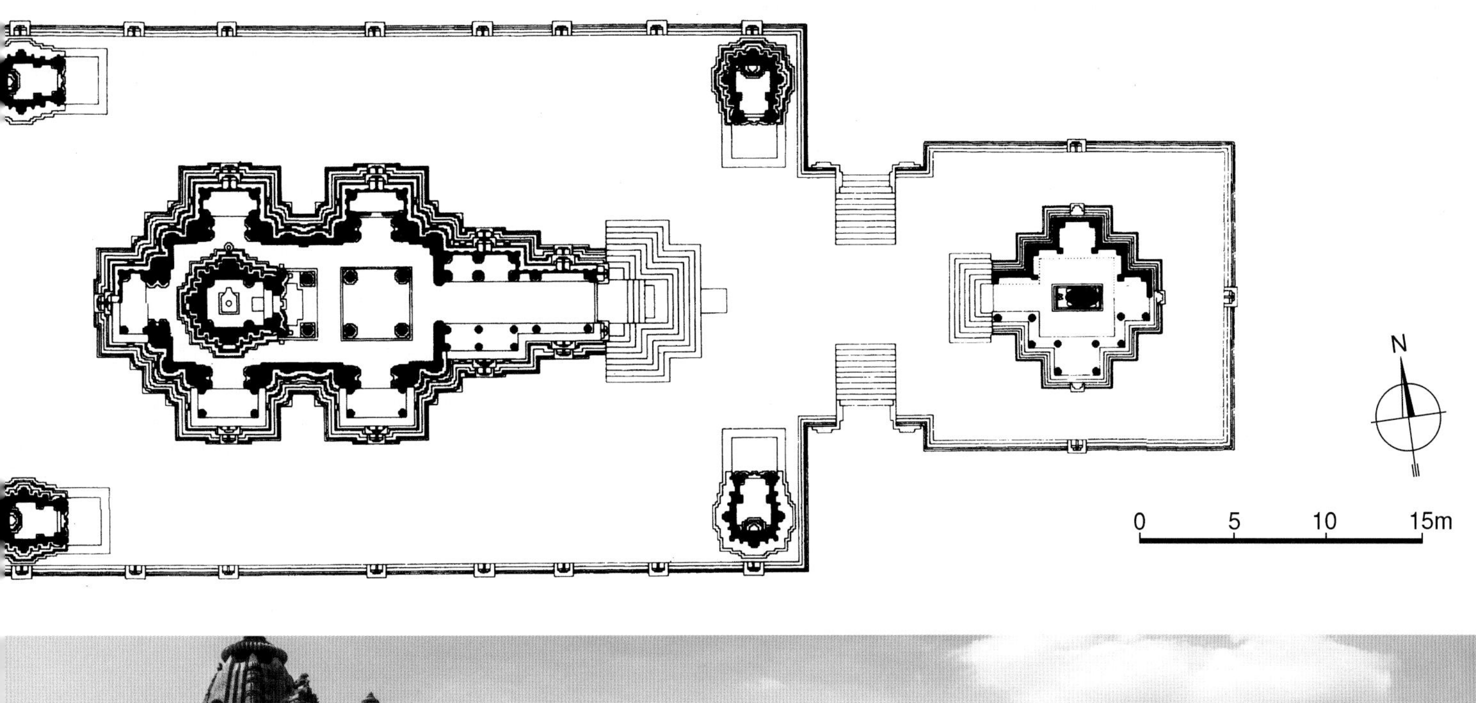
N
0
5
10
15m

（上）图4-147克久拉霍 维什瓦拉塔神庙。主祠，东南侧

（下）图4-148克久拉霍 维什瓦拉塔神庙。南迪祠堂，西南侧景色

（上两幅）图4-149克久拉霍 维什瓦拉塔神庙。南墙浮雕及细部

（下）图4-150克久拉霍 肯达里亚大自在天庙（约1030年）。平面（取自STIERLIN H. Comprendre l' Architecture Universelle, II, 1977年），图中：1、内祠；2、回廊；3、会堂；4、柱厅（由于完全采用叠涩挑出结构，室内空间相对狭小）

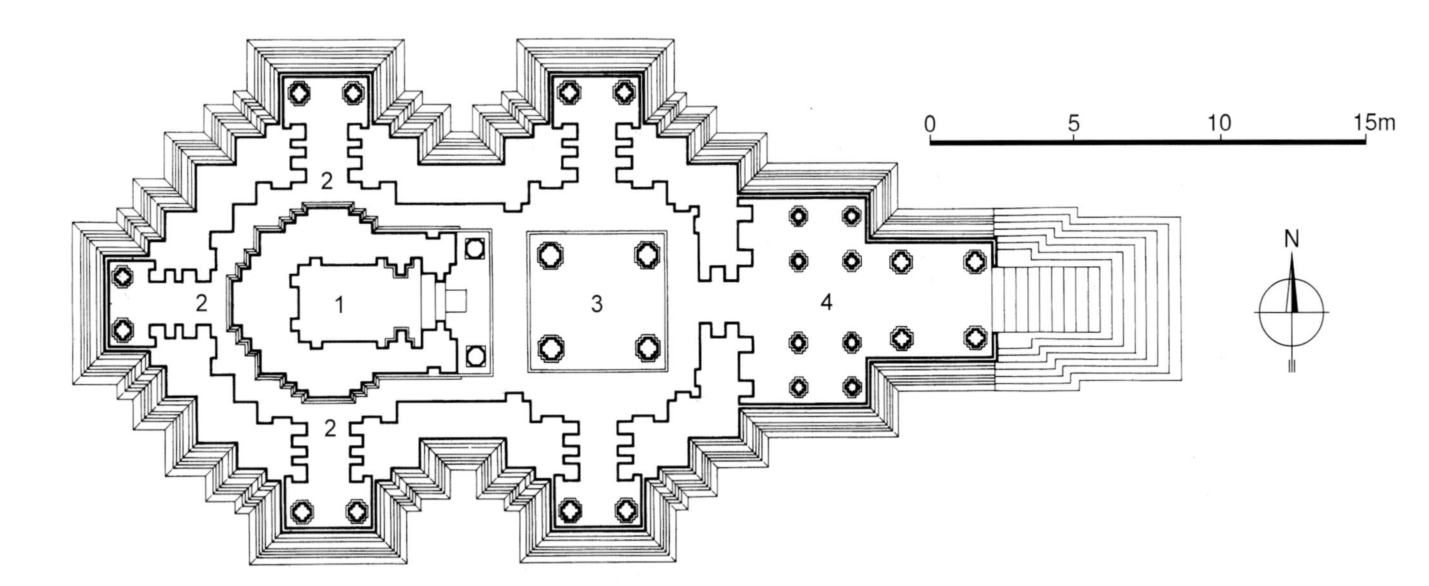

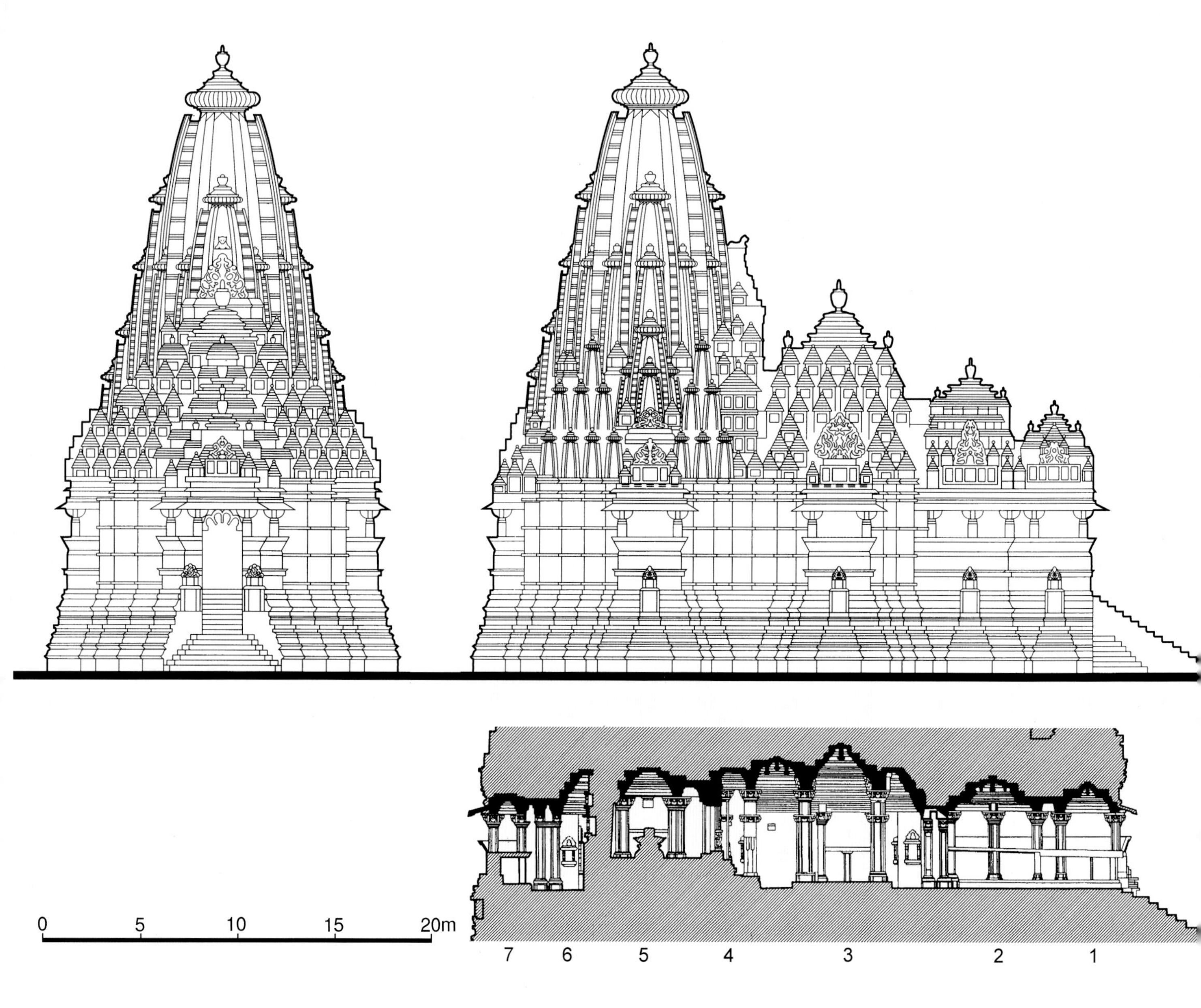

教的拉尔古安大自在天庙和第一座完全用砂岩建造具有宏大规模的马坦盖斯沃拉神庙（图4-123）。它们和后期的神庙完全不同，建筑平素朴实，很少用装饰及雕刻，也没有用纳迦罗式的顶塔。马坦盖斯沃拉神庙设计理念上相对成熟，于巨大的立面凸出部分上安置阳台，由叠置檐口形成引人注目的金字塔式屋顶（bhumiprāsāda），其上安置钟形顶饰（ghaṇṭā），并于三面通过相对简朴的附属顶塔（uruśṛṅgas）丰富构图。在克久拉霍诸庙，主要塔楼上只采用纳迦罗式的上部结构，但在柱厅和小的附属建筑上（如维什瓦拉塔神庙的筏罗诃祠堂和南迪祠堂）则采用更为华美的其他形式。

克久拉霍的主要神庙，不论是属印度教湿婆派、毗湿奴派还是耆那教，由于教派原因导致的建筑差异可说是微不足道。在这里，最杰出和最具特色的实例建造年代相对较早，在950~1050年。由于前期建筑

本页：

图4-151克久拉霍 肯达里亚大自在天庙。立面及剖面（取自STIERLIN H. Hindu India，From Khajuraho to the Temple City of Madurai，1998年），剖面图中：1、门廊；2、开敞柱厅；3、封闭柱厅（会堂）；4、前室；5、内祠；6、回廊；7、阳台

右页：

（左上）图4-152克久拉霍 肯达里亚大自在天庙。主塔，立面及局部详图（取自HARDY A. The Temple Architecture of India，2007年）

（左下）图4-153克久拉霍 塔庙形式的演进（取自STIERLIN H. Comprendre l' Architecture Universelle，II，1977年），图中：1、阿底那陀庙（950年，耆那教）；2、巴湿伐那陀神庙（970年，耆那教）；3、肯达里亚大自在天庙（约1030年，印度教）

（右）图4-154克久拉霍 肯达里亚大自在天庙。顶塔的组合方式（取自HARDY A. The Temple Architecture of India，2007年）

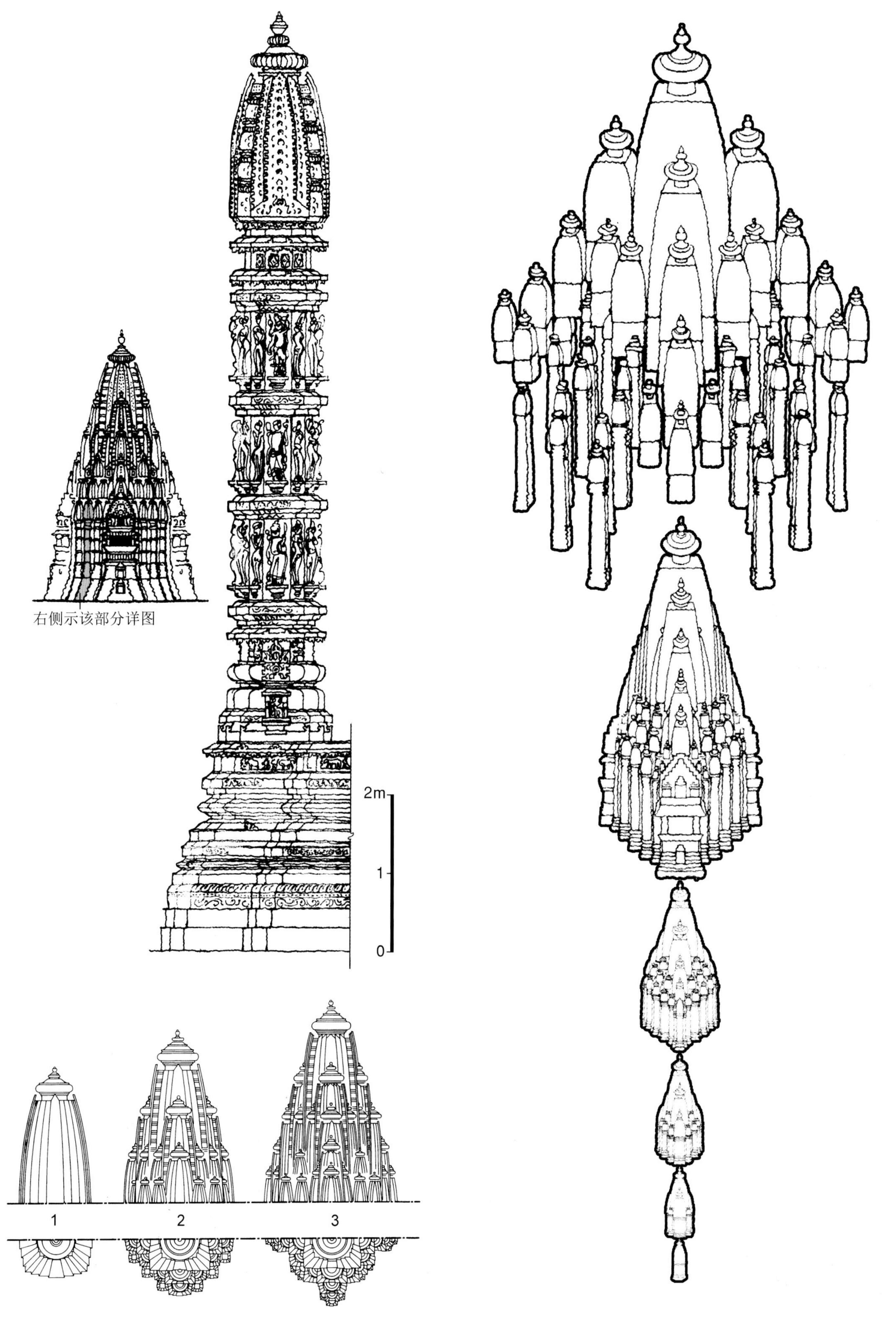

右侧示该部分详图
2m
1
0
1
2
3

左页：

（上）图4-155克久拉霍肯达里亚大自在天庙。地段形势（东南侧景观），自左至右分别为肯达里亚大自在天庙、狮子庙及杰格德姆比神庙

（下）图4-156克久拉霍肯达里亚大自在天庙。南侧全景

本页：

（上）图4-157克久拉霍肯达里亚大自在天庙。东南侧现状

（下）图4-158克久拉霍肯达里亚大自在天庙。东北侧全景

比较简朴且不具有典型性，因此这种风格能在如此短的时间里臻于完美实属不易。在克久拉霍，稍晚的神庙，如祖师庙和杜拉德奥神庙，由于雕刻风格的弱化，更接近西部地区的建筑样式。

克久拉霍的维什瓦拉塔神庙是印度中部建筑风格的典型实例。这种风格始于西庙群的罗什曼那（拉克什曼那）祠庙（约930~950年，供奉毗湿奴，主祠周围布置四座次级祠堂；主体结构前布置开敞前厅，周边另出五个廊台，形成双十字平面；平面、剖面及详图：图4-124、4-125；外景：图4-126~4-133；雕饰细部：图4-134~4-140；内景：图4-141~4-143），至同一庙群的肯达里亚大自在天庙（建于1025~1050年，供奉湿婆）达到顶峰。这三座神庙入口均朝东，是克久拉霍宗教建筑成熟阶段的代表作，它们作为一个整体，体现了印度神庙结构的最高成就。

维什瓦拉塔神庙是个采用梅花式布局的建筑组群，在一个主要祠庙周围布置四座小的附属祠堂（图4-144~4-149）。但只有两个小祠堂留存下来。主要祠堂朝东。东面的南迪祠堂供奉湿婆的坐骑南迪，其高2.2米的雕像面对着主要祠堂。西南祠堂献给湿婆的配偶帕尔沃蒂（雪山神女），已部分损毁，仅存内祠及屋顶，内有帕尔沃蒂的雕像。所有这些建筑都位于一个带雕饰的大型基座上，基座台阶一侧雕石狮，另一侧为石象。

主体结构采用纳迦罗风格，由入口门廊（ardha-mandapa）、小厅（mandapa）、大厅（maha-mandapa）和带前厅（antarala）及顶塔（shikhara）的内祠（garbhagriha）组成。主要祠堂平面矩形，长宽分别为27.5和13.7米。

肯达里亚大自在天庙平面为双十字形，横向两臂翼等长（平面、立面、剖面及详图：图4-150~4-152；塔

本页及左页：

（左）图4-159克久拉霍 肯达里亚大自在天庙。北侧景观（前景为狮子庙）

（中）图4-160克久拉霍 肯达里亚大自在天庙。东侧入口近景（门上置多叶形假券）

（右上）图4-161克久拉霍 肯达里亚大自在天庙。墙面及阳台近景（向外凸出的阳台除为室内采光外，同时还起到扶垛的结构作用）

（右下）图4-162克久拉霍 肯达里亚大自在天庙。西端阳台及外墙雕饰

本页及左页：

（左）图4-163克久拉霍 肯达里亚大自在天庙。主塔近景（高40米，在中央大塔周围布置起扶垛作用的几重小塔）

（中及右）图4-164克久拉霍 肯达里亚大自在天庙。主塔下部近观（于凸出的水平线脚之间布置三条雕饰带）

庙形式的演进及顶塔的组合方式：图4-153、4-154；外景：图4-155~4-159；近景及雕饰细部：图4-160~4-170；内景：图4-171~4-173）。一个高台阶通向小的开敞门廊，接下来是一个较大的柱厅，由此通向一个大的封闭厅堂，其四根中央柱墩支撑着一个带垂饰的

左页：

图4-165克久拉霍 肯达里亚大自在天庙。主塔与会堂结合部近景

本页：

图4-166克久拉霍 肯达里亚大自在天庙。雕饰条带细部

华丽拱顶天棚。大厅后面即带小前厅（antarāla）的内祠（圣所），小前厅的两根柱墩起到强调其后“圣中之圣”空间的作用。围绕内祠的环形空间整个被围在外墙内，并通过宽阔的翼廊得到良好的采光。这些廊道直接通向顶塔和封闭大厅凸出部分上设置的阳台。由于平面是标准的双十字形，这些廊道遂具有同样的长度。顶塔和封闭大厅均采用七车平面（罗什曼那神庙为五车，如最初维什瓦拉塔神庙的做法），外廓遂构成前述的所谓菱形（钻石形）图案。

立面上最大的变化体现在柱厅的上部结构，以及组合多个塔楼的总体设计及其比例。这三座神庙均立在高台上，罗什曼那神庙还带有长长的雕饰条带。建筑本身基座部分同样具有很大的高度。塔楼主体每个凸出部分基部中心处开小龛室，其他龛室则位于柱厅及门廊处。线脚一如既往，极为醒目，带有凸出的曲线和分划明确的部件，只是由平直线脚和双曲线组成的复合线脚（kapotāli）如西部地区那样，比较单薄。在印度西部，许多神庙基座下的四条饰带此时缩减为三道，浮雕由表现叙事题材改为描述日常生活场景。这些场景雕刻风格纯朴，充满生气，具有民俗艺

左页：

（左上）图4-167克久拉霍 肯达里亚大自在天庙。前室南侧外墙处表现《爱经》题材的雕刻

（右上及下）图4-168克久拉霍 肯达里亚大自在天庙。《爱经》雕刻细部

本页：

（左）图4-169克久拉霍 肯达里亚大自在天庙。雕饰细部：毗湿奴像（面相上表现出印度南方人的特征）

（右）图4-170克久拉霍 肯达里亚大自在天庙。雕饰细部：手持莲花的飞天仙女

术的特点，对研究当时的社会发展具有很高的价值。但许多纯装饰部件不免显得有些僵硬粗糙，特别是采用阴刻手法的植物涡卷图案，线脚下的垂饰常常缩减成平的三角形齿饰（有时采用叠置的方式）。基座以上的墙面，除了插入阳台的地方，大都布置三条雕刻饰带；但它们并不是由龛室，甚至也不是由边侧的小柱分开，而是由墙面的凸出及凹进部件分划。在五车平面的凸出部分，大都布置男性神祇，边上为两个女性侍从及角狮（vyālas）。顶塔前面布置高大的三角形凸出部分（śukanāsa），上冠以狮子和武士雕像。顶塔周围布置附属小塔（uruśṛṅgas），升起到不同高度；在肯达里亚大自在天庙，小塔数量达到84个之多。

本页：

（左上）图4-171克久拉霍 肯达里亚大自在天庙。内景（自封闭柱厅望内祠）

（下）图4-172克久拉霍 肯达里亚大自在天庙。封闭柱厅仰视（天棚饰花环）

（右上）图4-173克久拉霍 肯达里亚大自在天庙。内祠入口近景

右页：

图4-174克久拉霍 巴湿伐那陀神庙（950年）。东南侧全景

肯达里亚大自在天庙是这几座建筑中规模最大，也是最典型和最壮观的一个，系用来祀奉印度三大主神之一的湿婆。其顶塔高出平台31米，造型上也极为成功。如同所有伟大的建筑，从各个视角望去，建筑都呈现出不同的效果。在侧面，一系列柱厅的屋顶渐次升起，直到主要顶塔正面的三角形凸出部分，创造出飞升的效果。室内这种稳步上升的节奏系通过各个厅堂内逐渐高起直达内祠的台阶得到体现。整体的稳定首先是通过基部向外伸展的线脚（它们形成一个带坡度的轮廓线，和平台紧密地结合在一起），同时也

本页：

（上）图4-175克久拉霍 巴湿伐那陀神庙。西南侧现状

（下）图4-176克久拉霍 巴湿伐那陀神庙。墙面雕刻细部（毗湿奴和拉克希米）

右页：

图4-177克久拉霍 巴湿伐那陀神庙。墙面雕刻细部（神力使者、美少女苏罗苏陀利）

依赖建筑本身的水平线条（特别是墙表面连续的三道大型人物雕刻饰带）。位于外挑石构檐板下整体处在暗影中的阳台洞口，为柱厅部分提供了同样的水平构图要素。与此同时，和这时期其他的大量神庙一样，如巨大壁垛般的凸出部分，自底部直至檐口以上，进一步转变成附属塔楼。这些不同高度的小塔围绕着主要顶塔，创造出极其完美的飞升效果，堪称这类构图的极品。

维什瓦拉塔神庙门廊已毁，其他两座建筑均可通过门廊两根外柱之间的多叶形拱券进入稍宽的开敞柱厅，柱间配有习见的坐凳和倾斜的靠背。由此进入封闭柱厅，其中央柱墩围括的方形空间通过楣梁转化成带垂饰的圆形华丽顶棚，为周围较小的次级顶棚所环绕。内祠华美的大门前设两三步弯月形（ardha-candra）台阶，由此登上室内地面最高处。室内根据仪式要求及供奉对象（湿婆）布置各类雕像。天女雕

左页：

（左上）图4-178克久拉霍 巴湿伐那陀神庙。自柱厅望内祠（黑石雕像属后期）

（下）图4-179克久拉霍 齐德拉笈多神庙（约公元1000年）。南侧全景（和肯达里亚大自在天庙相比，垂向构图的特色有所减缓）

（右上）图4-180克久拉霍 齐德拉笈多神庙。东南侧景色

本页：

（上）图4-181克久拉霍 齐德拉笈多神庙。近景

（下）图4-182克久拉霍 齐德拉笈多神庙。雕饰细部

左页：

（上）图4-183克久拉霍 杰格德姆比神庙。东北侧地段全景（左侧远处耸立着肯达里亚大自在天庙，位于两座大庙之间的小建筑为狮子庙）

（下）图4-184克久拉霍 杰格德姆比神庙。东南侧景观（左为狮子庙）

本页：

图4-186克久拉霍 杰格德姆比神庙。主塔，南侧近景

像（Apsarases）安置在封闭柱厅的挑腿处或顶棚角上，其中最著名的一例来自罗什曼那神庙，现藏加尔各答印度博物馆（见图4-140）。

与顶塔外部对应，内祠外墙上亦布置两三道雕像饰带。肯达里亚大自在天庙主殿与会堂外壁中间环绕三层高的浮雕饰带，饰带上雕满了男女诸神、蛇神、树神、天女、贵妇、舞女、爱侣、怪兽的群像。此外每一处壁龛、柱间、拱门、托架，都装饰着各种雕像。特别是那些妖艳娇媚的裸体女性雕像，仿佛鸣奏着一曲赞美女性魅力的交响乐章。英国军事工

程师和考古学家亚历山大·坎宁安爵士曾统计过，在肯达里亚大自在天庙，内外雕像总数达到惊人的872尊之多（外部646尊，内部226尊），大部分高度为75~90厘米。

在克久拉霍，其他神庙规模一般要小一些，平面也更为简单，但墙面上同样布置了两三层雕刻。属东庙群的巴湿伐那陀神庙虽然也有绕内祠巡行的通道（即所谓sāndhāra型），但平面只是简单的矩形，没有翼廊（耳堂，因而也没有端部的阳台），只在后部安置了一个奇特的独立祠堂（图4-174~4-178）。齐德拉笈多（图4-179~4-182）和杰格德姆比（图4-183~4-187）两座神庙均无内部巡行廊道（即所谓nirandhāra型），阳台仅用于主轴上的所谓“大厅”（称mahāmaṇḍapa，其平面随地点及年代可有各种变化，一般为矩形或方形，少数也有星形的）。属单塔类型（ekāṇḍaka）的有切图尔布杰神庙（图4-188~4-193）和筏摩那神庙（图4-194~4-197）。顶塔处的阳台按印度西部地区和中央邦的通常做法，被凸出体量上叠置的龛室取代，龛室两边布置截面或圆或方的小柱。在这方面，最优秀的实例是规模较小并采用星形平面的杜拉德奥神庙，它可能是这时期建造的最后一个重要神庙（图4-198~4-200）。其塔楼属克久拉霍组群

左页：

（上）图4-185克久拉霍 杰格德姆比神庙。西南侧现状（远处为齐德拉笈多神庙）

（下）图4-187克久拉霍 杰格德姆比神庙。墙面雕饰细部

本页：

（上）图4-188克久拉霍 切图尔布杰神庙（约公元1050年）。西北侧外景

（下）图4-189克久拉霍 切图尔布杰神庙。东南侧景色

本页：

（上）图4-190克久拉霍 切图尔布杰神庙。西侧全景（为克久拉霍唯一一座入口朝西的祠庙）

（下）图4-191克久拉霍 切图尔布杰神庙。西南侧近景

右页：

图4-192克久拉霍 切图尔布杰神庙。墙面雕饰细部

中最优美的实例，一些雕刻也极具特色。最后值得一提的还有两个小祠堂，即筏罗诃祠庙（图4-201、4-202）和位于肯达里亚大自在天庙北面，同属西庙群的狮子庙（图4-203）。除了四面开敞外，维什瓦拉塔神庙的南迪祠堂在柱间还配有栏墙和带靠背的座席，柱子上承低矮的金字塔式屋顶（saṁvaraṇā roof），实际上是大型神庙开敞柱厅的一个较为简单和独立的变体形式。筏罗诃祠庙的南迪亭内则安置了一尊黑石雕制的巨大野猪像。

早期的神庙，如罗什曼那祠庙和巴湿伐那陀神庙，雕刻形象要比后期，如肯达里亚大自在天庙（见图4-167等）更为沉重、敦实和圆浑。在西庙群，布

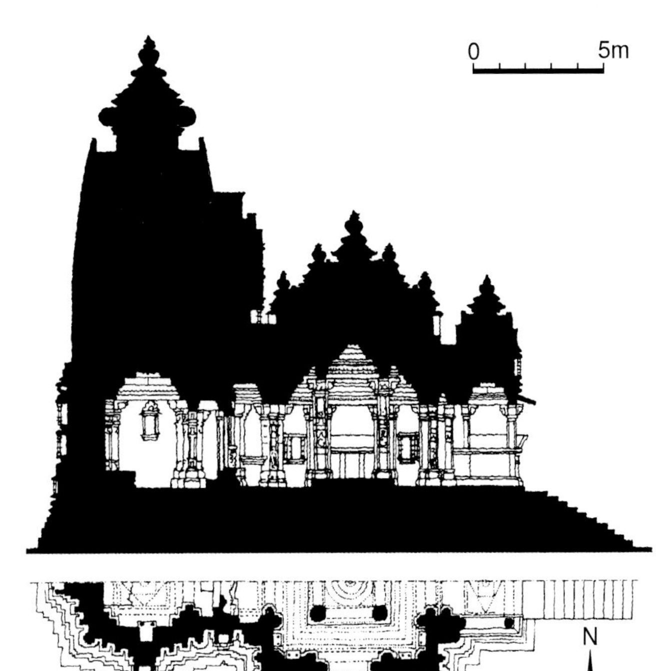

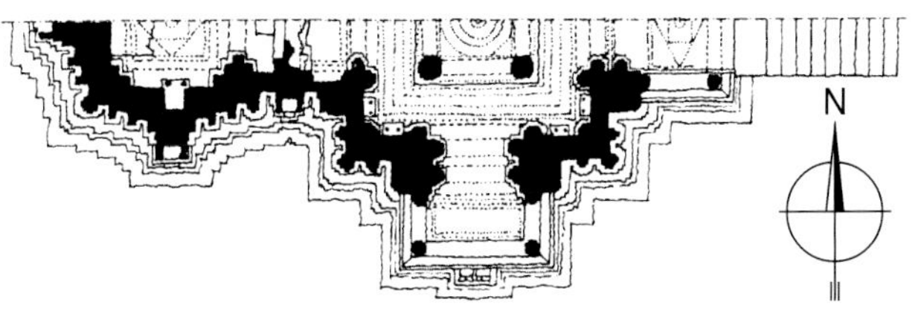

本页及左页：

（左）图4-193克久拉霍 切图尔布杰神庙。毗湿奴雕像（高2.74米，独石制作）

（右）图4-194克久拉霍 筏摩那神庙（约11世纪）。半平面及剖面（据DEVA K. Temples of Khajuraho，1990年）

（中上）图4-195克久拉霍 筏摩那神庙。东南侧现状

（中下）图4-196克久拉霍 筏摩那神庙。东侧景观

满神庙外墙的雕刻，用写实的手法表现情欲和性交场面。观赏这些雕刻，震撼人心的不仅是各种不同的性爱姿势，还有他们那种生动有趣、婀娜多姿、栩栩如生和呼之欲出的形象。无论是神话内容，还是世俗和性爱题材，在这里，都别具匠心地融为一体。有些男欢女爱的姿势真需要有瑜伽功夫才行！即使从这种如同瑜伽般的性爱姿势中，也可看到一种独特的美。

其实，在克久拉霍的雕刻群中，情色雕塑只占其中的8%，但正因为这8%，让世人震惊，也让克久拉霍扬名世界。在宗教建筑中这种表现确实少见，它使世界各国游人从中领略到10世纪古印度文明的风采。与此同时，也使人们感到困惑，庞大的性爱雕刻群为

(上)图4-197克久拉霍 筏摩那神庙。东北侧景色

(下)图4-198克久拉霍 杜拉德奥神庙。东南侧景色

（上）图4-199克久拉霍 杜拉德奥神庙。南侧全景

（下）图4-200克久拉霍 杜拉德奥神庙。主塔，西侧近景

本页：

（上）图4-201克久拉霍 筏罗诃祠庙。地段形势（左为拉克什米神庙）

（下）图4-202克久拉霍 筏罗诃祠庙。室内的筏罗诃雕像

右页：

（上）图4-203克久拉霍 狮子庙。门廊内的狮雕（雄狮被认为是昌德拉王朝的象征）

（下）图4-204奇托尔 基尔蒂斯坦巴神庙（15世纪40年代）。现状全景

何会出现在宗庙建筑上，似乎相互排斥的两者，怎么会在这里史无前例地紧密结合在一起？

一种简单的说法是，昌德拉的国王们荒淫奢靡，他们利用这些雕刻和他们推行的狂欢仪式相结合，刺激自己的性欲，及时行乐。另一种说法是，在昌德拉王朝时期，印度教盛行通过性的和谐达到与神合一的宗教信仰，坚信可通过性与爱排除世俗杂念、净化精神境界，从而实现接近和归附神灵的目的。他们认为“爱”是无师自通、与生俱来的，但“性”必须经过

本页及左页：

（左右两幅）图4-205奇托尔 基尔蒂斯坦巴神庙。塔楼，近景及仰视

（上）图4-206吉尔纳尔 城市及庙区俯视全景

（下）图4-207吉尔纳尔 耆那教寺庙建筑群全景

学习方可掌握。因为多数人都要到庙里拜神祈祷，因此这是开展性教育的理想场所。也就是说，在古印度文化中，性与宗教是紧密联系在一起的。印度教认为，通往解脱（moksha）有四个途径，即责任、富足、瑜伽和性爱，而这些雕刻就是用来帮助人们通过性爱所带来的愉悦获得解脱和救赎。还有人认为，它

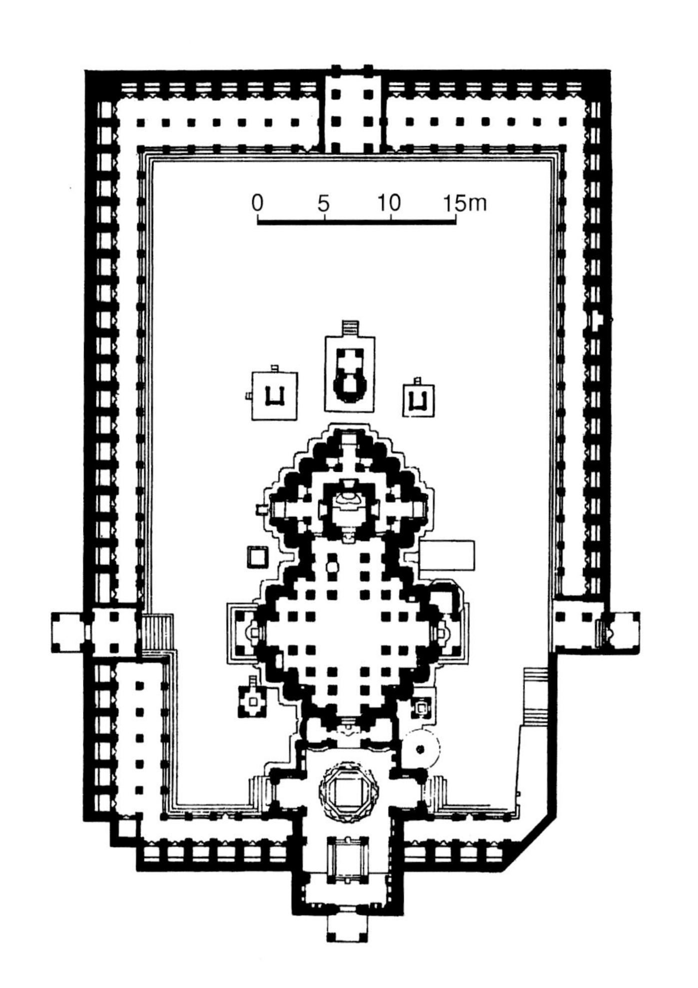

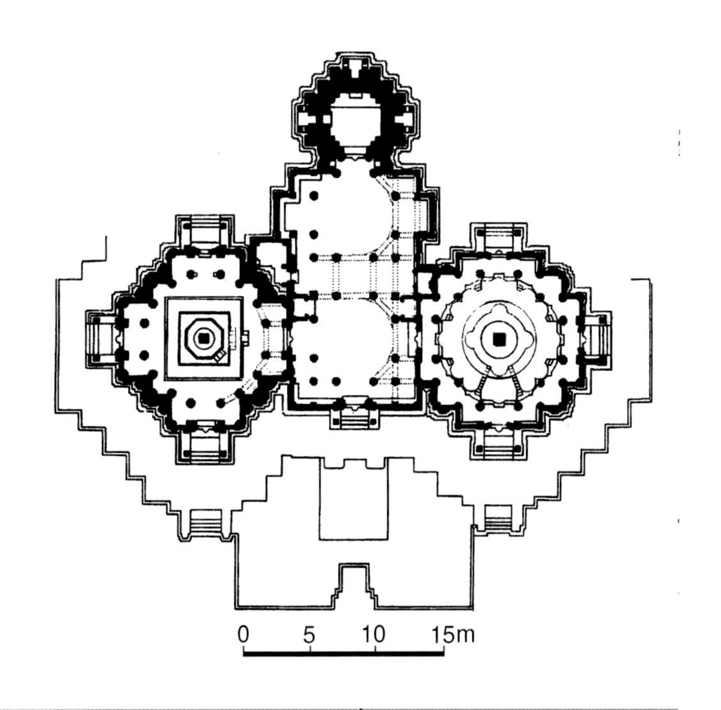

（左上）图4-208吉尔纳尔 内密那陀寺。总平面（作者James Burgess）

（下）图4-209吉尔纳尔 内密那陀寺。主祠近景

（右上）图4-210吉尔纳尔 三联神庙。平面

可能与当时流行的坦多罗教（Tantfism）有关。坦多罗教是一种印度秘教，大约在公元5~9世纪时从印度教派生而来，主要宣扬与性有关的一些宗教思想。密教神秘主义的宇宙论认为，男女两性的交媾隐喻着宇宙两极的合一。通过想象的或真实的男女两性的交媾，就可以亲身体验与神合一、与宇宙精神同一的极乐。按这种说法，人的一生有三大奋斗目标，其中性

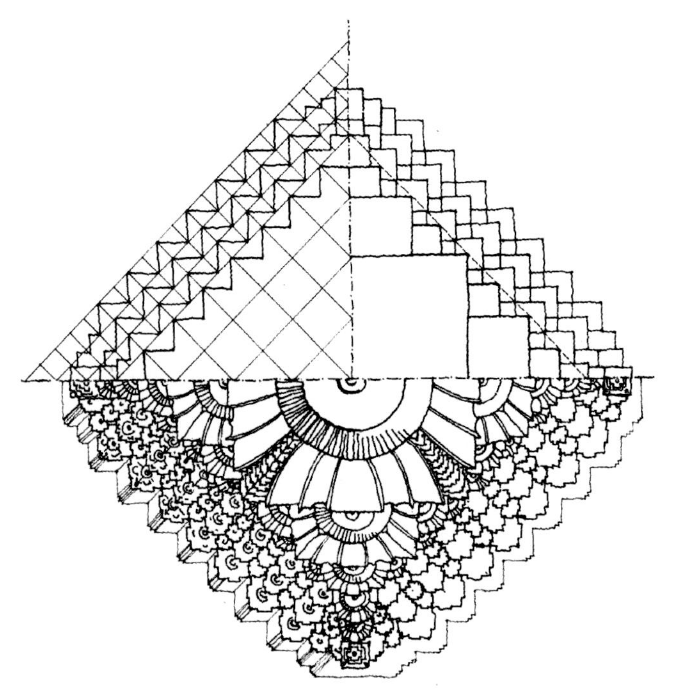

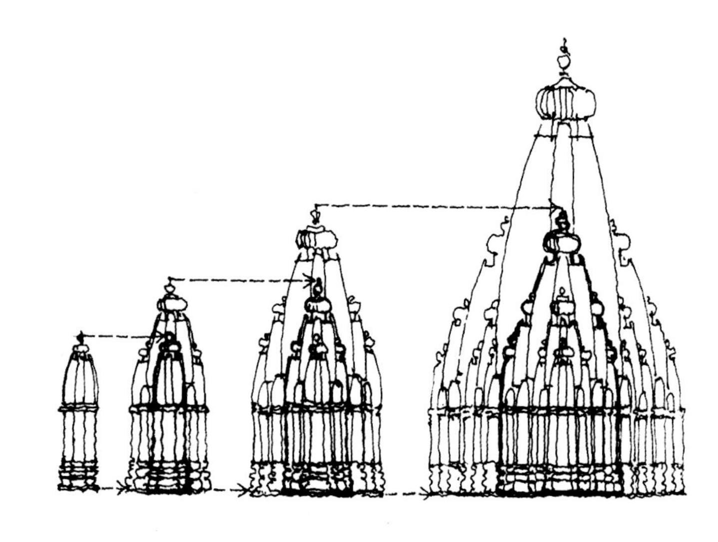

（左上）图4-211阿迪什沃拉图克（古吉拉特邦） 阿底那陀庙（始建于1155~1157年，上部结构1585年增建）。屋顶平面及几何图式（取自HARDY A. The Temple Architecture of India，2007年）

（右上）图4-212阿迪什沃拉图克 阿底那陀庙。主塔组合方式（取自HARDY A. The Temple Architecture of India，2007年）

（下）图4-213阿迪什沃拉图克 阿底那陀庙。现状外景

（右中）图4-214沃尔卡纳 巴湿伐那陀神庙。外景

（上）图4-215拉纳克普尔 祖师庙（1439年）。平面（中央主庙周围布置4个次级祠堂，整个建筑共有20个叠涩拱顶；图版取自HARLE J C. The Art and Architecture of the Indian Subcontinent，1994年）

（下）图4-216拉纳克普尔祖师庙。主立面（西立面）全景

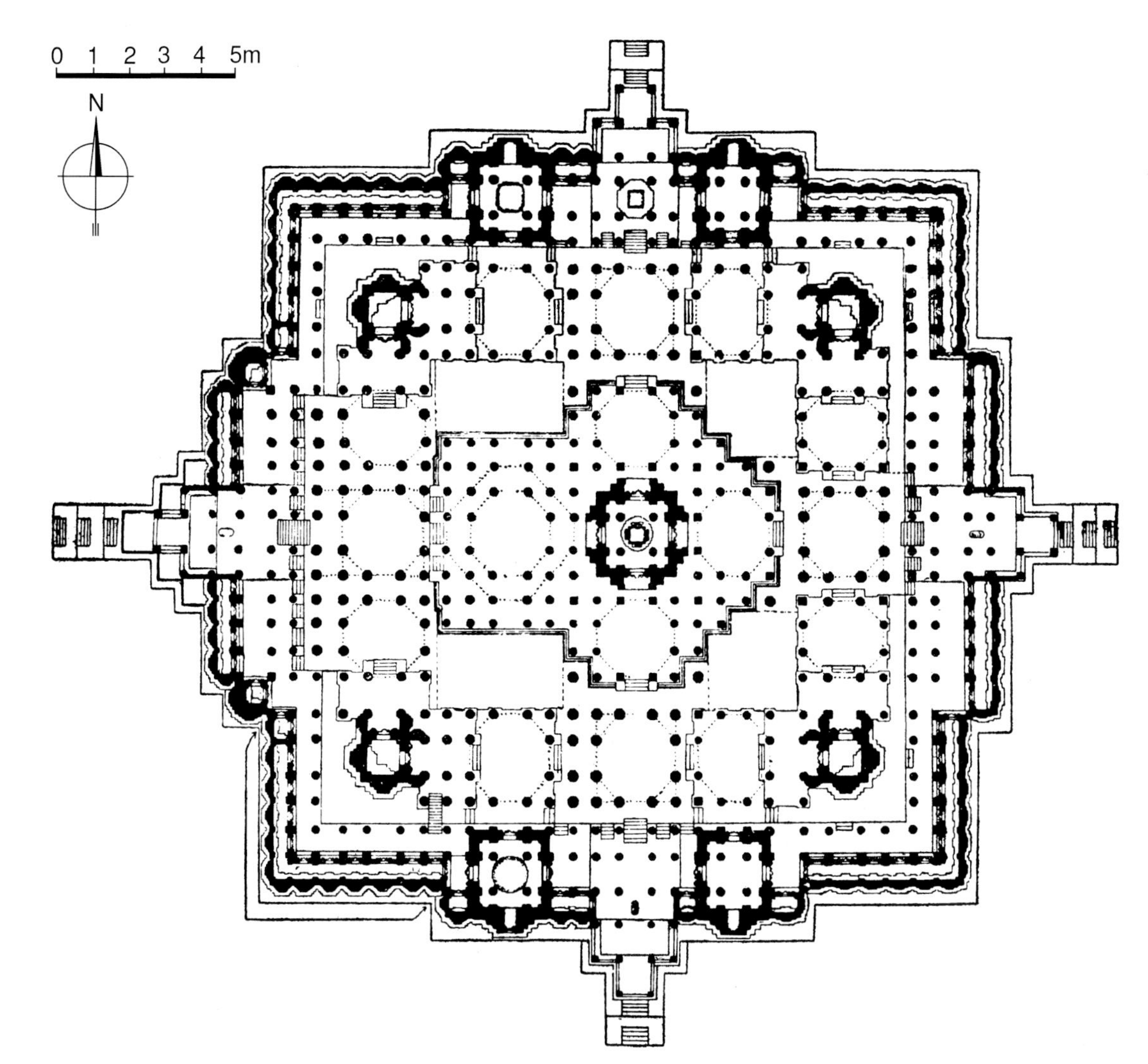

左页：

（上）图4-217拉纳克普尔祖师庙。西北侧现状

（下）图4-218拉纳克普尔祖师庙。西南侧景观

本页：

（上）图4-219拉纳克普尔祖师庙。西南侧近景

（下）图4-220拉纳克普尔祖师庙。附墙小塔近景

本页及左页：

（左上）图4-221拉纳克普尔 祖师庙。内院及主塔（主塔四边由外出的叠置阳台作为加固支撑）

（左下）图4-222拉纳克普尔 祖师庙。单层柱厅内景

（右下）图4-223拉纳克普尔 祖师庙。自柱厅望穹顶厅堂及内院

（中上及右上）图4-224拉纳克普尔 祖师庙。穹顶厅堂内景（高两层）

左页：

（上）图4-225拉纳克普尔 祖师庙。大厅仰视效果

（下）图4-226拉纳克普尔 祖师庙。穹顶仰视

本页：

图4-227拉纳克普尔 祖师庙。墙面雕饰细部

爱是人孜孜以求努力达到的最高境界，在生命提供的无限欢愉和所有合法的享乐中，性爱是最富于激情也是最为完美的人生体验。在宗教建筑中大量出现这类题材可能还因为性行为是创造生命的活动，性爱是产生力量、创造生机的源泉，因而这种和欢愉及繁衍生息相联系的行为被视为一种吉兆，据说还有保护神庙免遭雷击的避邪作用。

总之，这些雕刻可说是充分体现了当时人们的精神和道德理想。在印度，性爱并不是羞于启齿的事情，它是一种哲学，是一种宗教。印度教把这叫作《爱经》[2]，爱的姿态、爱的技巧、爱的和谐被印度人赋予了一种让我们很难理解的复杂含义。据《爱经》的作者犊子氏自己说，他是在进行了严格的禁欲主义的苦行之后才创作成这部典籍的，因此，书中的性爱有时也难免有瑜伽修行的意义，它所描写的性爱方式也像是瑜伽。

哪儿是你？哪儿是我？
我们下降，我们飞升，
分不清天，
也分不清地，
更分不清，
哪儿是你的身？

哪儿是我的体？
哪儿是你的叫声？
哪儿是我的欢笑？
我的快乐融入了你的身体，
你的快乐融入了我的欢愉之中。
我是谁？
你是谁？
这就是忘我的合一？
我如何才能长久驻留在这种欢快之中？

与西庙群琳琅满目的性爱雕塑不同，东庙群主要为耆那教建筑，虽也同样布满雕刻，却是雕刻着印度三大主神——梵天、毗湿奴和湿婆的形象。

到14世纪，信仰伊斯兰教并且反对偶像崇拜的莫卧儿王朝统治了印度大部分地区，在昌德拉王朝灭亡以后对以性爱和人物造型为主的卡久拉霍神庙进行了大规模的破坏。

四、15世纪及以后的印度教和耆那教建筑复兴，旁遮普邦的锡克教寺庙

13世纪初创立的德里苏丹国（Delhi Sultanate，1206~1526年）征服了印度北方，温迪亚山脉[3]以北地区印度教势力基本被铲除。直到两百年后的15世纪，苏丹国势力范围有所缩减，在印度西部的部分地区，印度教和耆那教建筑才再次得到繁荣，但它们在印度北部则一直未能复兴。

这次建筑复兴的中心在梅瓦尔地区。一方面是因为王国的君主们有足够的军事实力提供保护，另一方面也由于耆那教徒在建造他们的山地朝圣中心（特别是吉尔纳尔、瑟特伦杰耶和阿布山）上有足够的财富和决心。具有相当创意的这种风格繁荣于王国的

本页及左页：

（左上）图4-228拉纳克普尔 太阳神庙（可能始建于13世纪，被伊斯兰入侵者破坏后于15世纪修复）。西南侧外景（八角形柱厅东侧与前厅相连，西侧通向内祠，其余六面均出阳台）

（左下）图4-229拉纳克普尔 太阳神庙。端部的太阳神雕刻组群

（右）图4-230拉纳克普尔 太阳神庙。通向内祠堂入口的柱墩雕饰

本页：

（左上）图4-231拉纳克普尔 内米纳塔神庙（15世纪）。现状

（左下及右上）图4-232拉纳克普尔 内米纳塔神庙。近景和雕饰细部（乐师和舞者）

右页：

图4-233奇托尔 胜利塔楼。大塔（1440~1448年），19世纪末景色[老照片，1885年，Lala Deen Dayal（1844~1905年）摄]

杰出君主马哈拉纳·昆巴（1433~1468年在位）统治时期，主要集中在当时梅瓦尔的都城奇托尔，其代表作有阿迪筏罗诃神庙（紧邻尚存顶塔及屋顶的库姆伯斯亚马神庙）、基尔蒂斯坦巴神庙（15世纪40年代，图4-204、4-205）和斯尔恩格勒乔里神庙（建于1448年，为供奉耆那教24位祖师之一商底那陀的四头林伽式小庙，现部分纳入城堡墙内）。在更大程度上只是

本页及左页：

（左）图4-234奇托尔 胜利塔楼。大塔，现状

（右）图4-235奇托尔 胜利塔楼。大塔，近景

（中）图4-236乌代布尔 杰格迪什神庙（1651年）。现状

左页：

图4-237乌代布尔 杰格迪什神庙。门廊及柱厅近景

本页：

图4-238乌代布尔 杰格迪什神庙。墙面雕饰

简单复兴遮娄其时期艺术的有马纳斯坦巴耆那教塔楼、厄德布特纳特神庙、瑟特维西神庙和位于大岩石东侧的独立入口苏勒杰波拉。作为朝拜圣地，吉尔纳尔的历史可上溯到阿育王之前。主要耆那教神庙集中在山上若干台地处（图4-206、4-207）。其中规模最大的是供奉耆那教24位祖师之一内密那陀的寺庙。这座朝东的建筑采用了纳迦罗风格的顶塔，有许多供奉耆那教神祇的次级祠堂（图4-208、4-209）。同样供奉内密那陀的三联神庙亦属最大寺庙之一，但它在很大程度上是重新诠释了拉贾斯坦-古吉拉特风格[4]；三个主要祠堂，方形和圆形平面相结合，分别朝西及南北向（图4-210）。在最西端的沙漠城市贾伊萨梅尔，还有五座这时期的优秀神庙，成为该时期建筑作品集中在边远城堡的又一例证。在古吉拉特邦沙吞杰亚山的阿迪什沃拉图克（意为“战胜内敌之处”），供奉耆那教第一祖师阿底那陀的神庙祠堂部分始建于1155~1157年，但上部结构系1585年增建（图4-211~4-213）。

在梅瓦尔的偏僻溪谷、山地和阿布山附近地区，同样建造了一批杰出的神庙，如沃尔卡纳和锡罗希两地的巴湿伐那陀神庙。锡罗希神庙最引人注目的特色是位于檐口上的龛室凸出甚多，实际上已形成由外出的曲线挑腿和挑檐石（chādya）支撑的阳台，不过这种做法看上去并不是很成功。在奇托尔的厄德布特纳特神庙也可以看到这类表现。沃尔卡纳神庙配有附属顶塔，这些次级塔楼本身又带小塔（图4-214）。在这一时期印度教祠庙越来越趋向繁复的构图和采用复合式部件的背景下，这种做法可说并不奇怪，况且它也不是唯一的表现。这些神庙中规模最大的一个——拉

本页及左页：

（上下两幅）图4-239乌代布尔 杰格迪什神庙。檐壁，雕刻细部

本页：

（上）图4-240奇托尔 城堡。19世纪下半叶景色[油画，1878年，作者Marianne North（1830~1890年）]

（下）图4-242奇托尔 城堡。内部景色

右页：

（上下两幅）图4-241奇托尔城堡。现状一角

纳克普尔的祖师庙同样位于梅瓦尔和马尔瓦尔边界处一个偏僻的峡谷内。其平面极为规整、复杂，室内空间极其宽阔（图4-215~4-227）。和它相比，印度南方的大型寺庙虽然同样以高墙和外界隔绝，但要显得杂乱无序得多（如图5-434所示）。不过，和本节前面讨论过的第一个"封闭"的耆那教神庙（迪尔瓦拉

（上）图4-243奇托尔 城堡。围墙近景

（下）图4-244雷森 城堡。主体结构，现状

(上) 图4-245雷森 城堡。后区景象

(下) 图4-246雷森 城堡。主入口内景

的维马拉神庙)一样,类似的努力和尝试并没有能摆脱某些建筑上的缺陷和固有的单调感觉。

这座巨大的寺庙平面呈方形,宽阔的平台支撑着84个带塔楼的附属祠堂(devakulikās,见图4-215)。在穿过中央祠堂的正向轴线上,四面均设入口。主要入口位于西侧,以此强调东西轴线的主导地位。几跑台阶通向室外最引人注目的部分——三层高的入口大厅(balānaka)。从那里人们进入了一个顶上大部分是屋顶的昏暗空间,由于只能通过多层柱厅(meghanāda)开敞的上层和四个不大的露天庭院

（上）图4-247雷森 城堡。廊道内景

（中）图4-249卡伦杰尔 城堡。围墙、平台及阶梯景观

（左下）图4-248卡伦杰尔 城堡。19世纪初景色（油画，1814年）

（右下）图4-250卡伦杰尔 城堡。尼尔肯特神庙，现状

（上）图4-251卡伦杰尔 城堡。拉尼宫，大院内景

（下）图4-252伦滕波尔 城堡（母虎堡）。远景

采光，室内只能看到处在微弱光线下的密集柱群。中央祠堂内立四头林伽，四个背靠背的祖师（Tīrthaṅkara）形象面对着四个入口。这种四门形制及耆那教造像可上溯到贵霜帝国时期的马图拉。上部祠堂开四个类似的洞口，面对着神庙的屋顶台地。围墙内的四座附属祠堂和中央祠堂一起，形成梅花式（五点式，pañcāyatana）布局。中央主体结构及周围白色大理石建造的柱厅内总共配有16个主要穹顶（位于各方形空间的柱子上）。中央结构各正向穹顶中以西面演出厅（raṅgamaṇḍapa）上的最大。穹顶并非真拱，而是用叠涩挑出法砌筑，支撑柱形成同心八角形，这两圈最大的柱子总计20根。顶棚极其精美、富于变化，但并非所有顶棚均为圆形，很多都在中央矩形框架内布置带植物母题的圆花饰（即所谓samatala型），构思大胆，细部精致。早在笈多时期已经采用的卷曲的枝叶涡券，在这一时期获得了极致的表现，富有创意的装饰图案给人们留下了深刻的印象。

拉纳克普尔的太阳神庙可视为布米贾类型的一

（上）图4-253伦滕波尔 城堡。围墙及入口景观

（下）图4-254伦滕波尔 城堡。主城门，外侧

（上）图4-255伦滕波尔 城堡。外门组群

（下）图4-256伦滕波尔 城堡。老王侯区，巴达尔宫，残迹现状

种变体形式，建筑配有不同寻常的八车平面（eight-ratha，各面带八个凸出面，外廓似星形，图4-228~4-230）。每个凸出部分檐口以上均设大型龛室式阳台，其上为带顶塔的基肋（latā）。八个基肋之间的成排小塔尽管数量有所减少但仍显得十分拥挤。墙上太阳神的坐像高度大大缩减，支撑它们的马匹雕像后腿伸长形成支架。这一雕刻母题一直延伸到柱厅的坐椅靠背处。同在拉纳克普尔的耆那教内米纳塔神庙建于15世纪，是个采纳纳迦罗式顶塔的建筑，墙面满覆精美的雕刻，直至塔顶（图4-231、4-232）。

奇托尔的两座“胜利塔楼”为婆罗门教及耆那教传统上少见的作品，充分展现了印度建筑匠师在这个相对晚近的阶段创造另一种纪念建筑类型的能力（图4-233~4-235；尽管有若干铭刻和文献依据，但目前

左页：

（上）图4-257阿姆利则 金庙（“神邸”“圣院”，1589~1601年，1766及1830年重修）。远景

（下）图4-258阿姆利则 金庙。立面全景

本页：

图4-259阿姆利则 金庙。入口立面近景

仍有一些问题未能最后澄清）。其中较高的一座外廓较为规整，颇似中国的宝塔，是1440~1448年由马哈拉纳·昆巴下令建造。一组精心设计的楼梯直达九层建筑的顶部（高37米），内墙雕大量神像，其中大部分都可通过标签鉴别。第五层尚存建造者的浮雕。较小的塔楼七层，高23米，无疑属耆那教，外廓更为敦实、复杂。两塔外部均有丰富的雕饰。

由于莫卧儿帝国皇帝阿克巴和贾汉吉尔（查罕

杰）实行了宽容的政策，拉杰普特人政治上的反抗逐渐平息，在印度西部某些地域及相邻的马图拉地区，出现了第三次艺术复兴，只是规模要小得多，且其中明显掺杂了某些来自印度穆斯林传统的要素。在梅瓦尔的新都乌代布尔，建于1651年的杰格迪什神庙采用了传统的风格，但墙上的人物雕刻形象及装束与以往大相径庭（图4-236~4-239）。其后在曼多尔，属印度教的国王葬仪祠庙（chatris）没有人物雕刻，来自穆斯林建筑的装饰题材包括鸟类条带和下部的半圆花饰。后者可在早期古吉拉特邦的优秀世俗建筑中看到，其中有不少一直留存下来；在住宅里，彩绘木雕更是一直沿用到今日。远在北方的布林达万，在经历了莫卧儿帝国第六任皇帝奥朗则布的破坏后，还有少数明显采用混合风格的神庙幸存下来，其朴素的顶塔在设计上颇有特色。遗憾的是，这一时期布林达万最大的戈宾德神庙（建于1590年）仅柱厅部分尚存。在这个后期阶段，人们把更多精力用于建造宫殿乃至城堡，其规模更是大大超过欧洲的同类建筑。这些城防工事往往建在平顶的山头周围。奇托尔城堡围墙长6公里（图4-240~4-243），18世纪的雷森（图4-244~4-247）、卡伦杰尔（图4-248~4-251）、伦滕波尔（图4-252~4-256）、瓜廖尔和马拉塔各地的城堡也都具有巨大的规模。

位于印度西北的旁遮普邦是锡克教的发源地（其信徒占到地区人口的65%），位于其主要商业、文化和宗教中心阿姆利则的金庙（“神邸”“圣院”）供奉印度教湿婆神，是印度锡克教最大的寺庙和圣地，1589年由锡克教第五代宗师阿尔琼（1563~1606年在位）主持建造，1601年完工。庙宇坐落在面积1500平方米、人工开凿的圣湖中，由一条60米长的栈桥与湖岸相连，是一座城堡式建筑，融合了印度教和伊斯兰教的风格。建筑底层墙面镶大理石，上部有四分之三几乎通体镏金，顶上呈梅花形布置大小五个金顶，极为壮观。建筑内部呈长方形布局，分为三层：第一层是教徒祈祷大厅，大理石柱上雕有美丽的对称花纹并以大理石板铺地；第二、三层为经室、圣物室、博物馆等。金庙曾屡遭劫掠，又几经重建修复。在1830年重修时使用了100公斤黄金（图4-257~4-261）。

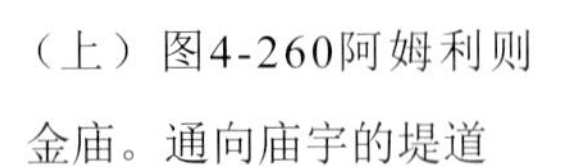

（上）图4-260阿姆利则金庙。通向庙宇的堤道

（下）图4-261阿姆利则金庙。内景

一、布巴内斯瓦尔

奥里萨邦首府布巴内斯瓦尔是座具有2000多年历史的古城。前面多次提到的穆克泰斯沃拉神庙位于珀勒苏拉梅斯瓦拉寺庙和高里-森卡拉神庙附近一个环境优美的小池边上，是个极为精美的小型建筑，堪称奥里萨邦纳迦罗风格建筑的瑰宝（图4-262~4-276）。这座约建于960年的神庙，标志着和该地区后笈多时期建筑的彻底决裂。其前厅（奥里萨语：mukhaśālā 或jagamohana，在这里可能是作为会堂或舞厅使用）平面几乎为方形，配有和主轴形成直角的小廊道；尤为重要的是，其厅堂上置层叠式屋顶（pīḍā roof）[5]，随后所有奥里萨神庙厅堂几乎都采用了这种样式；它本身则标志着从早期德干式柱厅向印度北方造型的转变（图4-277）。但另一方面，覆盖整个墙面的华丽雕饰，和乔拉西的筏罗诃祠庙一起，成为自早先后笈多时期风格发展而来的极品杰作。

这座内祠尺寸仅2米见方的小型建筑由祠堂（deul、prāsāda）、前厅（jagamohana，周围布置带华丽雕饰的栏墙）和一个在奥里萨地区首次出现的入口塔门（toraṇa）组成。主塔采用五车平面并加以改造，在凸出形体上布置醒目的龛室；檐口以上为奥里萨式的装饰性山墙（śūrasena、bho），由一个几乎是半圆形的大型山面组成，上置一个"天福之面"（kīrttimukha），边上为两个斜靠着的夜叉，有些类

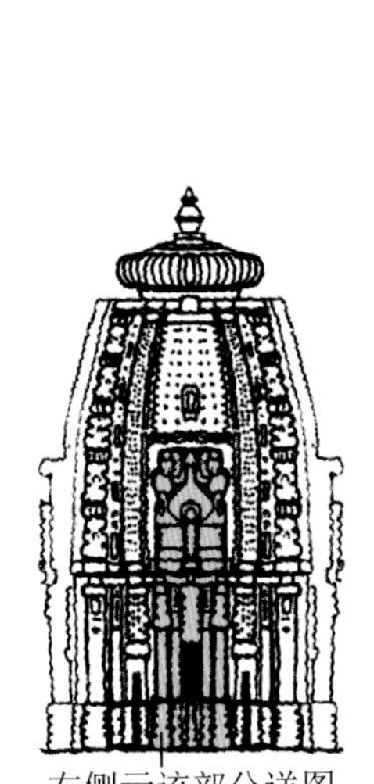

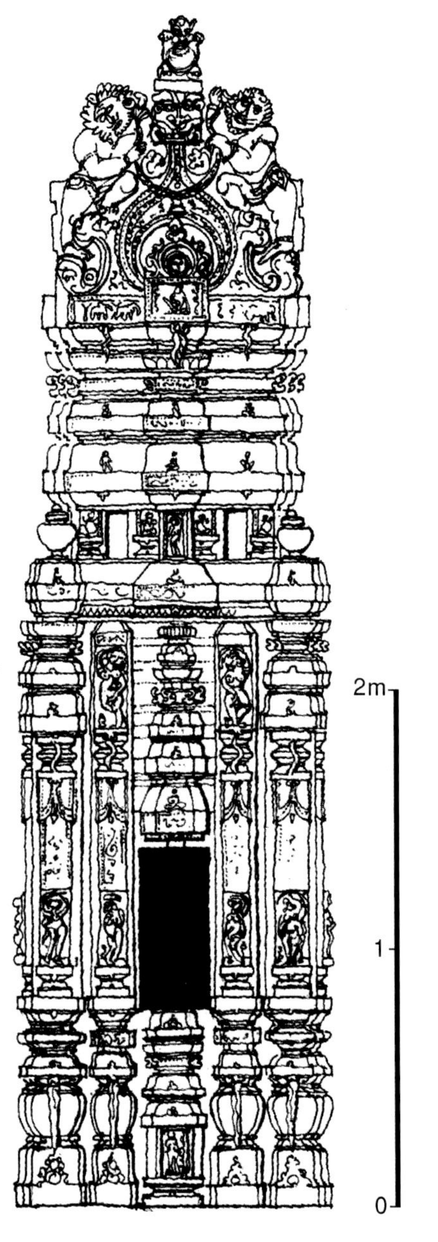

（左）图4-262布巴内斯瓦尔 穆克泰斯沃拉神庙（约960年）。立面及中央区段详图（取自HARDY A. The Temple Architecture of India, 2007年）

（右）图4-263布巴内斯瓦尔 穆克泰斯沃拉神庙。会堂（舞厅）屋顶山墙，立面详图（取自HARDY A. The Temple Architecture of India, 2007年）

左页：

（上）图4-264布巴内斯瓦尔 穆克泰斯沃拉神庙。组群，东北侧全景

（下）图4-265布巴内斯瓦尔 穆克泰斯沃拉神庙。组群，东南侧全景

本页：

（上）图4-266布巴内斯瓦尔 穆克泰斯沃拉神庙。主祠，东北侧现状

（下）图4-267布巴内斯瓦尔 穆克泰斯沃拉神庙。主祠，西南侧景观

本页：

（上）图4-268布巴内斯瓦尔 穆克泰斯沃拉神庙。主祠，西侧入口大门（围地矮墙前立凯旋门式的牌楼）

（下）图4-269布巴内斯瓦尔 穆克泰斯沃拉神庙。主祠，西北侧景观

右页：

（上）图4-270布巴内斯瓦尔 穆克泰斯沃拉神庙。主祠，东南侧现状

（下）图4-271布巴内斯瓦尔 穆克泰斯沃拉神庙。主祠，北侧近景

似西方徽章图案及两边的支撑形象。各角底层的大型壁柱上刻有印度北方建筑流行的性感女体雕像（在奥里萨，这种体态婀娜多姿的女体雕像称kanyās）。由一条凹进条带明确界定檐口以上部分，其角上按古代做法每隔一定间距插入带竖纹的圆形垫石。塔楼中央凸出形体两边，高度和宽度都小得多的龛室上，布置密集的成排挑檐线脚和带交织网眼的装饰性山墙，类似后笈多时期蜂窝状图案的格栅窗（jālaga-vākṣas）。这样的装饰可缓和因密集的挑檐板（其数量有时可上百）而形成的沉重效果。建筑外部还有大量极具魅力的小型雕刻，大都表现站在全开或半开门边的女性（在孟加拉地区，这类题材一直延续到今日），或是怪诞的苦行僧群像。所有这些雕像或图案花纹都安放在方形或矩形的框架内（以串珠饰作为边框），加上在深凿的垂直和水平线条之间几乎完美的均衡，整体给人一种规整有序的感觉。正如几乎同时

本页：

（上）图4-272布巴内斯瓦尔穆克泰斯沃拉神庙。主祠周边的小塔群

（下）图4-273布巴内斯瓦尔穆克泰斯沃拉神庙。主祠，顶塔中央垂直板块雕饰细部，中间如窗户般的藤蔓状反曲线拱券（称candrashala）两侧立护卫神，繁复的装饰为采用纳迦罗风格的中世纪奥里萨艺术的典型特征

右页：

图4-274布巴内斯瓦尔 穆克泰斯沃拉神庙。墙面雕饰

期附近的高里-森卡拉神庙一样，基部线脚之间通过叶饰联系，檐口颈部布置成对的小罐。同时还出现了奥里萨地区独创的极具特色的所谓那伽壁柱（nāga pilaster，柱身被蛇尾缠绕）。更为独特的是，穆克泰斯沃拉神庙还有一个雕饰精美的顶棚，和西部地区的尖矢拱顶天棚不同，在八个叶瓣上雕七母天女（Seven Mothers）及湿婆恐怖相（Vīrabhadra）。

这时期奥里萨邦和印度北方其他地区建筑的差异主要表现在神庙主体的形式上。在这里，室内更为简朴平素，外墙造型雕刻不仅数量少，尺寸也较小。主体部分以几乎觉察不到的向内曲线升至内收的顶部，上部冠以沉重巨大的圆垫式顶石（āmalakas）及扁平的钟形部件（khapuris），再上为罐饰，顶部以三叉

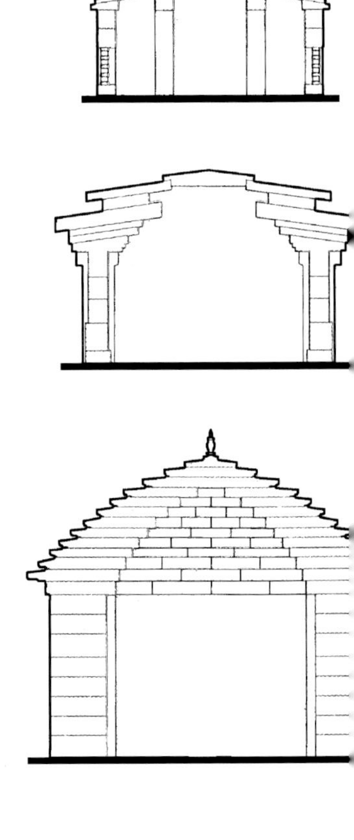

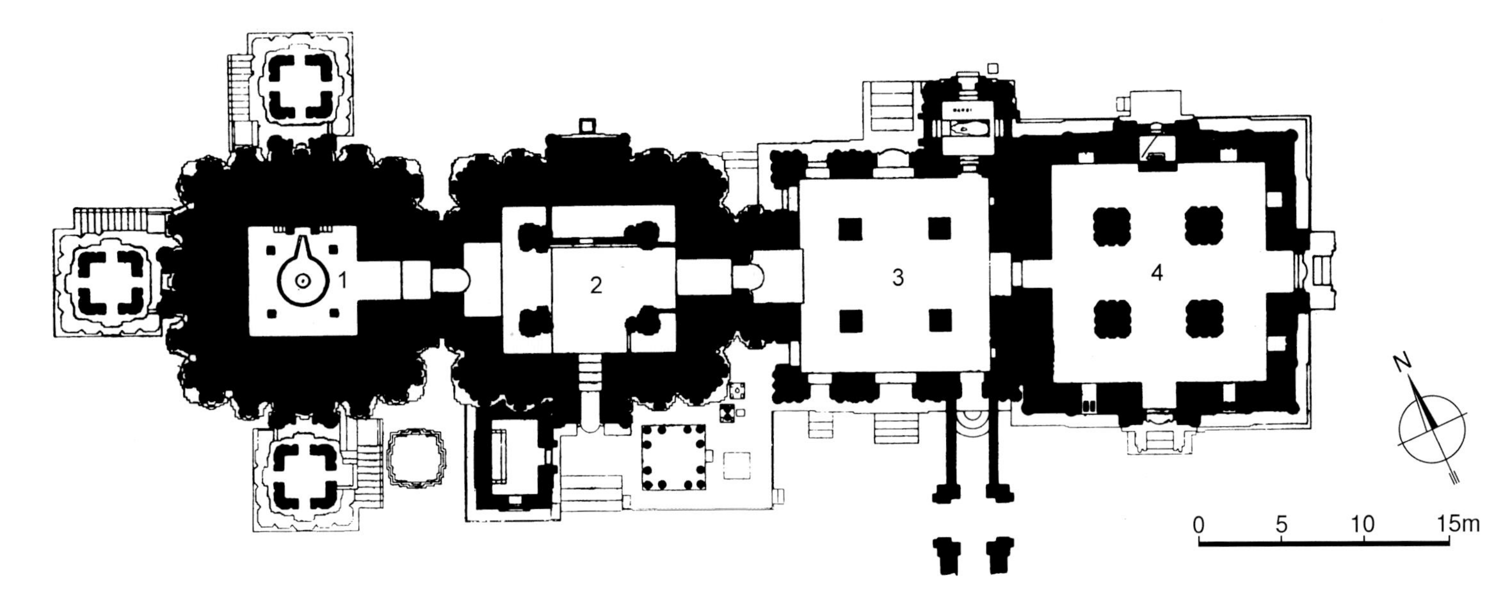

左页：

（左上）图4-275布巴内斯瓦尔 穆克泰斯沃拉神庙。浮雕细部

（左下及右上）图4-276布巴内斯瓦尔 穆克泰斯沃拉神庙。会堂（舞厅），顶棚仰视全景及雕饰细部

（右下）图4-277布巴内斯瓦尔 印度教祠庙厅堂屋顶结构的演进（取自STIERLIN H. Hindu India，From Khajuraho to the Temple City of Madurai，1998年），图示自8世纪、9世纪直至12世纪各种叠涩挑出式屋顶的演变

本页：

（上）图4-278布巴内斯瓦尔 林伽罗阇寺庙（约1100年）。平面（取自HARLE J C. The Art and Architecture of the Indian Subcontinent，1994年），图中：1、祠堂；2、前厅；3、舞厅；4、祭品厅

（下）图4-279布巴内斯瓦尔 林伽罗阇寺庙。剖面（取自MANSELL G. Anatomie de l'Architecture，1979年）

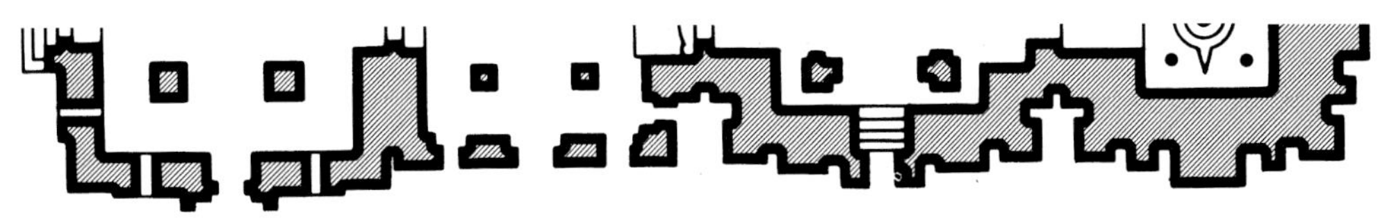

戟或法轮（通常以金属制作），或空中林伽（ākāśa liṅga）作为结束。在四个主要方位（有时还包括成45°的对角方位）布置蹲伏的怪兽或石狮（dopicchas），用以支撑上部的圆垫式顶石。即便有附属顶塔（uruśṛṅgas），造型也不明显，可说是一个引人注目的例外表现。在这里看不到布米贾式的神庙，附属顶塔相互叠置形成单一垂直条带。除了最大的神庙外，一般都没有阳台或内部柱墩，柱厅内部完全没有雕刻或带雕饰的顶棚。

各个时期的奥里萨神庙一般都保存得较好。这些建筑的外貌尽管说不上简朴，但和印度北方及西部地区相比的确有很大的差异。复杂的底层平面同样有壁本页及右页：

（左上）图4-280布巴内斯瓦尔 林伽罗阇寺庙。立面（取自STIERLIN H. Hindu India，From Khajuraho to the Temple City of Madurai，1998年）

（左下）图4-281布巴内斯瓦尔 林伽罗阇寺庙。主祠及前厅立面示意（据Debala Mitra，1961年）

（右下）图4-282布巴内斯瓦尔 林伽罗阇寺庙。圣区，现状俯视景色

（右上）图4-283布巴内斯瓦尔 林伽罗阇寺庙。北侧全景（自圣区外望去的情景）

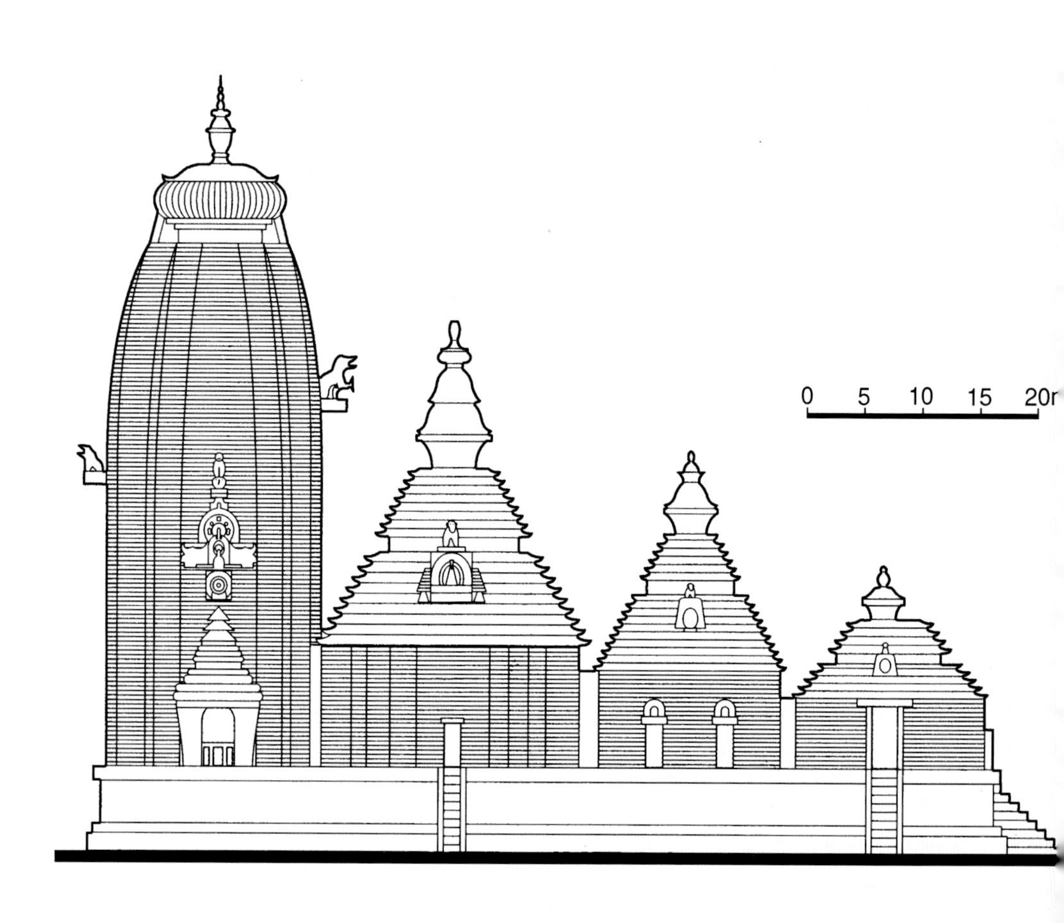

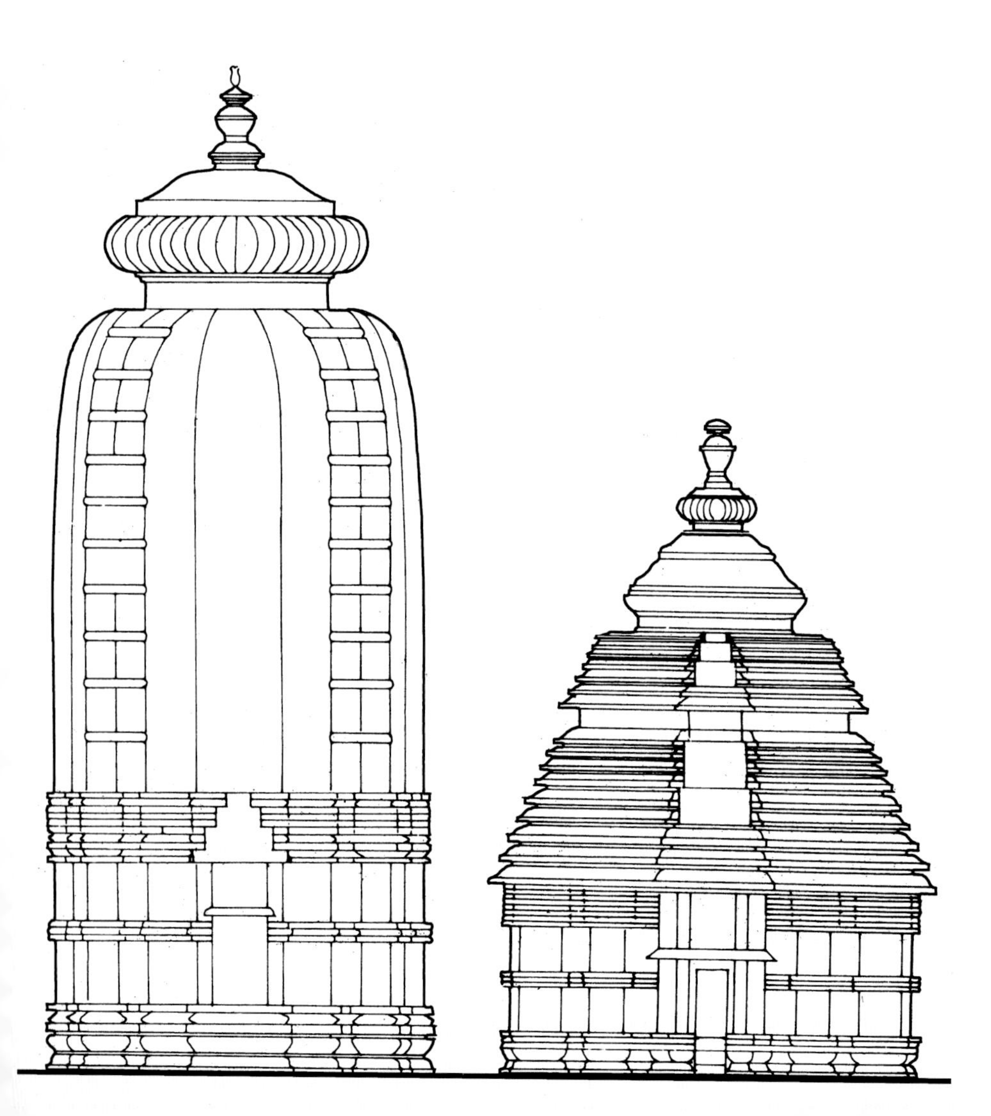

（上）图4-284布巴内斯瓦尔 林伽罗阇寺庙。圣区内现状（自北面望去的景色）

（下）图4-285布巴内斯瓦尔 林伽罗阇寺庙。主祠及前厅，北侧景观

（上下两幅）图4-286布巴内斯瓦尔 林伽罗阇寺庙。主祠及前厅，东北侧近景

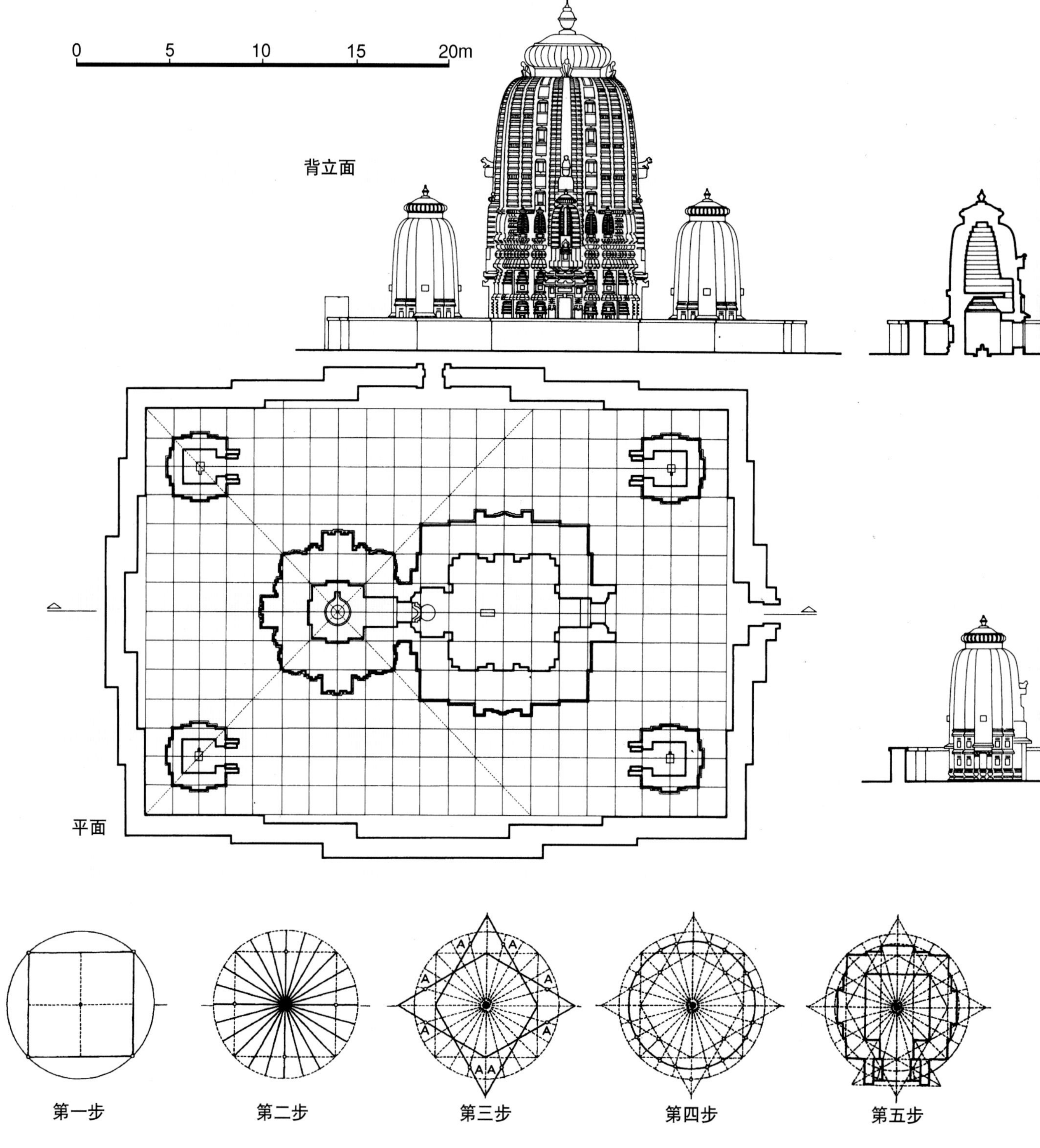

本页及右页：

（左上）图4-287布巴内斯瓦尔 梵天庙（布勒赫梅斯沃拉神庙，约1061年）。平面、立面及剖面（取自STIERLIN H. Comprendre l' Architecture Universelle，II，1977年）

（左下）图4-288布巴内斯瓦尔 梵天庙。次级祠堂平面的几何构成（据Volwahsen和Stierlin，1994年）

（右上）图4-289布巴内斯瓦尔 梵天庙。主塔立面及中央凸出部分详图（取自HARDY A. The Temple Architecture of India，2007年）

（中下）图4-290布巴内斯瓦尔 梵天庙。俯视复原图（取自STIERLIN H. Comprendre l' Architecture Universelle，II，1977年；原作者Volwahsen，1969年）

（右下）图4-291布巴内斯瓦尔 梵天庙。轴测剖析图（取自HARDY A. The Temple Architecture of India，2007年）

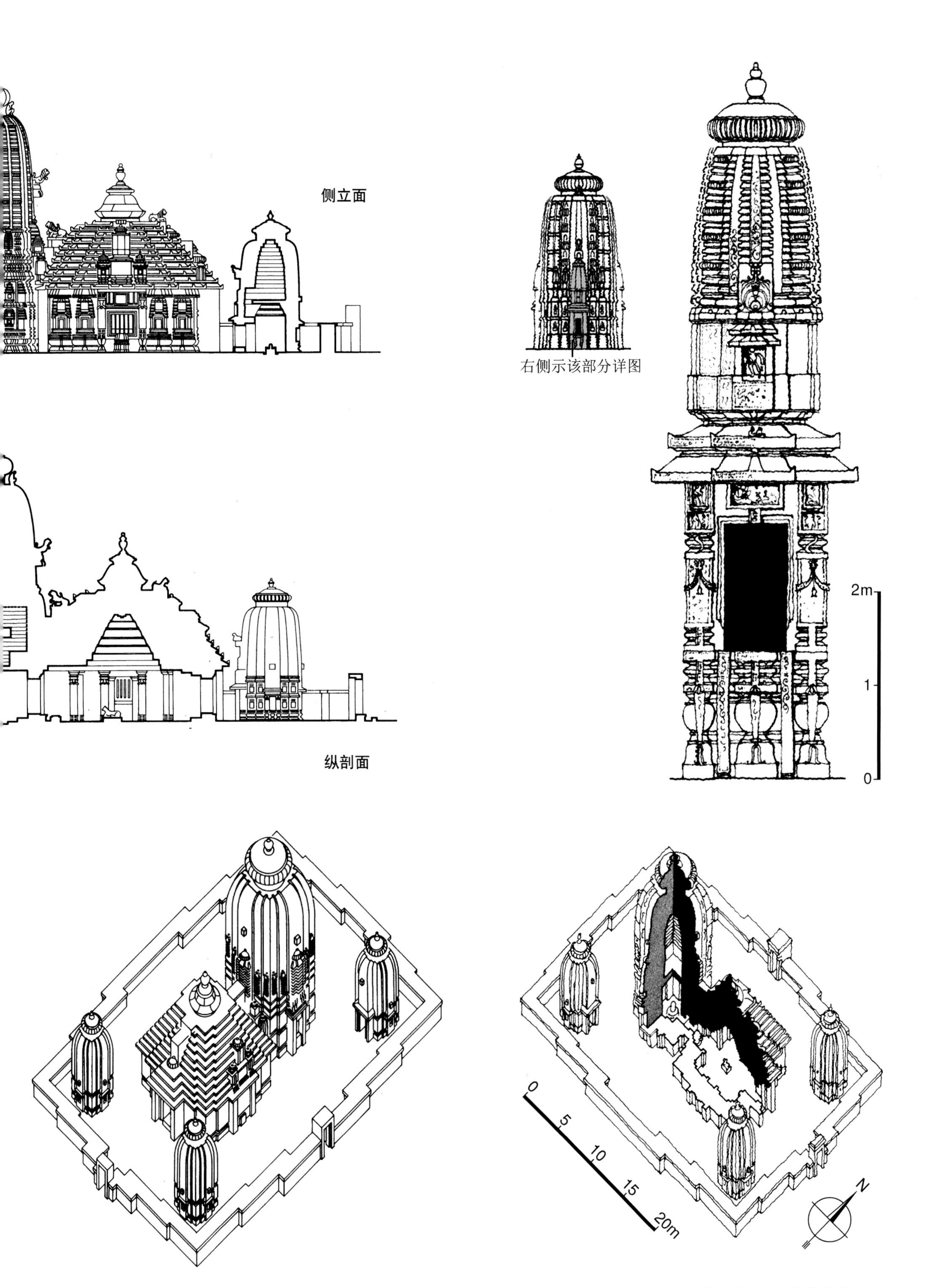
侧立面
右侧示该部分详图
2m
1
0
纵剖面
0
5
10
15
20m
N

（上）图4-292布巴内斯瓦尔 梵天庙。南侧全景

（下）图4-293布巴内斯瓦尔 梵天庙。北侧景观

垛般的凸出部分且一直升到塔顶，但祠堂（deul）下部的处理完全不同。龛室或雕像边框，除了位于凸出形体上的，均为带层叠式屋顶的附墙小亭所取代，浮雕形象亦相对较小。

在布巴内斯瓦尔，巍然耸立在周围祠庙之上的林伽罗阇寺庙约建于1100年（平面、立面及剖面：图4-278~4-281；外景：图4-282~4-286）。这座著名建筑由一字排开的四座相连的结构组成，即祠堂

（上）图4-294布巴内斯瓦尔 梵天庙。主塔基部近景

（左下）图4-295布巴内斯瓦尔 梅盖斯沃拉神庙（1170~1198年）。入口面现状

（右下）图4-296布巴内斯瓦尔 梅盖斯沃拉神庙。主塔近景（构图部件形体简约，更多地强调节奏和韵律，为奥里萨后期作品的范例）

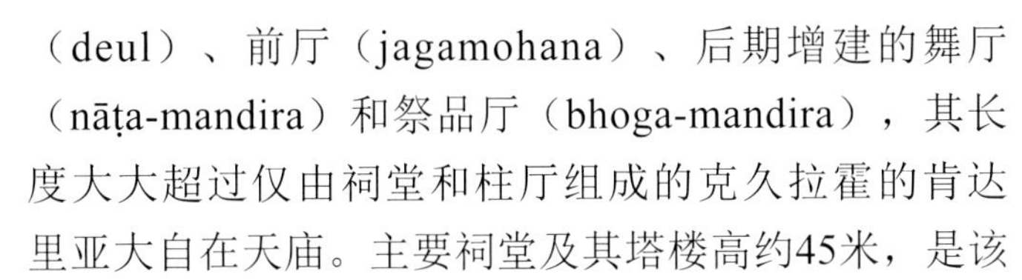

（deul）、前厅（jagamohana）、后期增建的舞厅（nāṭa-mandira）和祭品厅（bhoga-mandira），其长度大大超过仅由祠堂和柱厅组成的克久拉霍的肯达里亚大自在天庙。主要祠堂及其塔楼高约45米，是该城市最大寺庙，也是现存奥里萨神庙中最突出的一个，只是塔楼主体（gaṇḍi，原意“躯干、树干”）向内的曲线直接自檐口上起始并非标准做法（见图4-285）。祠堂平面与巴多利的格泰斯沃拉神庙及古

本页：

图4-297布巴内斯瓦尔 阿难塔-瓦苏提婆神庙（1275年）。主塔现状

右页：

（上）图4-298布巴内斯瓦尔阿难塔-瓦苏提婆神庙。主塔仰视近景

（右下）图4-299布巴内斯瓦尔阿难塔-瓦苏提婆神庙。龛室雕刻：筏罗诃（猪头毗湿奴）

（左下）图4-300布巴内斯瓦尔拉贾拉尼神庙（11/12世纪）。祠堂，平面（取自STIERLIN H. Comprendre l' Architecture Universelle, II, 1977年）

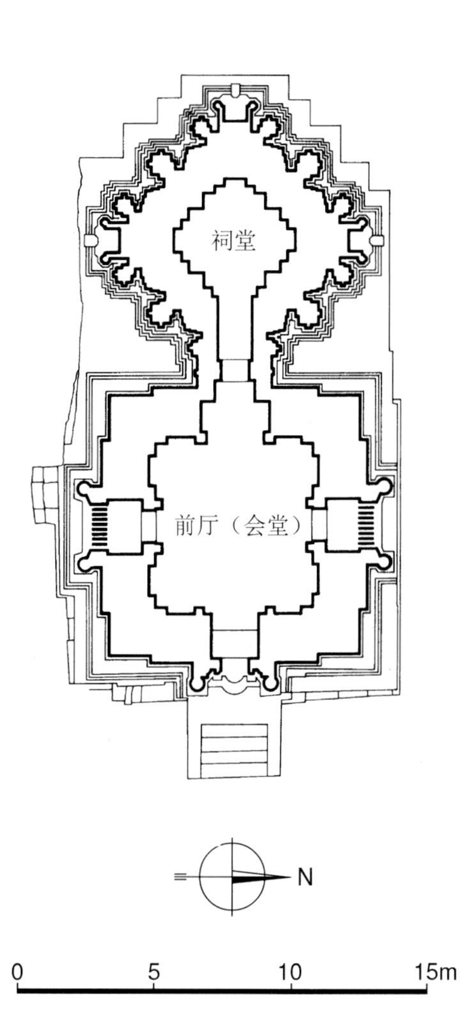

祠堂
前厅（会堂）
N
0
5
10
15m

吉拉特邦的许多神庙不同，为五车改进型。在垂直凸出形体（bhadras）上的巨大深龛里，安置了象头神迦内沙、战神室建陀和雪山神女帕尔沃蒂的绿泥石雕像。基座由五道线脚组成，中间墙体部分如许多后期奥里萨神庙的做法，由一道凸出线脚一分为二。在角上及垂向凸出面中间带层叠式屋顶和筒拱顶的装饰性微缩祠堂（分别称为pīḍā-muṇḍis和khākharā-muṇḍis）采用了高浮雕的造型，在三重线脚上面支撑方位护法神像（dikpālas），下面为浮雕场景。但无论在哪种情况下，构图上占主导地位的都是亭阁式龛室而不是雕像或浮雕场景。檐口由10条线脚组成，和塔楼密集排列的水平部件几乎难以区分。上面向外凸出的圆形花饰（bhos）顶上是位于小型凸出平台上的角狮和象雕，由此向上升起的塔楼（奥里萨语：rāhā）中央部分饰有和穆克泰斯沃拉神庙同样的装饰性山墙。在塔楼边上，有三个相对较小的叠置顶塔（śṛṅgas），因此塔楼给人的感觉仍是一个曲线内斜式顶塔（rekha deul）。角上十个八角形的垫式石块同样向上缩减，促成了塔楼主体由简单垂向部件组成的印象。塔顶布置蹲伏的狮像和四臂的人物造型作为顶石的支撑。祠

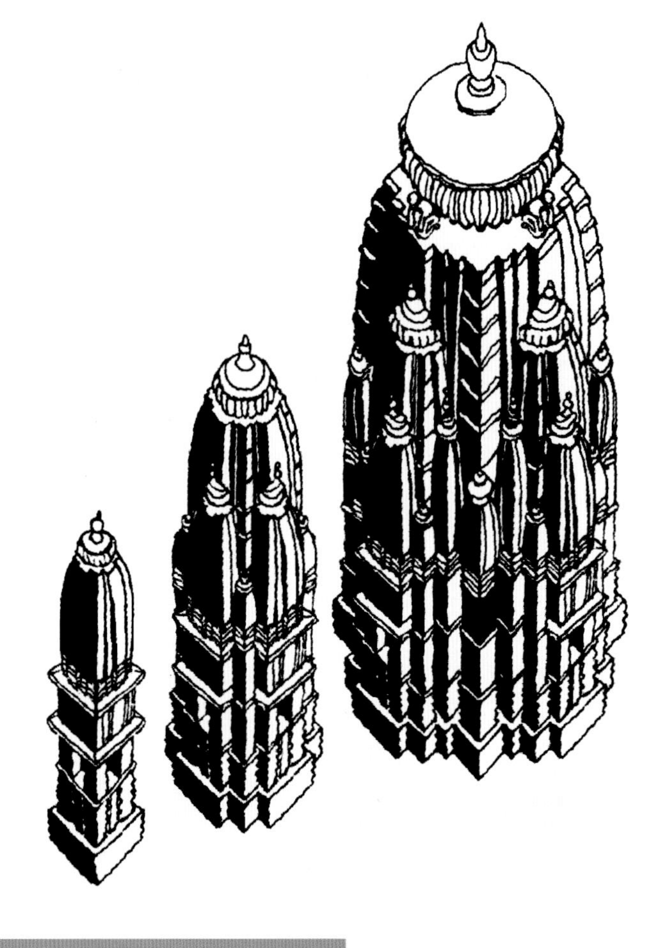

本页：

（上）图4-301布巴内斯瓦尔 拉贾拉尼神庙。庙塔构图组成（取自HARDY A. The Temple Architecture of India, 2007年）

（下）图4-302布巴内斯瓦尔 拉贾拉尼神庙。北侧远景

右页：

图4-303布巴内斯瓦尔 拉贾拉尼神庙。西南侧全景

堂内祠上另有两个房间，楼梯设在墙体内。

林伽罗阇寺庙前厅（jagamohana）的层叠式屋顶高约30米，以其自身结构给人们留下了深刻的印象，同时也打破了柱厅屋顶升向主要塔楼的平滑曲线（而这正是克久拉霍最大神庙的特色）。在这里，层叠式屋顶第一次分为上下两组，其间插入一个“颈部”，每个立面均于“颈部”上下各立一组上冠狮像近于圆形的花饰。下一组层间垂向区段内安置表现军车的浮雕饰带（为后笈多时期奥里萨神庙喜用的题材）。前厅配置了两个带栏杆的窗户，为奥里萨地区另一个独具的特征。其中一个在增建舞厅和祭品厅时被改造成为入口。这三座建筑的顶棚均由各自的四个沉重的柱墩支撑。

林伽罗阇寺庙周围还有许多附属祠堂，包括精美的帕尔沃蒂祠堂，后者本身同样由四个建筑构成。组群院落围墙内侧有巡查平台，有证据表明，围墙尚有防卫功能。

约1061年建造的布巴内斯瓦尔的梵天庙（布勒赫梅斯沃拉神庙），是座保留了梅花式复杂布局的优美建筑（主祠周围布置四座次级祠堂，图4-287~4-294）。它坐落在修筑有低矮围墙的大院内；围墙配有一个带层叠式屋顶的华丽门楼，其楣梁上刻象征九曜（navagrahas，古印度占星术中九个天体的统称）的神灵。祠堂檐口上立单排次级顶塔（uruśṛṅgas），位

本页及右页：

（左）图4-304布巴内斯瓦尔 拉贾拉尼神庙。东侧现状

（中上）图4-305布巴内斯瓦尔 拉贾拉尼神庙。东北侧近景

（中下及右上）图4-306布巴内斯瓦尔 拉贾拉尼神庙。龛室雕刻：仙女像（Surasundari，上部的棕榈枝叶象征大自然）

（右下）图4-307布巴内斯瓦尔 拉贾拉尼神庙。前厅（会堂）内景（顶棚采用叠涩挑出的结构）

（左上）图4-308布巴内斯瓦尔 拉贾拉尼神庙。自前厅通向内祠的入口（和室外相反，其内部很少雕饰）

（右上）图4-309布巴内斯瓦尔 巴斯克雷斯沃拉神庙。南侧全景

（右中）图4-310布巴内斯瓦尔 巴斯克雷斯沃拉神庙。西北侧近景

（下）图4-311希拉布尔 六十四瑜伽女祠堂（约10世纪）。现状外景

（上）图4-312希拉布尔六十四瑜伽女祠堂。院内景色（右侧为院中间的方形祠堂）

（下）图4-313希拉布尔六十四瑜伽女祠堂。院内方形祠堂上部的拱券结构

左页：

（上下两幅）图4-314希拉布尔 六十四瑜伽女祠堂。院周围龛室内的瑜伽女雕像

本页：

（上）图4-315希拉布尔六十四瑜伽女祠堂。雕像细部

（下）图4-316普里 扎格纳特寺（11~12世纪，大祠堂1136年）。总平面

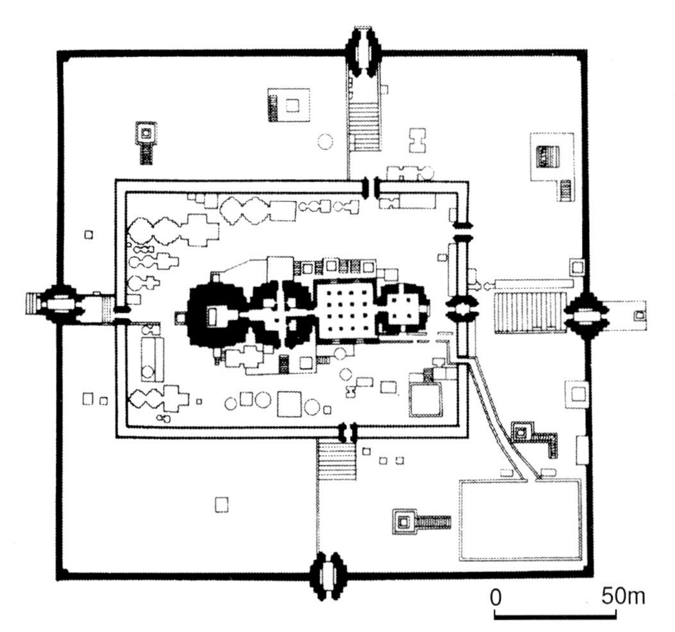

于垂向凸出形体上的尺度尤大。其风格和林伽罗阇寺庙大体类似，表明仍处在大型神庙的试验阶段。

布巴内斯瓦尔的梅盖斯沃拉神庙可以确信建于12世纪末（图4-295、4-296）。其前厅平素的墙面由通常的三道线脚分划，颇似印度西部和中部某些神庙的做法，表明这类墙面处理方式比人们通常想象的具有更重要的地位。塔楼主体曲线更为明显，几近球根形；然而，一个世纪以后建造的阿难塔-瓦苏提婆神庙却保留了基本为直线的老式外廓（图4-297~4-299）。后者虽然规模较小，但有着和林伽罗阇寺庙相同的建筑序列。值得注意的是，在这里进一步强调了柱厅屋顶

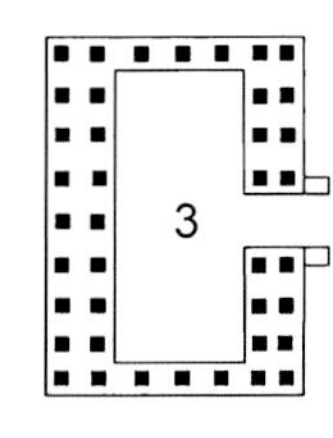

本页及右页：

（左上）图4-317普里 扎格纳特寺。20世纪初景色（约1915年图版，作者不明）

（左下）图4-318普里 扎格纳特寺。现状远景

（右上）图4-319普里 扎格纳特寺。主祠，顶塔西侧近景

（中上）图4-320科纳拉克太阳神庙（1255年）。总平面，图中：1、主要祠庙组群（1a-会堂，1b-主祠）；2、舞厅；3、祭拜堂；4、摩耶提毗庙；5、毗湿奴庙

（右下）图4-321科纳拉克太阳神庙。平面、立面及会堂剖面（1∶800，取自STIERLIN H. Comprendre l' Architecture Universelle, II，1977年）

0 10 20 30m
N
1b
1a
2

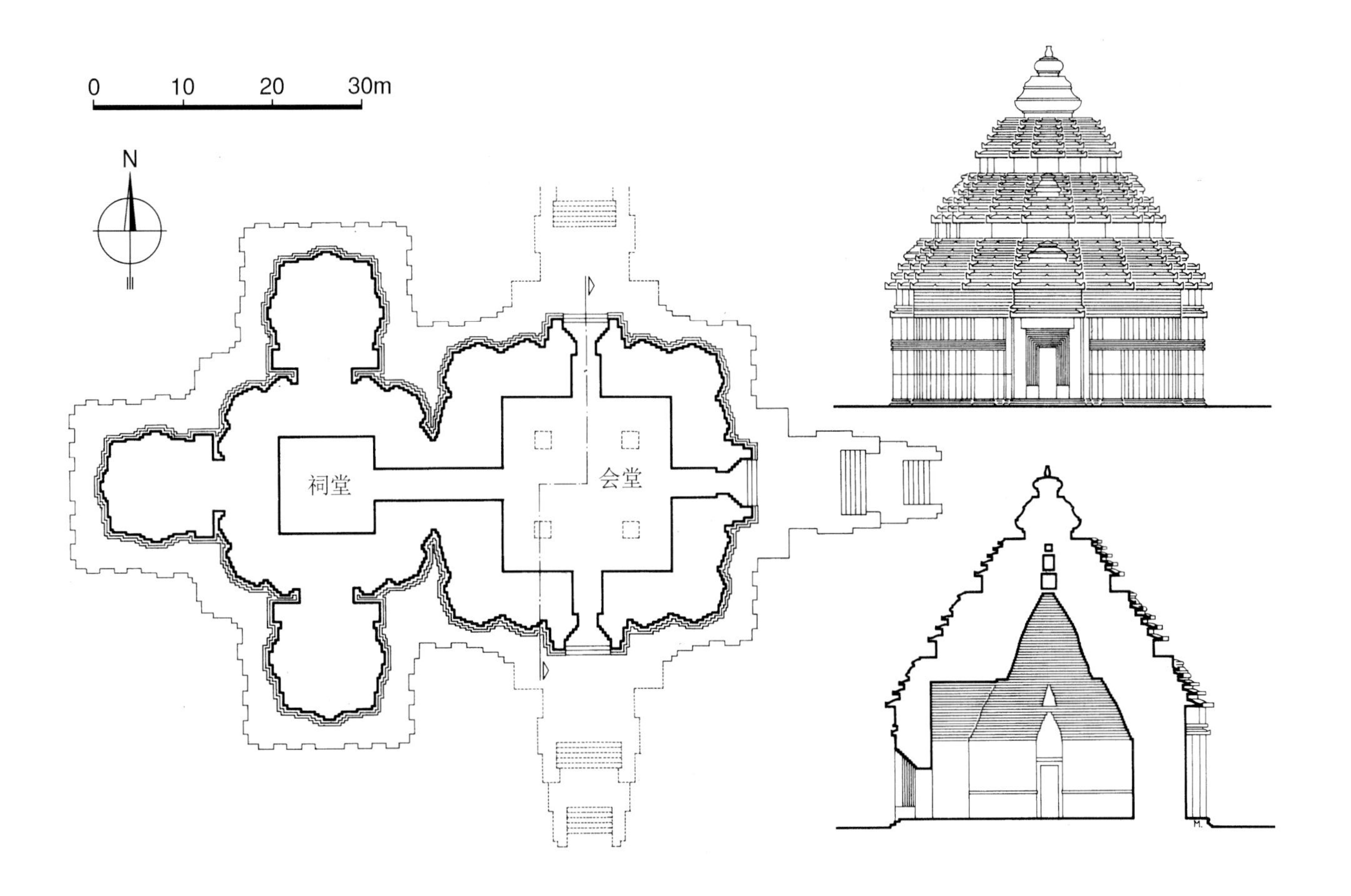
0 10 20 30m
N
祠堂
会堂

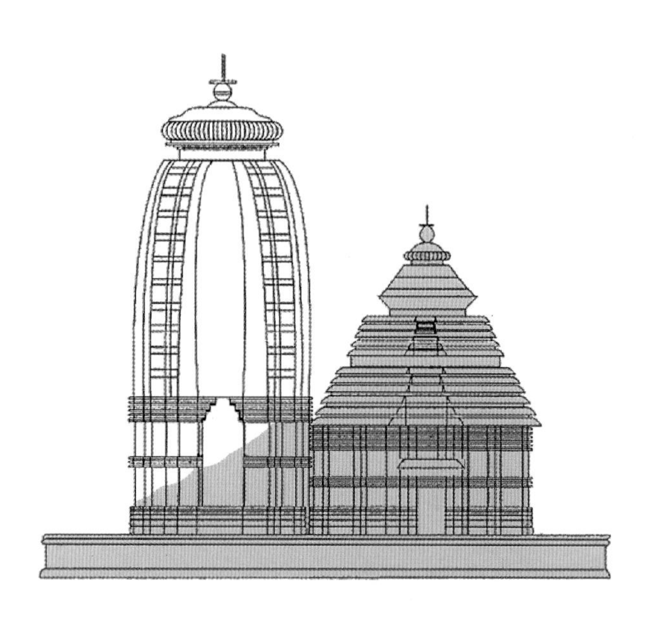

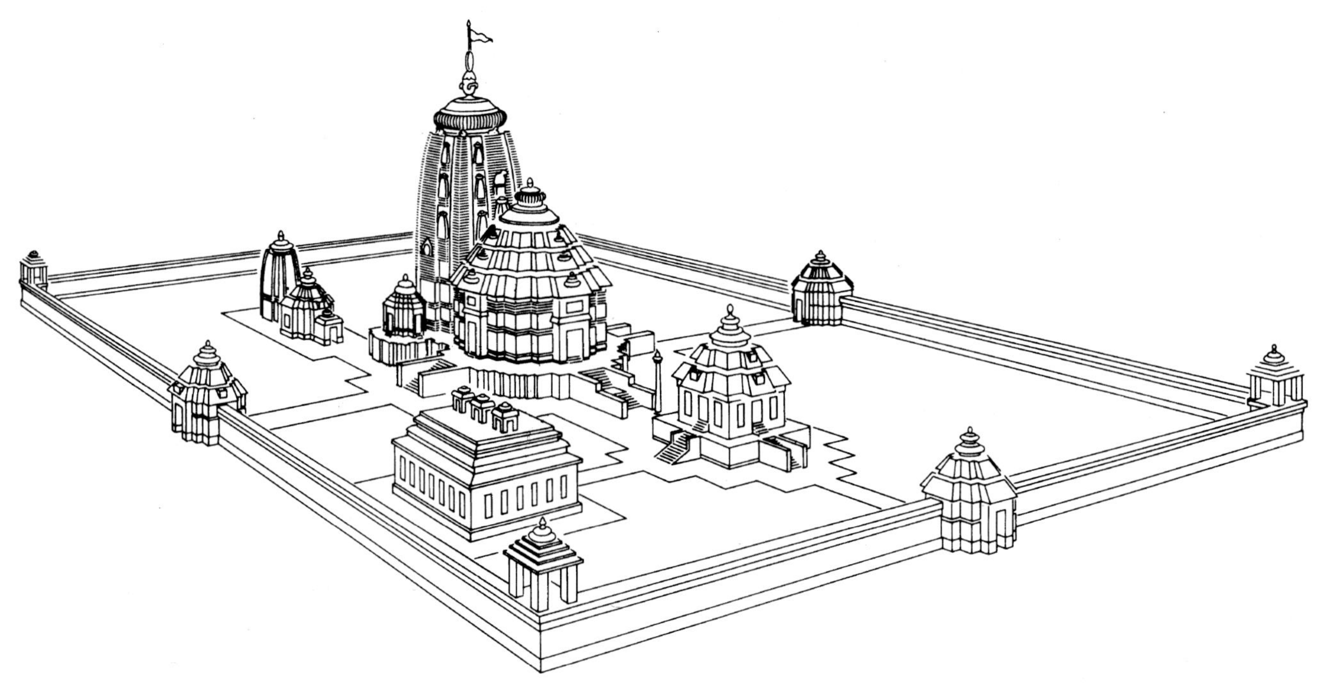

本页及左页：
（左上）图4-322科纳拉克 太阳神庙。立面（黄褐色示尚存部分）
（左下）图4-323科纳拉克 太阳神庙。透视复原图（13世纪中叶状态，取自STIERLIN H. Comprendre l' Architecture Universelle, II, 1977年）
（左中）图4-324科纳拉克 太阳神庙。19世纪初残迹状态[两个欧洲人在部分残毁的室内，版画，1812年，作者William George Stephen（1792~1823年）]
（中中）图4-325科纳拉克 太阳神庙。19世纪中叶景观（版画，取自FERGUSSON J. Ancient Architecture in Hindoostan, 1847年；可看到尚存的部分主塔残迹）
（右上）图4-326科纳拉克 太阳神庙。遗址，东南侧全景（前景为舞厅，后为会堂）
（右下）图4-327科纳拉克 太阳神庙。遗址，东北侧景观（舞厅及会堂）

的构图作用。尽管在恒伽王朝时期，印度教毗湿奴派正处在上升阶段，甚至林伽罗阇寺庙的供奉对象都被改造为毗湿奴和湿婆的合并相（诃利诃罗），但建于1275年的这座建筑，至今仍是布巴内斯瓦尔唯一重要的毗湿奴神庙。

秀美的拉贾拉尼神庙的祠堂和中央邦的神庙极为相似，是一特殊表现（图4-300~4-308）。其底层平面为菱形，大约30个次级顶塔升到不同的高度（有的还具有相当大的尺度），成组围绕在主塔周围，如克久拉霍和西部地区的表现。完整的系列方位护法神

本页：

（上下两幅）图4-328科纳拉克 太阳神庙。主祠及会堂，西南侧景色（主祠于1837年倒塌，上下两图分别示主祠基台修复前后的状态；基台上的轮饰象征太阳神遨游太空时乘坐的战车）

右页：

（上）图4-329科纳拉克 太阳神庙。主祠及会堂，西侧景色

（下）图4-330科纳拉克 太阳神庙。会堂，东侧全景（金字塔式屋顶由三个层位组成；室内采用叠涩挑出结构，面积约400平方米，是印度教建筑中室内空间最大的一个）

守卫着墙体下部角上的凸出部分，墙上同样雕有女体形象。

巴斯克雷斯沃拉神庙从名称可知系供奉“作为太阳神的湿婆”（图4-309、4-310），其祠堂内的林伽高2.74米，上部已失，最初为独立柱墩。内祠无前厅，上层类似平台，设四门与底层相通；第三层设一门，由一个环绕侧墙的廊道组成，僧侣和信徒可以从那里向林伽上部敬献贡品。神庙采用简朴的三车平面，中央形体凸出甚多，形成层叠式附属顶塔一直升到檐口以上逐渐与中央顶塔融合，构成外观敦实、不同寻常的上部结构，在总体外廓上类似克久拉霍的马图伦加神庙。

二、其他地区

位于布巴内斯瓦尔外围约20公里处希拉布尔的六十四瑜伽女祠堂约建于10世纪，是座平面圆形的石构建筑。外墙内侧辟龛室，每个龛室内安放一尊雕像，共56尊；另有八尊女神像布置在中央方形主祠四面（图4-311~4-315）。位于滨海城市普里的扎格纳特寺[作为尊崇对象的扎格纳特（Jagat-nātha）为黑天

左页：

（上）图4-331科纳拉克 太阳神庙。会堂，东南侧现状

（下）图4-332科纳拉克 太阳神庙。舞厅，东南侧现状（后为会堂）

本页：

（上）图4-333科纳拉克 太阳神庙。舞厅，西南侧景色

（下）图4-334科纳拉克 太阳神庙。舞厅，东侧近景

本页：

（上）图4-335科纳拉克 太阳神庙。舞厅，西侧景观（自会堂望去的情景）

（下）图4-336科纳拉克 太阳神庙。舞厅，基台近景

右页：

（上）图4-337科纳拉克 太阳神庙。舞厅，残迹内景（向会堂方向望去的景色）

（下）图4-338科纳拉克 太阳神庙。主祠台地，石轮近观

大神的化身，即“世界之王”]，是印度著名寺庙和最重要的朝圣地之一（图4-316~4-319）。现寺庙系在更早的寺庙基址上重建，占地约300米见方，围墙高6.1米。其主体建筑类似布巴内斯瓦尔的林伽罗阁

本页及右页：

（左两幅）图4-339科纳拉克 太阳神庙。主祠台地，石轮雕刻细部

（中及右两幅）图4-340科纳拉克 太阳神庙。基台雕饰细部：建筑造型（庙宇及亭阁）

寺庙，由四部分组成：主祠（Sanctum sanctorum）、前厅（Mukhashala）、会堂/舞厅（Nata mandir/Natamandapa或Jagamohan）和祭拜堂（Bhoga Mandapa）。主祠始建于1136年，顶塔高57米，但由于细部大部都被拙劣的水泥修补和大量采用的白色灰泥状材料（称chunam）破坏，其最初的建筑形式已很难推测。带柱子的舞厅和祭拜堂年代稍晚。在主要龛室内立有筏罗诃（南面）、那罗希摩（西面）和筏摩那（北面）等毗湿奴化身雕像。总体布局上最引人注目的是在印本页及右页：

（左、中及右上）图4-341科纳拉克 太阳神庙。基台雕饰细部：《爱经》系列

（右中及下）图4-342科纳拉克太阳神庙。墙面及基台表现人物及日常生活场景的雕饰

度南部地区以外拥有两组围院（或三组，如果把仅由一条狭窄通道分开的两道内墙分别计算的话）。外院设一大门，四面均为层叠式屋顶。用红土建造的墙体显然属公元1400年左右。寺院共有大小祠庙120余座，有的年代相对较晚。

科纳拉克[6]的太阳神庙是奥里萨地区最后一座大型祠庙，建于1255年东恒伽王朝（Eastern Ganga Dynasty）君主那罗希摩提婆一世（1238~1264年在位）时期。神庙最初建在琴德勒伯加河口处（岸线现已退后），由于地基土质松软，上部荷载过大，主祠于1837年倒塌，仅存基部线脚、部分墙体及龛室部分（其顶塔最初高度想必有70米左右，平面、立面、剖面及透视图：图4-320~4-323；外景：图4-324~4-337；雕饰细部：图4-338~4-345）。高约39米的大厅（会堂）是现存残墟的主要结构，其他尚有舞厅和餐厅等部分。组群现为世界文化遗产项目。

主祠沿袭羯陵伽（Kalinga）建筑的传统风格，面朝东方，以便初升的第一缕阳光能照到入口。如同林伽罗阇寺庙的做法，主祠于南、北及西侧中央另出附属祠堂，有外部楼梯通向安置太阳神雕像的龛室。主祠和大厅一起，被想象成一个巨大的太阳神战车（所谓“天上的战车”）[7]，位于侧面带11对巨大石轮的高大台地上（见图4-338）。因据传说，太阳神苏利耶乘坐在七匹马（另说是一匹长着七个头的马）牵拉的战车上，因此，在通向大厅的宽大台阶两侧，还雕有足尺的石马。每个石轮直径几近4米，带有精

（左右两幅）图4-343科纳拉克 太阳神庙。太阳神雕像（巨大的立像凝视着南方，用绿色变质岩制作的这批雕像充分展现出印度东北部地区雕刻师的技艺），右边一尊真人大小的神像已移送新德里国家博物馆内展出

美的雕饰，轮毂处雕情侣性爱（mithunas）的场景。实际上，它只是在更大的尺度上模仿各时期以不同形式出现的那些取队列战车造型的小型神庙。

大厅（会堂）尽管残毁严重，12世纪初室内就已经堆满了砂砾及碎石，但仍然是这类建筑中最大且给人印象最深刻的一个（见图4-330）。其比例非常简单：墙面高度为宽度之半，宽度本身则相当于整个建筑的高度（30米）。上部结构由逐层缩减的层叠式挑檐板组成；檐板分为三个组群，下两组各有六块板，最上一组五块。各组间以台地分开，台地边上立有著名的音乐天女雕像（见图4-344）。舞厅和莫德拉的太阳神庙一样，为一独立建筑，立在一个具有复杂雕饰的高大平台上。柱墩及墙体大部留存下来，颇似祠堂及大厅的样式。在舞厅和大厅之间立有太阳神战车驭者、拂晓神厄鲁纳石柱（后被移至普里的扎格纳特寺）。

附近其他建筑尚包括祭拜堂、两个较小的神庙和一个餐厅。整个建筑组群位于一个长宽分别为264米和165米的围墙内，围墙三面设大门。祭拜堂位于舞厅南侧，是一座带柱廊的围院。两座残毁的庙宇中，一个称摩耶提毗祠庙，位于主庙西南方向，可能是供奉作为太阳神妻子之一的摩耶提毗，属11世纪后期，要早于主庙（图4-346、4-347）；另一座神庙系供奉某个未知的毗湿奴教神祇（从周围找到的雕刻可知它是座毗湿奴祠庙，图4-348）。两庙主要神像皆失。

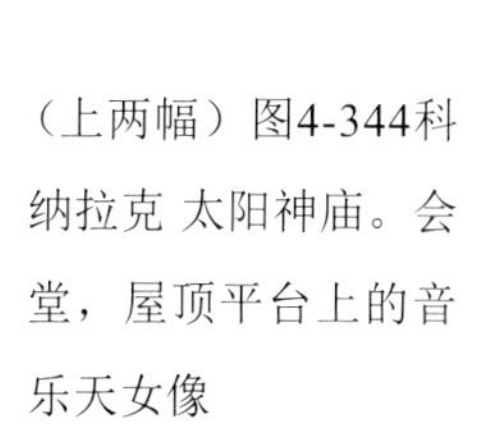

（上两幅）图4-344科纳拉克 太阳神庙。会堂，屋顶平台上的音乐天女像

（下）图4-345科纳拉克 太阳神庙。舞厅，东侧台阶端头的石狮

（上）图4-346科纳拉克 太阳神庙。摩耶提毗祠庙（11世纪后期），遗址现状

（下）图4-347科纳拉克 太阳神庙。摩耶提毗祠庙，雕饰细部（鳄鱼头）

图4-348科纳拉克 太阳神庙。毗湿奴祠庙，遗址，东北侧现状

科纳拉克的这座太阳神庙属羯陵伽风格（Style of Kalinga）中的皮德寺庙类型。在古代羯陵伽地区（今印度东部奥里萨邦和北部的安得拉邦）流行的这种风格的特色是雕饰较少，由密集的成排挑檐板组成直线边侧金字塔式的上层结构，非常类似奥里萨邦祠堂的叠置式屋顶。这种风格由三种不同寺庙类型组成：即雷卡型（Rekha Deula，Deula为地方语“寺庙”）、皮德型（Pidha Deula）和卡克拉型（Khākhara Deula）；前两者是用于供奉守护神毗湿奴、太阳神苏利耶和湿婆的寺庙，第三类用于祭祀黑色女神恰门陀（Chamunda）和降魔女神杜尔伽（Durga）。布巴内斯瓦尔的林伽罗阇寺庙和普里的扎格纳特寺皆为雷卡型的主要实例，同在布巴内斯瓦尔的瓦伊塔拉神庙（8世纪，上部有三座尖塔）则可视为卡克拉风格的一个典型例证。

第三节 德干地区

居民操卡纳达语[8]的德干高原，包括从戈达瓦里河南部到高韦里河上游，以及克里希纳河上游及其支流（默尔普勒巴河和栋格珀德拉河）所灌溉的地区，一向是印度南北风格的交汇之地。纳迦罗类型的神庙一般都没有扩展到和孟买纬度相近的艾哈迈德讷格尔（位于马哈拉施特拉邦）以南的地区；仅有果阿以南

图4-349杭格尔 特勒凯斯沃拉神庙组群。迦内沙神庙，建筑现状

本页及右页：

（左上）图4-350杭格尔 特勒凯斯沃拉神庙组群。迦内沙神庙，主祠及顶塔近景

（左下）图4-351杭格尔 特勒凯斯沃拉神庙。19世纪末状态（老照片，1897年）

（中上）图4-352杭格尔 特勒凯斯沃拉神庙。主祠及顶塔，现状

（中下及右下）图4-353杭格尔 特勒凯斯沃拉神庙。护栏及墙面雕饰

（右上）图4-354杭格尔 特勒凯斯沃拉神庙。开敞柱厅，内景（朝向内祠，上置穹式顶棚）

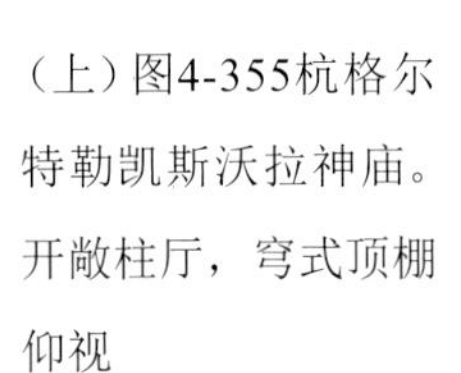

(上)图4-355杭格尔特勒凯斯沃拉神庙。开敞柱厅，穹式顶棚仰视

(下)图4-356拉昆迪嫩斯沃拉神庙(11世纪中叶)。东北侧现状

杭格尔的迦内沙神庙（属特勒凯斯沃拉神庙组群）是一个纯纳迦罗式的多顶塔建筑（图4-349、4-350）。同样在杭格尔，下面还要提到的特勒凯斯沃拉神庙的柱厅配有一个金字塔式的大型屋顶（saṁvaraṇā roof），而这时期卡纳塔克邦其他神庙柱厅的屋顶则全都是清一色的平顶。达罗毗荼风格的祠堂，如基亚

瑟姆伯利（果拉尔县）附近的斯瓦扬布韦斯沃拉小庙（带有朱罗后期风格的祠堂），仍然按根格瓦迪地区的传统样式建造。

一、韦萨拉风格

(上) 图4-357拉昆迪 嫩斯沃拉神庙。柱厅近景

自14世纪开始，奢耶那伽罗王朝的崛起导致建筑上采用达罗毗荼风格的新潮流，不过通常都是在老的设施上增建柱厅及其他结构，建新庙的情况并不是很多。尽管自14世纪初开始，这片土地受到穆斯林的征讨，特别是德里苏丹国统治者马利克·卡富尔[9]和巴赫曼尼苏丹国（Bāhmanī Sultanate，1347~1518年）的征服，但在卡纳塔克邦，印度教的寺庙和雕刻并没有遭到太大的破坏。在南方，迈索尔王国（Kingdom of Mysore）君主们实行的仁慈和宽松的政策也有助于这些建筑及其相关文献的保护。尽管由于自然损毁和居民的变动，除了在国家层面上具有重要意义或作为

(下) 图4-358伯拉加姆韦 凯达雷斯沃拉神庙（11世纪后期）。现状全景（前景为柱厅，后面是分别向南、北及西部凸出的三座祠塔）

左页：

（上）图4-359伯拉加姆韦 凯达雷斯沃拉神庙。东侧，柱厅入口立面

（下）图4-360伯拉加姆韦 凯达雷斯沃拉神庙。东南侧全景

本页：

（上）图4-361伯拉加姆韦 凯达雷斯沃拉神庙。西侧（背面）祠堂景色

（下）图4-362伯拉加姆韦 凯达雷斯沃拉神庙。西南侧现状

（左上）图4-363伯拉加姆韦凯达雷斯沃拉神庙。墙面雕饰细部

（右上）图4-364加达格 索梅斯沃拉神庙（12/13世纪）。立面局部详图（取自HARDY A. The Temple Architecture of India，2007年）

（下）图4-365加达格 索梅斯沃拉神庙。立面现状

（上）图4-366德姆伯尔 多德-伯瑟帕神庙。东侧，入口景色

（下）图4-367德姆伯尔 多德-伯瑟帕神庙（12世纪后期）。南侧全景

本页及左页：

（左上）图4-368德姆伯尔 多德-伯瑟帕神庙。主祠及顶塔，南侧近景

（左下）图4-369德姆伯尔 多德-伯瑟帕神庙。主祠及顶塔，西南侧景观

（右上）图4-370德姆伯尔 多德-伯瑟帕神庙。顶塔仰视（祠堂底层的星形平面一直延续到顶部）

（中下）图4-371迈索尔城 恰蒙达（杜尔伽）神庙。门塔现状

（右下）图4-372曷萨拉风格的象神雕像（赫莱比德神庙出土，顶上为雕饰精美的头冠，一侧的斧头是其父湿婆权力的象征）

民众朝拜中心的建筑外，能得到良好修复的很少，但在这个边界地区，人们仍然创造出一种独具的建筑风格。卡纳塔克邦固有的纳迦罗和达罗毗荼风格神庙，在地方特色的表现上并不突出，有时则如默尔普勒巴河流域西遮娄其早期建筑那样，两种风格同时并存。此时，通过它们在同一座神庙里的融汇和综合，创造出包含了这两种风格要素在内的另一种类型——韦萨拉风格（Vesara Style，著名的瑞士建筑与艺术史家亨利·施蒂尔林在其著作中对此有明确表述[10]）。主要用于神庙建筑的这种风格在形式上已有很大变异，因而在印度经典教科书中往往将其与纳迦罗和达罗毗荼风格并列作为第三种建筑类型（巴尼斯特·弗莱彻的《比较建筑史》也采用了这一分类法）。许多历史学家相信，韦萨拉风格起源于今印度西南的卡纳塔克邦，因而又称卡纳塔克-达罗毗荼风格（Karnataka-Dravida Style），它同样被认为是“印度中部神庙建筑风格”或“德干风格”（Deccan Style），或以王朝为名称遮娄其风格（Chalukyan Style）。这种风格出现于11世纪，14世纪随穆斯林的入侵而消失，主要盛行于温迪亚山脉和克里希纳河之间的地区，显然和大约同时期出现的建筑文献有密切的联系（正是这批最早的文献明确了地方建筑的分类）；其建造者精通其他类型，常常精确地复制它们，如龛室上或门楣上的微缩祠堂。

在卡纳塔克邦原称德尔沃尔的地区尚可看到韦萨

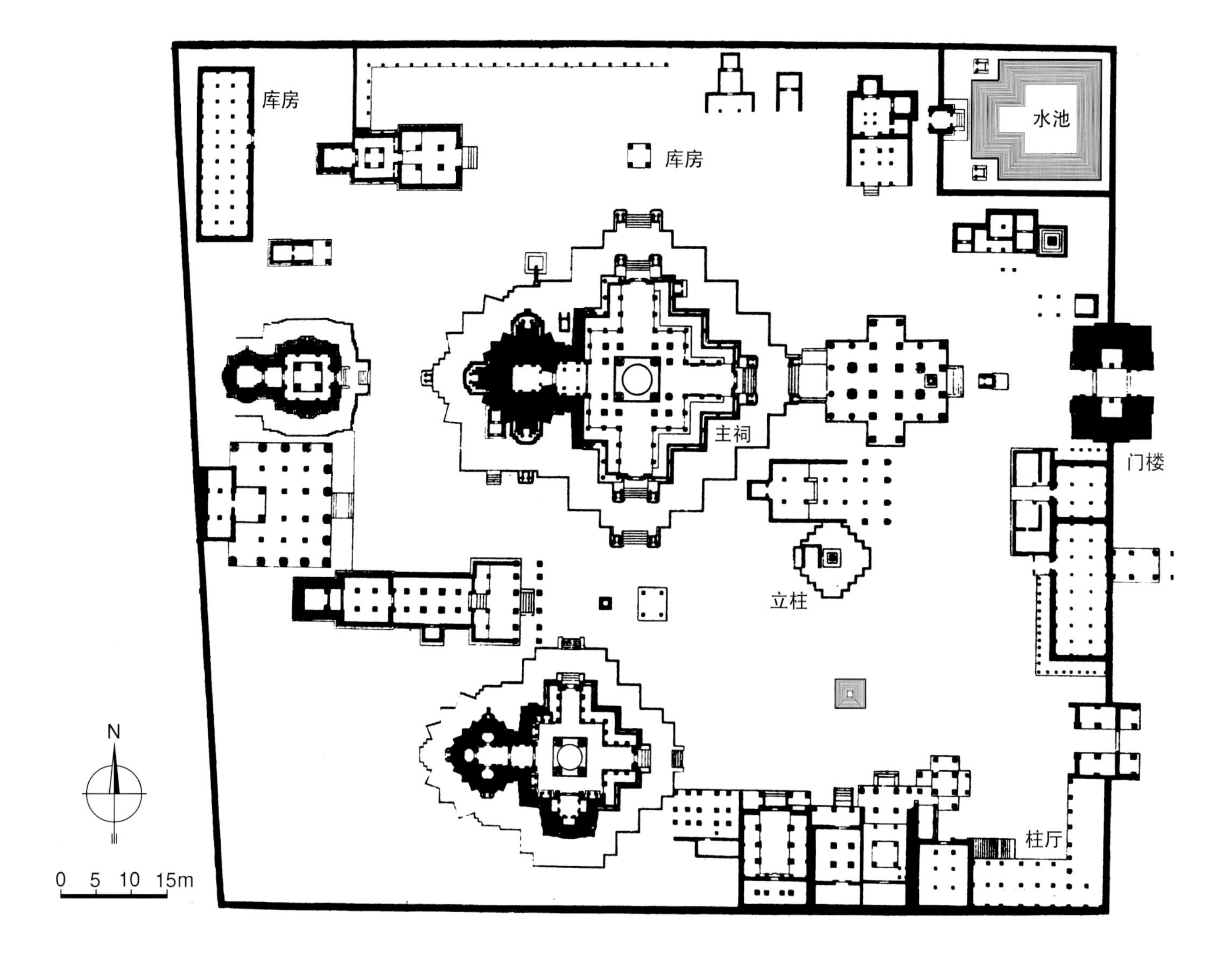

左页：

（左右两幅）图4-373曷萨拉风格柱型：左、星式柱；右、环式柱（用车床加工制作）

本页：

（上）图4-374贝卢尔 契纳-凯沙瓦神庙（约1117年）。组群总平面（图版，1902年，作者B. L. Rice）

（下）图4-375贝卢尔 契纳-凯沙瓦神庙。主祠庙，平面（取自STIERLIN H. Hindu India，From Khajuraho to the Temple City of Madurai，1998年）

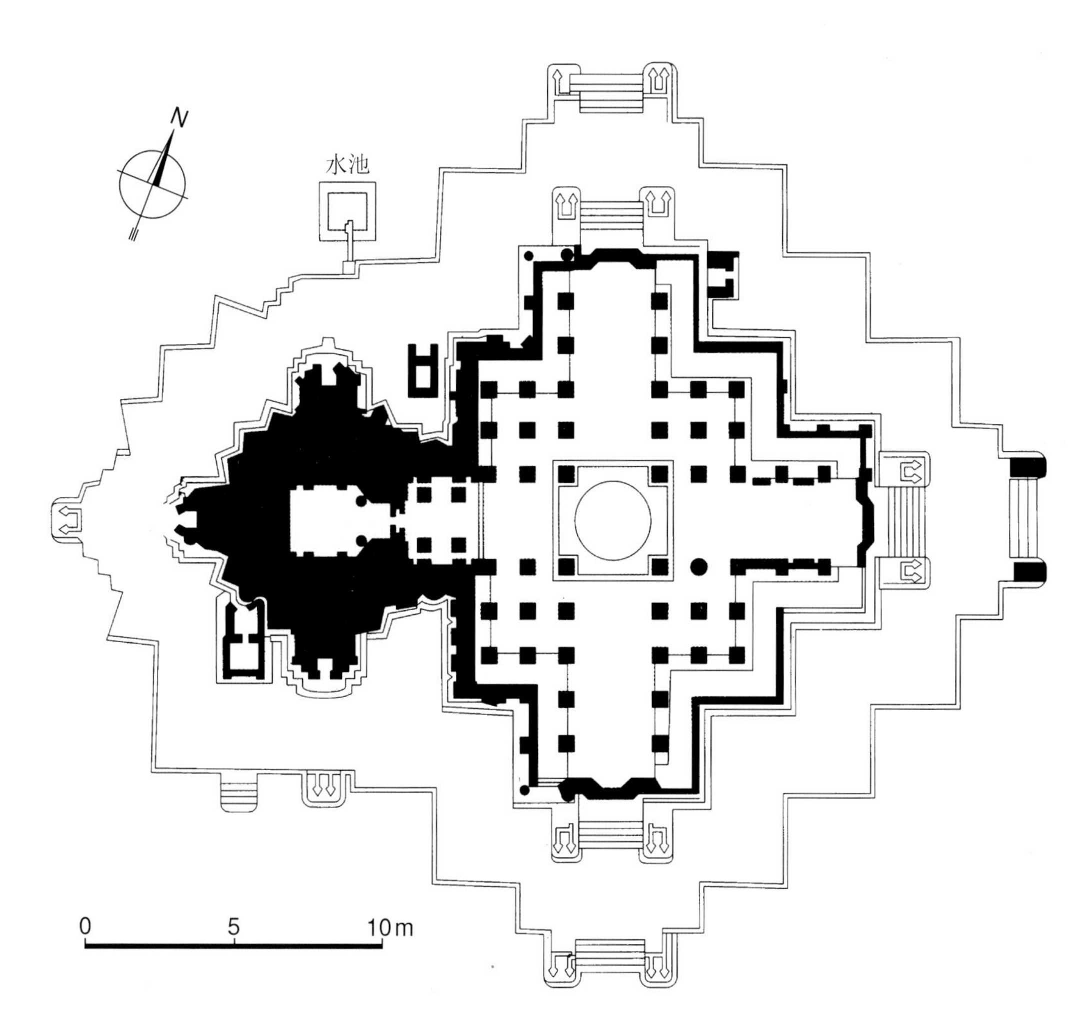

本页及右页：

（左上）图4-376贝卢尔 契纳-凯沙瓦神庙。东门塔（1397年），远景

（右）图4-377贝卢尔 契纳-凯沙瓦神庙。东门塔，近景（上部结构高五层）

（左下及中上）图4-378贝卢尔 契纳-凯沙瓦神庙。东门塔，塔顶近景及细部（建塔时曷萨拉风格已风光不再，密集的雕饰开始具有14世纪毗奢耶那伽罗艺术的特色）

拉风格的演变及发展进程。拉昆迪的耆那教神庙可能建于11世纪下半叶，尽管细部上有很大改变，但仍可看出属达罗毗荼类型。主要檐口以上甚高的上层内置耆那教的上殿。除了作为当地遮娄其风格[11]特征的角狮（vyāla）或怪兽（yāli）的宽阔饰带及薄的半圆形线脚（kumuda）外，基部均为平直或方形线脚。材料则以纹理细密的绿泥片岩取代了砂岩。

大约同时，在乔德达姆普尔的穆克泰斯沃拉神庙

（上下两幅）图4-379贝卢尔 契纳-凯沙瓦神庙。主祠庙，现状（平台外廓依从主体结构外墙形式，祠堂顶塔及柱厅锥形屋顶均已无存）

的门廊上，出现了宽阔的双曲线屋檐，这种形式以后在毗奢耶那伽罗王朝时期的柱厅里得到了广泛的应用。主要檐口此时不再采用老式的四分之一圆形挑檐板，而是类似北方的挑檐石（chādya），取直线形式。形成柱厅外柱之间实体栏杆的座椅靠背亦是北方的特色，基部非典型的平面雕饰也同样使人想起北方的阴刻技术（“en reserve”technique）。顶塔（就南方的意义而言）带有明显的双曲线，和宽度相比高度较小，形成相对扁平的蘑菇形。层位的廓线并不是特别明确，线脚、檐壁及亭阁造型均被布置在端头未加雕

（上）图4-380贝卢尔 契纳-凯沙瓦神庙。主祠庙，背立面景色

（下）图4-381贝卢尔 契纳-凯沙瓦神庙。侧门近景

左页：

（上及左下）图4-382贝卢尔 契纳-凯沙瓦神庙。主祠庙，基座条带雕饰

（中下及右下）图4-383贝卢尔 契纳-凯沙瓦神庙。主祠庙，入口守门天雕像（富于动态是12世纪曷萨拉雕刻的特色之一）

本页：

（上）图4-384贝卢尔 契纳-凯沙瓦神庙。主祠庙，墙面雕饰（齿状结构为曷萨拉雕刻师们提供了更多的基面用于雕刻创作）

（下）图4-385贝卢尔 契纳-凯沙瓦神庙。雕刻：与狮怪搏斗的武士（曷萨拉王朝国王的象征）

饰的垂直窄板取代。

内祠（vimāna）底层平面和哈韦里的西德斯沃拉神庙极其相近，并成为大多数这类遮娄其式神庙遵循的模式（各立面中央凸出部分辟深龛室，边上为带复杂线脚的壁柱，角上凸出部分设较小的龛室，见图3-601、3-604）。各个凸出部分按达罗毗荼方式以窄壁柱镶边，凹进部分饰有同样细长的壁柱，但上

左页：

（左上）图4-386贝卢尔 契纳-凯沙瓦神庙。柱头上的人像挑腿

（下）图4-387贝卢尔 契纳-凯沙瓦神庙。室内，穹顶仰视

（右上）图4-388赫莱比德 帕什纳特耆那教神庙。八角形穹式顶棚，雕饰细部

本页：

（上）图4-389赫莱比德 霍伊瑟莱斯沃拉神庙。平面（除南迪柱厅外，双祠庙完全取对称格局），图中：1、祠堂；2、柱厅；3、平台；4、南迪祠堂；5、太阳神祠堂

（下）图4-390赫莱比德 霍伊瑟莱斯沃拉神庙。北侧全景（大路正对北祠庙北门，左侧为北祠庙的南迪柱厅）

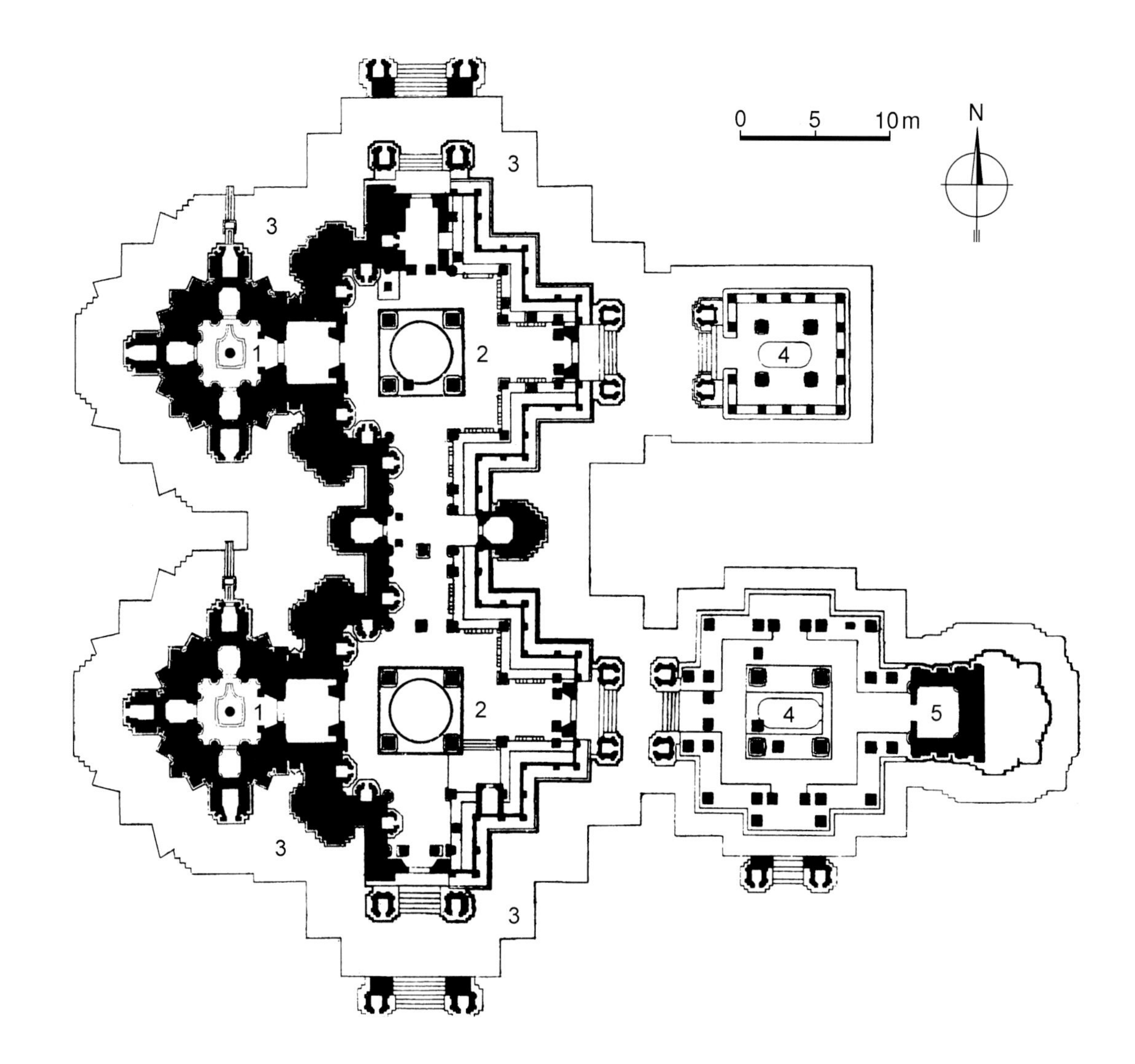

冠微缩的亭阁造型[有点像朱罗风格的所谓罐式亭阁（kumbhapañjaras），但通常还配有自“天福之面”（kīrttimukha）上垂下的叶饰]。神庙里一些精美的雕像显然受到“下”卡纳塔克邦著名的曷萨拉风格（Hoysaḷa Style）雕刻的影响，但又有一些不太明显的个性特征（如肥胖的面容和沉重的首饰）。

左页：

（上）图4-391赫莱比德 霍伊瑟莱斯沃拉神庙。西南侧全景（双祠庙背面）

（下）图4-392赫莱比德 霍伊瑟莱斯沃拉神庙。东侧景观（左右分别为南北祠庙的南迪柱厅）

本页：

（上）图4-393赫莱比德 霍伊瑟莱斯沃拉神庙。东北侧全景（自左至右分别为南祠庙的南迪柱厅、北祠庙的南迪柱厅及大柱厅）

（下）图4-394赫莱比德 霍伊瑟莱斯沃拉神庙。北祠庙主祠，西南侧景色（右侧前景为南祠庙主祠）

本页：

（上）图4-395赫莱比德 霍伊瑟莱斯沃拉神庙。北祠庙主祠，西侧近景

（下）图4-396赫莱比德 霍伊瑟莱斯沃拉神庙。北祠庙，大柱厅，东北侧景色

右页：

（上）图4-397赫莱比德 霍伊瑟莱斯沃拉神庙。北祠庙，北侧入口

（下）图4-398赫莱比德 霍伊瑟莱斯沃拉神庙。南祠庙，南侧入口

遮娄其神庙配有凸出的门厅（前厅，称śukanāsis，相当一个大型的antarāla），接下来是比内祠（vimāna）为大的柱厅（地方上称navaraṅga，至少一侧设入口）。有的前面还有更大的开敞柱厅，采用三车或五车的菱形平面。上述神庙均为单一内祠，但同样有配两三个内祠的。最常见的是所谓“三头”

（trikūṭa）形制，即在共用的柱厅三面设内祠。大门制作精美，密集的内柱带有华丽的装饰（通常为圆形，在车床上加工制作），柱头平素，但方形基座常常配有精美的雕饰。柱身往往插入同样具有装饰的方形或八角形区段。顶棚直线构图，更考究的于精心制作的嵌板内置方位护法神（dikpālas）。但前述杭格尔的特勒凯斯沃拉神庙的一些表现是例外（组群外景及细部：图4-351~4-353；柱厅内景：图4-354、4-355）。其开敞柱厅的金字塔式屋顶（saṁvaraṇā roof）下为一个尖矢拱顶天棚，其中央垂饰长度逾1.5米，超过了古吉拉特邦的同类作品，充分展示了石雕艺术的神奇魅力和构图可能性。过梁和山墙上往往按达罗毗荼风格的做法雕神话人物。

在拉昆迪可能建于12世纪中叶的卡西维斯韦斯沃拉神庙，两个面对面设置的祠堂（其中一个稍大）由一个柱厅和一个露天院落连在一起（见图3-584~3-586）。在这里，神庙的上部结构来自印度三个最主要的建筑模式（纳迦罗、韦萨拉和达罗毗荼式），龛室上的人物造型几近圆雕。主要龛室上设穿过主要檐口的纳迦罗式顶塔，塔上围三叶形拱券，拱券上叠置两个“天福之面”[可能是为了和侧面奥里萨式的装饰性山墙（śūrasenas、bhos）相呼应，类似中央邦和奥里萨邦前厅（śukanāsis）的做法]。这一母题在上一个楼层处再次重复。与此同时，每个楼层都保留了由造型明确的厅堂（śālās）和微缩亭阁（koṣṭhas）形成的连续栏墙（hāra）。装饰华美的两个柱厅大门及较大的祠堂大门，采用了完全不同的部件，然而每一个均于楣梁中部饰吉祥天女[12]及与之相随的一对白象，以及“北方”样式的罐饰和枝叶状边侧壁柱。基部则如同一基址上的嫩斯沃拉神庙（图4-356、4-357），在总体上采用达罗毗荼风格的神庙里用了非南方的部件。

在杭格尔的特勒凯斯沃拉神庙，祠堂主要凸出部分的龛室不但很深且上冠完整的韦萨拉式的微缩祠堂

左页：

图4-399赫莱比德 霍伊瑟莱斯沃拉神庙。主祠外墙大型龛室周围的雕饰

本页：

（上）图4-400赫莱比德 霍伊瑟莱斯沃拉神庙。入口小亭近景

（下）图4-401赫莱比德 霍伊瑟莱斯沃拉神庙。墙面近景（右侧前景为北祠庙柱厅东墙，左侧为南北祠庙之间的小塔）

本页及左页：

（上两幅）图4-402赫莱比德 霍伊瑟莱斯沃拉神庙。墙面雕饰：基座部分（连续九道雕饰条带）

（下两幅）图4-403赫莱比德 霍伊瑟莱斯沃拉神庙。墙面雕饰：神祇系列（位于九条饰带之上，成排的小龛内；雕饰布满整个墙面，几乎不留任何空隙）

（一般只在上部结构采用微缩祠堂或塔楼的造型）。上部每层垂直板块饰有现今人们已很熟悉的尖头和“天福之面”的图案，远观有些类似布米贾式祠庙立面基肋的连续条带。在凸出形体和角上凸出部分之间

的大型复合壁柱此时几乎总是配有盲券，然而檐口以上的形式更接近纳迦罗式的基座（kūṭastambhas）而不是达罗毗荼式的亭阁（pañjaras）。

在伊塔吉的摩诃提婆庙，上层主要壁柱的这种重复的表现可看得更为清楚（见图3-573）。坐落在其间的猴子雕像充分显示出印度雕刻师表现自然景象的浪漫情怀。围括中央和角上凸出部分的细长壁柱配有“南方”的柱头。神庙平面和杭格尔的特勒凯斯沃拉神庙几乎一样。前厅部分设很深的龛室，现里面是空的（1926年艺术史学家亨利·库森斯曾提出一种看法，认为其中曾有过可移动的雕像）。柱厅的某些复杂的涡卷形叶饰雕刻和拉贾斯坦邦的后期作品极为相似。

本页及左页：

（左）图4-404赫莱比德 霍伊瑟莱斯沃拉神庙。墙面雕饰：舞神湿婆和用手指擎起牛增山的黑天神克里希那（下方饰带雕各种动物、神话怪兽及印度史诗场景）

（右）图4-405赫莱比德 霍伊瑟莱斯沃拉神庙。墙面雕饰：象头神（手持其父湿婆的板斧）

（中）图4-406赫莱比德 霍伊瑟莱斯沃拉神庙。内祠，室内现状（中央置石雕湿婆林伽）

伯拉加姆韦的凯达雷斯沃拉神庙配置了三头祠堂和一个独特的扩展柱厅（图4-358~4-363）。后者筒拱顶上雕有极为精美的与狮子格斗的武士形象（为韦萨拉王朝的徽章标记）。同一村落里尚存一根柱子；在印度，大量的这类独立柱子（mānastambhas）通常都与耆那教神庙相连，上承小平台（或称大冠板）。平台上大多于小型龛室内布置夜叉（yakṣa）坐像或四向耆那吉像（sarvatobhadra Jina image）。但在本例中，却是一个双头鸟的形象（称gaṇḍa-bheruṇḍa，一直为卡纳塔克邦的流行徽章）。

加达格的索梅斯沃拉神庙尽管位于同一地区，但在风格上却类似曷萨拉时期的神庙（图4-364、

（上下两幅）图4-407赫莱比德 霍伊瑟莱斯沃拉神庙。大柱厅（会堂），内景（中央藻井天棚由四根车床加工的柱墩支撑）

（上）图4-408赫莱比德 霍伊瑟莱斯沃拉神庙。大柱厅间通道，现状

（下）图4-409赫莱比德 霍伊瑟莱斯沃拉神庙。北祠庙南迪柱厅，西南侧景观

（上）图4-410赫莱比德 霍伊瑟莱斯沃拉神庙。北祠庙南迪柱厅，南侧现状

（下）图4-411赫莱比德 霍伊瑟莱斯沃拉神庙。南祠庙南迪柱厅，西北侧景色

（上）图4-412赫莱比德 霍伊瑟莱斯沃拉神庙。南祠庙南迪柱厅，东南侧现状

（下）图4-413赫莱比德 霍伊瑟莱斯沃拉神庙。南祠庙南迪柱厅，内景

（中）图4-414努吉纳利 拉克斯米纳勒西姆赫神庙。西北侧全景

4-365）。后者大都集中在“下”卡纳塔克邦，老的迈索尔王国境内。神庙基部设有制作精美的小型龛室。墙面檐口挑出甚远，在墙面上投下浓重的阴影。墙面自基部上缘至檐口部分被滴水檐板一分为二，下部稍高于上部，表现颇为奇特。下部条带满布低矮的龛室，其上安置雕刻精细的高山墙和壁柱上部。在上部条带，韦萨拉式微缩祠堂的上部结构坐落在滴水檐板上，其上再次布置壁柱及柱头。整体效果显得既奇特又混杂。和许多遮娄其神庙一样，柱厅配有一个精美的大门。

德姆伯尔的多德-伯瑟帕神庙可能是“上”卡纳

本页：

（上）图4-415努吉纳利 拉克斯米纳勒西姆赫神庙。西南侧现状

（下）图4-416努吉纳利 拉克斯米纳勒西姆赫神庙。西侧全景

右页：

图4-417努吉纳利 拉克斯米纳勒西姆赫神庙。西侧近景（主祠外墙带凸出的小祠龛）

塔克邦唯一具有星形平面和底座的建筑（图4-366~4-370）。一般认为它建于12世纪后期。星形的24个凸角部分每面均设盲龛，由于地方有限，比例显得特别狭长，龛室两侧壁柱之间的空间不超过高度的1/20。从其他建筑中，已可看到这一发展趋势，如库鲁沃蒂的马利卡久纳神庙。其龛室高度仅占自基座上皮至檐口高度之半，比例颇为怪异。龛室上面是一个微缩的韦萨拉式神庙的上部结构和几个高浮雕形象，位于各

图4-418努吉纳利 拉克斯米纳勒西姆赫神庙。侧墙近景

凸出部分边侧的壁柱极为细薄，龛室上部结构两侧亦重复采用了壁柱上部及柱头的造型。在习见的老式挑檐板上安置小的装饰性山墙，营造出一种波纹状的效果。顶塔低矮宽阔，外形如太阳伞，内缩的“颈部”实际上已不复存在。星形平面自底层一直延续到顶塔部分。内祠就这样具有了通常只限于某些纳迦罗式神庙才具备的力度。仅在南面设单一入口的柱厅（navaraṅga）同样采用了星形平面且比内祠要大（34角体）。通往内殿的大门上冠以带神话人物的过梁。

此后遮娄其或韦萨拉类型的祠庙无疑是从南方

（上）图4-419努吉纳利 拉克斯米纳勒西姆赫神庙。祠堂外墙雕饰条带（位于巡回廊道边）

（下）图4-421努吉纳利 拉克斯米纳勒西姆赫神庙。室内顶棚仰视

本页：

图4-420努吉纳利 拉克斯米纳勒西姆赫神庙。外墙雕饰(印度教神祇，下方饰带表现动物及枝叶图案)

右页：

(上)图4-422伯斯拉尔 马利卡久纳神庙(1234年)。现状全景

(下)图4-423伯斯拉尔 马利卡久纳神庙。侧面景色(可看到完整的雕饰条带)

（即达罗毗荼式）神庙发展而来。但是，在印度神庙建筑研究上最权威的学者之一马杜苏丹·厄米拉尔·达基（1927~2016年）同样指出，对遮娄其神庙[在这里，这个词同样适用于曷萨拉王朝特别是卡卡提亚王朝（1083~1323年）时期的建筑]的仔细考察表明，尽管它们没有特别表现出纳迦罗建筑的典型特征，但和后者之间仍然有一种虽然微弱但明确无误的情趣契合[13]。在许多学者眼中，韦萨拉类型和纳迦罗建筑的类似并不仅仅是某种模糊的情趣相投，而是出自一种力求达到纳迦罗式建筑的效果和与之媲美的强烈愿望。就韦萨拉式建筑而言，特别在后期，人们显然希望舍弃来自木构住宅和岩凿石窟的形式。德姆伯尔的

本页及左页：

（左及中）图4-424伯斯拉尔 马利卡久纳神庙。主祠各面近景

（右）图4-426伯斯拉尔 马利卡久纳神庙。入口柱厅雕刻：象头神

多德-伯瑟帕神庙在很大程度上证实了这两种倾向。例如，其扁平的塔顶具有24个和内祠基部的星形平面相对应的尖端，看上去很容易被视为圆垫式顶石，或被认为是起源于这种形式（见图4-369）。

二、曷萨拉风格

曷萨拉风格（Hoysaḷa Style）之名来自德干地区11世纪中叶兴起的一个著名王朝（后于14世纪中叶被毗奢耶那伽罗王朝取代）。王朝都城位于德瓦勒瑟穆德勒，即今哈桑县的赫莱比德村（Haḷebiḍ，意为“老城”，haḷe-老，biḍu-都城），曷萨拉时期的主要神庙就建在这里和附近的迈索尔城[市内战争女神

本页及右页：

（左上）图4-425伯斯拉尔 马利卡久纳神庙。外墙龛室雕刻

（右上）图4-427贝拉瓦迪 韦拉纳拉亚纳神庙（12世纪后期）。东侧景观

（下）图4-428贝拉瓦迪 韦拉纳拉亚纳神庙。西北侧全景

恰蒙达（杜尔伽）神庙最初的祠堂据信就建于12世纪曷萨拉时期，但塔楼已属17世纪毗奢耶那伽罗王朝统治期间，图4-371]。尽管遮娄其风格是其唯一可能的先驱，但由于两者的建造基本同时，因而曷萨拉风格并不能视为遮娄其风格的简单延续，在很大程度上应是独立发展形成。在某种意义上，它只是一种特色鲜明的亚地区风格。其兴起和曷萨拉王朝自然有着密切的关联，雕刻则可能受到当地象牙和檀香木雕刻的影响（图4-372，在下卡纳塔克邦，这一传统一直延续至今）。这种雕刻风格同样影响到建筑部件，特别是

柱子的造型（图4-373）。不过，作为印度建筑风格中最华美的奇葩，像克久拉霍神庙这类壮美建筑的突然显现，目前还很难得到令人满意的解释。

作为一种地方特色的表现，曷萨拉时期的神庙一般都配有不止一个内祠，规模较大的则如南方大型寺庙建筑群的做法，位于带围墙和铺地的大院内。留存

本页及左页：

（左上）图4-429贝拉瓦迪 韦拉纳拉亚纳神庙。东北侧现状

（左下）图4-430贝拉瓦迪 韦拉纳拉亚纳神庙。外柱厅及东北祠堂，西北侧景色

（中上）图4-431贝拉瓦迪 韦拉纳拉亚纳神庙。东北祠堂，俯视景色

（右上）图4-432贝拉瓦迪 韦拉纳拉亚纳神庙。东北祠堂，东侧近景

（右下）图4-433贝拉瓦迪 韦拉纳拉亚纳神庙。东南祠堂，顶塔近景

本页：

（上）图4-434贝拉瓦迪 韦拉纳拉亚纳神庙。西区，东南侧景观

（下）图4-435贝拉瓦迪 韦拉纳拉亚纳神庙。后祠堂，东北侧景色

右页：

（上）图4-436贝拉瓦迪 韦拉纳拉亚纳神庙。外柱厅，穹顶跨间仰视

（下）图4-437贝拉瓦迪 韦拉纳拉亚纳神庙。内柱厅，主廊道内景

下来的祠庙上部结构均属韦萨拉类型。唯一完整保留下来的重要曷萨拉庙宇即前面提到过的索姆纳特普尔的凯沙瓦祠庙。

主要曷萨拉神庙中，最早的即贝卢尔的契纳-凯沙瓦神庙（约建于1117年，图4-374~4-387）。这是一个单内祠庙宇，颇具规模的外祠堂自三面与之相连（内祠上部结构已失）。主要柱厅（navaraṅga）为曷萨拉时期神庙中最大的一个，采用三车平面，两侧及正面均设入口。主要顶棚为带垂饰的乌特西普塔式穹顶天棚的改进型，由雕像及图案形成围绕着中央垂饰的同心圆饰带。与柱厅入口对应设台阶通向平台，台阶两侧立微缩祠堂。底层正面为巨大的开敞厅堂。外柱之间的镂空石屏系巴拉拉二世时期安装，有的带有几何图案，有的表现取自往世书（Purāṇas）的典故。正是在这里，曷萨拉时期的雕刻师们充分展现出他们的才干，具有独特风格的优美女体形象，完全可和克久拉霍的作品媲美。这座神庙连同它的两个附属祠堂及其他建筑，位于一个长宽分别为130米和115米的带围墙的大院内，大院于东侧设两个入口大门，围墙东门属典型的筒拱顶门塔实例。

（上）图4-438贝拉瓦迪 韦拉纳拉亚纳神庙。联系柱厅，内景

（下）图4-439多内祠神庙平面的各种形式（取自HARDY A. The Temple Architecture of India，2007年），图中：1、巴尔萨内 神庙1（11世纪）；2、科勒文格勒姆 布泰斯沃拉神庙（12世纪）；3、胡利 潘恰林盖斯沃拉神庙（11世纪）；4、巴尔萨内 神庙5（12世纪）

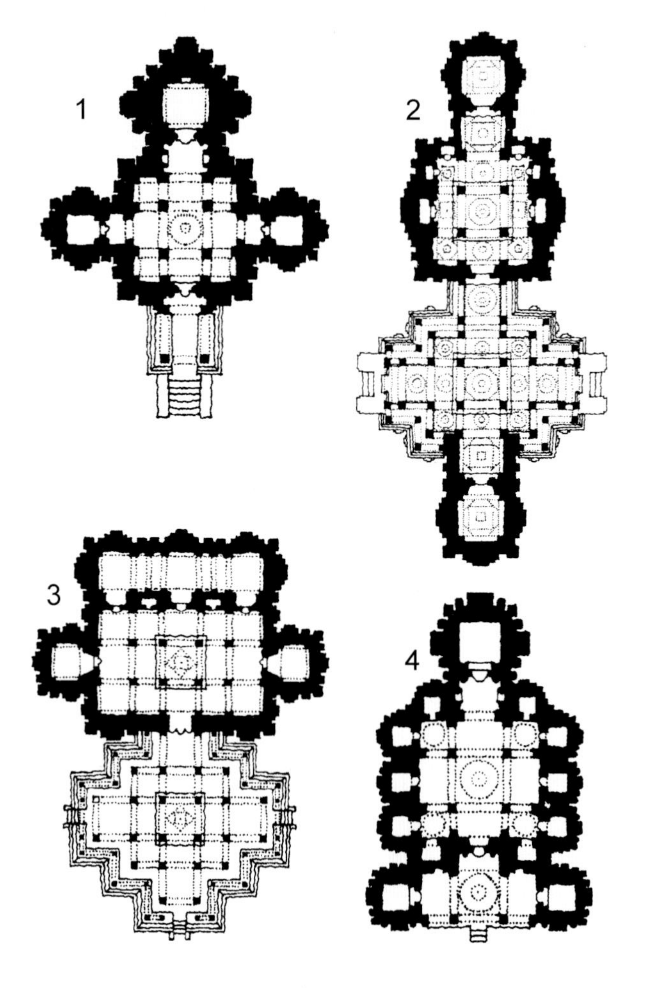

现仅为一个村落的赫莱比德尚留有几座大型神庙（包括耆那教神庙，图4-388）。著名的霍伊瑟莱斯沃拉神庙由两座各带自己柱厅的祠庙组成，两座祠庙平面上和贝卢尔的契纳-凯沙瓦神庙颇为相似。两者均没有上部结构（可能一直未建），挑出甚多的檐部使建筑具有低矮宽阔的廓线，很难区分其组成部分（图4-389~4-413）。面对每个祠庙的巨大南迪柱厅取代了通常的开敞柱厅，其中南侧的一座比北侧的更大，且在公牛背后又加了一座祠堂，表现颇为特殊。尽管这些曷萨拉式的内祠具有相当的规模，但从未安置内部的巡回通道，它们所在的高平台按建筑外廓凹进和凸出，显然是以此替代内部通道供朝拜者顺时针

（上）图4-440科勒文格勒姆 布泰斯沃拉神庙（1173年）。东北侧全景

（中）图4-441科勒文格勒姆 布泰斯沃拉神庙。西北侧现状

（下）图4-442科勒文格勒姆 布泰斯沃拉神庙。西南侧景色

（上）图4-443科勒文格勒姆 布泰斯沃拉神庙。北侧主入口近景

（左中）图4-444蒂利沃利 森泰斯沃拉神庙（1238年）。入口立面，现状

（右中）图4-445蒂利沃利 森泰斯沃拉神庙。东北侧全景

（左下）图4-446蒂利沃利 森泰斯沃拉神庙。外墙雕刻细部（爱侣）

（右下）图4-447蒂利沃利 森泰斯沃拉神庙。柱厅内景

(上）图4-448蒂利沃利 森泰斯沃拉神庙。檐壁及穹顶雕饰

(中）图4-449多达加达瓦利 拉克什米祠庙（1112/1117年）。西北侧，地段全景

(下）图4-450多达加达瓦利 拉克什米祠庙。圣区围墙，西南角外侧景观

（上）图4-451多达加达瓦利拉克什米祠庙。西侧入口门廊

（下）图4-452多达加达瓦利拉克什米祠庙。东侧，围墙及入口

围祠堂绕行并同时观赏右侧华美的叙事雕刻。建筑本身基座高度可达3米，饰有表现大象、马、怪兽、鸟类及叙事题材的雕刻条带，完全不同于达罗毗荼及其他卡纳塔克邦建筑的风格，倒是颇似印度北方特别是西部的做法。内祠和柱厅的墙面分为两个条带，上部条带布置壁柱并以高浮雕表现微缩祠堂（或它们的上部结构）；下部条带几乎以圆雕的形式表现一系列站立的神祇或圣人（大都位于带叶饰的华盖下）。

由于采用易于雕刻、质地细腻的绿泥石，这些印度神庙的表面纹理及构图显得极为丰富，包含各种母

（上）图4-453多达加达瓦利 拉克什米祠庙。祠庙近景（两座祠庙均采用羯陵伽式顶塔）

（下）图4-454多达加达瓦利 拉克什米祠庙。祠庙近景（位于中间的前景祠庙采用达罗毗荼式顶塔，左右两侧背景祠庙上冠羯陵伽式顶塔）

本页及右页：

（左上及中）图4-455多达加达瓦利 拉克什米祠庙。组群内配置羯陵伽-纳迦罗式顶塔的祠庙

（左下）图4-456多达加达瓦利 拉克什米祠庙。入口雕饰细部：大象

（右两幅）图4-457多达加达瓦利 拉克什米祠庙。护卫内祠的魔鬼雕像

（上）图4-458库鲁杜默莱索梅斯沃拉神庙。现状外景

（左下）图4-459帕勒姆佩特拉玛帕神庙（1213年）。北侧现状（下部砂岩砌筑；顶塔砖构，外覆灰泥）

（右下）图4-460帕勒姆佩特拉玛帕神庙。西侧全景

（中）图4-461帕勒姆佩特拉玛帕神庙。西南侧景色

（上）图4-462帕勒姆佩特 拉玛帕神庙。西北侧景观

（下）图4-463帕勒姆佩特 拉玛帕神庙。北入口，西北侧近景

题及场景。霍伊瑟莱斯沃拉神庙围绕柱厅基部的装饰条带总长达213米，其中一个区段就有约2000头象的造型；表现人物的条带（每个人物的高度约为足尺的一半）延伸长度逾120米。垂直线条尽管自底层星形平面处起始，但总体给人的印象是高度不足，特别是因为没有上部结构。不过，正如英国著名的艺术史学者珀西·布朗所说，由于神庙位于一个封闭院落内，没有更大的物件作为参照，外观上的这种缺陷在某种程度上被降到了最低，而神庙的结构则如一个带有华丽雕饰的檀香木或象牙制作的首饰盒。

所谓曷萨拉风格（Hoysaḷa Style）就是由上述这些神庙的表现构成，但这一名词同样适用于"下"卡纳塔克地区大量的其他寺庙，如哈桑东面努吉纳利的拉克斯米纳勒西姆赫神庙（图4-414~4-421）、塞林伽巴

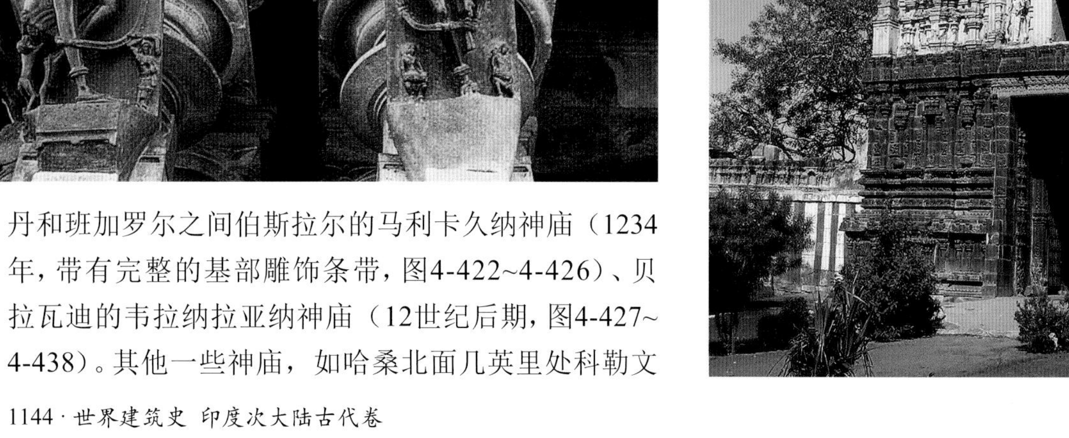

丹和班加罗尔之间伯斯拉尔的马利卡久纳神庙（1234年，带有完整的基部雕饰条带，图4-422~4-426）、贝拉瓦迪的韦拉纳拉亚纳神庙（12世纪后期，图4-427~4-438）。其他一些神庙，如哈桑北面几英里处科勒文

左页：

（左两幅及右上）图4-464帕勒姆佩特 拉玛帕神庙。女体托架（舞女及鼓手，不合比例的瘦长体形，极其夸张的扭曲姿态，是其最主要的特色）

（右下）图4-465塔德珀特里钦塔拉拉亚神庙。门塔，现状

本页：

（上）图4-466辛赫切勒姆筏罗诃-那罗希摩神庙。俯视全景

（下）图4-467辛赫切勒姆筏罗诃-那罗希摩神庙。祠庙主塔近景（上冠金顶是毗湿奴派寺庙的特色表现）

格勒姆的布泰斯沃拉神庙，则具有多方面的表现：这是一座配有几个内祠的祠庙（在印度，这种类型有各种表现，图4-439），其墙面上制作精美且带边框的图像为真正的曷萨拉风格作品，但简单的基部和更为节制的装饰体现了遮娄其后期风格（图4-440~4-443）。后者同时在“上”卡纳塔克地区一些神庙，如库珀图尔的科蒂纳特神庙（1231年）和蒂利沃利的森泰斯沃拉神庙（1238年，图4-444~4-448）中得到延续。总的来看，曷萨拉风格应是后期发展的结果，主要用于南方的一些大型神庙，在很大程度上与处在盛期的曷萨拉王朝的权势和活力息息相关，而早于它的遮娄其后期风格，除了和曷萨拉王国接近的边界地区（如与之有交往和联系的贝卢尔和赫莱比德）外，在北方可说完全未受影响。进一步的研究，在掌握了

（左右两幅）图4-468辛赫切勒姆 筏罗诃-那罗希摩神庙。门塔景观

更多年代确凿的证据之后，或许还可能进一步识别前曷萨拉风格（Pre-Hoysaḷa Style）和早期曷萨拉风格（Early Hoysaḷa Style）。

三、其他类型

迄今为止，尚没有得到充分验证的羯陵伽类型的神庙可在整个卡纳塔克地区看到，从艾霍莱（37号和38号庙）直到位于哈桑和贝卢尔之间的多达加达瓦利（1112/1117年建造的拉克什米祠庙，守卫其内祠之一的两个怪异形象属印度雕刻最杰出的作品之一，图4-449~4-457）。朱罗时期的神庙已属12世纪，主要集中在果拉尔县，在那里，尚可看到许多维罗摩·朱罗（约1118~1135年在位）时期的铭文。位于穆尔伯格尔北面库鲁杜默莱的索梅斯沃拉神庙就是这样一座建筑（图4-458）。在位于同一广场的象头神迦内沙祠堂，柱厅的四根采用毗奢耶那伽罗风格（Vijayanagara-Style）的宏伟巨柱属这种风格在卡纳塔克地区风行的下一个时期。如果把大量的毗奢耶那伽罗风格建筑也包括在内，那么，卡纳塔克邦无疑将是整个次大陆神庙建筑风格变化最丰富多样的地区。

这一时期该地区的雕刻风格，在分布及演进上，大致和神庙建筑同步。在“上”卡纳塔克地区，神庙外部龛室没有雕像，墙面上亦无高浮雕，但由于有大量带复合内祠的神庙，因而有不少物神或供奉雕像。基于同样缘由，遮娄其雕刻师们受托创造了许多位于祠堂入口处的男女门神（守门天，dvārapālakas，dvārapālikās）雕像。具有重要地位的这类雕刻（有的有足尺大小）亦是南方建筑的特征。供奉雕像多以坚硬的黑石制作，且大都采用石柱的形式；男女神祇均以高浮雕表现，如帕拉时期的许多雕刻。

安得拉邦的建筑汲取了来自西部地区的某些特色，如配置了旋转柱的加长柱厅、位于高台上的多祠堂神庙等。著名神庙均建于卡卡提亚王朝（Kākatīyas，1083~1323年）统治期间，位于其都城瓦朗加尔城堡处[后被穆斯林库特布·沙希王朝（Qutb Shāhī Dynasty，1518~1687年）君主下令拆除]及帕勒姆佩特（拉玛帕神庙，为少数完整保存下来的卡卡提亚王朝时期寺庙之一，图4-459~4-464）等地。卡卡提亚风格最突出的表现是在雕刻方面，特别是作为托架的女体雕刻（以磨光的石料制作，体形苗条，姿态夸张，给人的印象极为深刻）。再后毗奢耶那伽罗时期建筑风格的流行则体现在大门形式等方面（如塔德珀特里的钦塔拉拉亚神庙门塔，图4-465）。辛赫切勒姆（位于维沙卡帕特南县）的筏罗诃-那罗希摩神庙可作为这种风格的一个优秀实例（图4-466~4-468），其中还可看到与奥里萨建筑的密切联系。

除了伯尔萨内、比德和乌默尔格的三联祠堂神庙外，这时期马哈拉施特拉邦的神庙（包括重要的布米贾式祠庙），无论在平面、立面还是墙面的处理上，均不能视为“边区”（borderland）类型。

第四节 城市规划及世俗建筑

一、城市规划

[规划理论]

传统的印度城市规划理论并没有在宗教建筑和世俗类型的功用及形式上进行明确的划分。在印度古代理论著作（通称圣典，shastras）里，作为神庙及城市规划的基础，规定了以坐标网格为基底采取集中式构图的各种坛场（曼荼罗，mandala）。由种姓及职业等确定的不同社会等级，在城市中各自占有相应的地盘，并与宇宙哲学和神学的等级制度相叠合。但和神庙一样，这一模式看来主要是在象征的层面上。具体到城市，最主要的是还是由街道确定的基本轴线、占据了中心位置的神庙和王宫，以及具有特定职业的人员居住的地区。

许多专著都认定，印度建筑最基本的母题是表现所谓“中心”，无论对个体建筑还是城市规划，都是如此。每个神庙或宫殿都被看作世界（或宇宙）的中心（称axis mundi，或作cosmic axis、world axis、world pillar、center of the world、world tree），是天、地，乃至阴间的神圣交点或轴线。在城市中运用这一象征性母题时，可以是方形（为有序世界的象征，是形式和秩序的完美表现），也可以是矩形（主要街道为菱形）乃至更抽象的形式（圆形、半圆形或三角形）。圆形平面的构思可能来自国外（例如亚述，通过安息传入）。但不论是哪种几何造型，它们均具有自身的价值和象征意义。

从文献中可知，城市规划往往是在基本结构——通常为方格网——的基础上叠加街道图（特别是具有特定朝向的宽阔街道），以此突出城市中心的象征意义。设防城市可以是莲花形（保留内部的格网形式，但被围在一个由圆形、八边形或六边形棱堡构成的四叶状围墙内，叶瓣对应基本方形的四角），或在基本格网的基础上按象征性图案（如万字形）进行建筑布局。当然，这只是一些理想形式，城市的发展不可避免地要受到现实社会的影响，在基本的格网布局和象征性的几何图案上促成某些变化。只是在印度河文化的都会和城市中，这种严格的格网布局才表现得格外明显。尽管无法追溯其连续发展的各个阶段，但已发现的吠陀时期那些成熟的平面由此发源当无疑问。

将空间划分为方形网格和更次一级的三角形固然是为了满足宗教的需求并具有一定的象征意义，但有效空间的几何处理方式和近代建筑相比仍有很大区

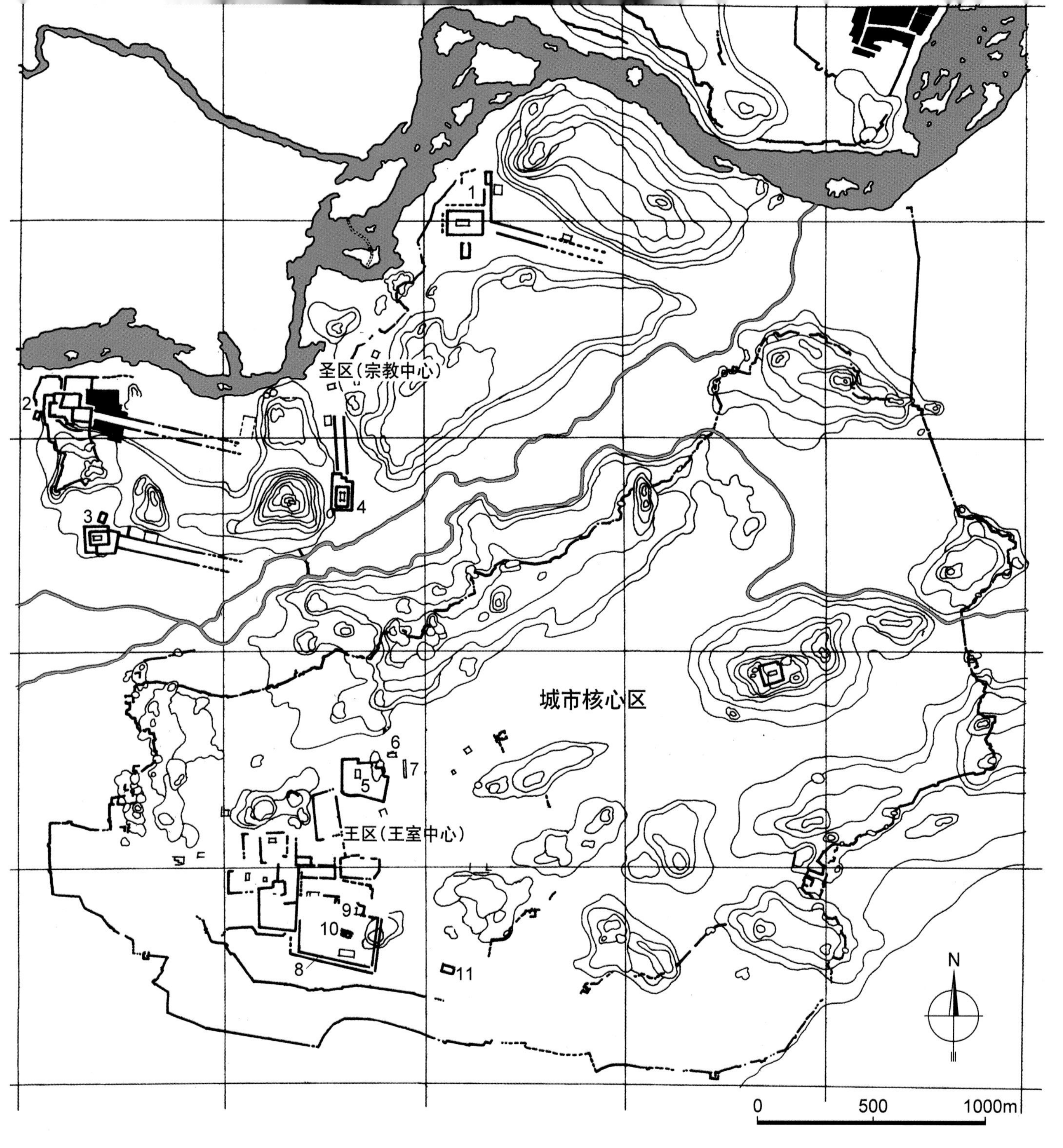
1
2
3
4
5
6
7
8
9
10
11
圣区(宗教中心)
城市核心区
王区(王室中心)
N
0
500
1000m

本页及左页：

（左上）图4-469毗奢耶那伽罗（“胜利之城”，亨比村，创建于14世纪末） 古城。遗址总平面（取自MICHELL G. Architecture and Art of Southern India，1995年），图中：1、维塔拉神庙；2、维鲁帕科萨神庙；3、黑天庙；4、阿育塔拉亚神庙；5、后宫区；6、卫室；7、象舍；8、王室围地；9、马哈纳沃米王台；10、阶台水池；11、王后浴室

（下）图4-470毗奢耶那伽罗古城。圣区（宗教中心），现状（中间为维塔拉寺）

（右上）图4-471毗奢耶那伽罗 古城。市场遗址（背景为栋格珀德拉河）

（右中）图4-472毗奢耶那伽罗 古城。城墙（总长31公里，部分墙体高达10米）

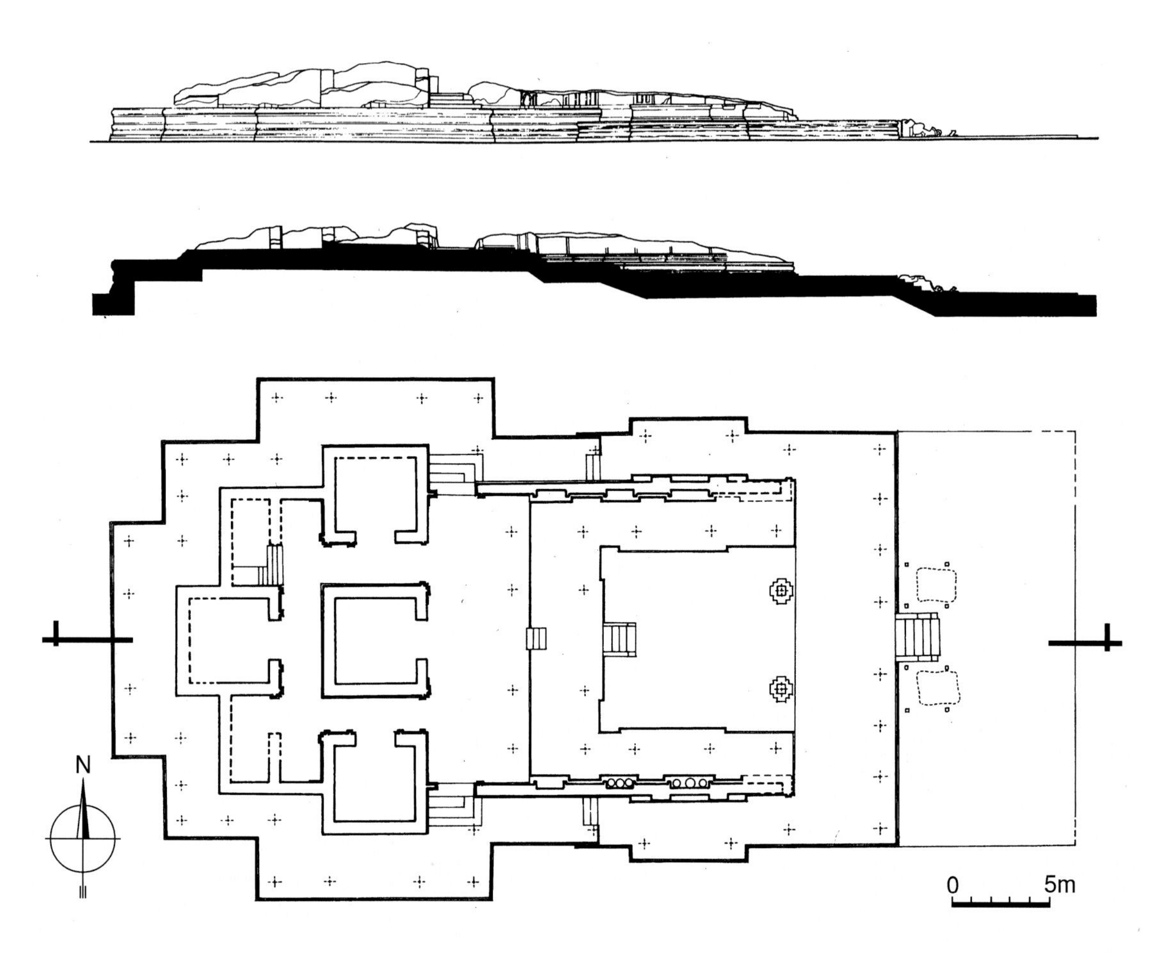

（上）图4-473毗奢耶那伽罗 王区（王室中心）。府邸（15~16世纪），遗址平面、立面及剖面（取自MICHELL G. Architecture and Art of Southern India，1995年）

（中）图4-474毗奢耶那伽罗 王区。宫殿，遗址现状

（下）图4-475毗奢耶那伽罗 王区。府邸，残迹现状

别，其主要目的是使人们能从各个角度观赏主体。既然建筑本身被视为世界（或宇宙）垂向轴线（即神奇的“世界之轴”，或曰“核心”）的具体表现，各个方向自然都具有同样的价值。

[实例]

位于现卡纳塔克邦亨比村周围的毗奢耶那伽罗（“胜利之城”），是创建于14世纪末同名帝国的首府。这大概也是可将前述城市规划理论和实践进行对照比较的最早实例（图4-469）。遗址位于一个风景壮美、植被丰富、布满花岗岩巨砾的河岸平原和小山上，一个和古代传说及半神话的典故具有密切关联的地方。留存下来的古迹中，综合了印度教和伊斯兰教的形式（其中包括令人印象深刻的系列象舍），反映了这座大都会的国际特色（图4-470~4-472）。16世纪20年代，一位葡萄牙游客认定，这座都城是“世界上设施最完美的城市”。但到1565年，在与穆斯林联军作战惨败后，城市遭到洗劫，帝国也从此一蹶不振。

近年的发掘表明，毗奢耶那伽罗虽然并没有严格遵循几何图式，但实际上仍是作为一个曼荼罗（坛

（上）图4-476毗奢耶那伽罗 王区。后宫区（位于王区东北），王后宫，基座残迹

（左下）图4-477毗奢耶那伽罗 王区。后宫区，北瞭望塔

（右下）图4-478毗奢耶那伽罗 王区。后宫区，东南瞭望塔

场）进行规划。城市由“王区”（王室中心）和“圣区”（宗教中心）组成。作为一个大尺度的城市规划，在朝向及空间的布局上如何体现王室的威权和宗教的象征意义成为最主要的考虑。

“王区”位于几道城墙围括的城市核心（urban core）内，由宫殿、后宫（zenanas）、浴室、著名

的象舍、供王室礼拜用的赫泽勒-罗摩神庙（见图5-343），以及一个居住区（街区按建造它的国王或施主命名）等建筑组成（图4-473~4-487）。其平台相当宏伟壮观。砌块加工虽然略嫌粗糙，但接缝良好，因而能制作像神庙那样精美的雕饰线脚。这类平台中最大的一个、与王室围地东墙相连的马哈纳沃米王台的下部区段可能为国王的御座室或觐见厅（throne room、audience hall），外部饰有长长的雕饰条带，表现叙事题材、战争场景、舞者，乃至马队和驯马师等（图4-488~4-491）。在这时期，王国所需的马均自孔坎港进口（主要供军队使用，由于印度人不善管理和饲养，这种非本地固有的动物很难存活，每年都有几千匹的需求量）。由于采用坚硬的花岗石，只能制作极浅的浮雕；风格粗放，但具有民俗艺术的活力。台阶尚存，但无上部结构，也很难推测其原貌。

"圣区"（宗教中心）位于城市北面丘陵集中的一个独立地段上，内有维鲁帕科萨、黑天、阿育塔拉亚和维塔拉等几座重要的印度教寺庙和相连的市场建筑群（各组群的具体评介另见第五章第三节）。祠庙大都位于露出地面的宽阔岩层上或带悬挑巨石的峡谷中，面对着长长的直线街道。街道痕迹尚可辨识，有的长达800米，节日期间可行木构庙车（在赫泽勒-罗摩神庙前还立有石刻的这种形式的庙车，边上配有制作逼真的车轮）。巡游大道两边的建筑有的至少有两层高，留存下来的仅有粗加工的石柱墩、石梁和屋面板。墙体最初显然是以木料或碎石构筑，外抹灰泥，屋顶为木构架外覆茅草。

毗奢耶那伽罗在全盛时期占地约26平方公里。城市建有包括输水道在内的大量水工构筑物。有的城墙（特别是围绕"王区"的）高达10米并具有相应的厚度（见图4-472）；次级的则如巨石建筑那样，蜿蜒直至高地，从这里也可看到军事在城市的存续上所占有的重要地位。在灾难性的1565年塔里克塔战役

（上）图4-479毗奢耶那伽罗王区。卫室（位于后宫区东北角围墙外），南立面景色

（下）图4-480毗奢耶那伽罗王区。卫室，内院景色

图4-481毗奢耶那伽罗 王区。卫室，廊道内景

（Battle of Talikota）之后，这座宏伟的城市终于走到了尽头，很快就被永久弃置。

拉贾斯坦邦的斋浦尔是个按规划建设一气呵成的仅有例证（图4-492），因而常被视为典型的印度城市，但留存下来可资比较的规划居民点仅有少数按曼荼罗格网平面为祭司贵族（婆罗门）们设计的村落。1727年，拉杰普特国王贾伊·辛格二世（1699~1743年在位）因人口增长和水源告竭将其都城自11公里以外的安伯迁到这里。城市建设始于1726年，用了四年建成主要道路、行政建筑及宫殿工程。城市由主要道路分为九个区段（每个区段再用次级街道按格网划分），中央方形区段内布置王宫，北面一个区段布

本页：

（左上）图4-482毗奢耶那伽罗 王区。阶台水池（公共浴池），现状

（右上）图4-483毗奢耶那伽罗 王区。王后浴室（16世纪，位于王区东南角，供王室女眷使用），外景

（中）图4-484毗奢耶那伽罗王区。王后浴室，内景（浴池周围布置精致的阳台，建筑和装饰显然在很大程度上受到伊斯兰建筑的影响）

（下）图4-485毗奢耶那伽罗王区。王后浴室，浴池周边廊道，内景

右页：

（上下两幅）图4-486毗奢耶那伽罗 王区。王后浴室，穹顶仰视

本页：

（上）图4-487毗奢耶那伽罗王区。八角浴池（位于王区东面），现状

（下）图4-488毗奢耶那伽罗王区。马哈纳沃米王台（庙台、御座台，16世纪初，位于王室围地内），遗址现状

右页：

（上）图4-489毗奢耶那伽罗王区。马哈纳沃米王台，正面全景

（中及下三幅）图4-490毗奢耶那伽罗 王区。马哈纳沃米王台，基台雕饰，近景

置行政建筑。宏伟的城墙上开七座城门，主要城门三座，朝东的称太阳门（图4-493），朝西的为月亮门（图4-494），北门对着老都城安伯。由于地形和防卫要求，在“完美的”曼荼罗图形上引进了一些修改：西北角因靠山坡切掉了一角，作为补偿，在东南角增加了一个区段。同时通过规划法规，统一了全城的建筑风格。对沿街店铺的建设亦进行了控制，配置了遮阳柱廊，其屋顶作为公众观赏国王仪仗行列的平台。由于采用单一的建筑材料，进一步增强了这种统一的感觉[尽管最初可能如附近安伯的宫殿那样，为乳白色，但老建筑及城墙后均模仿砂岩刷成粉红色，故有“粉红城”（Pink City）之称]。街区则按传统

方式，住着单一职业的居民。直至后世，一个地区的店铺往往都经销同样的货物。

和斋浦尔不同，在印度北方和巴基斯坦，许多城市都是通过渐进和有机的方式发展起来。长期作为纺织业繁荣中心的阿默达巴德是这方面的一个典型实例。作为古吉拉特邦最大的城市和前首府，阿默达巴德已是一个现代化的城市，但带城墙的老城内，仍有不少仍在发挥效用的印度教、耆那教和伊斯兰教的寺庙。包括周五清真寺及城堡在内的主要城市古迹均建于15世纪穆斯林统治时期，但四条正向的主要街道则继承了古代印度教城市的格局（街区皆按种姓及职业

（左两幅）图4-491毗奢耶那伽罗 王区。马哈纳沃米王台，基台雕饰，细部

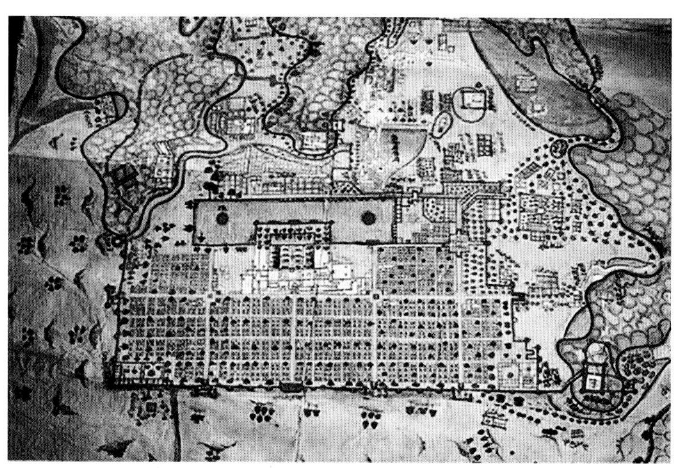

（右上）图4-492斋浦尔（拉贾斯坦邦） 古城。总平面

（右中）图4-493斋浦尔 古城。太阳门，现状

（右下）图4-494斋浦尔 古城。月亮门，现状

进行分配）。在四条主要商业大街形成的骨架内继续由次级商业街道及居住区街巷划分地块。

城市的每个居住区（pols、mohallas）历史上都住着操同一职业的居民，仅有一个设防大门与外界相通。由此形成街巷的树枝状分级体系，巷道则处在外挑的上层木构房舍的阴影下。大的居住区内有的还包含自身配有大门的次级居住区。居住区内的小广场（chowks）上布置包括祠堂在内的社区公共建筑。家庭生活一直延伸到高起的基座露台处；通过带雕饰的大门，可看到住宅内的中央庭院。

二、宫殿和城堡

在古代印度文献中，宫殿建筑具有突出的地位。在佛教的叙事雕刻及阿旃陀的壁画中，都可以看到理想化的宫殿形象。文献上亦不乏外国参观者对印度宫殿的溢美之词，如希腊使节和历史学家麦加斯梯尼（公元前350年~前290年）对华氏城阿育王宫殿（公元前3世纪）的赞赏。宫殿的形象被作为神的居所纳入神庙建筑里。但早期宫殿很少留存下来，一方面是因为它们主要用不耐久的材料建造，另一方面是因

(上)图4-495马杜赖 蒂鲁马莱宫(1636年)。平面(取自MICHELL G. Architecture and Art of Southern India，1995年)

(左中)图4-496马杜赖 蒂鲁马莱宫。18世纪末残迹景色(版画，作者Thomas Daniell，1797年)

(右中)图4-497马杜赖 蒂鲁马莱宫。现状外景

(下)图4-498马杜赖 蒂鲁马莱宫。拱廊院，现状

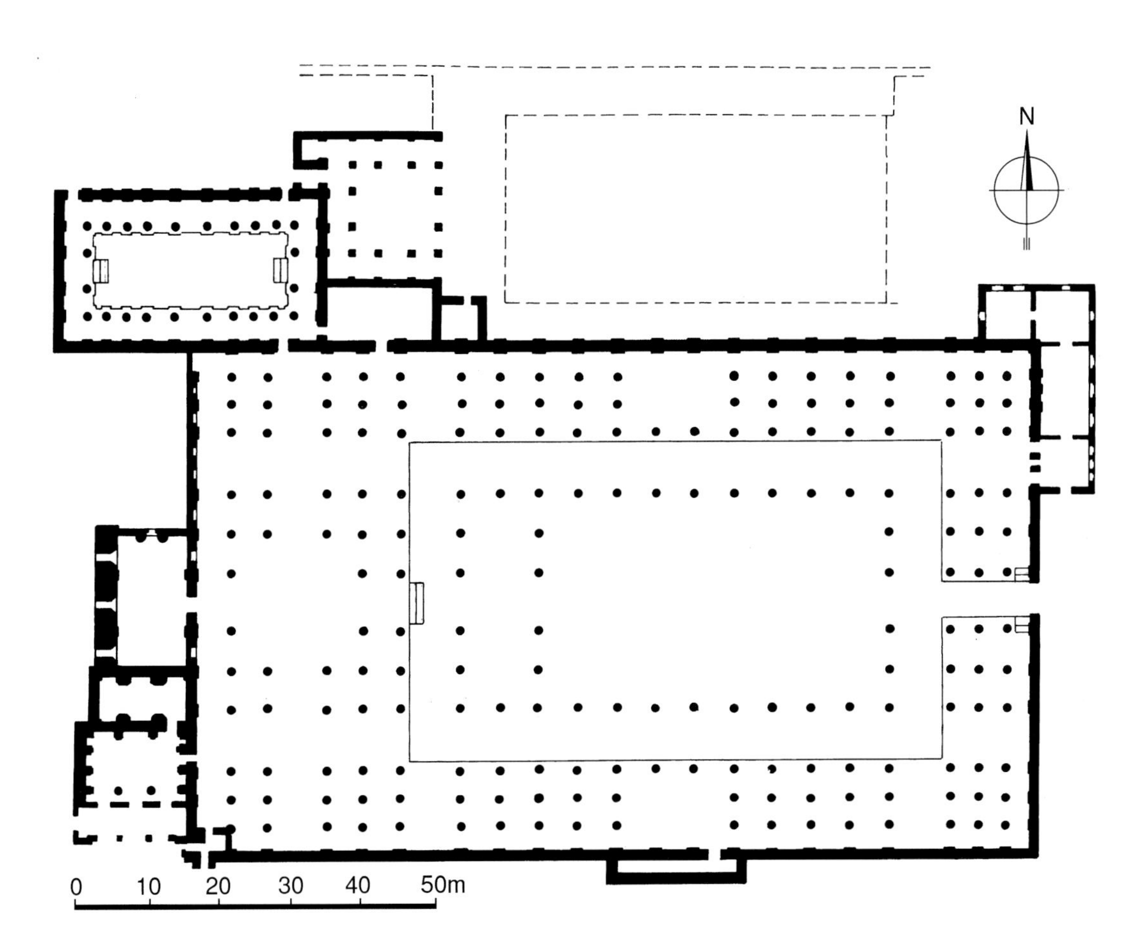

（上）图4-499马杜赖 蒂鲁马莱宫。拱廊院，柱子及廊券细部

（右下）图4-500马杜赖 蒂鲁马莱宫。觐见厅，内景

（左下）图4-501珀德默纳伯普勒姆（喀拉拉邦） 王宫（18世纪）。院落景观

为和神庙不同，它们被认为属临时性结构，不值得保存。

在印度南部，比较重要的宫殿建筑有马杜赖的蒂鲁马莱宫和坦焦尔的纳耶克王朝宫殿（两者均在泰米尔纳德邦，分别建于17和18世纪；马杜赖宫殿：图4-495~4-500）。喀拉拉邦珀德默纳伯普勒姆的王宫主要部分属18世纪，是个配有陡坡屋顶的宏伟木构建

（上下两幅）图4-502珀德默纳伯普勒姆 王宫。近景（远处高出屋面的白墙小阁为钟楼）

筑群（图4-501、4-502）。

印度宫殿建筑中最著名的当属15~18世纪期间莫卧儿帝国皇帝和拉杰普特国王们的宫殿（莫卧儿时期的宫殿另见《世界建筑史·伊斯兰卷》相关章节）。莫卧儿和拉杰普特建筑传统之间具有密切的联系，同一批匠师往往受雇于两者。但其宫殿具有不同的特

色。莫卧儿帝国的宫殿（如德里和北方邦阿格拉的红堡）由位于平地上设防围墙内的独立建筑组成，而拉杰普特国王的城堡-宫殿（garh palaces）多建在山上，为综合城堡和宫殿的大一统结构。这些建筑组群都没有采用对称形制，其不规则的特色极为显著，可能是因为建筑群系逐渐扩展，也可能是因为人们有意造成一种复杂的印象，追求神秘的感觉。

类似莫卧儿宫殿的做法，拉杰普特宫殿也分为男人区和女人区（分别称为mardana和zenana），配有公共和私人觐见厅（diwan-i-am和diwan-i-khas）。不过，大多数房间并没有特定的用途，属于一系列具有不同尺寸和围合方式的多功能空间，从内室到开敞的多柱厅、柱廊、亭阁，乃至露天的院落。

拉杰普特宫殿的建筑手法颇似印度教神庙，大量采用亭阁式构图，在不断重复的同时引进许多变化。穹顶和孟加拉式的曲线屋顶为典型配置，通常都坐落在挑檐（chajjas）上。有别于神庙那种实体亭阁的开敞小亭，使顶部栏墙的天际线更为丰富生动。不同尺度——从微缩到足尺——的亭阁或布置在屋顶上，或自由地立在地面上。墙面上布置亭阁式阳台（jarookhas），有时采用层叠方式形成高数层的凸窗，顶部冠以亭阁。在女眷区（zenana），这类亭阁式阳台和柱廊大都配有镂空的屏板（jalis）。这种形式本来自采用楣梁、托架和挑腿的神庙传统，但到18世纪，已为采用多叶形拱券的结构替代。伊斯兰建筑于矩形框内安置拱券的母题更在门窗、龛室和墙面分划上得到大量应用。

在1526年莫卧儿帝国创立前，最早的拉杰普特宫堡建筑包括安得拉邦奇托尔的勒纳·库姆伯宫（1433~1468年，图4-503、4-504）、中央邦瓜廖尔的拉贾·基尔蒂·辛格宫（1454~1479年，图4-505）和

本页：

图4-503奇托尔（安得拉邦） 勒纳·库姆伯宫（1433~1468年）。遗址现状

右页：

（上下两幅）图4-504奇托尔 勒纳·库姆伯宫。北区，残迹现状（左为北门）

（上及下）图4-505瓜廖尔（中央邦）拉贾·基尔蒂·辛格宫（1454~1479年）。现状

（中）图4-506瓜廖尔 曼·辛格·托马尔宫（1486~1516年）。外侧景观

（上）图4-507瓜廖尔 曼·辛格·托马尔宫。内院景色

（下）图4-508乌代布尔（拉贾斯坦邦）市宫（1567~1572年及以后）。现状景观

曼·辛格·托马尔宫（为瓜廖尔四座宫殿中最大的一座，建于1486~1516年，图4-506、4-507）。后者给人印象极为深刻的悬崖般的南墙上配有上置圆顶的亭阁，同时是唯一采用彩陶装饰的建筑。其他建于16世纪后期~18世纪的宫殿建筑尚有乌代布尔（市宫：图4-508、4-509）、安伯（宫堡：图4-510、4-511；差不多同时或稍早建造的还有杰加特-希罗马尼寺，图4-512）、贾伊萨梅尔、比卡内、焦特布尔、本迪、

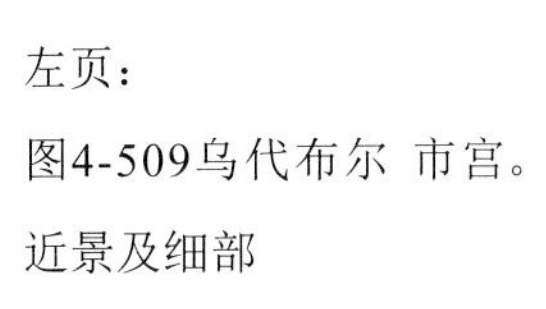

左页：

图4-509乌代布尔 市宫。近景及细部

本页：

（上）图4-510安伯（拉贾斯坦邦） 宫殿（城堡，17~18世纪）。俯视全景

（下）图4-511安伯 宫殿。陶饰细部

科塔和斋浦尔等地的宫殿。斋浦尔宫殿组群中有始建于1799年的所谓“风宫”（图4-513~4-515）。其东立面系作为后面女眷区（后宫）的屏障，高五层，向上逐层后退，满布亭阁式阳台，953个窗口看上去好似蜂窝（如此设计是让妃嫔们在观看下面街道时不被外人看到）。尽管采用了拉杰普特/莫卧儿的亭阁形式，但如印度教神庙那样，在立面上平铺展开。

约1530~1605年间，在中央邦占西附近的奥尔恰和德蒂亚，本德勒（为印度中部一拉杰普特部族，自16世纪起，成为几个小国的首领）统治者建造了一系列宫殿。和其他的拉杰普特作品不同，它们采用了集中、对称的形制，一次建成。在城市设计上，这些建

左页：

（上）图4-512安伯 杰加特-希罗马尼寺（1599年）。现状（祠堂上高耸的顶塔与上置莫卧儿式拱顶的柱厅形成鲜明对比）

（下）图4-513斋浦尔 宫殿。"风宫"（1799年）。东侧现状

本页：

（上）图4-514斋浦尔 宫殿。"风宫"，西立面景色

（下）图4-515斋浦尔 宫殿。"风宫"，西北侧景观

(左页及本页两幅)图4-516 贾伊萨梅尔(杰伊瑟尔梅尔)珀图亚宅邸建筑群(19世纪早期)。外墙及窗饰近景

筑的创造者看来也和斋浦尔那样，对古代典籍中有关坛场（曼荼罗）的理念进行了新的诠释。

除了主要宫堡外，拉杰普特统治者还建造了一些小型休闲宫邸，如莫汉庙（1628~1652年）和杰格-尼瓦斯（1734~1751年，现为旅店），两者均在拉贾斯坦邦乌代布尔湖面的岛上。配有精美阳台的北方邦贝拿勒斯的曼-辛格小宫则可能主要用于宗教静修。

三、居住建筑

摩亨佐-达罗和哈拉帕的院落式住宅，同样被用于次大陆干旱炎热的地区（或彼此相靠，或以狭窄的巷道分开）。印度北方和巴基斯坦的院落式住宅，特别是较大的城市宅邸（称havelis），往往可住一个数代同堂的大家庭。由于这种类型具有相当的灵活性，因而也可以进一步分划容纳几个小家庭（即一对夫妻及其子女组成的家庭）。类似拉杰普特宫殿的做法，各空间并非为单一活动设计，而是可用于多种功能。中央院落（chowk）可用于入座、就寝、洗涤、晾衣，乃至养牛。印度教徒的住宅里还有礼拜堂（puja rooms）。朝街立面可布置店铺或作坊。在采用平顶的地区，屋顶往往被利用作为附加的生活空间（如睡眠场所）。

总的来看，印度教徒的住宅要比穆斯林的更高，配有天井般的院落，女眷区位于下层而不是后面。在马哈拉施特拉邦，自18世纪到19世纪早期，富足的马拉塔人多建造院落式宅邸（称wadas），于纵向延伸的平面里纳入一系列院落（数量从2个到多达14个）。

由于现存大型宅邸（havelis）大多属17世纪之后，因此基本上都是采用莫卧儿和拉杰普特风格，往往配有多叶形的拱券和带镂空屏板（jali）的亭阁式阳台（jarookhas）。与此同时，还存在着许多地方变体形式。在拉贾斯坦邦的沙漠城市贾伊萨梅尔，富商们建造的石构宅邸可能是其中最宏伟的实例，特别是19世纪早期的珀图亚宅邸建筑群（图4-516）。古吉拉特邦素有建造木构架住宅的传统，如阿默达巴德、伯罗德和布罗奇各城市所见，考究的住宅里往往饰有极其丰富的柚木雕刻（所用木料来自次大陆西南的马拉巴尔海岸乃至缅甸）。在次大陆范围内，仅有尼泊尔加德满都谷地的木雕作品能与古吉拉特邦的媲美，这些作品主要属18世纪及以后，但展示的是多少个世

纪以来采用的传统花样及图像。神庙（即前述所谓“宝塔式神庙”）、寺院、宫殿及宅邸具有一种共同的风格。在主体以砖砌造的同时，带镂空屏板及雕饰的门窗皆为木构。楣梁及门槛延伸到侧柱之外，翼形侧面嵌板多带人物雕刻，以曲线与楣梁相接。

第四章注释：

[1]天福之面（kīrttimukhas，另译“荣光之面”），一种类似龙王、摩羯图像组合并带獠牙的怪兽，被认为具有庇护的能力和功用。

[2]《爱经》(*Kāmasūtra*，*Kama Sutra*，另译《欲经》)，印度古代关于性爱的典籍，相传是由一位独身的学者犊子氏（Mallanaga Vātsyāyana，音译筏蹉衍那）所作，时间大概是1~6世纪（很可能是在笈多王朝时期）；全书共35章，1250小节，每一章都由该方面的专家撰写。

[3]温迪亚山脉（Vindhyas），位于印度次大陆中西部的山脉，它将印度次大陆分割为北印度和南印度两部分。

[4]拉贾斯坦-古吉拉特风格（Māru-Gurjara Style，Solaṅkī Style），因拉贾斯坦邦（Rajasthan，古称Marudesh）和古吉拉特邦（Gujarat，Gurjaratra）而得名。

[5]层叠式屋顶（pīḍā roof，pīḍā为奥里萨语，意“层位”），为檐板式上部结构（bhūmiprāsāda）的一种更为发达的地方变体形式。

[6]科纳拉克（Konarak），其名由梵文Kona（意“角”）和Ark（意“太阳”）两词合成。

[7]梵文“拉塔”（ratha），原指印度古代的四轮战车，现泛指印度南部以整石凿出模仿战车形式的神庙。

[8]卡纳达语（Canarese，Kannaḍa，又译坎纳达语），为印度卡纳塔克邦官方语言，属达罗毗荼语系。

[9]马利克·卡富尔（Malik Kafur，1296~1316年在位），印度历史上著名的将领。早年是一个奴隶，在卡尔吉王朝国王阿拉乌丁攻陷坎贝后被俘。后得到国王赏识，成为穆斯林和军队统帅。1294年他领军攻打雅达瓦王国的都城迪瓦吉里，后又率部打到南印度的卡卡提亚王朝，为国王掠取了众多财宝，并摧毁了很多印度教神庙。他一共进行了四次南征，基本上统一了南亚次大陆。

[10]见STIERLIN H. Hindu India，1998年。

[11]这里所谓当地遮娄其风格，和西遮娄其后期风格无关，本节余同。

[12]吉祥天女（Lakṣmī），音译拉克什米，另作大功德天或宝藏天女，是婆罗门教-印度教的幸福与财富女神，毗湿奴之妻。

[13]见DHAKY M A. The Indian Temple Forms in Karṇāta Inscriptions and Architecture，1977年。